食品精选配方与工艺

休闲食品
制作工艺与配方

章银良　主编

中国纺织出版社

国家一级出版社
全国百佳图书出版单位

内 容 提 要

休闲食品是顺应人类社会由温饱型逐渐向享受型转轨的时尚食品。本书前2章介绍了休闲食品的分类、加工技术、加工卫生要求和主要的原辅材料。后7章按照休闲食品的分类从原料配方、工艺流程、制作要点、质量要求等方面进行了详细阐述，便于读者亲手实践休闲食品的制作。本书所介绍的休闲食品种类齐全、方法简便可靠，可作为各大院校食品工艺学的教材，也可供广大休闲食品生产者和家庭制作休闲食品时参考。

图书在版编目（CIP）数据

休闲食品制作工艺与配方 ／ 章银良主编 . —— 北京：中国纺织出版社，2019. 6

ISBN 978 - 7 - 5180 - 6028 - 3

Ⅰ.①休… Ⅱ.①章… Ⅲ.①食品工艺学 ②食品加工—配方 Ⅳ.①TS201.1 ②TS205

中国版本图书馆 CIP 数据核字（2019）第 051323 号

责任编辑：闫 婷　　　　责任校对：寇晨晨
责任设计：品 欣　　　　责任印制：王艳丽

中国纺织出版社出版发行

地址：北京市朝阳区百子湾东里 A407 号楼　邮政编码：100124

销售电话：010— 67004422　传真：010— 87155801

http://www.c-textilep.com

E-mail：faxing@c-textilep.com

中国纺织出版社天猫旗舰店

官方微博 http://weibo.com/2119887771

北京玺诚印务有限公司印刷　各地新华书店经销

2019 年 6 月第 1 版第 1 次印刷

开本：880×1230　1/32　印张：15

字数：403 千字　定价：42.00 元

〔 前言 〕

我国幅员辽阔,各地的气候、物产不同,人们的生活习惯也不同,因此就形成了各地的不同风味小食品。随着经济的发展和人们消费水平的提高,消费者对休闲食品的需求不断增长,休闲食品工业已经成为一个新兴的食品工业领域,有着广阔的发展空间。但目前食品工艺专业的教材尚未涉及这一方面,因此我们组织部分相关院校食品专业的教师编写了本书,以适应食品工业的新发展。

全书分为九章,由郑州轻工业大学章银良任主编,编写第一章,第二章;郑州轻工业大学安广杰任副主编,编写第六章;郑州轻工业大学张倍旗讲师编写第三章、第八章;郑州轻工业大学时国庆编写第五章、第九章;山西农业大学刘亚平编写第三章、第四章;廊坊师范学院郭红珍编写第七章。章银良教授任主编,负责全书的统稿。

本教材在编写过程中参考了有关文献和专著,编者对这些文献和专著的作者,对大力支持编写和出版工作的中国纺织出版社一并表示衷心感谢!

限于编者水平,错误、缺点在所难免,敬请专家和广大读者批评指正,以便修订改正。

章银良

2019 年 1 月

目录

第一章　休闲食品加工概述

休闲食品(Leisure Food)是快速消费品的一类,是人们在闲暇、休息时所吃的食品。休闲食品的特点是风味鲜美,热值低,无饱腹感,清淡爽口。能伴随人们解除休闲时的寂寞,因而也就成了人类社会在满足基本营养要求以后自发的选择结果,是顺应人类社会由温饱型逐渐向享受型转轨的时尚食品。

随着经济的发展和人们消费水平的提高,消费者对休闲食品的需求不断增长。越来越多的食品企业涉足休闲食品领域,市场竞争逐步升级,开发健康和功能型食品将是休闲食品市场未来的主流,搭建新的营销平台,增强自主营销意识将成为休闲食品产业发展的一个趋势。据近年市场调查显示,休闲食品在主要超市、重点商场食品经营中的比重已经占到10%以上,名列第一,销售额已经占到5%以上,仅次于冷冻食品和保健滋补品,名列第三。在各种休闲食品中,一半以上的家庭曾经购买过膨化食品,其次是饼干类食品,除此以外,口香糖和干果类休闲食品也受到各类家庭的喜爱。儿童和白领阶层已经成为休闲食品消费的主力军,也是各种新产品消费的推动者。

据有关资料显示,目前世界休闲食品市场的年销售额超过400亿美元,市场规模增长速度高出食品市场平均增长速度20个百分点。据美国的一项调查显示,每年仅销售给大学生的土豆片数量就超过7.25亿千克。在日本,健康型休闲食品正在打开市场并受到消费者的普遍欢迎。在我国,由于人们生活水平不断提高,原来以温饱型为主的休闲食品消费格局,逐渐向风味型、营养型、享受型甚至功能型方向转变。目前我国休闲食品共有8大类:谷物膨化类、油炸果仁类、油炸谷物类、非油炸果仁类、糖食类、肉禽鱼类、干制蔬果类和其他类。不断扩大的市场份额表明,休闲食品已经形成了一个完整的产业,正在吸引越来越多的食品生产企业涉足其中。

目前,我国休闲食品已经形成销售额近 300 亿元的市场规模,薯类、谷物类产品占据着休闲食品的主流。同时有益健康的干果、趋向功能健康的糖果、休闲肉制品、休闲海珍品及传统的豆制品等也在丰富着我国的休闲食品市场。休闲食品消费格局向风味型、营养型、时尚型、享受型甚至功能型的方向转化,具体说就是趋向健康化、低糖、低热量、低脂肪;消费对象向更多人群扩展,市场进一步细化;面对城市消费群体,产品档次向中高端发展,而部分产品逐步向中西部地区、农村市场扩张;产品的口感仍是影响消费者购买的重要因素。

第一节　休闲食品的分类

休闲食品的产品细小繁多、花色复杂。这些产品投资少,见效快,有手工生产、半机械化和机械化生产,产品易于更新换代。休闲食品的最大特点是食之方便,并且保存期一般较长,深受广大人民群众的喜爱,目前休闲食品还没有统一的、规范的分类方法。通常可按其原料的特点进行分类或按照原料、加工技术和产品类型综合分类。

一、按生产原料分类

休闲食品按生产原料进行分类,主要有粮食类休闲食品、坚果类休闲食品、糖类休闲食品、鱼肉类休闲食品、果蔬糖渍类休闲食品、枣类休闲食品、菌类与花类休闲食品。

二、按原料、加工技术和产品类型综合分类

1. 炒货干果

炒货干果主要有瓜子、花生、核桃、榛子、腰果、香榧、松子、板栗、杏仁和开心果等。

2. 糖果巧克力

糖果巧克力主要有硬糖、软糖、巧克力、奶糖、酥糖、棒棒糖、功能糖、果冻和胶基糖等。

3.蜜饯果脯

蜜饯果脯主要有果脯果干、糖渍蜜饯、返砂糖霜类、凉果类、话化类和果糕类等。

4.熟食制品

熟食制品主要有牲畜熟食、禽类熟食、水产熟食、豆制品和面制熟食等。

5.烘焙休闲食品

烘焙休闲食品主要有威化、萨其玛、曲奇、面包、月饼、派类、酥饼、饼干和果蔬糕点等。

6.膨化食品

膨化食品主要有薯类膨化食品、米面膨化食品和豆类膨化食品等。

7.休闲饮料

休闲饮料主要有茶饮料、碳酸饮料、功能饮料、果蔬饮料和冷饮食品等。

8.休闲罐头食品

休闲罐头食品主要有水果罐头、肉类罐头、蔬菜罐头和水产罐头等。

9.休闲方便食品

休闲方便食品主要有面食类、米食类、方便粥汤类和其他方便食品等。

第二节　休闲食品加工技术

一、膨化技术

膨化食品是指以谷物粉、薯粉或淀粉为主料,利用挤压、油炸、砂炒、烘焙等膨化技术加工而成的一大类食品。它具有品种繁多、质地酥脆、味美可口、携带方便、营养物质易于消化吸收等特点。

膨化技术是一种新型食品加工技术,它广泛应用于膨化食品的生产,具有工艺简单、成本低、原料利用率高、占地面积小、生产能力高、可赋予食品较好的营养特性和功能特性等特点。作为一种休闲食品,膨化食品深受消费者尤其是青少年的喜爱和欢迎。在自诩为小吃食品王国的美国,各种休闲食品的年销售额高达150亿美元,而作为美国最大膨化食品生产企业的Frito-Lay公司,年销售额达到50亿美元。可以肯定,膨化技术应用于膨化食品的生产具有十分广阔的前途和发展前景。改革开放以来,我国人民生活水平有了较大的提高,在休闲和旅游之际,人们对休闲食品特别喜爱。近年来随着休闲生活的流行,休闲食品消费量越来越大,尤其是好的休闲食品,深受孩子们的喜爱。我国膨化类休闲食品约占新颖休闲食品的80%以上,成为主导休闲食品。我国是农业大国,农产品和水产品十分丰富,进行深精加工已成为热门话题,并成为当前和今后的发展方向。目前我国食品工业产值与农业产值之比仅为0.38:1,而发达国家和地区为(2~3):1,美国更高达4:1。我国居民消费的食品中,仅四成经过加工,而且这四成中的80%为初加工食品,深加工比例仅占20%。在发达国家和地区,经过加工的食品占居民消费食品的70%~90%,这其中初加工食品仅两成,八成是经过深加工的。因此,对我国的农产品(包括水产品)进行深加工是社会发展的必然趋势,将具有广阔的前景。

膨化技术在我国有着悠久的历史,我国民间的爆米花及各种油炸食品都属于膨化食品。但应用现代膨化技术生产膨化食品的时间并不长。由于生产厂家对膨化食品的研究开发工作不够重视,膨化食品风味单调,品种较少,远不能满足生活水平日益提高的人们的需求,因而逐渐受到冷落。因此应当大力发展膨化技术并加快其在食品生产中的应用步伐,从而促进我国食品工业的发展。

膨化食品的加工方法有挤压膨化技术、高温膨化技术、烘焙膨化技术和真空膨化技术等。挤压膨化技术在20世纪40年代末期逐渐扩大到食品领域。它不但应用于各类膨化食品的生产,还可用于豆类、谷类、薯类等原料及蔬菜和某些动物蛋白的加工。近年来挤压膨化技术发展十分迅速,在目前已成为最常用的膨化食品生产技术。

（一）膨化加工机理

1.膨化的形成机理

（1）膨化

膨化是利用相变和气体的热压效应原理,使被加工物料内部的液体迅速升温汽化、增压膨胀,并依靠气体的膨胀力,带动组分中高分子物质结构变性,从而使之成为具有网状组织结构特征、定型的多孔状物质的过程。依靠该工艺过程生产的食品统称为膨化食品。为研究分析方便,可将整个膨化过程分为三个阶段:第一阶段为相变段,此时物料内部的液体因吸热或过热,发生汽化;第二阶段为增压段,汽化后的气体快速增压并开始带动物料膨胀;第三阶段为固化段,当物料内部的瞬间增压达到和超过极限时,气体迅速外溢,内部因失水而被高温干燥固化,最终形成泡沫状的膨化产品。

（2）膨化的构成要素

从膨化的发生过程分析,物料特性和外界环境与膨化直接关联。换言之,只有当物料和环境同时符合膨化所需的特定条件时,膨化才有可能顺利进行。所谓特定条件就是:

①汽化剂:在膨化发生以前,物料内部必须含有均匀安全的汽化剂,即可汽化的液体。对于食品物料而言,最安全的液体就是所含的成分水。

②弹性小室:从相变段到增压段,物料内部能广泛形成相对密闭的弹性气体小室,同时,要保证小室内气体的增压速度大于气体外泄造成的减压速度,以满足气体增压的需要。构成气体小室的内壁材料,必须具备拉伸成膜特性,且能在固化段蒸汽外溢后,迅速干燥并固化成膨化制成品的相对不回缩结构网架。构成小室的成膜材料主要是物料中的淀粉、蛋白质等高分子物质,而成品的网架材料除淀粉、蛋白质外,少量其他高分子物质也可充填其间,如纤维素等。

③能量:外界要提供足以完成膨化全过程的能量,包括相变段的液体升温需能、汽化需能、膨胀需能和干燥需能等。

2.膨化动力的产生机制

（1）膨化动力的产生

膨化动力的产生主要由物料内部水分的能量释放所致。同样的外部供能条件下,在物料内部的各种物质成分中,由于水具有相对分子质量小、沸点低、易汽化膨胀的特性,水分子热运动最先加剧,分子动能同时加大。当水分子所获能量超出相互间的束缚极值时,就会发生分子离散。水分子的分子离散使物料内部水分发生变化,产生相变和蒸汽膨胀。其结果必然造成对与之接触的物料结构的冲击。当这种冲击作用力超出维持高分子物质空间结构的力,并超出高分子物质维持的物料空间结构的支撑力时,就会带动这些大分子物质空间结构的扩展变形,最终造成膨胀物料的质构变化。

一般来说,物料所含的水分大体有四种存在形态:结合态、胶体吸润态、自由态和表面吸附态。结合态和胶体吸润态的水虽含量不高,但因与物料内的物质呈氢键缔合,结合较为紧密,若对其施加外力影响,就可能通过其对与之结合的物料分子产生影响。食品膨化主要是通过对这部分水施加作用得以实现的。

(2)膨化动力的影响因素

膨化动力的产生不仅取决于水分在物料中的形态和其结合特性,而且与水分的含量密切相关。从理论上讲,物料含水量越大,可能产生的蒸汽量也就越大,膨化动力越强,对膨化的效果影响也越大。但物料所含水分过量时,会影响膨化正常实现,其原因是:

①过量水分往往是自由态和表面吸附态的水,它们很难取代或占据结合态和胶体吸润态水分分子原有的空间位置,这部分间隙水往往不在密闭气体小室中,很难成为膨化动力,引起物料膨化。

②过量水在外部供能时,由于与物料其他组分相互间的约束力弱,较易优先汽化,占有有效能量,影响膨化效应。

③过量水会导致物料内吸润态胶体区域的不适当扩大,造成物料在增压段因升温,其中的部分淀粉已提前糊化或部分蛋白质已超前变性,反而阻碍了膨化。

④含过量水的物料即使经历膨化过程,其制品也会因成品含水量偏高而回软,失去膨化制成品的应有风味。因此,在膨化前,必须确定物料的适度含水量,以保证最佳膨化效果。

此外,物料在膨化过程中还存在一定的含湿量梯度。梯度差异的形成是由于水分在物料中的分布差异和水分与物料之间的结合差异所致。不同的含湿量梯度会造成膨化动力产生时间上的差异和质量的不均匀性，影响到膨化质量。所以，物料必须具备均匀的含水条件，以利于膨化动力的均匀发生。

（3）外部能量向膨化动力的转移

膨化动力虽然来源于膨化物料内部水分分子离散所提供的动力，但这种动力也必须是由外部能量间接供给的。而外部能量的提供方式和能量的转换效率对于膨化效果起着至关重要的作用，同时也决定着膨化设备的不同工作方式。

一般来说，外部能量的供给方式有：热能、机械能、电磁能、化学能等。这些能可通过一定的传递、转换形式作用于水分子，加剧分子热运动，增加分子动能。

目前，最常见的外部能量向膨化动力的转换方式有挤压膨化（同时利用热导和机械挤压摩擦原理来实现其工艺目的）、微波膨化（通过电磁能的辐射传导使水分子吸收微波能产生分子极震，获得动能，实现水分的汽化，进而带动物料的整体膨化）和油炸膨化。

外部能量的传递设计必须遵循外部供能方式满足膨化动力的形成机制、外部能量向膨化动力的转换必须保证能量的最大利用率及最佳的膨化效果、外部供能和内部的能量变化应最大限度地保持食品物料营养性的原则。所以，从理论上讲，在满足上述原则的前提下，膨化工艺条件可以进行不同方式的变换和组合，这对新兴膨化工艺技术的开发和膨化设备的发展具有极大的指导意义。如低温和超低温膨化技术、超声膨化技术、化学膨化技术都有可能在不久的将来得到实际的应用。

3. 物料中高分子物质在膨化中的作用

（1）淀粉质在膨化中的作用

淀粉是由 D - 葡萄糖单元以苷键形式结合形成的大分子链状物质。自然界中的淀粉通常是以若干条链所组成的相对密集的团粒形式存在。淀粉团粒内水分的含量与分配，较大程度上取决于多糖链的密度与叠集的规则性。这对淀粉的理化性质和膨化加工特性至关重要。

在热压条件下,团粒内部的变化大致涉及四个不同的过程:向微晶区域引入结合水(实际上该区域由于在自然条件下与环境作用还存在少量结晶水);无定形区中凝胶相的有限润涨;微晶的熔融,同时已熔微晶与非晶性凝胶区的共同水化和润涨;熔融微晶的水化导致团粒内水分重新分配,最终润涨产生的应力使微晶变形又加速了熔融。实际上团粒的含水量决定着团粒的变化性质。水分含量低时,微晶以熔融变化为主;而当水分含量高时,则微晶的熔融、水合和极度不可逆的膨润同时发生。一般而言,前者所需的温度、压力较高,被称为淀粉的低水高压热炼过程。像淀粉质物料的挤压膨化,就是利用这一原理来实现的。而后者在常压下 60～70℃ 范围内可完成,也就是通常所说的糊化过程。当然,淀粉的热炼与糊化之间存在着一定范围内的弹性可调过渡区域。所以,工艺上可通过适当增加低水分物料的含水量,降低环境的温度压力,获得熔融充分、润涨适度的制品。在实际膨化过程中,淀粉分子的熔融与润涨混炼,不仅可使淀粉分子均匀分布,而且能让所含水分分散均匀。如微波膨化就可应用上述调节原理,先通过低水高压热预炼制备出含湿量低、可挤压成型的膨化坯料,再经干燥除去多余水分,制成炼化干坯,最后进行微波膨化,以满足微波能量均匀辐射特性的需要。

(2)蛋白质在膨化中的作用

蛋白质是一大类以氨基酸为基本构成单元的相对分子质量巨大的高分子物质,通常分为单纯蛋白质和结合蛋白质两大类。其分子的外观形状有纤维状蛋白和球状蛋白。生物体内的蛋白质存在形式则包括组织结构成分状态和活性游离状态。蛋白质的分子组成、结构特征及其生理功能决定着蛋白质具有两性解离性质、水化水合性质和胶体性质。这些性质决定了自然状态的蛋白质可与脂类结合成流动镶嵌结构的膜,可使蛋白质外围高度持水形成水合分子或形成凝胶,可溶于水而成为高浓度的胶体溶液。在膨化过程中,蛋白质作为膨化物料的成分,主要是其中的结构性蛋白质易受外部能量的影响和作用而发生分子结构变化,如变形、变性等。结构性蛋白质的这种变化通常与其在膨化过程中的功能变化同步发生。蛋白质在膨化过程中的主要功能有:以水化、水合作用持水,膜囊包裹作用存水和网状结构吸水等方式维持物料的部分含水;充当密闭气体小室的可塑性壁材,在气体膨胀时实现扩展性拉伸并逐渐变性,随后在室壁瞬时破裂、蒸汽外泄的过程中因失水和自身所带热量的干燥作用而被固化。干燥后的汽室内壁在膨化成品中维持着类似淀粉功能的力学上的网架结构。

虽然含蛋白质的物料可完成上述膨化过程,但是,物料中蛋白质的含水量过高和蛋白质的低程度组织化,以及物料中蛋白质含量过高,从理论到实践应用上对膨化都存在一定的困难。而组织化程度较高的蛋白质如纤维状蛋白就易于成膜。组织化程度较低的球状蛋白经混合拉伸、挤压交织等组织化增塑处理后,也能显示出良好的成膜塑性。通常物料内部的油脂是极好的增塑剂。因此,高度组织化的蛋白质易于进行膨化加工。同样,膨化加工过程也有利于蛋白质的组织化。作为膨化技术的拓展,可利用膨化技术对蛋白质进行组织化处理,以改善原有食品的风味。

(二)膨化加工基本操作过程

1. 按膨化加工的工艺过程分类

按膨化加工的工艺过程分类,食品的膨化方法有直接膨化法和间接膨化法。直接膨化法是指把原料放入加工设备(目前主要是膨化设备)中,通过加热、加压再降温减压而使原料膨胀化。间接膨化法就是先用一定的工艺方法制成半熟的食品毛坯,再将这种坯料通过微波、焙烤、油炸、炒制等方法进行二次加工,得到酥脆的膨化食品。

(1)直接膨化法

①直接膨化法的工艺流程:

进料→膨化→切断→干燥→包装→膨化食品

②直接膨化法的特点:直接膨化法在整个工艺过程中以挤压膨化法为主,有的也采用热空气膨化等方法。就目前的技术条件而言,以挤压法居多。

③直接膨化法挤压膨化工艺过程:物料在挤压膨化机中的膨化

工艺过程大致可分为物料输送混合、挤压剪切和挤压膨化三个阶段，如图 1 - 1 所示。

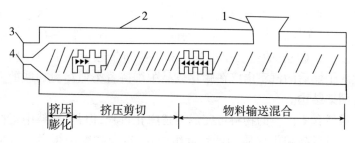

图 1 - 1　挤压膨化过程
1 - 料斗　2 - 缸体　3 - 挤出模　4 - 模孔

a. 物料输送混合阶段：物料由料斗进入挤压机后，由旋转的螺杆推进，并进行搅拌混合，螺杆的外形呈棒槌状，物料在推进过程中，密度不断增大，物料间隙中的气体被挤出排走，物料温度也不断上升。有时在物料输送混合阶段需注入热水，这不仅可以加快升温，而且还能使物料纹理化和黏性化，提高热传导率。在此阶段，物料会受到轻微的剪切，但其物理性质和化学性质基本保持不变。

b. 挤压剪切阶段：物料进入挤压剪切阶段后，由于螺杆与螺套的间隙进一步变小，故物料继续受挤压；当空隙完全被填满之后，物料便受到剪切作用；强大的剪切主应力使物料团块断裂产生回流，回流越大，则压力越大，可达 1500kPa 左右。相互的摩擦和直接注入的蒸汽使温度不断提高，可达 200℃ 左右。在此阶段物料的物理性质和化学性质由于强大的剪切作用而发生变化。

c. 挤压膨化阶段：物料经挤压剪切阶段的升温进入挤压膨化阶段。由于螺杆与螺套的间隙进一步缩小，剪切应力急剧增大，物料的晶体结构遭到破坏，产生纹理组织。由于压力和温度也相应急剧增大，物料成为带有流动性的凝胶状态。在高压下，物料中的水仍能保持液态，水温可达 275℃，远远超过常压下水的沸点。此时物料从模具孔中被排到正常气压下，物料中的水分在瞬间蒸发膨胀并冷却，使物料中的凝胶化淀粉也随之膨化，形成了无数细微多孔的海绵体。

脱水后,胶化淀粉的组织结构发生了明显的变化,淀粉被充分糊化,具有了很好的水溶性,便于溶解、吸收与消化,淀粉体积膨大了几倍到十几倍。

(2)间接膨化法

①间接膨化法的工艺流程:

进料→成坯→干燥→膨化→包装→膨化食品

②间接膨化法的特点:间接膨化法需要先用一定的工艺方法制成半熟的食品毛坯,工艺方法为挤压法,一般是挤压未膨胀的半成品;也可以不用挤压法,而用其他的成型工艺方法制成半熟的食品毛坯。半成品经干燥后的膨化方法主要采用除挤压膨化以外的膨化方法,如微波、油炸、焙烤、炒制等方法。

2. 按膨化加工的工艺条件分类

按膨化加工的工艺条件分类,膨化又可分为挤压膨化、微波膨化、油炸膨化等。

(1)挤压膨化食品加工

挤压食品的加工工艺主要靠挤压机来完成。挤压成型的定义是:物料经过预处理(粉碎、调湿、预热、混合等)后,在螺杆的强行输送和推动下,通过一个专门设计的小孔(模具),从而形成一定形状和组织状态的产品。因此挤压成型的主要含义是塑性或软性物料在机械力的作用下,定向地通过模板连续成形。对于食品而言,大多数的食品,尤其是小吃食品都是在成熟后上市销售直接食用,另外在小吃食品的加工过程中也需要有一定的温度,以便在加工过程中对物料产生一定的杀菌作用并在膨化闪蒸时脱去一部分水分。

①食品挤压膨化的机理:膨化食品的加工原料主要是含淀粉较多的谷物粉、薯粉或生淀粉等。这些原料由许多排列紧密的胶束组成,胶束间的间隙很小,在水中加热后因部分溶解空隙增大而使体积膨胀。当物料通过供料装置进入套筒后,利用螺杆对物料的强制输送,通过压延效应及加热产生的高温、高压,使物料在挤压筒中经过挤压、混合、剪切、混炼、熔融、杀菌和熟化等一系列复杂的连续处理,胶束即被完全破坏形成单分子,淀粉糊化,在高温和高压下其晶体结

构被破坏,此时物料中的水分仍处于液体状态。当物料从压力室被挤压到大气压力下后,物料中的超沸点水分因瞬间蒸发而产生膨胀力,物料中的溶胶淀粉也瞬间膨化,这样物料体积突然被膨化增大而形成了酥松的食品结构。

挤压膨化食品是指将原料经粉碎、混合、调湿,送入螺旋挤压机,物料在挤压机中经高温蒸煮并通过特殊设计的模孔而制得的膨化成型的食品。在实际生产中一般还需将挤压膨化后的食品再经过烘焙或油炸等处理以降低食品的水分含量,延长食品的保藏期,并使食品获得良好的风味和质构;同时还可降低对挤压机的要求,延长挤压机的寿命,降低生产成本。

②挤压膨化食品的工艺流程:

原料→混合→调理→挤压蒸煮、膨化、切割→焙烤或油炸→冷却→调味→称重、包装

将各种不同配比的原料预先充分混合均匀,然后送入挤压机,在挤压机中加入适量水,一般控制总水量为15%左右。挤压机螺杆转速为(200～350)r/min,温度为120～160℃,机内最高工作压力为0.8～1MPa,食品在挤压机内的停留时间为10～20s。食品经模孔后因水蒸气迅速外逸而使食品体积急剧膨胀,此时食品中的水分可下降到8%～10%。为便于贮存并获得较好的风味质构,需经烘焙、油炸等处理使水分降低到3%以下。为获得不同风味的膨化食品,还需进行调味处理,然后在较低的空气湿度下,使膨化调味后的产品经传送带冷却以除去部分水分(目前一般成品冷却包装车间都有空调设备),随后立即进行包装。

(2)微波膨化食品加工

微波加热速度快,物料内部气体(空气)温度急剧上升,由于传质速率慢,受热气体处于高度受压状态而有膨胀的趋势,达到一定压强时,物料就会发生膨化。高水分含量的物料,水分在干燥初期大量蒸发,使制品表面温度下降,膨化效果不好。当水分低于20%时,由于物料的黏稠性增加,致使物料内部空隙中的水分和空气较难泄出而处于高度积聚待发状态,从而能产生较好的膨化效果。

影响物料膨化效果的因素很多。就物料本身而言,组织疏松、纤维含量高者不易膨化,而高蛋白、高淀粉、高胶原或高果胶的物料,由于加热后这些化学组分会"熟化",有较好的成膜性,可以包裹气体,产生发泡,干燥后将发泡的状态固定下来,即可得到膨松制品。以支链淀粉为主要原料,再辅以蛋白质和电解质(如食盐)的基础食品配方,便可以得到理想的膨化效果。

在微波加热过程再辅以降低体系压强,可有效地加工膨化产品。例如,用通常的方法加热干燥使物料水分达到15% ~20%时,再用微波加热,同时快速降低微波加热系统的压强,使物料内包裹的气体急速释放出来,由此而产生体积较大的制品。

(3)油炸膨化食品加工

油炸膨化食品起源于马来西亚,是一种在许多东南亚国家颇受欢迎的酥脆型食品。随着世界各国食品工业的不断交流与渗透,这种油炸膨化食品作为一种风味食品逐渐风行西方(英语名称为Cracker)。近几年油炸膨化食品的生产工艺在美国有了进一步的改善,使产品的质量日趋完美,1989年在英国伦敦举行的国际品尝会上,美国生产的油炸膨化食品口感极佳,受到专家们的广泛关注和赞许。

油炸膨化食品膨化原理是:利用淀粉在糊化老化过程中结构两次发生变化,先 α 化再 β 化,使淀粉粒包住水分,经切片、干燥脱去部分多余水分后,在高温油中使其中的过热水分急剧汽化而喷射出来,产生爆炸,使制品体积膨胀许多倍,内部组织形成多孔、疏松的海绵状结构,从而造成膨化,形成膨化食品。因此,膨化度是本产品的一个重要的特性指标。

二、挤压技术

挤压加工技术作为一种经济实用的新型加工方法广泛应用于食品生产中,并得到了迅速的发展。谷物食品的传统加工工艺一般需经粉碎、混合、成型、烘烤或油炸、杀菌、干燥等生产工序,每道工序都需配备相应的设备,生产流水线长,占地面积大,劳动强度高,设备种类多。采用挤压技术来加工谷物食品,原料经初步粉碎和混合后,即可用一台挤压机一步完成混炼、熟化、破碎、杀菌、预干燥、成型等工艺,制成膨化、组织化产品或制成不膨化的产品,这些产品再经油炸(也可不经油炸)、烘干、调味后即可上市销售,只要简单地更换挤压模具,便可以很方便地改变产品的造型。与传统生产工艺相比,挤压加工极大地改善了谷物食品的加工工艺,缩短了工艺过程,丰富了谷物食品的花色品种,降低了产品的生产费用,减少了占地面积,大大降低了劳动强度,同时也改善了产品的组织状态和口感,提高了产品质量。

1. 挤压加工原理

随着挤压技术的应用日益广泛,国内外科技工作者逐渐开始对食品的挤压原理有了一定的研究和了解。挤压研究内容包括原料经挤压后微观结构及物理化学性质的变化,挤压机性能及原料本身特性对产品质量的影响等,为挤压技术在新领域的开发应用奠定了基础。挤压机有多种型式,本书所论述的是螺杆挤压机,它主要由一个机筒和可在机筒内旋转的螺杆等部件组成。

食品挤压加工概括地说就是将食品物料置于挤压机的高温高压状态下,然后突然释放至常温常压,使物料内部结构和性质发生变化的过程。这些物料通常以谷物原料如大米、糯米、小麦、豆类、玉米、高粱等为主体,添加水、脂肪、蛋白质、微量元素等配料混合而成。挤压加工方法是借助挤压机螺杆的推动力,将物料向前挤压,物料受到混合、搅拌、摩擦以及高剪切力作用,使得淀粉粒解体,同时机腔内温度压力升高(温度可达 150～200℃,压力可达 1MPa 以上),然后从一定形状的孔瞬间挤出,由高温高压突然降至常温常压,其中游离水分在此压差下骤然汽化,水的体积可膨胀大约 2000 倍。膨化的瞬间,谷物结构发生了变化,生淀粉(β 淀粉)转化成熟淀粉(α 淀粉),同时变成片层状疏松的海绵体,谷物体积膨大了几倍到十几倍。

如图 1-2 所示,当疏松的食品原料从加料斗进入机筒内时,随着螺杆的转动,沿着螺槽方向向前输送,称为加料输送段。与此同时,由于受到机头的阻力作用,固体物料逐渐压实,又由于物料受到来自机筒的外部加热以及物料在螺杆与机筒间的强烈搅拌、混合、剪切等作用,温度升高,开始熔融,直至全部熔融,称为压缩熔融段。由于螺槽逐渐变浅,继续升温升压,食品物料得到蒸煮,出现淀粉糊化,脂肪、蛋白质变性等一系列复杂的生化反应,组织进一步均化,最后定量、定压地由机头通道均匀挤出,称为计量均化段。上述即为食品挤压加工的三段过程。

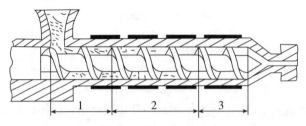

图1-2　挤压加工过程
1-加料输送段　2-压缩熔融段　3-计量均化段

图1-3较详细地说明了以膨化为主的食品的挤压加工过程。在第一级螺旋输送区内,物料的物理、化学性质基本保持不变。在混合区内,物料受到轻微的低剪切,但其本质仍基本不变。在第二级螺旋输送区内,物料被压缩得十分致密,螺旋叶片的旋转又对物料进行挤压和剪切,进而引起摩擦生热以及大小谷物颗粒的机械变形。在剪切区内,高剪切的结果使物料温度升高,并由固态向塑性态转化,最终形成黏稠的塑性熔融体。所有含水量在25%以下的粉状或颗粒状食品物料,在剪切区内均会产生由压缩粉体向塑性态的明显转化,对于强力小麦面粉、玉米碎粒或淀粉来说,这种转化可能在剪切区的起始部分;而对于弱力面粉或那些配方中谷物含量少于80%的物料来说,转化则发生在剪切区的深入区段。转化时,淀粉颗粒内部的晶状结构先发生熔融,进而引起颗粒软化,再被压缩在一起形成黏稠的塑性熔融体。这种塑性熔融体前进至成型模头前的高温高压区内,物料已完成全流态化,最后被挤出模孔,压力降至常压而迅速膨化。

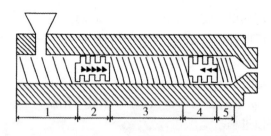

图1-3 挤压膨化过程
1-第一级螺旋输送区 2-混合区 3-第二级螺旋输送区
4-剪切区 5-高温高压区

有的产品不需要过高的膨化率,可用冷却的方法控制受挤压物料的温度不至于过热(一般不超过100℃),以达到挤压产品不膨化或少膨化的目的。

在挤压过程中将各种食品物料加温、加压,使淀粉糊化、蛋白质变性,并使贮藏期间能导致食品劣变的各种酶的活性钝化,一些自然形成的毒性物质,例如大豆中的胰蛋白酶抑制剂也被破坏,最终产品中微生物的数量也减少了。在挤压期间,食品可以达到相当高的温度,但在这样高的温度下滞留时间却极短(5~10s)。因此挤压加工过程常被称为HTST过程。该过程使食品加热的有利影响(改进消化性)趋于最大,而使有害影响(褐变、各种维生素和必需氨基酸的破坏、不良风味的产生等)趋于最小。

2.挤压加工的特点

食品挤压加工有许多特点,现主要归纳为如下六大方面。

(1)应用范围广

采用挤压技术可加工各种膨化和强化食品,加工适合于小吃食品、即食谷物食品、方便食品、乳制品、肉类制品、水产制品、调味品、糖制品、巧克力制品等许多食品生产领域,并且经过简单地更换模具,即可改变产品形状,生产出不同外形和花样的产品,因而产品范围广、种类多、花色齐,可形成系列化产品,有利于产销灵活性。还可以用于酿造食品的原料处理,提高出品率。

（2）生产效率高

由于挤压加工集供料、输送、加热、成型为一体，又是连续生产，因此生产效率高。小型挤压机生产能力为每小时几十千克，大型挤压机生产能力可达每小时十几吨以上，而能耗是传统生产方法的60%～80%。

（3）原料利用率高，无污染

挤压加工是在密闭容器内进行的，在生产过程中，除了开机和停机时需投少许原料作为头料和尾料，使设备操作过渡到稳定生产状态和顺利停机外，一般不产生原料浪费现象（头尾料可进行综合利用），也不会向环境排放废气和废水而造成污染。

（4）营养损失小，有利于消化吸收

由于挤压膨化属于高温短时加工过程，食品中的营养成分几乎不被破坏。但食品的外形发生了变化，而且也改变了内部的分子结构和性质，其中一部分淀粉转化为糊精和麦芽糖，便于人体吸收。又因挤压膨化后食品的质构呈多孔状，分子之间出现的间隙有利于人体消化酶的进入。未经膨化的粗大米，其蛋白质的消化率为75%，经膨化处理后可提高到83%。

（5）口感好，食用方便

谷物中含有较多的淀粉、维生素以及钙、磷等，这些成分对人体极为有益，但口感较差。谷物经挤压膨化过程后，由于在挤压机中受到高温、高压和剪切、摩擦作用，以及在挤压机挤出模具口的瞬间膨化作用，使得这些成分彻底地微粒化，并且产生了部分分子的降解和结构变化，使水溶性增强，改善了口感。经膨化处理后，由于产生了一系列的质构变化而使由体轻、松酥的小麦粉生产的"大米面包"具有独特的香味。大豆制品的豆腥味是大豆内部的脂肪氧化酶催化产生氧化反应的结果。挤压过程中的瞬间高温已将该酶破坏，从而也就避免了异味的产生。另外，一些自然形成的毒性物质，如大豆中的胰蛋白酶抑制因子等，也同样遭到破坏。膨化后的制品，其质地是多孔的海绵状结构，吸水力强，容易复水，因此不管是直接食用还是冲调食用均较方便。

(6)不易"回生",便于贮藏

通常主食加工采用蒸煮的办法,如刚做好的米饭软而可口,但放置一段时间后即变硬而不好吃,即所谓"回生"。利用挤压技术加工,由于加工过程中高强度的挤压、剪切、摩擦、受热作用,淀粉颗粒在水分含量较低的情况下,充分溶胀、糊化和部分降解,再加上挤出模具后,物料由高温高压状态突变到常压状态,便发生了瞬间的"闪蒸",因为糊化之后的 α 淀粉不易恢复其 β 淀粉的颗粒结构,而仍保持其 α 淀粉分子结构,故不易产生"回生"现象。

三、油炸技术

油炸食品是一种传统的方便食品。它利用油脂作为热交换介质,使被炸食品中的淀粉糊化、蛋白质变性以及水分变成蒸汽,从而使食品变热或成为半调理食品,使成品水分降低,具有酥脆或外表酥脆的特殊口感,同时由于食品中的蛋白质、碳水化合物、脂肪及一些微量成分在油炸过程中发生化学变化产生特殊风味,因此,油炸已成为食品加工及烹调中常用的重要技术之一。

1.油炸理论

油炸是以食用油脂为热传递介质,油脂的热容量为 $2J/(\mathfrak{C} \cdot g)$,其升温快,流动性好,油温高(可达200℃以上)。油炸时热传递主要是以传导方式进行的,其次是对流作用。热量首先由热源传递到油炸容器,油脂从容器表面吸收热量再传递到食品表面。其后一部分热量由食品表面的质点与内部质点进行传导而传递到内部;另一部分热量直接由油脂带入食品内部,使食品内部各种成分很快受热而成熟。油炸过程中产生的分解物可分为两大类,一类为挥发性分解物(VDFs,Volatile Decomposition Products),另一类为非挥发性分解物(NVDFs,Nonvolatile Decomposition Products)。其中 VDPs 包括碳氢化合物、酮类、醛类及酸类等,部分 VDPs 可提供油炸食品的风味(其主要成分为 2,4 – 癸二醛,系亚油酸所致),但部分 VDPs 却对油炸食品及油产生不良气味(为脂肪酸氧化而分解出的低级醇、醛、酮等成分,其中以丙烯醛为主)。

2.油炸技术

食品在油炸时可分为五个阶段：

①起始阶段(Break-in)：被炸食品表面仍维持白色,无脆感,吸油量低,食物中心的淀粉未糊化,蛋白质未变性。

②新鲜阶段(Fresh)：被炸食品表面的外围有些褐变,中心的淀粉部分糊化,蛋白质部分变性,食品表面有脆感并有少许吸油。

③最适阶段(Optimum)：被炸食品为金黄色,脆度良好,风味佳,食品表面及内部的硬度适中、成熟。吸油量适当。

④劣变阶段(Degrading)：被炸食品颜色变深,吸油过度,食品变得松散,表面有变僵硬现象。

⑤丢弃阶段(Runaway)：被炸食品颜色变为深黑,表面僵硬,有炭化现象,制品萎缩。

油炸技术可分为常压油炸、减压油炸和高压油炸三大类。常压油炸油釜内的压力与环境大气压相同,通常为敞口,是最常用的油炸方式,通用面较广,但食品在常压油炸过程中营养素及天然色泽损失很大,因此,常压油炸比较适于粮食类食品的油炸成熟,如油炸糕点、油炸面包、油炸方便面的脱水等。减压油炸也称真空油炸,是将油炸油釜内的压力降至$10 \sim 100Pa$进行油炸,该方法可使产品保持良好的颜色、香味、形状及稳定性,脱水快,且因油炸环境中氧的浓度很低,其劣变程度亦相应降低,营养素损失较少,产品含水量低,酥脆。该法用来生产油炸果蔬脆片最为合适。高压油炸是使油釜内的压力高于常压的油炸法。高压油炸可解决长时间油炸而影响食品品质的问题,该法温度高,水分和油损失(挥发)少,产品外酥里嫩,最适合肉制品的油炸成熟,如炸鸡腿。

3.影响油炸食品质量的因素

(1)油炸温度

温度是影响油炸食品质量的主要因素。它不仅影响食品炸制成熟程度、口感、风味和色泽,也是引起煎炸油本身劣变的主要因素。通常认为油炸的适宜温度是被炸食品内部达到可食状态,而表面正好达到正色泽的油温。一般油炸温度$160 \sim 180℃$为宜。油温高,煎炸油劣变快,产生气泡的时间也随油温升高而提前。多次油炸和长时间煎炸的油脂黏度增加很多,流动困难。因此,食品的油炸温度一般不要超过200℃。

(2)油炸时间

油炸时间与油温的高低应根据食品的原料性质、块形的大小及厚薄、受热面积的大小等因素而适当控制。油炸时间过长,易使制品色泽过深或变焦,口味不适而成废品;油炸时间过短,则易使制品色泽浅淡、易碎、不熟。通常对富含维生素且需保持良好色泽的果蔬脆片采用短时(真空)油炸。而对肉制品及面包类食品采用较长的油炸时间。

(3)煎炸油和食品一次投放量的关系

油炸食品时,如果一次投放量过大,会使油温迅速降低,为了恢复油温就要加强火力,这势必会延长油炸时间,影响产品质量。如果一次投放量过小,会使食品过度受热,易焦煳,不同食品的一次投放量也有所不同,应根据食品的性质、油炸容器、火源强弱等因素来调整油脂和食品的比例。

(4)煎炸油的质量

煎炸油的成分直接影响着油炸食品的质量。煎炸油具有良好的风味和起酥性,氧化稳定性高,一般要求氧化稳定性 AOM 值达 100h 以上,在油炸过程中不易变质,使油炸食品具有较长货架寿命的一种高稳定液态起酥油。天然动植物油脂(棕榈油除外)由于含有较高的不饱和脂肪酸,起酥性差,氧化稳定性低,故不适宜用做煎炸油。氢化植物起酥油(AOM 值为 100 ~ 1014)和棕榈油(AOM 值为 60 ~ 75)是较为理想的煎炸油。

4. 煎炸油劣变的因素及其防止方法

(1)影响煎炸油劣变的因素

油脂在煎炸过程中其理化性质发生了很大的变化。影响煎炸油劣变的因素很复杂,主要有以下几个方面。

①热氧化聚合物和分解物的产生:热氧化是油在煎炸过程中,在有空气存在的情况下所发生的激烈的高温氧化反应,并伴随有热聚

合和热分解。热氧化是游离基反应,最初受到氧分子攻击的地方,不饱和脂肪酸是在双键结合的附近,而饱和脂肪酸是在靠近酯结合处。热氧化的聚合分解首先以氢过氧化物开始裂解,生成的游离基攻击其他脂肪酸分子或氢过氧化物,生成水、烃游离基和过氧游离基,它们再相互结合成二聚解或含有含氧基团的二聚解。热氧化反应所生成的聚合物主要是含有羰基和羟基的碳碳结合物——以二聚解为主。热氧化的同时伴有热分解,其分解生成物为醛、酮、烃、醇、脂肪酸等。

②游离脂肪酸的增加:油炸过程中,油脂与食品中的水分或水蒸气接触,发生水解反应生成游离脂肪酸。油脂的水解速度与游离脂肪酸的含量成正比。水解反应最初很缓慢,当油脂中的游离脂肪酸含量达到 0.5% ~1.0% 时,水解速度大大加快,温度越高,煎炸油的品质越差。

③油炸釜材料的影响:油炸釜是用金属制成的,金属对油脂的氧化起促进作用。在各类金属中,铜和铁最为显著,其中铜的催化作用最大,因此,油炸釜应避免选用这两种金属制作。

④油炸食品内容物的溶出:食品煎炸过程中其内容物会溶出到煎炸油中,有些食品含有高不饱和脂肪酸,则会降低煎炸油的稳定性。有些食品会因氨基酸、多肽类及还原糖类溶出而产生美拉德反应,这些反应生成物会提高煎炸油的稳定性。有些食品尤其是含蛋制品含有磷脂类物质,会使油色变深并且有起泡现象。

(2)防止煎炸油劣变的方法

①提高煎炸油的周转使用率(Fat Turnover Rate):油炸食品时,由于食品吸油,油的飞溅、生成了挥发物和聚合物等原因,煎炸油的数量不断减少,这就需要不断地补充新油。从已炸过的陈油完全被更换成新鲜油所需的时间(h),换算成每小时加入新鲜油的百分数,就叫作油的周转使用率(FTR)。

$$FTR = \frac{OT}{WL}$$

式中:O——补充的新油量,kg;

T——补充新油的时间,h;

W——被炸生食品的重量,kg;

L——被炸食品的吸油量,kg/kg。

FTR 越大,表示每小时补充的新油越多,其热变质程度越轻。FTR 值在 12.5%/h 以上时,煎炸油的劣变程度最轻;当 FTR 值在 1.5% ~7%/h 时,煎炸油的劣变非常显著。

提高 FTR 的方法有:提高食品吸油量;缩短油炸时间,如在 170 ~ 180℃短时间内油炸大量食品可提高新油添加率;油炸技术操作正确;充分利用油炸装置内的油,使油层充满被炸的食品。

②防止热氧化:在物理方面设法阻断煎炸油表面的空气,如采用真空油炸装置,使用抽风柜或在油炸器皿上放置金属浮盖,在化学方面可添加抗氧化剂或硅油等。另外,油炸温度不宜过高,以不超过 200℃为宜,并应经常清洗油炸釜内的残渣。

四、脱水干燥技术

脱水是保存食品最古老的方法。水果在太阳下曝晒、鱼和肉的熏烤等都是源于古代的干燥方法。食品的干燥技术是古往今来利用的基本技术之一,也是近年来用以提高食品原料附加值的关键技术。最近,随着各食品企业对 HACCP 认识的加强及消费者对产品提出了高品质和更加细微化的要求,对食品原辅材料的干燥工艺和条件以及允许的加工误差也越来越严格。目前食品加工中经常利用的干燥技术有喷雾干燥、带式干燥、真空冷冻干燥等,近年来新开发应用的还有喷雾干燥加工造粒技术、微波等复合化干燥技术,运用这些新技术还有可能生产出风味独特的产品,以提高食品的品质。

食品生产中经常使用的是无损于食品风味、不易引起变色和变质的喷雾干燥、冷冻真空干燥和真空皮带式干燥等高品质干燥技术。由于高品质干燥方法的生产成本过高,往往必须对含有高水分的食品材料采取先进行浓缩处理,除去部分水分的前处理方法,以减少成本费用。尤其是液态物料,通过采取浓缩—干燥等单元操作组合可最终达到降低或除去水分的目的。现在,将干燥—造粒、干燥—粉碎、混合—干燥等单元操作复配组合,以便更有效地制造所需产品,即被称为工艺过程复合化。采用复合法干燥的原因是:采用单一的干燥装置时,干燥装置必须很庞大,排气温度高,排风量大。单元操作复合化的优点如下:可防止单一机器从原料到成品的过程中产生的污染和混入异物;减少发热量,降低制品生产成本;设备小型化,结构紧凑化,价格降低;达到省力化的目标。

1. 超声波干燥

超声波在液体中传播时,使液体介质不断受到压缩和拉伸。而液体耐压不耐拉,液体若受不住这种拉力,就会断裂而形成暂时的近似真空的空洞(尤其在含有杂质、气泡的地方),而到压缩阶段,这些空洞会发生崩溃。崩溃时,空洞内部最高瞬压可达几万个大气压,同时还将产生局部高温以及放电等现象,这就是空化作用。超声引起的空化作用在液体表面形成超声喷雾,使液体蒸发表面积增加,可提高真空蒸发器的蒸发强度与效率。这为食品工业中热敏性稀溶液物料的浓缩干燥提供了一条良好的途径。超声干燥与普通的加热和气流干燥相比,具有干燥速度快、温度低、最终含水率低且物料不会被损坏或吹走等优点,适合于食品、药品及生化制品的干燥。在食品加工中,还会遇到黏稠物料的干燥问题,超声喷雾器的问世解决了传统离心式喷雾头的黏料堵塞问题。它利用超声变幅杆端面的强烈振动使液体从喷口处快速喷出。此外,对食品进行超声脱水干燥不仅速度快、时间短、复水性好,而且食品的色、香、味和营养成分都能很好地得到保留。这种方法还适用于植物标本的制作。

2. 远红外线干燥

远红外线为波长 $4.0 \sim 1000\,\mu m$ 的电磁波(放射线),此波长易被生物吸收,对细胞的培养以及物质的合成起作用。其中 $9.3\,\mu m$ 波长的放射线具有抗氧化作用,可以使细胞活化,被称为培养光线。Vianov 株式会社开发出波峰为 $9.3\,\mu m$ 的面状远红外线加热元件,可设置在干燥箱的上下面和被干燥物料的上下两面。此加热元件具有温度自控机能,当达到干燥温度时,加热元件可以自动感知和调节(只是对感知的部分进行调节)。即发热体之间互相接触以及发热体与周边的介电体接触而导电,产生热量。由于发热,加热元件的分子膨胀,发热体与介电体分离,产生感应电流;当它们之间的距离超过一定值时,电流消失,元件开始冷却收缩。由于收缩,发热体之间的距离接近,再度导电而产生热量。此过程循环往复,实现了一定的温度调整(40~55℃)。这对于干燥食品相当重要——因为食品材料中的各种酶在60℃以上时失活。

3. 低温真空油炸干燥

该方法是在真空条件下,把果品切块后投入高温油槽,均匀地脱去果品组织中所含的大量水分,再继续用油抽取装置进行部分脱油。这样所得果品脆片的含油量一般小于25%,含水率小于6%,而常压油炸食品的含油率为40%~50%。在低温真空中进行油炸,可以防止油脂劣化变质,不必加入其他抗氧化剂,油脂可以反复使用。与冷冻、热风干燥相比,该方法有如下优点:灭菌作用好;在真空条件下,使原料在80~110℃脱水,有效地避免了果品蔬菜营养成分及品质的破坏;由于在真空状态下,果品细胞间隙的水分急剧汽化膨胀,体积迅速增加,间隙扩大,因此具有良好的膨化效果,产品的口感清脆,复水性好;可大幅度降低成本;干燥果品质量稳定,在空气中吸水性小,可长期保存。

4. CO_2 干燥

该方法是用 CO_2 代替空气作为介质对果品进行干燥的方法。只要将传统的热风干燥设备稍加改造,增加 CO_2 循环管路和冷凝、加热装置,便可组成 CO_2 干燥果品新系统。用该工艺得到的干制果品质量好。与热空气干燥、真空干燥及冷冻干燥相比,CO_2 干燥法有以下优点:设备投资费用低,对热空气干燥设备进行改造即可;采用多效干燥、CO_2 循环利用和热泵干燥技术,能量消耗低;可在较低的温度及隔绝空气的状态下操作,不用油炸,不需使用抗氧剂及烟熏灭菌剂等化学药品,是生产纯天然绿色食品的理想干燥方法;产品质量好,不仅保留了原产品的色泽及风味,而且干燥过程对产品的物理化学性质影响很小,经 CO_2 干燥的果品不会像热空气干燥那样产生褐变和表面干缩,也不会像冷冻干燥那样使细胞迅速脱水。

5. 吸附式低温干燥技术

吸附式低温干燥技术属于热泵干燥。热泵干燥是目前应用于食品干制加工的主要方法,它的实质是冷风干燥,能耗低,干燥气流温度在 50℃ 以下,相对湿度在 15% 左右。它在一定程度上克服了热风干燥使物料表面硬化、干缩严重、营养成分损失大、复水后很难恢复到原状的缺点,但热泵干燥压缩机所用的制冷剂 CFCs 会破坏大气臭氧层,不利于环保。为克服以上各干燥方法的不足,华南理工大学化工所研究开发了一种全新的食品脱水分离法——吸附式低温干燥,这是一种以传质推动力为主的新型干燥工艺,制品原色原味、营养损失小、复水效果好;系统杀菌性能高、无环境污染、能耗低,且可利用低品位热源(太阳能、工业废热、换热器余热等)。干燥过程中干燥气流露点可达 -10℃ 以下,温度在 10 ~ 50℃ 内可调,特别适用于热敏性物料的干燥。研究所试验考察了干燥气流的湿度、温度、流速和物料表面积对胡萝卜薄片干燥特性的影响,并建立了干燥恒速、降速阶段水分传递的数学模型。经实验证明新型的食品脱水分离方法——吸附式低温干燥能以较低的能耗取得很好的干燥效果。

在工业生产中,由于物料的多样性及其性质的复杂性,有时用单一形式的干燥器来干燥物料,往往达不到最终产品的质量要求,如果把两种或两种以上的干燥器组合起来,就可以达到单一干燥所不能达到的目的,这种干燥方式称为组合干燥。组合干燥可以较好地控制整个干燥过程,同时又能节约能源,尤其适用于热敏性物料组合干燥,是干燥技术未来的发展趋势之一。

6. 微波——远红外干燥

由于单独使用微波干燥除去物料水分,设备的运转费用很高,引起了产品成本过高的问题,因此许多生产公司采用各种干燥方法配以微波干燥的方法来开发新产品。

日本千代田公司制作所开发生产的“超级干燥系统”是在减压条件下组合应用微波加热和远红外线加热的新型干燥装置。在减压条件下,物料内部水分的沸点降低,因此利用很少的热能就可以使之容易地蒸发为蒸汽状态,然后再通过微波加热将物料内部的水分挤出到外部表面,以微波和远红外线联用的加热方法将这些表面部分的水分快速汽化,最终制得优质的干燥物成品。这种干燥由于采用减压下低温加热使水分快速除去的方法,因此原材料原有的营养成分几乎完全不遭到损失,干燥成品充分保持了原有材料的营养成分。

7. 微波—冷冻干燥

冷冻干燥是指冻结物料中的冰直接升华为水汽的工艺过程。在干燥时,需要外部提供冰块升华所需的热量,升华的速率则取决于热源所能提供能量的多少。微波可克服常规干燥热传导率低的缺点,从物料内部开始升温,并由于蒸发作用使冰块内层温度高于外层,对升华的排湿通道无阻碍作用。微波还可有选择性地针对冰块加热。而已干燥部分却很少吸收微波能,因而干燥速率大大增加,干燥时间可比常规干燥缩短1/2以上。此外,因为微波—冷冻干燥物料干燥速度快,物料内冰块迅速升华,因而物料呈多孔性结构,更易复水和压缩,而且微波—冷冻干燥可更好地保留挥发性组分。相比较而言,微波—冷冻干燥比其他冷冻干燥方式更适合较厚物料的干燥。由于微波—冷冻干燥技术生产的产品品质与常规冷冻干燥没有多大差别,但加工周期大大缩短,因而微波—冷冻干燥在经济上较合算。

8. 喷雾—流化床组合干燥

喷雾干燥主要用来干燥液状物料,但当空气温度低于150℃时,容积传热系数较低,为83~418kJ/($m^3 \cdot h \cdot K$),所用设备体积大,而且热效率不高。而流化床干燥主要用于固态颗粒的干燥,其热容量系数较大,为8000~25000kJ/($m^3 \cdot h \cdot K$)。将这两种干燥器组合起来干燥液状物料,和单纯利用喷雾干燥相比,在相同处理量的情况下,喷雾—流化床组合干燥减小了喷雾干燥塔的尺寸,节约了操作空间,产品质量较好。喷雾干燥和流化床干燥的组合在食品、医药和轻工产品干燥中均有应用,如奶粉的干燥,微囊化粉末酒的生产等。其组合形式有二级、三级干燥。

9. 气流—流化床组合干燥

气流干燥采用高温高速气体作为干燥介质,且气固两相间的接触时间很短,因此气流干燥仅适用于除去物料表面水分的恒速干燥过程。当产品的含水量要求很低,而用一个气流干燥管又很难达到要求时,应选择气流干燥和流化床干燥的二级组合系统,而不应该采用延长干燥管长度或再串联一套气流干燥管的方法。因为第一级气流干燥后剩下的水分已是难以除掉的结合水分,而流化床干燥器最适宜除掉部分这种水分。

五、腌制技术

食品的腌渍主要有食盐腌渍、糖腌渍、醋腌渍、酒腌渍四种类型。其中食盐和糖渍最为常见。

让食盐或糖渗入食品组织内,降低它们的水分活度,提高它们的渗透压,借以有选择地控制微生物的活动和发酵,抑制腐败菌的生长,从而防止食品腐败变质,保持它们的食用品质,或获得更好的感官品质,并延长食品的保质期,这种技术就是腌制技术。

糖渍品(Preserves)主要有果脯、蜜饯、果酱、果冻等。它们是利用蔗糖的保藏作用,将新鲜果品用糖腌渍后,制成的一种食品,分为蜜饯和果酱两大类。蜜饯类又分为干态蜜饯、湿态蜜饯和凉果。湿态蜜饯是以鲜果(胚)经糖渍或煮制,不经烘干或半干性的制品。干态蜜饯是鲜果(胚)经糖渍或煮制,烘干(或晒干)而成的制品。凉果是将果胚用糖、盐、甘草和其他多种辅料一起腌渍后,再经干制而成的。果酱类又分为果酱、果泥和果冻等。果品糖制后不保持果实或果块原料形状的制品,统称为果酱。筛滤后的果肉浆液,加或不加食糖、果汁和香料,煮制成质地均匀的半固态制品即为果泥。果泥中不加或加少量糖,加或不加香料制成的比较稀薄的制品常称为沙司。由果泥干燥成皮革状的制品称为果丹皮。果冻是以果汁、糖和其他辅料加工而成的凝胶状的酸甜制品。

腌制是鱼、肉、蛋类食物长期以来的重要保藏手段。可以直接利用腌渍和风干技术保藏,如咸肉、咸鱼、风鹅、咸蛋等腌制品。不少产品还利用霉菌的作用,分解蛋白质等高分子物质,使产品风味更好。如金华火腿等。腌禽蛋即用盐水浸泡或用含盐泥土腌制,并添加石灰、纯碱等辅料的方法制得的产品,主要有咸鸡蛋、咸鸭蛋和皮蛋。

(一)食品腌制理论基础

1. 扩散

扩散是分子或微粒在不规则热运动下,固体、液体或者气体(蒸汽)浓度均匀化的过程。扩散总是由高浓度向低浓度的方向进行,并且继续到各处浓度均等时停止,扩散的推动力是浓度梯度。

物质在扩散过程中,其扩散量和通过的面积及浓度梯度成正比,扩散方程可以写为:

$$dQ = -DF\frac{dc}{dx}d\tau \qquad (1-1)$$

式中:Q——物质扩散量;

D——扩散系数(随着溶质及溶剂的种类而异);

F——扩散通过的面积;

$\frac{dc}{dx}$——浓度梯度(c 为浓度,x 为间距);

τ——扩散时间。

经过变换,扩散系数 D 可以写成:

$$D = -\frac{dQ/d\tau}{F(dc/dX)} \qquad (1-2)$$

爱因斯坦假设扩散物质的粒子为球形时,扩散系数 D 可以写成如下形式:

$$D = \frac{RT}{6N\pi r\eta} \qquad (1-3)$$

式中:D——扩散系数,在单位浓度梯度的影响下,单位时间内通过单位面积的溶质量,m^2/s;

R——气体常数,8.314J/($K \cdot mol$);

N——阿伏伽德罗常数,6.023×10^{23};

T——绝对温度,K;

η——介质黏度,Pa·s;

r——溶质微粒(球形)直径,应比溶剂分子大,并且只适用于球形分子,m。

根据式(1-1),食品腌制过程中溶质扩散速率因扩散系数、扩散通过的面积和溶液浓度梯度而异。扩散系数则取决于扩散物质的种类和温度。式(1-3)表明,温度(T)越高,粒子直径(r)越小,介质的黏度(η)越低,则扩散系数(D)越大。

2. 渗透

渗透是溶剂从低浓度溶液经过半透膜向高浓度溶液扩散的过程。半透膜就是只允许溶剂(或小分子)通过而不允许溶质(或大分子)通过的膜。细胞膜就属于半透膜。从热力学观点看,溶剂只从外逸趋势较大的区域(蒸汽压高)向外逸趋势较小的区域(蒸汽压低)转移,由于半透膜孔眼非常小,所以对液体溶液而言,溶剂分子只能以分子状态迅速地从低浓度溶液中经过半透膜孔眼向高浓度溶液内转移。

食品腌制过程,相当于将细胞浸入食盐或食糖溶液中,细胞内呈胶体状态的蛋白质不会溶出,但电解质则不仅会向已经死亡的动物组织细胞内渗透,同时也向微生物细胞内渗透,因而腌渍不仅阻止了微生物对水产品营养物质的利用,也使微生物细胞脱水,正常生理活动被抑制。

渗透压取决于溶液溶质的浓度,和溶液的数量无关。范特·荷夫(Van't-Hoff)经研究推导出稀溶液(接近理想溶液)的渗透压值计算公式:

$$II = cRT \tag{1-4}$$

式中:II——溶液的渗透压,kPa;

c——溶质的物质的量浓度,mol/L;

R——气体常数,8.314J/(K·mol);

T——绝对温度,K。

若将许多物质特别是 NaCl 分子会离解成离子的因素考虑在内,式(1-4)还可以进一步改为:

$$II = icRT \tag{1-5}$$

式中:i——包括物质离解因素在内的等渗系数(物质全部解离时 $i=2$)。

以后布尔又根据溶质和溶剂的某些特性进一步将范特·荷夫公式改成下式:

$$II = (\rho_1 100M)CRT \qquad\qquad (1-6)$$

式中:ρ_1——溶剂的密度,g/L;

C——溶质的质量分数,g/100g;

M——溶质的摩尔质量,g/mol。

此式对理解食品腌制中的渗透过程较为重要。前面提到过腌制速度取决于渗透压,而根据式(1-6)来看,渗透压与温度和浓度成正比,因此为了加快腌制过程,应尽可能在高温度(T)和高浓度溶液(C)的条件下进行。从温度来说,每增加1℃,渗透压就会增加0.30%~0.35%。所以糖渍常在高温下进行。盐腌则通常在常温下进行,有时采用较低温度,如在2~4℃。渗透速率还和溶剂密度(ρ_1)及溶质的摩尔质量(M)有一定关系。不过,溶剂密度对腌制过程影响不大,因为腌制食品时,溶剂选用范围十分有限,一般总是以水作为溶剂。至于溶质的摩尔质量则对腌制过程有一定影响,因为对建立一定渗透压来说,溶质的摩尔质量越大,需用的溶质质量也越大。又由式(1-5)可见,若溶质能够离解为离子,则能提高渗透压,用量显然可以减少些。例如选用相对分子质量小并且能在溶液中完全解离成离子的食盐时,当其溶液浓度为10%~15%时,就可以建立起与300~600kPa相当的渗透压,而改用食糖时,溶液的浓度需达到60%以上才行。这说明糖渍时需要的溶液浓度要比用盐腌制时高得多,才能达到保藏的目的。

3. 扩散渗透平衡

食品的腌制过程实际上是扩散和渗透相结合的过程。这是一个动态平衡过程,其根本动力是浓度差的存在。当浓度差逐渐降低直至消失时,扩散和渗透过程就达到平衡。

食品腌制时,食品外部溶液和食品组织细胞内部溶液之间借助溶剂的渗透过程及溶质的扩散过程,浓度会逐渐趋向平衡,其结果是食品组织细胞失去大部分自由水分,溶质浓度升高,水分活性下降,渗透压得以升高,从而可以抑制微生物的侵袭造成的腐败变质,延长食品保质期。

(二)腌制的防腐原理

1.食盐浓度与微生物生长繁殖的关系

食盐对微生物的影响,因其浓度而异,低浓度时几乎没有作用。有些种类的微生物在1%～2%的食盐中反而能更好地发育。事实上食盐对微生物的抑制作用,较其他盐类更弱。但是高浓度的食盐对微生物有明显的抑制作用。这种抑制作用表现为降低水分活度,提高渗透压。盐分浓度越高,水分活度越低,渗透压越高,抑制作用越大。此时,微生物的细胞由于渗透压作用而脱水、崩坏或发生原生质分离。但产生抑制效果的盐浓度对于各种微生物不一样,一般腐败菌为8%～12%,酵母、霉菌分别为15%～20%和20%～30%。一些病原菌比腐败菌在更低的浓度即被抑制。食盐的抑制作用因低pH值或其他贮藏剂(如苯甲酸盐)的复合作用而提高。与食盐浓度相对应的水分活度及其对微生物的抑制作用见表1-1。食盐浓度达到饱和时的最低水分活度约为0.75,这种水分活度范围,并不能完全抑制嗜盐细菌、耐旱霉菌和耐高渗透压酵母的缓慢生长。因此,在气温高的地区与季节,腌制品仍有腐败变质的可能。

表1-1　各种微生物被抑制的最低水分活度与相应的食盐浓度

微生物种类	水分活度	食盐溶液浓度/%
大多数腐败细菌	0.91	13.0
大多数腐败酵母	0.88	16.2
大多数腐败霉菌	0.80	23.0
嗜盐细菌	0.75	饱和溶液
耐旱霉菌	0.65	—
耐高渗透压酵母	0.60	—

2.腌制的防腐作用

(1)渗透压的作用

微生物细胞实际上是有细胞壁保护及原生质膜包围的胶体状原生浆质体。细胞壁是全透性的,原生质膜则为半透性的,它们的渗透性随微生物的种类、菌龄、细胞内组成成分、温度、pH 值、表面张力的性质和大小等因素变化而变化。根据微生物细胞所处溶液浓度的不同,可把环境溶液分成三种类型,即等渗溶液(Isotonic Solution)、低渗溶液(Hypotonic Solution)和高渗溶液(Hypertonic Solution)。

等渗溶液就是微生物细胞所处溶液的渗透压与微生物细胞液的渗透压相等,例如 0.9% 的食盐溶液就是等渗溶液(习惯上称为生理盐水)。在等渗溶液中,微生物细胞保持原形,如果其他条件适宜,微生物就能迅速生长繁殖。

低渗溶液指的是微生物细胞所处溶液的渗透压低于微生物细胞的渗透压。在低渗溶液中,外界溶液的水分会穿过微生物的细胞壁并通过细胞膜向细胞内渗透,渗透的结果是微生物的细胞呈膨胀状态,如果内压过大,就会导致原生质胀裂(Plasmoptysis),不利于微生物生长繁殖。

高渗溶液就是外界溶液的渗透压大于微生物细胞的渗透压。处于高渗溶液的微生物,细胞内的水分会透过原生质膜向外界溶液渗透,其结果是细胞的原生质脱水而与细胞壁分离,这种现象称为质壁分离(Plasmolysis)。质壁分离的结果是细胞变形,微生物的生长活动受到抑制,脱水严重时会造成微生物死亡。腌制就是利用这个原理来达到保藏食品的目的。在用糖、盐和香料等腌渍时,当它们的浓度达到足够高时,就可抑制微生物的正常生理活动,并且还可赋予制品特殊的风味及口感。

在高渗透压下,微生物的稳定性决定于它们的种类,其质壁分离的程度决定于原生质的渗透性。如果溶质极易通过原生质膜,即原生质的通透性较高,细胞内外的渗透压就会迅速达到平衡,不再存在质壁分离的现象。因此微生物种类不同时,由于其原生质膜也不同,对溶液的反应也就不同。因此腌制时不同浓度盐溶液中生长的微生物种类也就不同。

1% 的食盐溶液就可以产生 0.830MPa(计算值)的渗透压,而通常大多数微生物细胞的渗透压只有 0.3 ~ 0.6MPa,因此高浓度食盐溶液(如 10% 以上)就会产生很高的渗透压,对微生物细胞产生强烈的脱水作用,导致微生物细胞的质壁分离。

(2)降低水分活度的作用

食盐溶解于水中,离解出来的 Na^+ 和 Cl^- 与极性的水分子通过静电引力作用,在每个 Na^+ 和 Cl^- 周围都聚集了一群水分子,形成了水化离子。食盐浓度越高, Na^+ 和 Cl^- 的数目越多,所吸收的水分子就越多,这些水分子因此由自由状态转变为结合状态,导致了水分活度的降低。

食盐溶液浓度与水分活度、渗透压之间的关系见表 1-2。从表中可以看出,随着食盐浓度的增加,水分活度逐渐降低。在饱和盐溶液(浓度为 26.5%,即在 20℃时,100g 水仅能溶解 36g 盐)中,无论细菌、酵母还是霉菌都不能生长,这可能是没有自由水分供微生物利用的缘故。

表1-2　食盐溶液的水分活度和渗透压

盐液浓度/%	0	0.857	1.75	3.11	3.50	6.05	6.92	10.0	13.0	15.6	21.3
水分活度	1.000	0.995	0.990	0.982	0.980	0.965	0.960	0.940	0.920	0.900	0.850
渗透压/MPa①	0	0.712	1.453	2.583	2.904	5.024	5.746	8.304	10.795	12.955	17.689
渗透压/MPa	0	0.64	1.30	2.29	2.58	4.57	5.29	8.09	11.04	14.11	22.40

①表示计算值。

第三节　食品卫生要求

食品的卫生状况,直接关系到人民的身体健康和生命安全。如果食品不卫生,其中的各种有害因素会损害人体健康,甚至危及生命和子孙后代,影响民族的兴旺发达。为了保证食品卫生质量,防止食品污染,预防食物中毒和其他食源性疾病对人体的危害,确保人民身体健康,就必须加强食品卫生管理。中华人民共和国成立以来,我国政府十分重视食品生产和经营的卫生管理,颁布了许多食品卫生标准和管理办法。这些法规对加强食品卫生管理,提高食品卫生质量起到了很好的作用。2009年2月28日,十一届人大常委会第七次会议通过了《中华人民共和国食品安全法》,2009年6月1日开始实施,2015年4月24日由中华人民共和国第十二届全国人民代表大会常务委员会第十四次会议修订通过,2015年10月1日起施行,2018年12月29日第十三届全国人民代表大会常务委员会第七次会议通过决定:对《中华人民共和国食品安全法》作出修改。国家又陆续制定和颁布了一批食品卫生标准、食品卫生管理办法、食品企业卫生规范等单项法规和相应的检验方法。逐步建立了食品卫生法规体系,从而使食品卫生监督管理工作有法可依、有章可循,使之逐步纳入了法律监督体系。全国性的食品卫生监督管理网络已形成,并逐步实现了食品卫生管理的标准化、规范化,通过食品卫生技术规范,不断把食品卫生最新科学成就应用于食品卫生管理。

一、对食品企业建筑设备的卫生要求

1. 选址要求

食品企业除应考虑企业对外界环境的污染外,还要考虑周围环境对食品的污染。例如,食品加工厂应建在放射性工作单位的防护监测区外,并应远离其他污染源。良好的环境卫生是保证食品卫生的重要条件,对水源、能源、交通、风向、污水及废弃物处理和可能污染本厂的场所等条件都应充分考虑,并须符合城乡规划卫生要求。

2. 建筑卫生要求

为了使食品企业的新建、扩建、改建工程符合卫生要求,在设计时就应当严格按照《食品企业建筑卫生标准及管理条例》的要求进行。厂房设计要能达到防止食品污染并满足其他条件(如设置生产流水线、留有一定的原料存放面积、车辆通行等),以保证食品质量。

建筑物应便于清洁消毒,能够防尘、防蝇和防鼠,采光通风良好。墙和天花板应采用光滑材料,墙壁有1.52m须用瓷砖或水泥覆盖。天花板交接处、墙根、墙角都要求弧面结构,以便于清洗。地面应耐腐蚀并有适当斜度,冲洗后不积水。排水沟要严密加盖,排水沟口应有防鼠设备。应设有符合卫生要求的净化水设备及防尘、防蝇设施。卫生设施和"三废"治理设备要与主体工程同时设计、同时施工、同时投产使用。

3.生产设备和用具的卫生要求

食品生产设备、工具和容器与食品密切接触,在一定情况下往往有污染食品的可能,故应有一定的卫生要求,设备的选择应符合以下卫生要求:

①凡与食品直接接触的机器部件及器具、容器必须使用对人体无害和耐腐蚀的材料制成,并且不影响成品的色泽、香气、风味和营养成分。由于铜离子易引起食品变化、变味、油脂酸败和维生素损失,最好不使用铜制设备和器具。

②设备与食品直接接触的部位,均应有光滑的表面,加工的零件不应有裂缝、砂眼、小孔等,最好进行磨光处理。

③凡与食品直接接触的部件,均应易于拆装以便清洗、检查和修理,接口和转角处均应成圆角。搅拌装置通常可采用能拆装的搅拌叶和轴,以便能拆下清洗。

④较长的封闭式运输带和槽,应设有活络板,以便能开启清洗。

⑤一般的工艺物料管道、阀、接头等,均应采用光洁和耐腐蚀材料制成,并要求拆装方便,以便于清洗。

⑥生产设备中的空气管道应设有过滤装置,筛网尽可能采用有孔的金属板制成。

⑦食品设备的螺牙部件应能拆装,便于清洗,内螺牙不应采用。

⑧机械设备上的润滑油含有多氯联苯,对人体有害,故应采取措施防止润滑油污染食品。

⑨固定设备要便于工作人员进入进行彻底清洗。冷藏设备及杀菌设备应有准确的温度仪表。

⑩食品生产设备在设计结构上要求便于清洗、消毒,便于拆装,管道不得有盲端。

二、食品生产经营过程的卫生管理

1.食品生产加工的卫生要求

为了保证产品卫生质量,生产操作人员应严格执行生产卫生操作规程,搞好岗位卫生责任制。各生产工序的操作人员应根据原料、半成品及成品的卫生质量要求,进行自检、互检,人人把关,生产合格产品。在搞好群检的基础上,加强专职检验工作。工厂卫生管理、监督、检验人员应根据上述各项卫生要求对工厂环境、车间、生产设备、生产操作、生产人员等方面的卫生状况,开展全面卫生检查工作,进行认真的监督管理。其中应特别注意搞好原辅材料、生产工艺和成品卫生质量的检查、化验工作。

首先,检验人员应对到厂原辅材料进行检验,如果来料已腐败变质应立即停止验收,不得让不合格原料投入生产。其次,对生产工艺、设备的卫生状况进行监督检查。例如,检查原料的预煮、烫漂、油炸、烘烤及产品杀菌等处理是否符合工艺操作规程规定的温度与时间;产品配料中加入的食品添加剂是否按国家卫生标准规定执行等。在检查过程中应进行记录,若发现有违反卫生操作规程,影响产品卫生质量之处,应及时采取措施加以纠正。最后应检查成品质量是否符合食品卫生标准的有关规定。成品检验应按国家卫生标准和检验规程进行。尚未制定国家卫生标准的食品,应进行卫生学调查,并结合食品在原料和生产过程中可能带入的有毒有害物质进行检测,然后根据毒性情况及参照同类食品的卫生标准制定出地区性的卫生标准。一般来说,国家标准是最起码的标准。地方卫生标准不得低于同类食品国家卫生标准的要求。

产品质量标准一般由主管部门或者企业制定,国家还没有制定该类食品卫生标准的食品,可由生产主管部门或企业提出卫生标准或指标,经国家卫生行政部门同意后,在产品质量标准中列入。总之,食品企业不得生产无卫生质量标准的产品,经检验不合格的产品不得出厂、出售。

食品生产中使用间歇式生产设备及手工操作者较多,某些传统的旧生产工艺也容易造成食品污染。通过技术改造逐步实现食品生产的机械化、连续化、自动化,减少食品污染机会,提高食品卫生质量。积极采用新工艺、新设备、新材料,从根本上解决食品污染问题。例如采用液体烟熏新工艺,就可以解决熏制品易被3,4-苯并芘污染的问题。所以,实现食品生产的现代化是保证食品卫生质量的重要途径。

此外,为了保证食品卫生质量,还应加强食品的计划性。根据本企业原料仓库、冷藏库、成品仓库、生产车间的大小和生产能力,确定原料收购量和生产量。不能无计划进料,因原料库、冷藏库的库位不足而造成原料腐败变质或霉变、虫蛀。同时,易变质食品还应以销定产。要加强市场观念,根据市场需要来确定生产量,避免因盲目生产造成产品长期积压而腐败变质,或降低商品价值。

2.食品储存过程的卫生管理

食品储存过程的卫生管理是食品卫生管理的重要环节。为了防止食品储存过程中的霉变、腐烂、虫蛀及腐败变质,保证食品的卫生质量,须创造良好的储存条件,积极采用辐照保存、化学保鲜、气调贮藏等食品保藏新技术,还必须搞好食品储存过程的卫生管理。不同的食品要求不同的储存条件,各种食品最适宜的储存温度、湿度不完全相同,储存期也不相同,但一般以较低的温度为宜。按温度要求,仓库可分为冷藏库及一般常温仓库。加强冷藏库的卫生管理主要应采取以下措施。

①制定冷藏库卫生管理制度、食品进出库检查制度等各项规章制度,并严格执行。

②冷藏库应设有精确控制温度、湿度的装置。冷藏库温度的恒定对保证食品的卫生质量极为重要,所以应按冷藏温度要求准确控制,尽量减少温度的波动。

③入库食品应按入库日期、批次分别存放,先进先发,防止冷藏食品超过冷藏期限。在贮藏过程中,应做好卫生质量检查及质量预报工作,及时处理有变质征兆的食品。

④搬运食品出入库时,操作人员要穿工作服,避免脚踏食品,必

要时应穿专用靴鞋。

⑤冷藏库、周围场地和走廊及空气冷却器应经常清扫,定期消毒。冷藏库及工具设备应经常保持清洁,注意搞好防霉、除臭和消毒工作。库房的墙壁和天棚应粉刷抗霉剂。除臭时可先将食品搬出,每 100m³ 的库用 1 台 10g/h 的臭氧发生器,除臭效果良好。库房消毒可使用次氯酸钠溶液等消毒剂,消毒前将食品全部搬出,消毒后经通风晾干方可使用。用紫外线对冷库进行辐照杀菌,操作简便,效果良好。

3. 食品运输的卫生管理

食品在运输过程中,是否受到污染或发生腐败变质与运输时间的长短、包装材料的质量和完整程度、运输工具的卫生情况以及食品种类有关。食品在运输过程中,特别是长途运输散装的粮食、蔬菜以及生熟食品、易于吸收气味的食品与有特殊气味的食品或与农药、化肥等物资同车装运时,常会使食品造成污染。造成食品污染的主要原因是没有认真执行防止污染的各项规定,例如:被污染的车厢、船舱没有按规定清扫、洗刷,装运食品前没有认真检查;农药、化肥和其他化工产品包装不符合要求,散漏后污染车、船,从而污染食品。因此,应不断改善食品运输条件,加强卫生管理。

三、食品企业的卫生制度

食品企业应该根据食品卫生法规、条例的要求,结合本企业具体情况制定一些必要的卫生制度,这是保证食品卫生质量的重要措施。应针对食品卫生质量有重要影响的各个生产环节和比较容易出现的卫生问题制定相应的措施。例如,环境卫生制度、车间和器具的清洁和消毒制度、个人卫生制度、原辅材料和成品质量检验制度、卫生操作规程和岗位卫生责任制等。在制定和贯彻本企业卫生制度时,应组织职工认真讨论,使从业人员加强对人民身体健康负责的责任感,自觉地遵守执行。卫生制度的贯彻执行,要设专职机构或设专人负责,定期检查,总结经验,不断改善企业的卫生工作。

1. 食品从业人员的健康管理

食品企业的从业人员,尤其是直接接触食品的生产工人、售货员等的健康状况如何,直接关系到广大消费者的健康,如果这些人患有传染病或是带菌者,就容易通过被污染的食品造成传染病的传播和流行。因此,加强食品从业人员的健康管理是贯彻"预防为主"的一项重要措施。食品生产经营人员每年必须进行健康检查,取得健康证后方可参加工作,无证不得参加食品生产经营。凡患有痢疾、伤寒、病毒性肝炎等消化道传染病(包括病原携带者),活动性肺结核,化脓性或者渗出性皮肤病及其他有碍食品卫生的疾病者,不得参加接触直接入口食品的工作。对于具有上述传染病的人员,应迅速调离直接接触食品的工作岗位,待治愈后,方可恢复工作。

2. 食品工厂的消毒

食品工厂的消毒工作是保证食品卫生质量的关键。食品工厂各生产车间的桌、台、架、盘、工具和生产环境应每班清洗,定期消毒。严格执行各食品厂的消毒制度,确保卫生安全。常用的消毒方法有物理方法,如煮沸、汽蒸等;化学方法,如使用各种化学药品、制剂进行消毒。各工厂可根据消毒对象不同采用不同的方法。消毒效果的鉴定目前没有统一的标准。一般认为消毒后,原有微生物减少60%以上为合格,减少80%以上为效果良好。另一种意见是按容器的有效面积计算,即每平方厘米细菌数5个以下为消毒良好;5~19个为效果较差;20个以上为消毒效果不好。大肠菌群在$50cm^2$面积内不得检出。食品工厂的消毒药品常用的有漂白粉溶液、烧碱溶液、石灰乳、高锰酸钾溶液、酒精溶液等。

3. 食品工厂的防霉

食品工厂加工车间的天花板及墙壁上发生霉菌,不仅影响美观,而且在这种环境中生产的食品,因霉菌污染的变质率异常增高,更为严重的是在这些霉菌污染的食品中,检出了如黄曲霉毒素等霉菌毒素。因此,对食品的防霉应引起足够的重视。

大部分食品厂都有霉菌污染问题,不仅制品受损,连工厂的设备、建筑物等也都会受到侵蚀。所以考虑防霉时,除建筑材料外,还要注意建筑设计。用防霉涂料或添加防霉剂,再用防霉涂料修饰。选定食品厂用涂料的条件应是:不剥落,异味少,表面平滑,耐药性能好,抗霉力强,此外还应考虑涂料对气候、水、药品、热能的耐性和操作的方便与否,以及涂料的黏着性、浸透性、干燥性、耐磨性和光泽等。常用的有氯乙烯树脂漆、合成树脂乳胶漆、丙烯胺甲酸乙酯涂料和综合防霉研究所创制的涂料。

4.食品工厂的防虫工作

食品工厂防虫管理是食品工厂卫生管理的重要环节。各种昆虫对食品卫生危害甚大,苍蝇、蟑螂等可传播致病菌,各种蛀虫可蛀食食品,食品中混入的昆虫成为恶性杂质而造成废次品。食品工厂防虫管理的基本措施是:

①清理环境,清扫、除杂草、清洗、消毒,保持环境及车间卫生以防止害虫的孳生。

②对车间门窗、排风扇、排风口、下水道、投料口、废料出口、电梯等昆虫易于侵入的部位采取风幕、水幕、纱窗、罩网、塑料门帘、防蝇暗道等设施,防止昆虫侵入。现代化食品加工厂则多采取全封闭车间内设空调装置,以防止害虫侵入。

③对于侵入车间内的昆虫则采取电子杀虫器、雌性昆虫性激素扑虫器(诱扑雄虫)、杀虫剂等方法杀灭。

④对于随原辅材料、容器、运输工具带入车间的昆虫(如茶蛀虫、蠃鱼、蜘蛛等),则应加强原辅材料的检验,容器及运输工具的清洗、消毒与清扫,做好进料验收。

第二章　休闲食品主要原、辅料

第一节　主要原料

一、果蔬

蔬菜和果品简称果蔬。蔬菜有根菜类、茎菜类和果菜类。果品分仁果类、核果类、浆果类、柑橘类和瓜类等。为了使果蔬在加工后,色、香、味、形充分得到保持,使产品的外观形态更加诱人,就要了解果蔬的主要成分,及其在加工中的化学变化。果蔬含有多种化学成分。它们的含量及组成比例,直接决定着果蔬的营养价值和风味特点,并且与果蔬的贮藏、运输和加工等也有密切关系。

果蔬中主要含有糖、淀粉、有机酸、含氮物质、果胶、色素、多酚类化合物(如单宁)、芳香物质、矿物质、纤维素、酶和水分等。

果蔬水分的一般含量为40%~90%。果蔬含水量多,则不易运输,易遭损坏;微生物易繁殖,使果蔬腐烂变质,也不利于加工果脯。

果蔬中的有机酸在果脯加工中,具有调节口味、促进蔗糖转化成还原糖的功能。不同的果蔬品种,酸的含量不同,加工时要根据含酸量来调整糖与酸的比例,调整果脯、蜜饯的风味。但果蔬的甜味强弱,不仅取决于糖的种类和含量,而且在很大程度上受酸和单宁的影响。当果蔬中糖和酸的含量相等时,人们只会感觉到酸味而很少感觉到甜味,只有在糖量相对增加或酸量减少时,才会感觉到甜味。单宁的含量增加时,果蔬的酸味会格外明显。因此,糖酸比的适度决定了果蔬或果蔬制品的风味。

果蔬中氮含量过高,则易与还原糖发生反应,使果制品色泽变暗,另外,果胶物质与钙、铝离子反应可使果蔬保脆,果蔬中的酶、单宁物质,均与果蔬加工制品有关。

二、蔗糖

蔗糖一般称为砂糖,是从甘蔗茎体或甜菜块根中制取的,是制造各种食品最常用的甜味料。

市售的食糖一般为蔗糖,有绵白糖和白砂糖,蔗糖的熔点为185～186℃,每千克发热量为16.57kJ,当把糖加热到200℃时,生成一种棕黑色物质的混合物。这种混合物称为焦糖,没有甜味,也不能发酵。

蔗糖是白色的单斜晶系结晶体,晶体有大有小。市售蔗糖中呈粉末状者称为绵白糖,经过脱色和精制的蔗糖称为精制糖,是制造糖果和各种食品的理想甜味料。未经脱色和精制的蔗糖是黄色和褐红色结晶体,这是制糖厂未将蔗糖液汁中的糖蜜、色素及其他杂质去除所致,这类蔗糖称为原糖。原糖在熬制过程中常产生泡沫,容易焦化,以致造成加工困难,并使产品质量低劣。

饱和的蔗糖溶液当其被冷却或其中水分被蒸发时,便成为过饱和的不稳定溶液。在各种条件转变时,如出现机械振荡、温度骤降、晶种存在等因素,则蔗糖从溶液中析出,重变为结晶,这种现象一般称为返砂。

1. 精制和优质绵白糖的感官指标

精制和优质绵白糖的感官指标如下:

①糖的晶粒细小,颜色洁白,质地绵软。

②溶解于清洁的水中,成为清晰透明的水溶液。

③糖的晶体和水溶液味甜,不带杂臭味。

④绵白糖中含黑点数量每平方米表面不得多于10个。

2. 理化指标

精制和优质蛋白糖的理化指标见表2-1。

表 2 - 1 精制和优质蛋白糖的理化指标

项 目	指 标		
	优级	一级	二级
蔗糖含量不少于/%	99.75	99.65	99.45
原糖含量不少于/%	0.08	0.15	0.17
灰分不多于/%	0.05	0.10	0.15
水分不多于/%	0.06	0.07	0.12
色值不超过	1.00	2.00	3.50
其他水不溶物含量不超过/mg·kg^{-1}	40	60	90

注 色值为吸光值,纯净的糖应无色,吸光值越大,说明糖的颜色越深。

蔗糖易溶于水和稀酒精溶液,不溶于或难溶于纯酒精、甘油等纯有机溶剂。蔗糖完全不溶于汽油、石油、三氯甲烷等有机溶剂。蔗糖在水中的溶解度随着温度的增高而增大,见表 2 - 2。

表 2 - 2 蔗糖在不同温度水中的溶解度

温度/℃	每百克水中的蔗糖质量/g	每百克饱和溶液中的蔗糖质量/g
0	179.2	64.8
10	190.5	65.58
20	203.9	67.09
30	219.5	68.70
40	238.1	70.42
50	260.4	72.25
60	287.3	74.18
70	320.5	76.22
80	362.2	78.36
90	415.7	80.61
100	487.2	82.97

在生产前应对原料食糖的品质加以检验,原料应无结块现象,甜味纯正,不应带有苦焦味、酒酸味和其他杂臭味。不允许含有夹杂物,特别是小允许含有金属夹杂物。食糖若带有酒味、酸味,是严重的变质现象,不宜食用和供食品加工用。

食糖在保管时应加强入库验收,若发现潮包、油包、破包,则应另行存放,及时处理。对糖包外面的糖屑要清扫干净,入库堆放前还要做好下垫防潮工作,一般要求在边木和垫板上铺苇席,中间隔一层油毡。仓库要保持干燥,温度不应超过30℃,相对湿度不超过75%,梅雨季节要做好密封和隔离工作。

三、面粉

面粉是食品行业生产原料的主体。面粉质量的优劣对一些食品品质起着决定的作用。目前我国生产的面粉主要分为富强粉、标准粉、次等粉、全麦粉四个等级。标准粉最大限度地保存了面粉中的营养成分,即100kg小麦至少磨出85kg面粉,同时又不影响面粉的感官性质和消化吸收。

面粉中的主要成分有淀粉、蛋白质、糖、脂肪、矿物质和维生素。面粉中的部分淀粉吸水后能膨胀,形成面筋质。根据面粉中面筋质含量的多少将面粉分为低面筋粉、中面筋粉、高面筋粉。在食品生产中根据不同的产品,选择面筋含量不同的小麦面粉,一般面筋含量低的面粉其蛋白质含量也低。面粉蛋白质中赖氨酸的含量很低,这会影响面粉的营养价值,所以在用于儿童食品生产时应添加强化剂L–赖氨酸盐,以提高面粉的营养价值。

面粉中糖的含量最多,而脂肪的含量较低,在2%以下,矿物质约为1%左右,其中钙不多,维生素B_1的含量较多。

一般面粉在贮存中应保持标准含水量,水分超过13.8%就容易产生霉变、发热和结块现象。同时要使仓库内相对湿度不超过70%,温度保持在10℃左右。堆放面粉的仓库要清洁卫生,干燥,防止带刺激性的异味物与其堆放在一起。实行先进先出,堆码分垛。面粉袋不宜直接堆放在地面上,也不要紧靠墙壁,以免受潮结块。面粉在贮存过程中还要避免遭到仓库害虫的侵害,并采取有效的防治措施。

四、花生

我国花生产地遍及全国,其中四川、山东、辽宁、河北、河南、江苏为主要产区,又以四川、山东产的最好,含油脂较多。花生仁一般分为大粒和小粒两种,花生的品质依种类及培植条件的优劣而分级。质量好的花生仁颜色新鲜,颗粒饱满整齐,果皮表面细致、光滑、无霉斑点,质量较次的花生颗粒不饱满,果皮皱缩,色暗。经常食用花生仁及其制品能健脾胃。因黄曲霉菌在花生中产毒最高,故使用前必须严格挑选,并做好保管工作。保管时应做好以下几点:

①入库时要加强验收,干燥的花生米方可入库,新花生米和潮湿的必须摊开晾干,切忌曝晒。

②花生米不宜存放在透热的铁皮顶的仓库或席棚里,最好贮存在水泥或砖木结构、地势高、干燥通风、门窗严密的无虫无鼠的仓库里。

③加强温湿度的管理,根据气候变化,适当调节气温,花生宜在30℃以下存放,花生米在农历小寒后才能干燥,但到翌年二三月份花生米本身又会出水分,这时就要通风倒垛,否则花生仁会变软而生出霉斑。

④花生米的包装以麻袋为好,堆垛应采取交叉通风垛的方法。装卸搬运时不能重摔或踩踏麻袋包,以防花生仁破碎而降低等级。

花生仁要炒熟去皮后方可使用,色泽乳白至微黄、性脆味香。炒过的花生仁含水分约3%,蛋白质约26.5%,糖约20%,油脂42%,粗纤维2.7%,无机盐3.1%,热量很高,可达24.58kJ/kg。

五、食用油

食用油是一类为人民生活所用的油脂,也是食品生产几大原料之一。油脂是一种很复杂的有机化合物,广泛存在于各种动植物体内,对人体有着极重要的作用。油脂可以供给人体热量,有的食品中加入适量油脂,不仅可以增加营养,而且还可以改变食品的口味。

食用油种类很丰富,生产中常用的食用油分为动物油和植物油两大类。这两类油脂,其分子结构不同。动物油主要含饱和脂肪酸,在常温下呈固态,如猪油、羊油、牛油、黄油等。植物油主要含不饱和脂肪酸,在常温下为液体,如豆油、菜子油、花生油、芝麻油、茶油等。

油脂的感官指标如下:

1. 气味和滋味

品质正常的油脂,应具有油脂应有的气味和滋味。变质的油脂,则带有哈喇、辣、苦、涩等异味。

2. 颜色和色值

品质优良的油脂,应为无色透明液体。植物油的颜色纯正,清澈透明,无沉淀物。动物油根据品种稍有不同,猪油液清澈透明,无杂质,凝结后的猪油呈白色凝脂状。黄油为浅黄色,表面带有光泽的凝脂状物质。油脂的颜色可用色值来表示。所谓色值就是将油样与碘溶液标准色进行比较,其结果以100L溶液中游离碘的毫克数来表示。

六、大米及米粉

大米分为粳米、籼米和糯米三种。粳米粒形短圆,颗粒丰满,米色蜡白,多为透明和半透明,涨性中等,略有黏性。籼米粒形细长,颜色灰白或蜡白,涨性比粳米大,黏性比粳米差;籼米又可分为早籼和晚籼两种,晚籼米质量比早籼米佳。糯米可分为粳糯和籼糯两种,粳糯的粒形同粳米,籼糯的粒形同籼米。糯米色泽蜡白或乳白,多数为不透明,涨性小,黏性大。

大米中主要含有蛋白质、糖(淀粉)、脂肪和灰分。食品工业中,为了使加工产品的感官性质良好,一般选用粳米和糯米及其磨制的粉。

大米及米粉应洁白、纯净、无杂物,水分控制在10%～20%,以防米粉受潮结块及大米霉变。已发生霉变的大米不能作为食品生产的原料,儿童食品尤其绝对禁用已霉变的原料。

糯米粉的加工、保管要求比较严格,一般先放在水中搓洗、浸泡,经炒后再磨制成粉,粉磨得越细越好。在保管中特别要防止虫蛀、鼠咬的损害。

七、畜禽肉

畜禽肉是指畜禽屠宰后,除去血、皮、毛、内脏、头和蹄的酮体,包括肌肉(又称瘦肉)、脂肪、骨骼和软骨等。肉一般按畜种分为猪肉、牛肉、羊肉、马驴骡肉、鸡肉、鸭鹅肉和兔肉等。

在生物学中,从研究形态的发生出发,将构成动物机体的组织归纳为上皮组织、结缔组织、神经组织等。而从食品加工的角度,将动物体可利用部位粗略地划分为肌肉组织、脂肪组织、结缔组织和骨骼组织。其组成的比例依动物的种类、品种、年龄、性别、营养状况等而异,而且各个组织的化学成分也不同。

一般来说,肌肉组织越多,蛋白质含量越多,营养价值越高;而结缔组织数量越多,营养价值越低;脂肪组织越多,肉肥产热量大;骨骼组织少则肉的质量高。这四部分的大致比例为:肌肉组织占50% ~ 60%,脂肪组织占20% ~ 30%,结缔组织占9% ~ 14%,骨骼组织占15% ~ 22%。

肉品的感观及物理性状包括:颜色、气味、坚度和嫩度、容重、比热容、导热系数、保水性等。这些性状都与肉的形态结构,动物的种类、年龄、性别、经济用途、不同部位、宰前状态、冻结程度等因素有关,它们不但代表了肉的动物种属特性,而且常被作为人们识别肉品质量的依据。

任何畜禽的肉类都含有蛋白质、脂肪、水分、维生素、矿物质等,其含量依动物的种类、性别、年龄、营养与健康状态、部位等而异,见表2 – 3。

表2 – 3　各种畜禽肉的化学组成

名称	含量/%					热量/J·kg^{-1}
	水分	蛋白质	脂肪	碳水化合物	灰分	
牛肉	72.91	20.07	6.48	0.25	0.92	6186
羊肉	75.17	16.35	7.98	0.31	1.19	5894
肥猪肉	47.40	14.54	37.34	—	0.72	13731

名称	含量/%					热量/J·kg^{-1}
	水分	蛋白质	脂肪	碳水化合物	灰分	
瘦猪肉	72.55	20.08	6.63	—	1.10	4870
马肉	75.90	20.10	2.20	1.88	0.95	4305
兔肉	73.47	24.25	1.91	0.16	1.52	4891
鸡肉	71.80	19.50	7.80	0.42	0.96	6354
鸭肉	71.24	23.73	2.65	2.33	1.19	5100

八、花卉

花卉食品主要是指以植物的花器加工成的可食制品。要了解花卉食品的加工特性,必须先了解花卉中花器的化学组成,它是研究和改进加工工艺,提高花卉食品质量的前提和依据。花卉种类繁多,化学组成复杂。组成物质中大多数具有营养或生理功能,是保持人体健康所必需的,但花中所含的化学成分在加工过程中易发生变化,因而会影响食用品质和营养价值,所以了解花的化学组成及其加工特性,对于保持其原有风味和营养价值,提高加工品的质量具有重要的现实意义。

植物花的器官是由水分和干物质组成的,各种花器中水分含量变化很大,新鲜的花水分含量很高,一般占60%以上,有些花中的水分含量在80%以上。水分在花中呈游离水、化合水和结合水三种状态存在。游离水含量最多,占总水分含量的70%~80%,具有水的一般特性,容易蒸发损失。结合水与蛋白质、多糖类、胶体水结合在一起,在一般情况下很难分离,化合水存在于花的化学物质中,因鲜花中含有极为丰富的水分,因而显得新鲜,花色鲜艳,同时,水分中溶有一部分干物质而使花具有特殊的营养和风味。但水分极易蒸发损失,有时是引起微生物腐烂的有利条件,因此也是鲜花失鲜、腐烂、变质和不易保藏的重要原因,因此,鲜花在贮存加工过程中必须重视水分的影响,应根据具体情况,予以合理控制。

绿色植物在光合作用下所生成的糖,部分可以转化成物质代谢的能量,其余部分则以大分子的形式存在于植物体内,或转变成别的物质,参与植物本身的新陈代谢。碳水化合物的种类很多,花中存在的碳水化合物分为两大类:一部分为可溶性的糖类,如葡萄糖和果糖;另一类为大分子碳水化合物,如淀粉、纤维素、半纤维素、果胶等。

有机酸广泛存在于花中,它是构成花及其加工品的重要风味物质之一,花中的有机酸种类和存在状态各不相同。

花中的有机酸常以结合或游离的形式存在,花中酸味的强弱,主要和含有的有机酸的种类、含量及是否游离有关,游离酸还对微生物具有抑制作用,可以降低微生物的致死温度。所以,对于花的加工食品,常根据其 pH 值的大小,来确定杀菌条件。在花食品的 pH 值小于4.2 时,一般采用常压杀菌,在花食品的 pH 值大于 4.2 时,一般采用高压杀菌。pH 值的高低,还与花食品的加工褐变、风味以及营养物质的保持有关系。值得一提的是用铁锅盛装花食品时,有机酸可引起锅的腐蚀而造成花食品的铁、锡含量大大增加,以及花食品的褐变。

花中存在的多种含氮物质,主要有蛋白质和氨基酸,花中蛋白质的含量大多在 10% ~20%。表 2 - 4 列出了一些常见花中蛋白质的含量。

表 2 - 4　部分花中蛋白质的含量

种类	含量/%	种类	含量/%
苹果花	21.7	杏花	18.7
梨花	20.7	樱桃花	20.7
桃花	22.1	红花	13.13
山楂花	13.75	玫瑰花	10.93
桂花	10.12	洋槐花	13.1

花中蛋白质和氨基酸的含量对其制品的颜色和风味有很大的影响。花食品加工过程中常常发生颜色的变化,原因之一就是羰—氨非酶褐变,蛋白质或氨基酸上的氨基能够和羰基($=C=O$,主要是还

原酶上的羰基)发生缩合反应,最终形成黑色素,这个反应极易在干制和糖制过程中发生,含硫蛋白质较高的一些花,在较长时间高温杀菌时,硫可促进蛋白质分解,释放出 H_2S 气体,使加工味道变坏,也能与铁、锡等金属反应生成硫化物,使花食品变色。

蛋白质和氨基酸对花食品的风味和香味起重要作用。例如,谷氨酸、天门冬氨酸等呈现特有的鲜味,甘氨酸有甜味,氨基酸能与发酵过程中生成的醇类形成酯,还能与还原糖作用生成醛类,再与酸作用生成酯类,这些都为花食品带来特有的香味。

另外蛋白质可与单宁物质结合发生聚合作用,使溶液中蛋白质凝结形成絮状沉淀,所以我们可以利用此原理澄清花汁,并应用到花饮料的加工中,也可以减少花食品的涩味。

花卉中还含有单宁、维生素、矿物质、酶、色素、芳香物质、糖苷类物质等,这些成分都会对加工成的产品产生一定的影响。

第二节　辅助原料

一、奶粉

奶粉是以新鲜的牛奶或羊奶为原料,经过杀菌以后在常压或减压下喷雾干燥,将其水分蒸发,干燥成含水分约3%的粉粒。由于在干燥条件下微生物失去水分,无法繁殖,因此,奶粉便于贮存、运输和携带,食用也很方便。

奶粉按其含脂率的不同可分为以下几种:

①全脂奶粉:全脂奶粉是用新鲜牛奶喷雾干燥而成的,其含有牛奶的主要成分。

②脱脂奶粉:脱脂奶粉是将新鲜牛奶分离去掉乳脂,然后喷雾干燥而成的。

③乳脂粉:乳脂粉是用分离的乳脂干燥制成的,含脂率极高。

奶粉应是白色或略带淡黄色,具有清淡的乳香气。若因保管不善,有霉味、酸味、腥味或苦味,则说明已经变质,不宜食用。

正常的奶粉还应松散、柔软、油腻,溶解性良好,溶液中没有沉淀。如果受潮奶粉结块坚硬,或因贮存时间太长,溶解后产生水和奶粉分离的现象,则说明奶粉已经变质,不宜食用。奶粉应贮存在干燥、低温、通风良好的仓库中,防止潮气侵袭及阳光照射。

二、蛋品

蛋品在生产中用量很高,最常用的蛋品是鸡蛋。鸡蛋有鲜蛋、冰冻蛋、全蛋粉、蛋黄粉等,一般以鲜蛋为最佳。

每个鸡蛋质量 40~60g,其中蛋黄占 30%,蛋白占 57%。蛋黄中含有卵磷脂,这是一种能够促进脑功能的物质,整个蛋黄的颜色受季节的影响而不同,一般夏季色深,冬季色浅,这主要由饲料中的黄体素与胡萝卜素的多少决定。蛋白是由浓厚蛋白和稀薄蛋白两种蛋白质组成的。

鸡蛋是一种营养极为丰富的物质,其蛋白营养价值高,在人体内的消化率高达 98%。每百克的新鲜鸡蛋在人体内的发热量为 813kJ。人们需要的各种氨基酸在鸡蛋中都存在,蛋内还含有人体所必需的钙、铁等矿物质,铁主要集中在蛋黄内,蛋内含有的脂肪成分,更易被吸收利用,吸收率为 100%。蛋中的维生素也绝大部分分布在蛋黄内,如维生素 B_1、维生素 B_2、维生素 A。所以蛋黄及蛋黄粉是对儿童生长发育很有益处的物质,是儿童食品最常用的原料。蛋品在生产工艺中还有使制品疏松,易于上色乳化的特性,乳化的作用是促进油和水的融合,使产品结构更为均匀。

三、蜂蜜

植物花蕊中的蔗糖,经蜜蜂唾液中的蚁酸水解以后形成蜂蜜。它的种类很多,一般按植物类别和花源的不同分为荔枝蜜、槐花蜜、枣花蜜、荆花蜜和龙眼蜜等。

蜂蜜的主要成分是葡萄糖和果糖,约占 80%,所以蜂蜜味感极甜。蜂蜜还含有益于人体健康的各种酶、维生素、蛋白质、蜡质、天然香料、有机酸及泛酸钾等,并含有抗菌素,能在 10h 内杀死痢疾杆菌。

每千克蜂蜜的发热量为13659kJ,比牛奶的发热量约高5倍,蜂蜜营养全面,具有滋养心肌、保护肝脏、防止血管硬化的作用。加入蜂蜜的食品具有柔软清香,色、香、味兼优的特点。

四、饴糖

饴糖是利用发芽大麦粒内的麦芽酶作用于淀粉,使淀粉糖化后产生的一种中间产物,它是浅黄、黏稠、透明的液体,具有麦芽糖的特殊风味。

饴糖的主要成分为麦芽糖与糊精,饴糖若含糊精量高,则性黏而甜味淡,反之若含麦芽糖量高,则流动性大,黏度低,味更甜,不耐高温,易呈色,产生焦糖。饴糖的理化指标见表2-5。

饴糖若含过多的麦芽糖,对热就显得不稳定,吸水汽性就相应地增加,致使在保存中容易发烊。

饴糖在生产中要检查其杂质含量,若含有淀粉、油脂及蛋白质,则很容易使酸度增高,出现大量泡沫并产生酒味。

由于饴糖的流动性大,溶解度小,可以延缓结晶的发生,所以在生产中可作为防砂剂。并且由于饴糖易呈色,故能对制品的色泽起很好的作用。饴糖的吸湿性很大,对保持制品的柔软有良好的作用。

表2-5　饴糖的理化指标

项目	理化指标
干固物	不低于75%
重金属	不超过10mg/kg
酸度	不超过50度
熬制温度	至130℃色稍深,不发焦
色泽	淡黄透明,无混浊的棕色
气味	无焦味及酸味
杂质	无肉眼可见杂质

五、琼脂

琼脂又称洋菜,属海藻类。海藻中含琼脂量为 25% ~ 35% 。石花菜内含琼脂很多。制造条状琼脂时,用水浸泡石花菜,除去砂粒等杂质,用硫酸或醋酸,在温度 120℃,压力 98.1kPa,pH = 3.5 ~ 4.5 的条件下加热水解,将水解液过滤净化。在 15 ~ 20℃下冷却凝固,凝胶切条后在 0 ~ 10℃下晾干即成。

市售的琼脂呈细长条状,长 26 ~ 35cm,宽约 3mm,末端皱缩成十字形,呈白色或淡黄色,半透明,表面皱缩,微有光泽,质轻软而韧,不易折;完全干燥后性脆而易碎,无臭,味淡。含水约 20% ,粗蛋白质2.5% ,粗脂肪 0.5% ,可溶性无氮物 3.5% ,粗纤维 0.5% ,灰分 3.5% 。

琼脂在沸水中极易分解成溶胶,在冷水中不溶,但能吸水膨胀成胶块状。溶胶液呈中性反应。

琼脂是以半乳糖为主要成分的一种高分子多糖类,这一点类似淀粉,但淀粉又能被酶分解成单糖,可作为机体的能源。而琼脂食用时不能被酶分解,所以几乎没有营养价值。

琼脂易分解于热水中,即使 0.5% 的低浓度也能形成坚实的凝胶。0.1% 以下的浓度不凝胶化而成为黏稠状溶液。1% 的琼脂溶胶液在 42℃固化。其凝胶即使在 94℃ 也不融化。有很强的弹性。

琼脂凝胶的凝固温度较高,一般在 35℃ 即可变成凝胶,所以在夏季室温下也可凝固,不必进行特别冷却,很方便。

琼脂的吸水性和持水性高,干燥琼脂在冷水浸泡时,徐徐吸水膨润软化,可以吸收 20 多倍的水,琼脂凝胶的含水量可高于 99% ,有较强的持水性,琼脂凝胶的耐热性较强,因此加工很方便。琼脂的耐酸性比明胶与淀粉强,但不如果胶。

琼脂在我国食用的历史较久。在食品工业中用于冷饮食品,能改善冰激凌的组织状态,能提高冰激凌的凝结能力,并能提高冰激凌的黏度和膨胀率,防止形成粗糙的冰结晶,使产品组织轻滑。因其吸水力强,对产品融化的抵抗力也强,在冰激凌的混合原料中,一般使用量在 0.3% 左右。在使用时先用冷水冲洗干净,调制成 10% 的溶液后加入混合原料中。

食品工业中广泛地应用琼脂,主要用来制造琼脂软糖、羊羹,其用量一般占配方总固形物的 1%～5%。在使用时先将琼脂切成小块,在接近沸点的热水中浸泡,以加速溶化。然后加入已溶化的糖浆中,搅拌均匀后即可进行成型操作。

在果酱加工中,可用琼脂作为增稠剂,以增加成品的黏度。如制造柑橘酱时每 500kg 柑橘肉加琼脂 3kg;制造菠萝酱时,低糖度菠萝酱每 125kg 碎果肉加琼脂 1kg,高糖度菠萝酱每 125kg 碎果肉加 375g 琼脂。琼脂在使用时应浸洗干净。

制作以小豆馅为主的甜食品,如制作羊羹和栗子羹时,琼脂是一种主要的添加剂。琼脂凝胶的黏着性、弹性、持水性和保型性等特性,对形成制品的感官性状有着重要的作用。其用量随制品的品种而异,一般为小豆馅的 1% 左右。

第三节　常用食品添加剂

一、着色剂

1. 胭脂红

胭脂红是一种常用的合成色素,为红色的均匀粉末,溶于水、甘油,微溶于乙醇,不溶于油脂。其耐光性、耐酸性良好,耐碱性差,遇碱变成褐色,故不适合与发酵食品混合使用,胭脂红的毒性较低,一般最大使用量为 0.05g/kg。使用方法一般分为混合与涂刷两种:混合法即将要着色的食品与着色剂混合并搅拌均匀;涂刷法可将着色剂预先溶于一定量的溶剂中,而后再涂刷于要着色的食品表面。

2. 柠檬黄

柠檬黄为安全性较高的合成色素,为橙黄色的均匀粉末,无臭,0.1% 的水溶液呈黄色,溶于甘油、丙二醇,不溶于油脂。柠檬黄耐热、耐光、耐酸、耐盐性均好,耐氧化性较差,遇碱稍为变红,可单独或与其他色素混合使用,最大使用量为 0.1g/kg。

3. 红曲米和红曲色素

红曲米即红曲,具有一定的营养和药理作用,可健脾,有活血的功能。

红曲色素是红曲用乙醇提取的液体色素。红曲色素是一种天然色素,安全性很高。红曲色素对 pH 值稳定,耐热性强,加热到100℃也不发生色调的变化。其耐光性强,醇溶性的红色色素对紫外线相当稳定,不受金属离子、氧化剂和还原剂的影响,特别对蛋白质的染着性很好,一旦染着后经水洗也不褪色。

自古以来,我国就将红曲米用于各种饮食物的着色,特别是肉类的着色,现在通常用于各种酱类、腐乳、糕点、香肠、火腿等食品的着色。

红曲米使用量:辣椒酱0.6% ~ 1%,甜酱1.4% ~ 3%,腐乳2%,酱鸡、酱鸭1%。

二、香精香料

食品的香味是很重要的感官性质,香料是具有挥发性的有香物质,按来源不同,可分为天然香料和人造香料两大类。

通常用数种乃至数十种香料调和配制的香料称为香精,所以说香料也是香精的原料。我国使用的食用香精主要有水溶性香精和油溶性香精两大类。

食用水溶性香精适用于冷饮品及配制酒等食品的赋香,其用量在汽水、冰棒中一般为0.02% ~ 0.1%,在配制酒中一般为0.1% ~ 0.2%,在果味露中一般为0.3% ~ 0.6%。通常的橘子、柠檬香精中含有相当量的天然香料,香气比较清淡,故其使用量可略高一些。

食用水溶性香精一般应为透明的液体。其色泽、香气、香味与澄清度符合相应的型号标样,不呈现液面分层或混浊现象。食用水溶性香精在蒸馏水中的溶解度一般为0.1% ~ 0.15%(15℃,食用水溶性香精易挥发,不适合在高温操作下的食品赋香之用)。

食用油溶性香精一般应为透明的油状液体,其色泽、香气、香味与澄清度符合相应的型号标样,不呈现液面分层或混浊现象,但以精炼植物油作为稀释剂的食用油溶性香精在低温时会呈现冻凝现象，而其耐热性比食用水溶性香精高。

食用油溶性香精比较适用于饼干、糖果及其他焙烤食品的加香。其使用量在饼干、糕点中一般为 0.05% ~0.15%，在面包中为 0.04% ~0.1%，在糖果中为 0.05% ~0.1%。

焙烤食品要经高温，因此不宜使用耐热性差的水溶性香精，必须使用耐热性比较高的油溶性香精，但其还是会有一定的挥发损失。烤制饼干时，由于饼坯薄、挥发快，故香精使用量应稍高一些。

焙烤食品使用的香精香料都在和面时加入。但使用化学膨松剂的焙烤食品，投料时要防止香精香料与化学膨松剂直接接触，以免受碱性影响。

生产蛋白糖时，香精香料一般在搅拌后的混合过程中加入。当糖坯搅拌适度时，可将融化的油脂、香精香料加入混合，此时搅拌应调节至最慢速度，混合后应立即进行冷却。

食品中要获得良好的加香效果，除了选择好的食用香精外，还要注意以下一些问题：

1. 使用量

香精在食品中的使用量对香味效果的好坏关系很大。用量过多或不足，都不能取得良好的效果。只有通过反复的加香试验，才能确定最适合当地消费者口味的使用量。

2. 均匀性

香精在食品中必须分散均匀，这样才能使产品香味一致，若加香不均匀，必然会造成产品部分香味过强或过弱的严重质量问题。

3. 其他原料质量

除香精外，其他原料质量差对香味效果亦有一定的影响，如饮料中水的处理不好，采用古巴砂糖等，由于它们本身具有较强的气味，将会使香精的香味受到干扰而降低质量。

4. 甜酸度配合恰当

甜酸度配合恰当对香味效果可以起到很大的帮助作用，甜酸度的配合以接近天然果品为好。

三、防腐剂

苯甲酸钠是一种常用的防腐剂,为白色的颗粒或结晶性粉末,无臭或微带安息香的气味,味微甜而有收敛性。一般使用方法是加适量的水将苯甲酸钠溶解后,再加入食品中搅拌均匀即可。

苯甲酸钠易溶于水,但使用时不能与酸接触,苯甲酸钠遇酸易转化成苯甲酸,若不采取相应措施,将沉淀于容器的底部。因此,在饮料生产中,苯甲酸钠和柠檬酸不能同时加入。在酱油、醋、果汁类、果酱类、果子露、葡萄酒、罐头生产中,最大使用量为 1g/kg,汽酒、汽水中的最大使用量为 0.2g/kg,低盐酱菜、面酱类、蜜饯类、山楂糕、果味露中的最大使用量为 0.5g/kg,浓缩果汁中的最大使用量为 2g/kg。

目前世界上食品工业中常用的防腐剂以化学合成防腐剂居多,而化学合成防腐剂的诱癌性、致畸性和易引起食物中毒等问题促使人们继续寻求广谱、高效、低毒的天然食品防腐剂。天然食品防腐剂可分为微生物源防腐剂、动物源防腐剂和植物源防腐剂。

1. 微生物源防腐剂

微生物源食品防腐剂主要以天然农副产品为原料,用发酵等生物技术制备,具有高效、无毒、适用性广等特点。目前常用的微生物源食品防腐剂有以下几种:

(1)溶菌酶

溶菌酶是一种无毒蛋白质,能选择性地分解微生物的细胞壁,在细胞内对吞噬后的病原菌起破坏作用,从而抑制了微生物的繁殖。特别对革兰氏阳性细菌有较强的溶菌作用,可作为清酒、干酪、香肠、奶油、生面条、水产品和冰激凌等食品的防腐保鲜剂。

(2)乳酸链球菌素(Nisin)

乳酸链球菌素是由多种氨基酸组成的多肽类化合物,可作为营养物质被人体吸收利用。1969 年,联合国粮食及农业组织/世界卫生组织(FAO/WHO)食品添加剂联合专家委员会确认乳酸链球菌素可作为食品防腐剂。1992 年 3 月我国卫生部批准实施的文件指出:"可以科学地认为乳酸链球菌作为食品保藏剂是安全的。"它能有效抑制引起食品腐败的许多革兰氏阳性细菌,如肉毒梭菌、金黄色葡萄球菌、溶血链球菌、利斯特氏菌、嗜热脂肪芽孢杆菌的生长和繁殖,尤其对产生孢子的革兰氏阳性细菌有特效。乳酸链球菌素的抗菌作用是通过干扰细胞膜的正常功能,造成细胞膜的渗透,养分流失和膜电位下降,从而导致致病菌和腐败菌细胞的死亡。它是一种无毒的天然防腐剂,对食品的色、香、味、口感等无不良影响。现已广泛应用于乳制品、罐头制品、鱼类制品和酒精饮料中。

(3)纳他霉素(Natamycin)

纳他霉素(Natamycin)是由纳他链霉菌受控发酵制得的一种白色至乳白色的无臭无味的结晶粉末,通常以烯醇式结构存在。它的作用机理是与真菌的麦角甾醇以及其他甾醇基团结合,阻遏麦角甾醇的生物合成,从而使细胞膜畸变,最终导致渗漏,引起细胞死亡。焙烤食品用纳他霉素对面团进行表面处理,有明显的延长保质期的作用。在香肠、饮料和果酱等食品的生产中添加一定量的纳他霉素,既可以防止发霉,又不会干扰其他营养成分。

(4)ε-聚赖氨酸

ε-聚赖氨酸的研究在国外特别是在日本已比较成熟。它是一种天然的生物代谢产品,具有很好的杀菌能力和热稳定性,是具有优良防腐性能和巨大商业潜力的生物防腐剂。在日本,ε-聚赖氨酸已被批准作为防腐剂添加于食品中,广泛用于方便米饭、湿熟面条、熟菜、海产品、酱类、酱油、鱼片和饼干的保鲜防腐中。徐红华等研究了ε-聚赖氨酸对牛奶的保鲜效果。当采用420mg/L的ε-聚赖氨酸和2%的甘氨酸复配时,保鲜效果最佳,可以保存11d,并仍有较高的可接受性,同时还发现ε-聚赖氨酸和其他天然抑菌剂配合使用,有明显的协同增效作用,可以提高其抑菌能力。在美国,研究者建议把ε-聚赖氨酸作为防腐剂用于食品中。实践发现,ε-聚赖氨酸可与食品中的蛋白质或酸性多糖发生相互作用,导致抗菌能力的丧失,并且ε-聚赖氨酸有弱的乳化能力。因此ε-聚赖氨酸被限制于淀粉质食品。

2. 动物源天然食品防腐剂

（1）鱼精蛋白

鱼精蛋白是在鱼类精子细胞中发现的一种细小而简单的含高精氨酸的强碱性蛋白质,它对枯草杆菌、巨大芽孢杆菌、地衣型芽孢杆菌、凝固芽孢杆菌、胚芽乳杆菌、干酪乳杆菌、粪链球菌等均有较强的抑制作用,但对革兰氏阴性细菌抑制效果不明显。研究发现,鱼精蛋白可与细胞膜中某些涉及营养运输或生物合成系统的蛋白质作用,使这些蛋白质的功能受损,进而抑制细胞的新陈代谢而使细胞死亡。鱼精蛋白在中性和碱性介质中的抗菌效果更为显著。广泛应用于面包、蛋糕、菜肴制品(调理菜)、水产品、豆沙馅、调味料等的防腐中。

（2）蜂胶

蜂胶是蜜蜂赖以生存、繁衍和发展的物质基础。各国科学家经过研究证实,蜂胶是免疫因子的激活剂,它含有的黄酮类化合物和多种活性成分,能显著提高人体的免疫力,对糖尿病、癌症、高血脂、白血病等多种顽症有较好的预防效果。同时,蜂胶对病毒、病菌、霉菌有较强的抑制、杀灭作用,对正常细胞没有毒副作用。因此蜂胶不仅是一种天然的高级营养品,而且可以作为天然的食品添加剂。近年来研究还发现,蜂胶经过特殊工艺加工处理后可制成天然口香糖。其中的有效成分具有洁齿、护牙作用,可防止龋齿的形成,同时还可以逐渐消除牙垢。

（3）壳聚糖

壳聚糖又叫甲壳素,是蟹虾、昆虫等甲壳质脱乙酰后的多糖类物质,对大肠杆菌、普通变形杆菌、枯草杆菌、金黄色葡萄球菌均有较强的抑制作用而不影响食品风味。广泛应用于腌渍食品、生面条、米饭、豆沙馅、调味液、草莓等的保鲜中。近几年来,国内外有关刊物发表了不少关于壳聚糖以及壳聚糖衍生物制备及应用等的研究报道。随着科研工作者对甲壳素研究的深入,其应用必然越来越广泛。

3. 植物源天然防腐剂

国内外对植物源食品天然防腐剂的研究异常活跃,究其原因是自然界的天然植物中许多生理活性物质具有抗菌作用。20 世纪初,

Rippetor 等研究证明,从芥菜子、丁香和桂皮等中提取的精油有一定的防腐作用,从而激起了人们对其中活性成分的提取、抗菌效果的评价、作用机制及应用的研究。特别是近年来,我国众多学者也进行了植物源天然食品防腐剂的研究,他们进行了大蒜、生姜、丁香等50多种香辛科植物及大黄、甘草、银杏叶等200多种中草药及其他植物如竹叶等提取物的抗菌试验,发现有150多种具有广谱的抑菌活性,各提取物之间也存在抗菌性的协同增效作用,并作为天然防腐剂在某些类食品中进行了一些简单应用。

(1)茶多酚

大量实验表明,茶多酚对人体有很好的生理效应,它能清除人体内多余的自由基,改进血管的渗透性能,增强血管壁弹性,降低血压,防止血糖升高,促进维生素的吸收与同化,还有抗癌防龋、抗机体脂质氧化和抗辐射等作用。茶多酚还具有很好的防腐保鲜作用,对枯草杆菌、金黄色葡萄球菌、大肠杆菌、番茄溃疡、龋齿链球菌以及毛霉菌、青霉菌、赤霉菌、炭疽病菌、啤酒酵母菌等均有抑制作用。

(2)香精油

香精油是生长在热带的芳香植物的根、树皮、种子或果实的提取物,一直是人们较感兴趣的天然防腐剂之一,近些年来有关香精油作为食品防腐剂的报道很多。丁香油中主要为丁香酚,还含有鞣质等。吴传茂等研究发现:丁香油对金黄色葡萄球菌、大肠杆菌、酵母、黑曲霉等有广谱抑菌作用,且在100℃以内对热稳定。突出特点是抑制真菌作用强。山苍子油是从山苍子的鲜果、树皮以及叶中提取的,含柠檬酸、甲基庚烯酮以及其他物质。余伯研究发现,山苍子油对多数霉菌的抗菌效力与山梨酸钾相近,但强于苯甲酸钠。

(3)大蒜素

大蒜所含有的大蒜素对痢疾杆菌等一些致病性肠道细菌和常见的食品腐败真菌都有较强的抑制和杀灭作用。这使得它成为了一种天然的防腐剂,深圳教育学院的马慕英用大蒜水溶液对几十种污染食品的常见霉菌、酵母菌等真菌进行试验,结果发现它对这些真菌均有抑制作用,且防腐能力与化学防腐剂苯甲酸钠和山梨酸钾相近。

大蒜蒜瓣的抗菌性能十分微弱,蒜苗与蒜的茎叶具有相当强的抗菌作用。其抗菌性能在高温下下降很多,因此应用大蒜提取物防腐保鲜应力求在较低温度(85℃以下)进行。大蒜的最适作用 pH 值为 4 左右,因而适宜用于酸性食品的防腐保鲜。

(4)蒽醌类中草药

蒽醌类中草药,其存在形式主要是葡萄糖或非葡萄糖苷,同时也含有一定量的游离态蒽醌,如大黄、虎杖、决明子、何首乌和茜草等,具有两个共轭的 α、β 不饱和羰基结构。熊卫东等对蒽醌类中草药进行了抑菌试验。结果表明,其综合的抑菌活性介于苯甲酸钠和肉桂醛之间。因此具有作为天然防腐剂的可行性。

四、膨松剂

在焙烤食品的加工中,为了改善食品品质,常常会加入膨松剂。所谓膨松剂,即是使食品在加工中形成膨松多孔的结构,制成柔软、酥脆的产品的食品添加剂,也称膨胀剂、疏松剂、发粉。通常在和面时加入,经过加热,膨松剂因化学反应产生 CO_2,使面团变成有孔洞的海绵状组织,柔软可口易咀嚼,可增加营养,容易消化吸收,并呈现特殊风味。膨松剂一般指碳酸盐、磷酸盐、铵盐和矾类及其复合物。它们都能在一定形式的反应中产生气体,在水溶液中有一定的酸碱性,可分为碱性膨松剂和复合膨松剂。

膨松剂除了安全性、价格等方面的一般要求外,尚有其特殊要求。

①能以较低的使用量产生较多的气体。

②在冷的面团里气体产生慢,而加热时均匀产生多量气体。

③加热分解后的残留物不影响成品的风味和质量。

④贮存方便,不易分解损失。

膨松剂主要用于面包、蛋糕、饼干及发面食品。只要食品加工中有水,膨松剂即产生作用,一般是温度越高,反应越快。其功效如下。

①增加食品体积。面包在焙烤过程中,除油脂和水分蒸发产生一部分气体外,绝大多数气体由膨松剂产生。它使面包增大 2 ~ 3 倍。

②产生多孔结构,使食品具有松软酥脆的质感,提高了产品的咀

嚼感和可口性。

③膨松组织可使各种消化液快速、畅通地进入食品组织,提高消化率。

膨松剂的特性及使用如下。

1. 碳酸氢钠

碳酸氢钠又称食用小苏打,分子式 $NaHCO_3$,相对分子质量84.01。

(1)性状

碳酸氢钠为白色结晶性粉末,无臭,味咸,在潮湿和热空气中缓缓分解产生 CO_2 ,加热至270℃失去全部 CO_2 ,遇酸即强烈分解而产生 CO_2 ,水溶液呈弱碱性,放置稍久、振摇或加热,碱性即加强,易溶于水。碳酸氢钠分解后残留的碳酸钠,使制品呈碱性,影响口味,使用不当还会使成品表面呈黄色斑点。

(2)毒性

碳酸氢钠在良好的工艺条件下使用可认为无毒,但过量摄取时有碱中毒及损害肝脏的危险;一次大量内服,可因产生大量 CO_2 而引起胃破裂。

(3)应用

碳酸氢钠可按正常生产需要使用。在饼干、糕点制作中多与碳酸氢铵合并使用,使用量按面粉计为0.5%~1.5%。使用时为方便均匀分散且防止出现黄色斑点,应溶于冷水中再添加。碳酸氢钠还可用于配置苏打汽水或盐汽水,作为 CO_2 发生剂。在果蔬加工中,如烫漂、护色、浸碱除蜡、调整酸度等方面亦常常使用。

2. 碳酸氢铵

碳酸氢铵又称酸式碳酸铵,俗称食臭粉、臭碱等,分子式 NH_4HCO_3 ,相对分子质量79.06。

(1)性状

碳酸氢铵为白色结晶粉末,有氨臭,对热不稳定,在空气中易风化,固体在58℃,水溶液在70℃分解为氨及 CO_2 ,稍有吸湿性,易溶于水,不溶于乙醇。碳酸氢铵分解后产生气体的量比碳酸氢钠多,起发能力大,但易造成成品过松,内部或表面出现大的空洞。此外加热时产生强烈刺激性的氨气,从而带来不良的风味。

（2）毒性

碳酸氢铵在食品中残留少,且氨及 CO_2 都是人体正常代谢的产物,少量摄入,对健康无影响。ADI（每日允许摄入量）不需要特殊规定。

（3）应用

碳酸氢铵也可按正常生产需要使用,添加于饼干及糕点中,多与碳酸氢钠合并使用,使用量按面粉计为 0.5% ~ 1.5%。也可单独使用或与发酵粉配合使用。

针对碱性膨松剂的不足,可用不同配方配制成各种复合膨松剂。利用脂肪酸、淀粉及有机酸、酸式盐等来控制反应的速度,充分提高膨松剂的效力。复合膨松剂即发酵粉又称焙粉,一般是用碳酸氢盐（如钠盐、铵盐）、酸（如酒石酸、柠檬酸、乳酸等）、酸性盐（如酒石酸氢钾、富马酸一钠、磷酸二氢钙、焦磷酸二氢钙、磷酸铝钠等）、明矾（如钾明矾、铵明矾、烧明矾、烧铵明矾等）及淀粉（阻酸、碱作用及防潮作用）等配置而成。

五、酸度调节剂

舌黏膜受氢离子刺激即引起酸味感觉,所以在溶液中能离解出氢离子的酸类都具有酸味,称为酸度调节刘。酸度调节剂能赋予食品酸味,除给人以爽快的刺激,增进食欲,提高食品品质外,还具有使防腐剂、发色剂、抗氧化剂增效的作用;具有增加焙烤食品柔软度的能力;与碳酸氢钠复配,可制成膨松剂;以有机酸及其盐可配成食品酸变缓冲剂,稳定 pH 值。

酸味的刺激阈值用 pH 值来表示,无机酸的酸味阈值为 3.4 ~ 3.5,有机酸的酸味阈值为 3.7 ~ 4.9。大多数食品的 pH 值为 5 ~ 6.5,虽为酸性,但并无酸味感觉,若 pH 值在 3.0 以下,则酸味感强,难以适口。

酸度调节剂的阴离子对酸味剂的风味有影响,这主要是由阴离子上有无羟基、氨基、羧基,它们的数目和所处的位置决定的。如柠檬酸、抗坏血酸和葡萄糖酸等的酸味带有爽快感；苹果酸的酸味带有苦味；乳酸和酒石酸的酸味伴有涩味；醋酸的酸味带有刺激性臭味；谷氨酸的酸味有鲜味等。

酸度调节剂广泛用于食品加工和生产中。我国食品添加剂使用卫生标准批准使用的酸度调节剂有：柠檬酸、乳酸、酒石酸、苹果酸、偏酒石酸、磷酸、醋酸、富马酸、己二酸等。它们适用于各类食品，按生产需要适量使用。

六、漂白剂

食品的色、香、味一直为消费者所重视，尤其是将色泽列为第一，可知颜色对食品的重要性。在加工蜜饯、干果类食品时，常发生褐变作用而影响外观。这时就要求将褐色变成白色，甚至变成无色。因此，在食品工业中，漂白对于食品色泽有重要的作用。能破坏、抑制食品的发色因素，使色素退色或使食品免于褐变的添加剂称为漂白剂。

漂白剂亚硫酸盐为白色粉末或小结晶，易溶于水，微溶于乙醇，在空气中徐徐氧化成为硫酸盐，与酸反应产生二氧化硫，具有强烈的还原性，水溶液呈碱性，1% 溶液的 pH 值为 $8.4 \sim 9.4$。

亚硫酸盐对食糖、冰糖、糖果、蜜饯类、葡萄糖、饴糖、饼干、罐头的最大使用量为 0.6g/kg。漂白后的产品二氧化硫残留量为：饼干、食糖、粉丝不超过 0.05g/kg，罐头不超过 0.02g/kg，其他品种二氧化硫残留量不超过 0.1g/kg。

我国传统的特产食品果干、果脯的加工，大多数采用熏硫法或应用亚硫酸盐溶液浸渍法进行漂白，以防褐变，果实经硫酸氢钠浸泡，可防止果实中单宁物质被氧化，以保持果品淡黄或金黄的鲜艳色泽并保持维生素 C 的作用。此外，二氧化硫溶在水中，形成亚硫酸，还可起防腐作用，同时，二氧化硫溶于糖液可防止糖液发酵。

七、稳定和凝固剂

凝固剂是使食品结构稳定或使食品组织不变的一类食品添加

剂,其作用方式通常是使食品中的果胶、蛋白质等溶胶凝固成不溶性凝胶状物质,从而达到增强食品中黏性固形物的强度、提高食品组织性能、改善食品口感和外形等目的。

凝固剂在食品生产中有广泛的应用。如利用氯化钙等钙盐使可溶性果胶酸成为凝胶状不溶性果胶酸钙,可保持果蔬加工制品的脆度和硬度,在果蔬罐头等产品中经常使用;或与低脂果胶交联成低糖凝胶,用于生产具有一定硬度的果冻食品等。盐卤、硫酸钙、葡萄糖酸 $-\delta$ 内酯等可使蛋白质凝固。在豆腐生产的点脑(点卤或点浆)工序中,因发生热变性,蛋白质多肽链的侧链断裂开来,形成开链状态,分子从原来有序的紧密结构变成疏松的无规则状态,这时加入凝固剂,变性的蛋白质分子相互凝聚、穿插,凝结成网状的凝聚体,水被包在网状结构的网眼中,转变成蛋白质凝胶。此外,金属离子螯合剂如乙二胺四乙酸二钠,能与金属离子在其分子内形成内环,使金属离子成为环的一部分,形成稳定而能溶解的复合物,从而提高了食品的质量和稳定性。

稳定和凝固剂能对果脯、蜜饯的加工原料起硬化作用,不使原料在加热过程中被煮烂,以保持其脆度和硬度,常用的有石灰、氯化钙、亚硫酸氢钙、明矾等。氯化钙最易溶于水,明矾、石灰溶解性较差,明矾主要是所含的镁盐、铝盐在起作用。一般氯化钙的配制浓度为0.1%~2%。浸泡好的原料用刀切开后从剖面观察,若表面形成了一层薄薄的白壳,厚度约为1mm,即可捞出。糖煮前应用水充分漂洗,除去剩余的硬化剂,以免产品产生不良味道。

八、几种食品强化剂

1. 赖氨酸盐

赖氨酸盐为白色粉末,无臭或稍有特异臭,易溶于水,几乎不溶于乙醇和乙醚。20℃时在水中约溶解0.4g/mL,在甘油中约溶解0.1g/mL,在丙醇中约溶解0.001g/mL。260℃左右熔化并分解,一般较稳定,但温度高时易结块,有时稍有着色,与维生素C或维生素K共存时则易着色,碱性时在还原糖的存在下加热则被分解,吸湿性强。

赖氨酸是人体必需氨基酸,缺少时则发生蛋白质代谢障碍。成人每日最低需要量约为0.8g。

赖氨酸在植物蛋白中一般含量较低,故均作为粮谷类制品的强化剂。强化用的是L–赖氨酸,应用于面包、饼干中,可在和面时加入,其使用量约为2g/kg。也可用于面粉、面条等食品。

赖氨酸在一般情况下,特别是在酸性时对热较稳定,但在还原糖存在时加热则有相当数量被分解,应予以注意。此外,小麦粉中的赖氨酸在制面包时约损失15%,若再焙烤可损失5%~10%,故添加赖氨酸的面包,在食用前不宜再切片烘烤。

2. 维生素C

强化用的维生素C主要为L–抗坏血酸及L–抗坏血酸钠,后者1g相当于抗坏血酸0.394g,因抗坏血酸呈酸性,不适于添加在酸性物质的食品中,例如牛乳等可使用抗坏血酸钠,先将其溶解在水中,再按量加入牛乳中。

维生素C的强化主要用于果汁、面包、饼干、糖果等,在橘汁中添加0.2~0.6g/kg,在面包、饼干、巧克力、软糖等中添加0.4~0.6g/kg,在水果糖、果汁粉及果酱等中添加1g/kg。

3. 维生素B₂

维生素B_2又称核黄素,为黄至黄橙色的结晶性粉末,微臭,味微苦,熔点约为280℃。微溶于水,略溶于乙醇,在稀烧碱溶液中极易溶解,亦易溶于氯化钠溶液,饱和水溶液呈中性。本品对热及酸比较稳定,在中性及酸性溶液中,即使短时间高压消毒亦不致破坏,在120℃加热6h只有少量破坏,但在碱性溶液中则易破坏,特别是易受紫外线破坏。

维生素B_2多与维生素B_1同时使用。对代乳粉、面包、饼干添加0.002~0.004g/kg,对巧克力、钙质软糖等添加0.06g/kg左右。

4. 钙强化剂

钙营养强化剂是开发钙强化食品和补钙制品的前提和基础,我国医学、营养和食品科学工作者十分重视钙强化剂的开发和相关性能(如吸收率、利用率和净利用率)的研究。目前市场上的钙强化剂主要可以分为三种类型,即无机钙强化剂、生物钙强化剂和有机钙强化剂(表2-6)。

表2-6　钙强化剂的种类与特性

种类	名称	特性
无机钙强化剂	矿石碳酸钙、活性钙、化学合成碳酸钙、磷酸氢钙、磷酸钙、氯化钙	价廉,含钙量高。但溶解性差,难吸收利用,毒副作用大
生物钙强化剂	生物骨粉(牛、鱼、猪)、生物活性钙、生物碳酸钙、贝壳粉、珍珠粉	价廉,含钙量较高,有一定的钙磷比。但溶解性差,难吸收利用,卫生安全性低(如残存重金属、毒素)
有机钙强化剂	乳酸钙、醋酸钙、葡萄糖酸钙、柠檬酸钙、复合氨基酸钙	溶解性较好。但价贵,含钙量低,较易吸收利用,卫生安全性较高

对人体来说以乳酸钙的吸收率最好,在实际应用中,以碳酸钙与磷酸钙较多,也有直接使用蛋壳粉的。从经济上看,碳酸钙成本较低,而且钙含量高。在不缺磷的情况下,以添加强化碳酸钙的居多,作为食品添加剂要用轻质碳酸钙,通常用于面包、饼干以及代乳粉等婴儿食品中,使用量为1.2%左右。

5.铁质强化剂

目前国内的铁营养强化剂主要有两类,一种是有机铁,另外一种是无机铁,其中有机铁以卟啉铁为代表,而无机铁的代表是乳酸亚铁,铁营养强化剂一般主要从两方面来衡量其优劣。一是生物利用率,通常以硫酸亚铁作为标准,其他铁剂与其相比的值×100得出相对生物利用率(RBV)作为指标;另一方面是看其加入后是否改变了食物的颜色和味道。另外,铁含量和成本的高低,溶解度的大小及卫生安全性能等也是应着重考虑的因素。一般来说,二价铁较三价铁更有利于人体吸收,有机铁比无机铁对肠胃的刺激性小且易于吸收,血红素铁较非血红素铁易于吸收等。因此,要根据不同的产品加入不同种类的铁源。

　　一般常用于食品强化剂的铁质有硫酸亚铁和枸橼酸铁,两者相比,硫酸亚铁易被人体吸收,它为绿色的晶体。作为强化剂使用时需把它粉碎成极细的粉末状,生产时要选用食用级的产品。

　　虽然铁在身体内的含量很少,但膳食中长期缺铁或铁的吸收受到限制,可引起缺铁性贫血。因此,铁强化食品可防止儿童产生缺铁性贫血。在添加强化铁的同时,可加入些维生素 C,以利于人体对铁的吸收。

第三章　粮食类休闲食品

第一节　谷物类

谷类制品是人类最重要的食物。在工业化国家,由面包提供的营养素可满足每日碳水化合物需要量的 50%,蛋白质的 30%,B 族维生素的 50% ~60%。此外,谷类制品也是矿物质和微量元素的来源。

一、玉米花

爆裂玉米是爆玉米花的专用玉米,它可被加工成数十种风味的玉米花,在日本、美国十分流行,经久不衰,我国也兴起了爆玉米花热。其加工技术简单,易于操作,既可用机器生产,又可在家中简易制作。

1. 原料及配方

以砂糖、食油为主,砂糖、食油、玉米比例以 1:1:5 为宜,根据个人喜爱,还可加入奶油、巧克力、五香粉等多种调料,制成多种风味的玉米花。

2. 制作要点

先将锅洗净烧干,再放入食油,油沸后投入玉米,中火加热。在玉米尚未爆花时,将砂糖均匀地撒在玉米上,并用筷子搅拌均匀。然后,盖上锅盖不时晃动,使玉米在锅内充分运动,片刻就开始爆花。当仅有零星爆花声时,立即将玉米花倒入事先备好的器皿内,冷却后便可食用或包装出售。

二、玉米果

玉米中主要含有淀粉、蛋白质和脂肪等营养物质,并含有硒、镁、胡萝卜素和纤维素等营养物质,经常食用可降低人体血液中胆固醇的含量,对冠心病、动脉硬化症和脑功能衰退等有辅助食疗作用,尤其是近年来发现玉米有防癌抗癌的功效,因而被誉为"黄金食品"。玉米经膨化、糖渍和烘烤等加工得到的产品,不仅具有上述营养和药理功效,同时还具有香、脆、甜、咸的风味,食之余香不尽,深受欢迎。

1. 原料及配方

(1)果味玉米果

膨化玉米 10.0kg,糖液 8.0L,食盐 0.2kg,食用香精 200.0mL。

(2)怪味玉米果

膨化玉米 10.0kg,味精 0.03kg,糖液 8.0L,熟芝麻 0.3kg,食盐 0.3kg,辣椒面 0.1kg,花椒 0.3kg,五香粉 0.2kg,姜粉适量。

2. 工艺流程

$$熬糖→冷却$$
$$↓$$

原料挑选→膨化→挑选分级→拌料→烘烤→冷却→包装称量→封口→成品

3. 制作要点

①原料挑选:选出霉烂玉米及杂质。

②膨化:选用外加热式膨化机(即简易爆米花机),将适量玉米(视机器容量而定)装入机膛内,扣紧封闭压力开关,迅速加热升温,机膛内温度达到 150~180℃,转动机身,转速 60~80r/min,使机膛内产生一定的压力,随着温度的提高,压力也逐渐增大,3~5min 内,压力达到 700~800kPa 时,马上停止加热,缓慢打开压力开关,逐渐降压,直到压力为零,将膨化好的玉米果倒入容器待用。

③挑选分级:选出焦煳、未膨化等不合格的玉米果,并按颗粒大小进行分级,一级 1.5~2cm,二级 1~1.5cm,三级小于1cm。

④熬糖:按 10kg 白糖、20kg 水的比例,先加水入锅,随即加白糖,加热搅拌溶化,煮沸保持 15min,撇去泡沫,所得糖液冷却待用。

⑤拌料:按配方先将各种辅料拌匀,再倒入玉米果与辅料拌匀。

⑥烘烤:将拌匀的玉米果迅速捞起,放入烤盘中摊平,于烤箱中烘烤。烘烤时,先将烤炉温度升至 150℃,再放入玉米果恒温烘烤,烘

烤时间为 30min,烘烤过程中,要用木铲或木勺翻动玉米果 3~4 次,第 1 次要在烘烤 10~15min 后翻动,后续的翻动视实际情况而定。注意不要剧烈翻动,以免物料破碎或被翻烂。

⑦冷却:烘烤好的玉米果出炉后,用木铲及时翻动,以免黏结,并倒入容器中冷却。

⑧包装称量:将烤煳、变形的次品剔出,用复合塑料食品包装袋称量密封包装,即为成品。

4. 质量要求

(1)感官指标

风味:本品具有特有的风味及滋味,无异味。

形态:大小一致,颗粒饱满,破粒小于 15%。

(2)理化指标

砷(以 As 计)≤15mg/kg,铅(以 Pb 计)≤110mg/kg,糖(以蔗糖计)≤15mg/kg,水≤18%,食品添加剂按 CB 2760—2011 卫生标准规定。

(3)微生物指标

细菌总数≤1000 个/g,大肠菌群≤30 个/g,致病菌不得检出。

三、米果

米果是以大米为主要原料,根据不同工艺和配方制作而成的米类休闲食品。大多数米果类制品口感松脆,米香浓郁,脂肪与糖的含量低,很受现代消费者的喜爱,如雪饼、仙贝、锅巴和夹心米果等。随着新技术的不断应用,更多品种的米果系列产品将会不断问世,其在我国大米的产业化发展中将会发挥极大的作用。

(一)雪枣米果

1. 原料及配方

(1)米果

糯米粉 40kg,芋头浆 3kg,水 8kg。

(2)米果表面糖霜

白砂糖 28.5~29.5kg,饴糖 0.5kg,熟淀粉 2.5kg,水 8kg。

2. 工艺流程

糯米→浸泡→磨粉→蒸粉→制粉团→制坯→炸制→挂浆→成品

　　　　　　　　　　　　　　↑

　　　　　　　　芋头→磨浆

3. 制作要点

①浸泡、磨粉:选用优质糯米,洗净后浸泡16~24h,沥干,置于磨粉机中磨碎,米粉的粒度为120目左右。

②制芋头浆:选用无腐烂、无霉变的优质干净芋头,除去表皮,加适量水磨成细浆。

③蒸粉:将磨好的糯米粉放在案台上,中间做成圆窝,以1kg粉加0.2kg水的比例调制成面团,放入蒸煮机中蒸熟。

④制粉团:将热粉团放在搅打机中搅打,待粉团冷却至40℃时,加入10%的芋头浆,继续搅打至混合均匀。

⑤制坯:将粉团放入成型模具中,做成6cm×1cm×1cm的小块,置于烘箱内(40℃)烘干,再放入密闭间存放4~5d。

⑥炸制:将干坯放入温油中浸泡,待干坯软化呈橡皮状后捞出,放入另一个有少量温油的锅中,倒入200℃的热油炸制,待表面呈金黄色捞出即可。

⑦挂浆:取白砂糖25kg,加水7.5kg煮沸溶化后再放入白砂糖1.5~2.5kg,加热至115℃,加入熟坯挂浆。另取白砂糖2kg,饴糖0.5kg,熟淀粉2.5kg,开水适量调配成饴糖质量分数为2%,熟淀粉质量分数为10%。搅拌均匀后,投入炸制好的熟坯,使其表面粘满糖霜即可。

(二)椰奶香米果

1. 原料及配方

(1)米果

粳米粉60kg,土豆淀粉3kg,小麦淀粉1kg,变性淀粉0.3kg,蔗糖1kg,食用盐0.3kg,乳清粉0.2kg,水8kg。

(2)米果表面糖霜

蔗糖粉60kg,葡萄糖粉3kg,椰蓉粉1kg,奶粉0.5kg,蛋黄粉0.5kg,

奶香精0.1kg,柠檬酸0.6kg,明胶水16kg,椰子香精(HFB21200)0.3kg。

2.工艺流程

粳米→浸泡→制粉→配料→蒸煮→揉面→成型→干燥→调质老化→二次干燥→焙烤→淋油→喷糖霜→干燥→包装→成品

3.制作要点

①制坯:椰奶香米果的制坯与炸制方式与雪枣米果基本相同。

②糖霜浆料的配制:将明胶水(60℃)倒入搅拌机中,再分别加入配方中的其他原料,搅拌至混合均匀。

③喷糖霜:糖霜的喷洒量为米果坯质量的18%~20%。

4.质量要求

米果呈金黄色,表面覆盖有白色的雪花点,椰奶香浓郁,质地酥脆,口感酸甜。

(三)牛肉米果

1.原料及配方

(1)米果

粳米粉60kg,土豆淀粉3kg,小麦淀粉1kg,变性淀粉0.3kg,蔗糖1kg,食用盐0.2kg,牛肉调味料0.2kg,水8kg。

(2)米果表面调味粉

蔗糖粉25kg,HVP(水解植物蛋白)8kg,香料8kg,蔬菜粉8kg,牛油2kg,牛肉粉(F4076)18kg,食盐12kg,味精12kg,I+G(5′-肌苷酸钠+5′-鸟苷酸钠)0.5kg,糊精6kg,牛肉香精(汇香源HDC60000)0.5kg。

2.工艺流程

粳米→浸泡→制粉→配料→蒸煮→揉面→成型→干燥→调质老化→二次干燥→焙烤→淋油→喷调味粉→包装→成品

3.制作要点

牛肉米果的制作方式与前述米果基本相同,米果表面调味粉的用量为米果质量的5%~8%,要求着粉均匀。

4.质量要求

米果表面呈金黄色,质地酥脆,牛肉香气浓郁。

(四)海苔烧米果

1.原料及配方

(1)米果

糯米 100kg,糖粉 1kg,食盐 0.5kg,变性淀粉 0.3kg,味精 0.5kg,酶解肉粉 1.0kg。

(2)米果表面海苔调味粉

海苔精粉 60kg,α-淀粉 5kg,糖粉 15kg,食盐 10kg,味精 10kg。

2.工艺流程

粳米→水洗→浸泡→沥水→蒸煮→配料→捣制→整形→低温冷置→切片→干燥→焙烤→喷调味粉→包装→成品

3.制作要点

①水洗、浸泡:将糯米洗净,在常温下浸泡 10~12h,沥水,此时水分约为 33%。

②蒸煮:将浸泡好的米在常压下蒸煮 20min 左右,或者在高温高压下蒸煮 7~8min。

③配料、捣制:蒸熟的糯米饭冷却 2~3min 后,用捣饼机捣碾成为米饼粉团。同时,加入食盐、味精等辅料使调味均匀。当捣碾至米饭小粒与米饭糊状物的比例为 1:1 时,可以得到最佳的米果坯。

④整形:米果粉团捣成后,进入揉捏机中揉捏,并放入箱中整理成棒状或板状,然后连箱一起放入冷库中冷却至 2~5℃,再于 0~5℃的冷藏库中放置 2~3d,使其硬化。

⑤切片:硬化后的棒状饼坯用饼坯切割机切成所需形状并整形(米果坯的厚度一般为 1.6~1.8mm),再放入通风干燥机中干燥到饼坯含水量降为 18%~20%。

⑥焙烤:饼坯焙烤时的温度控制在 200~260℃,焙烤后饼坯的水分含量为 3%。

⑦喷调味粉:一般采用表面喷油着粉调味,喷油量为 8%~10%,着粉量为 5%~8%。另外也可采用海苔调味液调味,然后干燥为成品。

4.质量要求

米果表面呈金黄色,有可见海苔片,质地酥脆,海苔香气浓郁。

四、玉米香酥豆

玉米是一种主要的粮食作物,它营养全面,富含淀粉、蛋白质、脂肪、氨基酸、多种维生素、矿物质及大量纤维素,并具有良好的药用价值,对高血压、肥胖症、胃肠疾病、糖尿病、肝炎、高胆固醇等有良好的疗效。实验采取简单快捷、节能节资的生产工艺,对玉米籽粒直接加工,赋予了玉米产品新的口感,生产出了一种新型的休闲食品。

1.原料及配方

(1)主料

玉米若干。

(2)辅料

色拉油 3kg,净化水、肉桂、茴香、良姜、丁香、白砂糖等适量,$NaHSO_3$ 10g。

2.工艺流程

玉米粒→选料→浸泡→漂洗→蒸煮(调味)→冷冻→油炸→脱油→挂浆→检验→包装→成品

3.制作要点

①选料:选择颗粒饱满、无虫蛀、无霉变的玉米粒,并除去杂质。

②浸泡:水面高于玉米粒面5cm。$NaHSO_3$浸泡液浓度0.4%,浸泡时间24h。

③漂洗:用净化水反复洗涤至 pH 值为7。

④蒸煮(调味):使用高压灭菌锅加水蒸煮,加压至117.7kPa,可在此步添加各种香料,从而制备出多种口味的成品。

⑤冷冻:置于 -24℃的冰柜内24~48h。

⑥油炸:使用油炸控温锅,油炸温度150℃,直接油炸冷冻过的玉米。

⑦脱油:使用离心机脱去表面浮油。

五、玉米脆片

据统计,目前世界休闲食品市场的销售额超过 600 亿美元。玉米有抗癌防衰的保健功效,是人们日常生活中既可以作为主食又可作为方便的休闲食品食用的粗粮佳品。我国是世界玉米生产第二大国,年产量达 9000 万吨左右,玉米是我国北方人民的主要食物之一。欧美人喜欢吃玉米的原因是其可抵御一些"富贵病"的侵袭。据测定,每 100g 玉米中含蛋白质 8.5g,脂肪 4.3g,糖类 72.2g,钙 22.0mg,磷 210.0mg,铁 1.6mg,还含有胡萝卜素、维生素 B_1、维生素 B_2 和烟酸等。经常食用可以有效预防高血压、冠心病和心肌梗死的发作,并且还具有延缓脑功能退化的作用。

玉米脆片是将玉米与大米、黑米、绿豆、黄豆等粮食作物混合,经膨化制成的休闲食品。其具有营养搭配合理、便于保存、食用方便、生产方便等诸多特点。

1.原料及配方

玉米 2kg,大米 1kg,食用调和油 30g,鸡蛋 2 个,盐 150g。

2.工艺流程

大米→去杂
↓

玉米→去杂、除病粒→脱皮→磨粉→加水搅拌→加品质改良剂→加水→加油→膨化→出料→剪切→装袋

3.制作要点

①去杂、去病粒:干法脱皮之前先拣出石子及破损、坏仁的玉米,可以提高玉米粒磨面的营养性、安全性,并可以有效保护机器的正常运行。

②玉米脱皮护胚:玉米护胚可以有效提高面粉的营养性、蒸煮性。玉米胚主要可用来榨油。玉米油是一种良好的药物,长期食用,可以降低胆固醇,软化动脉血管。长期食用玉米油血脂会明显下降。

③磨粉:玉米粉易于消化吸收,具有可塑性,可以根据自己的喜好制成各式各样的方便食品。玉米粉、大米粉加水糅和后具有一定

的延展性,也就是说含有一定量的湿面筋。

④品质改良剂的添加:将制备好的混合粉依次加入鸡蛋、食盐等品质改良剂,以提高面粉的弹性、筋道、拉力、爽滑性、凝固性及糊化率。食盐添加量为5%。

⑤水的添加:加入适量的冷水,让上述面粉吸水融合,这样制得的严品才能令人满意。

⑥油的添加:在加入品质改良剂的混合粉中滴加1%的食用调和油,以使膨化出的脆条色泽亮丽,含水量适中,适当延长保质期。

⑦膨化:湿面团经膨化后,结构、风味、颜色均有所改变。它的直接优点是食用方便,便于贮存,不易回生,营养价值有所提高。

⑧出料、剪切:成型的产品由于热、压力、动力的作用,出料后剪为小段会有所变形,呈微扭曲状。通过剪切的产品易食用,易装袋保存。

六、玉米糕

鲜玉米棒是人们喜欢的食品,美中不足的是玉米皮较厚,食用时易嵌入牙缝中,中老年人对它更是望而却步。另外,玉米棒加热熟化后须趁热食用,一旦凉透后就会失去原有风味。鲜玉米糕产品在弥补上述不足的同时,保留了玉米原有的一切天然风味与营养成分,食用方便,保质期长,适合不同年龄的消费者食用,是一种难得的玉米类方便休闲食品,为玉米的产业化深加工提供了新的开发项目。

1. 原料及配方

鲜玉米浆80%,白砂糖18%,果胶2%。

2. 工艺流程

选料→预煮→脱粒→磨浆→负压浓缩→配料→成型→干燥脱水→包装→成品

3. 制作要点

①选料:选用成熟度好、未老化、颗粒饱满的优质糯玉米品种。

②预煮:将选好的玉米穗剥去外表皮,用水清洗干净,去掉玉米须,然后在沸水中煮沸大约0.5h,待玉米蛋白质凝固后取出备用。

③脱粒:煮好的玉米穗冷却后即可进行脱粒,脱粒时注意不要将玉米棒上的杂质带入。玉米煮熟后,即使籽粒破裂也不会使玉米蛋白质外溢。

④磨浆:脱下的玉米粒剔除杂质,加入1倍的水,在蒸煮锅中再次煮沸,并用慢火焖0.5~1.0h,待玉米充分软烂,然后将其与煮液一起进行磨浆。磨浆机可自动过滤分离,滤网选用80~100目。磨浆时原料须保持一定的温度,温度过低将影响磨浆的分离效果。

⑤负压浓缩:将磨好的玉米浆打入负压浓缩罐中进行浓缩,浓缩温度控制在60℃左右,真空度为0.09MPa,并开动搅拌机不断搅拌,待固形物达60%左右时即可出锅待用。

⑥配料、成型:浓缩后的玉米浆,按配方加入白砂糖和果胶,在配料缸中充分搅拌均匀,温度控制在60℃左右。若温度过低,不但会使原料难以与水融合,而且影响成型。成型时为了防止粘连,在机器的接触部位可涂抹一定量的玉米油。可根据所需规格成型,待冷却后有一定弹性时,再进行下一步操作。

⑦干燥脱水:刚成型的玉米糕含水量较高,难以达到应有的保质期,还需进一步脱水。脱水时将成品摆入不锈钢盘中,应单粒摆放防止粘连,脱水温度在50℃左右,注意通风排湿,否则产品颜色变暗。待产品含水量下降到20%即可出箱,冷却后即为成品。

⑧包装:用透明包装物密封包装,注意卫生,防止污染。

七、蛋黄玉米酥饼

研究发现,玉米含有的黄体素可以抵抗眼睛老化,抑制抗癌药物对人体的副作用,刺激大脑细胞,增强人的脑力和记忆力。蛋黄富含磷脂,磷脂是大脑功能代谢的重要物质之一,对增强大脑发育,增加记忆力有着很好的功用。将蛋黄与玉米复合制作的食品,已成为大脑营养的黄金食品,特别是其酥脆的口感、诱人的香味,作为休闲食品,已受到人们的青睐。

1. 原料及配方

鲜玉米浆83%,蛋黄5%,白砂糖10%,淀粉2%,疏松剂适量。

2. 工艺流程

选料→脱粒→蒸煮→磨浆→真空浓缩→配料→挤压成型→微波烘烤→成品

3. 制作要点

①选料:选用颜色金黄、糖高汁多、口感滑嫩并带有一定糯性,成熟度不过老也不过嫩的优质鲜食玉米品种为原料。

②脱粒:采用人工方法剥去玉米穗外皮,去掉玉米须,将玉米粒从玉米棒上剥下来,剥时注意防止玉米粒破碎。然后除去杂质,并用温开水清洗干净。

③蒸煮:清洗干净的玉米粒加入大约 1 倍的清水,在蒸煮锅中先用大火煮沸,然后用小火慢慢焖煮,时间大约 1h。其间须不断上下翻动,若缺水,可补一次水,但最好一次性将水加足,注意水不可过量,否则会给洗罐带来一定的难度。

④磨浆:磨浆采用过滤去渣一体化磨浆机,滤网要求 80~100 目。进料时须将玉米粒和煮液混合,原料过干或过稀都将影响磨浆效果。

⑤真空浓缩:将磨好的玉米浆打入真空浓缩锅中浓缩。浓缩锅一般为圆底,玉米浆不可装得过满,温度保持在 65℃左右,真空度保持在 0.015MPa。浓缩时必须开动搅拌器不断搅拌,否则淀粉沉淀将导致粘锅和焦化。当固形物含量达 60% 时,即为浓缩终点,便可出锅。注意不可高温浓缩,否则将造成玉米饼颜色较深和营养损失较大。

⑥配料:先将浓缩好的玉米浆打入配料罐,然后按照配方将白砂糖溶化,鲜鸡蛋去掉蛋白后,用打蛋机打成立体糊沫状,再连同淀粉等辅料一同加入配料罐,搅拌均匀。搅拌温度应保持在 60℃左右,搅拌转速为 100r/min。

⑦挤压成型:选用食品挤压成型袋,一般有圆形、五角形、三角形等花色样式,根据所需确定。可在烤盘上先涂上一层花生油。

⑧微波烘烤:将成型后的玉米饼推入烤箱中进行烘烤。微波烘烤不但加热均匀,缩短了烘烤时间,而且有一定的膨化作用,可使成品更加酥脆。烘烤温度需控制在 200℃左右,烘烤至半熟时,可在饼

面上刷一层亮光液,以增加产品的色泽。待产品完全成熟,质感酥脆后即可出箱,自然冷却后包装为成品。

八、糯玉米穗

目前,鲜食作物已成为国际上风行的休闲食品。在欧洲和美国,鲜食糯玉米已成为与薯条薯片并列的健康美食。中国大部分地区,尤其是南方江浙等省,以及东南亚各国历来都有鲜食毛豆的习惯。鲜食作物以其甜糯清香、质地细腻、营养丰富、适口性好、易于消化等特点,在国际与国内市场上备受青睐。随着人们生活水平的提高和膳食结构的改变,市场需求量逐年增加,发展迅速。

1. 原料及配方

新鲜玉米穗 100 个。

2. 工艺流程

鲜果穗整理→分级→清洗→沥干→漂烫→冷却→沥干→速冻→包装→冷藏

3. 制作要点

(1)整理、分级

①将当天采收的果穗剥去苞叶,去掉花丝和果柄,切去秃顶和顶部病虫危害部分,剔除缺粒、虫蛀、杂穗与过老过嫩的果穗。

②将合格果穗按整理后的果穗长度进行分级:

一级穗:整理后穗长≥15cm;

二级穗:15cm>整理后穗长≥10cm;

三级穗:10cm>整理后穗长≥8cm;

等外品:整理后穗长<8cm。

(2)清洗、沥干

①将分级后的果穗在流水下清洗,以除去尘土与黏附的碎粒及其他杂物。

②将清洗后的果穗架空沥干水分。

(3)漂烫

将清洗后的果穗在夹层锅或热烫槽内漂烫 12min 左右,不断向锅内或槽内补充蒸汽,使热水温度不低于96~98℃。

(4)冷却、沥干

①将漂烫后的果穗捞出后先经冷水喷淋降温后再浸入冷却槽,用流动的5℃以下冷水继续冷却,使穗轴中心冷点温度迅速降至15℃以下。

②将冷却后的果穗架空沥干水分。

(5)速冻

将沥干水分的果穗置于冰冻盒内,进入-35℃的速冻库内冷冻12h或者用单冻机于-45℃下速冻115h。

(6)低温包装

将冷结的果穗在-5℃低温包装车间内按等级进行称重、包装、封口,标明等级。内包装物料采用0.08mm的聚乙烯薄膜袋。

(7)低温冷藏

将包装好的果穗于-18℃低温贮存库内冷藏,可安全贮存9~12个月。

九、米饼干

米饼干是以大米为原料的一种流行于日本的小吃食品,可加入海藻、芝麻、红辣椒、糖、香辛料等制成营养丰富、风味独特的保健休闲食品,销售市场一直看好。

1. 原料及配方

粳米95%,白砂糖5%,酱油适量,调料适量。

2. 工艺流程

粳米→除杂清洗→浸泡→过滤→蒸煮→水洗→复蒸→压片→成型→烘干→醒发→二次烘干→上调料→烘烤→密封包装→成品

　　　　　　　　　　　　　　　↑

白糖、调料→粉碎→混合←酱油

3. 制作要点

①将除杂后的精白粳米洗净,放在水中浸泡一夜,取出沥水后,放在连续式蒸煮机中,在19.8kPa的蒸汽压下蒸20min,得到的蒸米含水分约36%。

②将整好的米粒投入水中,搅拌使米粒松散,洗去米粒间黏液,水洗约 5min 后,取出沥水。米中含水量约为 54%。

③放入蒸煮机中复蒸,在 19.8kPa 的蒸汽压下蒸煮 10min,得到含水量 55% 的蒸煮米。

④将蒸米冷却到 40℃,通过间隙 2cm 的压片机压辊,米粒表面产生黏性,表面相互黏结成片状,用成型模将片状料坯压制成长 8cm、宽 6cm 的长方形料坯。

⑤放入自动连续式热风干燥机内,在 80℃ 的温度中干燥 3h,得到水分含量约 18% 的料坯。

⑥将料坯放在密闭容器中保存,醒发 12h 后,取出,进行二次干燥。二次干燥采用 80℃ 的温度干燥 3h,得到水分含量约 8% 的料坯。

⑦将调料、白糖和酱油均匀涂抹在料坯表面,将料坯放在煤气烤箱中烘焙使之干燥,包装后即得到成品。

4. 质量要求

产品外形保留了米粒形状的同时,使米粒膨胀适度、美观而且口感松脆,符合国家食品饼干卫生标准 CB 7100—2015。

十、低热干酪增香玉米卷

用本工艺生产的玉米卷含有 16% 的可食性纤维素,比同等体积传统工艺生产的玉米卷热量减少了 1/2,油脂含量也减少了 3/4,而口感、风味和结构均接近于传统工艺生产的产品,并且所含纤维素还起防病、治病的作用。

1. 原料及配方

黄玉米粉 4kg,水 100g,羧甲基纤维素(CMC)1kg,食用油适量。

2. 制作要点

①调糊:把黄玉米粉与水按 40:1 的比例放入螺旋叶片式混合器中搅拌预混合 10min,然后加入包覆微晶纤维素的 CMC,使 CMC 与玉米粉的比例为 1:4。把两者再混合 4min,制得面糊。

②蒸煮挤压制坯:把面糊以 1.13kg/min 的喂入速率加入单联螺旋蒸煮挤压机中,螺旋推进速度为 350r/min;然后再把附加水分续到其中,

使全部含水量达到总重的 17% ~ 18%。从喂入到结尾蒸煮挤压机夹层温度分为 30℃、50℃、65℃、80℃、90℃ 五个温带。挤压机出口处的压力为 1.37×10^4 kPa,制得的挤压成型物最后经剪切系统切成食品坯。

③焙烘:把制得的食品坯放入鼓风烤箱内,在 145 ~ 150℃ 下焙烘5min 后取出。焙烘后的食品坯不得有焦煳味,且水分含量低于 2%。

④喷布:将 35℃ 左右的熔化食用油或脂肪洒在食品坯的表面,使整个食品坯表面喷布的油量达食品坯重的 7% 或再少一些,

⑤喷粉:喷布后再用粉剂干酪、盐和棉籽油或豆油的浆状物涂覆食品坯,即为成品玉米卷。

⑥冷却:将喷粉后的成品冷却到室温。

⑦包装:用塑料食品袋进行包装。

十一、锅巴

锅巴是用大米、淀粉、棕榈油等为主要原料,经科学方法加工而成的小食品。它香酥可口,营养丰富,余味深长,既可作为下酒小吃,又可作为菜肴烹调,老少皆宜,是深受人们欢迎的休闲食品。

1. 原料及配方

(1)锅巴

大米 66.40%,淀粉 9.40%,调料 2.35%,色拉油 2.35%,棕榈油19.50%。

(2)调料

①牛肉风味:牛肉精 20%,味精 10%,盐 50%,五香粉 10%,白糖 10%。

②咖喱风味:味精 10%,盐 50%,五香粉 10%,咖喱粉 29%,丁香 1%。

2. 工艺流程

色拉油

↓

大米→淘米→浸泡→蒸米→拌油→拌淀粉→压片→切片→油炸→

喷调料→加棕榈油→包装

↑

粉碎←调料

3. 制作要点

①淘米:用清水将米淘洗干净,去掉杂质和沙石。

②浸泡:将洗净的米用洁净水浸泡 1h,捞出。

③蒸米:把泡好的米放入蒸锅中蒸熟。

④拌油:加入大米原料重 3% 的色拉油或起酥油,搅拌均匀。

⑤拌淀粉:按比例将淀粉和大米混合,拌淀粉温度为 15～20℃,搅拌均匀。

⑥压片:用压片机将拌好的料压成厚 1～1.5mm 的米片,压 2～3 次即成。

⑦切片:将米片切成长 5cm、宽 2cm 的片。

⑧油炸:油温控制在 240℃ 左右,时间 4min。炸成浅黄色捞出,沥去多余的油。

⑨喷调料:调料按所需配方配好,调料要干燥,粉碎细度为 80 目,喷撒要均匀。

⑩包装:每袋装 50～100g,用真空封口机封合。

4. 质量要求

产品外观整齐,颜色浅黄色,无焦煳和炸不透的产品。香脆,不粘牙。调味料喷撒均匀。

十二、茶香大米锅巴

茶叶含有丰富的营养成分和具有保健功效的成分,茶叶中营养保健成分除水溶成分外,还有许多是非水溶性成分,仅靠冲饮或煮泡是无法使这些成分进入茶汤而被人利用的,因此,将"饮茶"转为"吃茶"实属必要。但茶叶具有特殊的苦涩味,而且茶渣入口质地粗糙,直接食用让人很难接受,所以需要经过适当加工,转变为美食佳肴,才能全面发挥茶叶应有的营养保健功能。

茶香锅巴是采用低档红茶、绿茶或乌龙茶,经粉碎同大米配合加工制成的锅巴。其特点是茶香浓郁、松脆可口,集营养、美味、休闲、保健于一体。

1.原料及配方

茶末 1kg(红茶、绿茶、乌龙茶任选一种),味精 75g,大米 10kg,食盐 100g,小麦淀粉适量,猪油适量,植物油适量。

2.工艺流程

大米选择→淘米→浸泡(加茶汁)→蒸煮→冷却→加配料→轧片→切片→油炸→沥油→(调味)→包装→入库→成品

3.制作要点

①大米选择:选用粳米作为原料优于籼米。

②淘米:将大米洗净,除去表面的米糠及其他污物,沥水供浸泡用。

③茶汁提取:提取茶汁用于浸泡大米和蒸米饭。将适量经 120 目筛的茶末用沸水泡 10min,然后抽滤。如此反复操作 3 次,将滤液混合,备用。

④浸泡:用上述茶汁浸泡大米,使大米充分吸水,以利于蒸煮时充分糊化、煮熟。浸米至米粒呈饱满状态,水分含量达 30% 左右时为止,浸泡时间通常为 30 ~ 45min。

⑤蒸煮:可采用常压蒸煮,也可采用加压蒸煮,蒸煮到大米熟透、硬度适当、米粒不糊、水分含量达 50% ~ 60% 为止。如果蒸煮时间不够,则米粒不熟,没有黏结性,不易成型,容易散开,且做成的锅巴有生硬感,口味不佳;反之,则米粒煮得太烂,容易黏成团,并且水分含量太高,油炸后的锅巴不够脆,影响产品质量。

⑥冷却:将蒸煮后的米饭进行自然冷却,散发水汽,目的是使米饭松散,不进一步变软,不黏结成团,也不粘轧片器具,既便于操作,又保证了产品的质量。

⑦加配料:加入适量猪油、小麦淀粉及取汁后的茶末于冷却好的米饭中混匀。

⑧轧片、切片:在预先涂有油脂的不锈钢板上,将米饭压实成厚的薄片,然后切片,切片可大可小,但宜切成大小均匀的小方块。

⑨油炸、沥油:将切好的薄片放在植物油中油炸,油温 190 ~ 200℃,动作要迅速,以减少茶叶中各种成分的损失。炸至金黄色捞

出,沥油后立即冷却。

⑩调味:可采用传统方法用食盐、味精等调料加以调味。但由于茶香大米锅巴具有自己独特的茶风味,可不加调味料,食其原味。

⑪包装:经调味或原味的制品用铝塑薄膜包装封口,装箱入库即为成品。

十三、酒香膨化糖

1. 原料及配方

大米 500g,干辣椒 30g,花椒 20g,大料 10g,生姜 50g,20% 的乙醇溶液 1L,蔗糖酯 20g,白砂糖 1000g,饴糖 400g,植物油 50g,柠檬酸 0.5g,水 350mL。

2. 工艺流程

大米→乙醇料液浸泡→炸制膨化
白砂糖→化糖→过滤→熬煮 ｝→拌糖→成型→包装

3. 制作要点

①蔗糖酯放入乙醇液中搅拌溶化后,投入香辛料,然后投入大米浸泡 24h 左右。于 180℃ 油炸膨化物料。

②将白砂糖、饴糖置入铜锅内熬煮,加入植物油。熬糖加水量一般为白砂糖量的 30% ~ 40%。

③炸好的料坯迅速投入糖浆中,然后锤成 1cm 厚的薄饼,切成 1.5cm×3cm 的小块或条片。

十四、米饼

米饼是美国近几年兴起的一种米制小食品。米饼不使用黏接剂使米粒相连,是低热值的膨化制品。每只饼重 9 ~ 10g,主料是籼米或粳米,添加芝麻、粟和盐等配料。若用糙米,营养素含量多且高,又能满足人们对低热量和高膳食纤维的要求。

1. 原料及配方

大米 80%,芝麻 5%,水 15%,盐适量。

2.工艺流程

$$芝麻→精选除杂$$
$$↓$$
$$大米→精选除杂→清洗→调质→混合→膨化→冷却→密封包装$$
$$↑$$
$$调料$$

3.制作要点

①精选除杂:用去石机除去大米中的沙石等杂物,除净芝麻中的杂物。

②调质:将洗好的大米用水调节至含水量 14% ~ 18%。在室温下调质时间为 1 ~ 3h。

③混合:将含水的大米与芝麻、盐等调料混合均匀后,放入已预热至 200℃以上的米饼机中,热挤压 8 ~ 10s 即可。

④膨化:米饼机的饼模有三个部分:一个环和上下两个压板。两极可以上下移动调节夹缝的大小。米在两压板之间被挤压,加热一定时间后,使上压板上提至环的上半缘,因为水分突然汽化,大米会发生膨化,同时米粒相溶而形成米饼。每只米饼直径 10cm,厚 1.7cm,重 10g。

⑤包装:米饼卸模后在空气中冷却,密封包装。

4.质量要求

本品膨化适度,黏结良好,色泽白或浅黄,符合国家饼干卫生标准 GB 7100—2003。

十五、膨化夹心米酥

膨化夹心米酥是利用先进的挤压膨化技术在单螺杆或双螺杆设备上,以大米、玉米为主料,纯奶油为介质,将蛋黄粉、奶粉、白糖粉、巧克力粉等原料进行稀释,配成夹心料,在膨化物挤出的同时将夹心料注入膨化谷物食品内,经过加工制成的一类夹心小食品。该类食品营养丰富、容易消化吸收、口感酥脆、风味独特,深受消费者特别是儿童的欢迎。

1. 原料及配方

大米55%,玉米10%,白糖粉25%,蛋黄粉2.5%,奶粉2.5%,芝麻酱2.5%,巧克力粉2.5%,奶油适量,色拉油适量,调料适量。

2. 工艺流程

玉米→精选除杂→粉碎过筛

↓

大米→精选除杂→粉碎过筛→混合→挤压膨化→夹馅→整形→烘烤→

↑

奶油→加温融化→混合← 芝麻酱、蛋黄粉、巧克力粉、奶粉、白糖粉

喷油、喷调料→包装

↑

色拉油、调料

3. 制作要点

①精选除杂:用去石机分别将大米、玉米的沙石等异物除去。

②粉碎过筛:将除杂后的大米、玉米(玉米去皮)分别粉碎过20目网筛。

③混合:将大米粉和玉米粉按比例混合均匀,并使混合后的原料水分保持在12%~14%。

④制馅料:奶油具有良好的稳定性及润滑性,并且能使产品具有较好的风味,因此,用奶油做夹心载体较为理想。将纯奶油加温融化,然后冷至40℃左右,按比例加入各种粉碎过60目筛的馅料,搅拌均匀。为保证产品质量,奶油添加应适量,保证物料稀释均匀,并且有良好的流动性。奶油应选用纯奶油,不能掺有水分。

⑤谷物挤压膨化与夹馅:这是产品生产的关键工序,物料膨化的好坏直接影响到最后的质感和口感,物料在挤压中经过高温(130~170℃)、高压(0.5~1MPa)呈流动性的凝胶状态,通过特殊设计的夹心模均匀稳定地挤出完成膨化,同时馅料通过夹心机挤压,经过夹心模均匀地注入膨化酥中,随膨化物料一同挤压出来,挤出时,物料水分降至9%~10%。

⑥整形:夹馅后的膨化物料从模孔中挤出后,需经牵引至整形机,经两道成型辊压后,由切刀切断成一定长度、粗细厚度均匀的膨化食品,此时物料冷却,水分降至6% ~8%。

⑦烘烤:烘烤的目的是为了提高产品的口感和保质期。通过烘烤可使部分馅料由生变熟,产生令人愉快的香味。烘烤后物料水分降至2% ~3%。

⑧喷油、喷调料:该工序是在滚筒中进行的,喷油是为了防止产品吸收水分,赋予产品一定的稳定性,延长保质期。喷调料是为了改善口感和风味。随着滚筒的转动,物料从一头进入,从另一头出来。喷油是在物料进入滚筒时进行的,通过翻滚搅拌,油料均匀地涂在物料表面。物料通过滚筒中部时,加调料,只滚动不搅拌,从滚筒中出来即为产品。产品应该色泽一致,表面呈一种悦人的白色。喷的油可以是色拉油。调料可根据需要添加,如咖喱、麻辣、奶油等。

⑨包装:产品通过枕式包装机用聚乙烯塑料膜封口,要求密封,美观整齐。

4. 质量要求

(1)感官指标

色泽:外观为白色,夹心为咖啡色。

气味:具有大米、玉米、奶油心馅的复合香味,无霉味或其他异味。

组织状态:香酥可口、化渣、不粘牙、不牙碜,内部组织均匀,外表平整,直径3 ~4cm。

(2)理化指标

蛋白质≥7%,脂肪≥8%,水分≤6%。

(3)卫生指标

细菌总数≤5000 个/g,大肠菌群≤40 个/100g,致病菌不得检出,铅(以 Pb 计)≤1.0mg/kg,砷(以 As 计)≤0.5mg/kg,铜(以 Cu 计)≤10mg/kg。

(4)保质期

在常温下保质9 个月以上。

十六、玉金酥

玉金酥主要以玉米为原料,配以小米等,经自熟挤压膨化后,类似龙虾片一样,薄厚均匀、透明,油炸后全部膨化,香酥可口。具有玉米香,可调配成各种风味。该产品深受广大消费者喜爱,特别是儿童欢迎的小食品之一。

1.原料及配方

玉米粉70%,小米粉30%,调味料少许(配方同锅巴)。

2.工艺流程

玉米粉、小米粉→混合→润水搅拌→挤压→风干→切段→晒干→油炸→调味→包装

3.制作要点

①将粉料按配方充分混合、搅拌,在搅拌过程中,加入36%~40%的水,拌匀,加水量可根据季节而变化。

②先用湿料试机,待机器运转正常后,再加入原料。从机器中挤出的半成品,完全熟化,但不膨化。若有膨化现象,说明原料过干,需加水调湿。

③挤出后的条子用竹竿挑起,晾晒至不互相粘连。切段为3cm×2cm,晒干。

④油温控制在70~80℃,不宜过高。将晒干的半成品倒入油锅内,待完全膨化后,立即捞出。

⑤炸好的玉金酥趁热边搅拌边撒入调味料,使其均匀地黏附在成品表面。

十七、小米方便食品

小米是谷子加工去壳后的产品,其栽培历史非常久远,是最早作为粮食作物的谷物之一,在世界范围内都有广泛的栽培,其种植面积和产量都较高。在我国其种植区域主要集中在北方干旱及半干旱地区,长期以来一直是当地人民的重要粮食作物之一。但近些年来,由于经济的发展和人们生活水平的提高,我国人民的膳食结构已经处

于由温饱型向营养型的转化阶段，很多人已经不再食用小米这类粗粮了，小米已经逐渐退出了主食地位，被精米和精面所代替。

但从欧美等西方国家的发展来看，片面追求高蛋白质、高脂肪、高热量的文明食品，将会导致肥胖症、糖尿病、心脏病、高脂血症等富贵病的蔓延，死亡率逐年上升。为此发达国家每年要花费上百亿美元来对付"文明富贵病"。为了防止再走欧美国家的弯路，有必要改善人们的饮食结构，以便通过正常的饮食达到减少和预防疾病的目的。鉴于我国人民的饮食习惯是以谷物为主食的。因此有必要发挥粗粮在人民生活中的作用。作为粮食作物的小米营养价值极高，和我们喜欢食用的大米相比，每 100g 小米中所含维生素、矿物质和其他一些微量元素值都更高。但由于多年来小米的食用方法单一，其中所含膳食纤维较多，长期食用难以消化，因此限制了小米的食用。为了充分发挥出小米的资源及价值优势，人们提出了小米加工利用的方法。

锅巴是近年来出现的一种备受广大群众欢迎的休闲食品，用小米为原料制作锅巴，既可以利用小米中的营养物质，又可以达到长期食用的目的。其加工过程主要是将小米粉碎后，再加入淀粉，经螺旋膨化机膨化后，将其中的淀粉部分 α 化，再经油炸制成。该产品体积膨松，口感酥，含油量低，省设备，能耗低，加工方便。

(一)小米锅巴

1. 原料及配方

（1）锅巴

小米 90kg，淀粉 10kg，奶粉 2kg。

（2）调味料

海鲜味：味精 20%，花椒粉 2%，盐 78%。

麻辣味：辣椒粉 30%，胡椒粉 4%，味精 3%，五香粉 13%，精盐 50%。

孜然味：盐 60%，花椒粉 9%，孜然 28%，姜粉 3%。

2. 工艺流程

米粉、淀粉和奶粉→混合→加水搅拌→膨化→晾凉→切段→油

炸→调味→称量→包装

3. 制作要点

①首先将小米磨成粉,再将粉料按配方量在搅拌机内充分混合,混合时要边搅拌边喷水,可根据实际情况加入约30%的水。水应缓慢加入,使其混合均匀,成为松散的湿粉。

②开机膨化前,先配些水分较多的米粉放入机器中,再开动机器,湿料不膨化,容易通过出口。机器运转正常后,将混合好的物料放入螺旋膨化机内进行膨化。如果出料太膨松,说明加水量少,出来的料软、白、无弹性。如果出来的料不膨化,说明粉料中含水量多。要求出料呈半膨化状态,有弹性和熟面颜色,并有均匀的小孔。

③将膨化出来的半成品晾几分钟,然后用刀切成所需的长度。

④在油炸锅内装满油,加热,当油温为130～140℃时,放入切好的半成品,料层约厚3cm。下锅后将料打散,几分钟后打料有声响,便可出锅。由于油温较高,在出锅前为白色,放一段时间后变成黄白色。

⑤炸好的锅巴出锅后,应趁热一边搅拌,一边加入各种调味料,使得调味料能均匀地撒在锅巴表面。

(二)小米薄酥脆

1. 原料及配方

小米熟料1000kg,糖7kg,玉米淀粉8kg,柠檬酸1.5kg,苦荞麦2kg,盐180kg,牛肉精7kg,氢化脂(起酥剂)2.5kg,虾粉7kg,二甲基吡嗪(增香剂)0.25kg,苦味素0.5kg,没食子酸丙酯(抗氧化剂)2.5kg,五香粉59.5kg,辣椒粉59.5kg,花椒粉49.5kg。

2. 工艺流程

原料→清洗→蒸煮→增黏→调味→压花切片→油炸→包装→成品

3. 制作要点

①清洗:对原料进行清洗。挑选出石块、草梗、谷壳后,用清水冲洗干净。

②蒸煮:将清洗干净的小米,以原料与水重量之比为1:4的比例加水蒸煮。在压力锅中以0.15～0.16MPa的压力蒸煮。

③增黏:在熟化好的小米中加入复合淀粉混合均匀。熟化小米与复合淀粉重量之比为100:1。复合淀粉由玉米淀粉和苦荞麦粉组成,其重量比为4:1。

④调味:将调味料按配方的比例配合,与熟化小米、淀粉混合,搅拌均匀。

⑤压花切片:压花切片用的模具可使小米片压成厚度基本上维持在1mm以下的薄片,局部加筋。筋的厚度为1.5mm,宽度为1mm,筋的间隔为6mm。小米薄片用切片机切成26mm×26mm的方片,小米薄片的两端边呈锯齿形。

⑥油炸:一般用棕榈油,也可以用花生油和菜子油。当油加热到冒少量青烟时放入薄片,油温应控制在190℃,炸制4min左右出锅。

⑦包装:待炸好的小米薄酥脆冷却后,用铝箔聚乙烯复合袋密封包装,即为成品。

十八、桃片糕

桃片糕是以糯米、面粉、白糖、核桃为主要原料制成的一种美味小食品,历来受到老人、儿童的喜爱,是人们居家、旅行的常备糕点。

1. 原料及配方

糯米25%,白糖粉25%,面粉9%,蜂蜜9%,猪油17%,核桃仁10%,糖玫瑰5%,食用红色素适量。

2. 工艺流程

糯米→精选除杂→磨粉→吸湿→制糕粉→制糕心→蒸糕心→蒸糕→成型→包装→成品

3. 制作要点

①磨粉:将优质糯米精选后粉碎,制成糯米粉,把糯米粉放在湿度较大的环境中任其吸水,使糯米粉含水量升高到16%~20%。用手检验,要求用手捏粉后再松开即成粉团,不散垮。

②制糕粉:取粉7.5kg、猪油4kg、蜂蜜2kg混合均匀,揉透搓细,

用40目筛揉筛成松散面备用。

③制糕心:取粉5kg、白糖粉5kg、面粉2kg、猪油4.5kg、蜂蜜2.5kg混合后,拌和均匀,再加入糖玫瑰、核桃仁,炒拌均匀即可。

④蒸糕心:取不锈钢糕箱装糕心,每盆装22kg,共装24盒,然后逐一擀平,再用压糕抿子抿压光滑,入蒸笼蒸制5~8min取出,在盆内切三到四等分,然后在每条糕心四面着上红色素,备用。

⑤蒸糕:在每只不锈钢糕箱内装糕粉700g,铺平,再放入3条已着色的糕心。糕心间距相等,边上两条不要碰到盆边,其距离为各条间距离的一半。再装入700g糕粉,铺平,用压糕抿子压平、压紧,入笼大火蒸,上汽后5~8min取出。顺糕心条的方向均匀地切为3条,整齐地装在面箱内,用熟面粉捂好,盖上布,盖好箱,待用。

⑥成型:次日将捂过的糕坯取出,按成品规格切片,每片厚度2~3mm,每100g成品约切14片。包装后即为成品。

4.质量要求

产品外形为长方形薄片,厚薄一致,糕心端正,核桃仁分布均匀;糕体呈白色或乳白色,每片糕片与糕心相接处有一红色方框。桃片糕香甜糯绵,细腻滋润,具有玫瑰和核桃的香味。符合国家食品饼干卫生标准GB 7100—2003。

十九、咪巴

1.原料及配方

60目米粉100kg,猪油2kg,淀粉3kg,盐2kg,水42~45kg。

2.工艺流程

盐水　猪油

米粉→搅拌→蒸米→打散→加淀粉搅拌→压片→切块→油炸→调味→冷却→包装

3.制作要点

先将2kg盐加入42~45kg水中,溶解后将其加入米粉中,应在搅拌机中边搅拌边加入盐水。待混合均匀后,加入 2kg 猪油,打擦均匀后,上锅蒸粉。水沸后,待锅顶上汽后,蒸 5～6min。出锅时米粉不粘屉布,趁热用搅拌机将米糕打散,并加入 3kg 淀粉,搅拌均匀后压片。不能趁热压片,这样压出的片太硬、太实,油炸后不酥,也不能凉透后压片,这样淀粉会老化,不易成型,炸后艮。

压片时可反复折叠压 4～6 次,至薄片不漏孔,有弹性,能折叠而不断为止。切成 3cm×2cm 的长方块,进行油炸,油炸温度 130～140℃。

4. 质量要求

产品色泽为浅黄色;口感酥脆,有咬劲;质地松散,但不膨松;蛋白质 7%,油脂 21%～23%,水分 5%,碳水化合物 65%～67%。

二十、香酥片

1. 原料及配方

(1)主辅料

①主料:米粉 90kg,糖 3kg,淀粉 10kg,水 50kg,精盐 2kg。

②海鲜味辅料:桂皮 300g,八角 250g,甘草 250g,虾油精 1kg。

(2)调味料

①海鲜味:味精 20%,花椒粉 2%,盐 78%。

②麻辣味:辣椒粉 30%,味精 3%,胡椒粉 4%,五香粉 13%,精盐 50%。

③孜然味:盐 60%,花椒粉 9%,孜然 28%,姜粉 3%。

2. 工艺流程

调味液

↓

米粉、淀粉→配料→过筛→拌料→蒸糕→捣糕→压糕→切条→冷置→切片→干燥→油炸→调味→冷却→包装

3. 制作要点

①将 80 目的籼米粉与淀粉混合搅拌后,过筛使其混合均匀,然后根据季节和米粉的含水量加入 50% 左右的水,应一边搅拌,一边慢慢地加入水,使其混合均匀,成为松散的湿粉。

②将湿粉放入蒸锅的笼屉上,水沸后,上锅蒸 5～10min,料厚一般为 10cm 左右,若料较厚可适当延长蒸糕时间,一般蒸好的米粉不粘屉布。

③将蒸好的米粉放入锅槽中,搅拌后用木槌进行砸捣。要砸实,使米糕有一定的弹性,及时用液压机或压糕机将米糕压成 2～5cm 厚的方糕。然后用刀切成 5cm 宽的条,移入另一容器,盖上湿布,放置 24h。

④待米糕有弹性,较坚实后,将糕条切成 1.5mm 左右的薄片,进行干燥,可采用自然风干,也可人工干燥,50～70℃干燥 3h,自然风干一般需 1～2d,待完全干透后再进行油炸。

⑤油炸最好采用电炸锅,易控制温度,用一般的铁锅也可。通常用棕榈油,也可用花生油和菜子油。当油加热到冒少量青烟(即翻滚不浓烈)时,放入干燥后的薄片。加入量以均匀地漂在油层表面为宜,一般炸 1min 左右,当泡沫消失时,便可出锅。

⑥炸片离开油锅后应立即加调味粉,调味料均匀地撒到薄片上,这一点很重要。因为在这个时候油脂是液态的,能够形成最大的黏附作用。然后将成品冷却到室温,再进行包装。

4. 质量要求

产品色泽为黄白色,厚薄均匀,无碎片和碎屑。内部质地膨松、坚实,口感膨松酥脆。蛋白质 7%,油脂 16%,碳水化合物 62%,水分 5%。

二十一、蒜力酥

蒜是我们日常生活中很好的调味品,它营养丰富,不仅含有钙、磷、铁等矿物质,还含有很多维生素,并且有解毒、防病的功效。但它有一种特殊的刺激性气味,是有些人接受不了的,特别是儿童。我们将蒜粉与大米粉等原料混合,做成空心豆,再裹一层巧克力外衣,就大大减弱了蒜的味道,使儿童在吃零食的同时吃了蒜,从而起到防病解毒的作用。

1.原料及配方

(1)蜂蜜液

蜂蜜75%,水25%。

(2)复合粉

大米粉30%,淀粉10%,面粉15%,白砂糖30%,蒜粉15%。

(3)调味液

姜粉1.5%,辣椒粉0.5%,五香粉15%,胡椒粉0.5%,盐1.5%,苏打4%,白砂糖38.5%,水38.5%。

(4)巧克力酱

可可粉8%,全脂奶粉15%,代可可脂33%,白砂糖44%,香兰素适量,卵磷脂适量。

2.工艺流程

爆大米花→成型→半成品→烘烤→裹巧克力外衣→抛圆→静置→抛光→上光→成品

3.制作要点

(1)蜂蜜液的配制

将3份蜂蜜倒入1份沸水中,搅拌均匀,使蜂蜜完全溶解在水中,其浓度不宜过大。

(2)调味液的配制

将1份清水、1份白糖放入锅内化开,再加入定量的姜粉、五香粉、辣椒粉、盐等原料,加热至沸,熬煮5min。加入胡椒粉搅拌均匀,然后离火使调味液温度降到室温,倒入苏打水,不断搅拌至混合均匀。苏打水的配制是用少许水溶解所需的苏打。

(3)复合粉的调配

在拌粉桶中或其他容器中放入一半配料的面粉、糖粉、大米粉,加入全部淀粉、蒜粉,先搅拌均匀,然后加剩余的面粉、糖粉及大米粉,搅拌均匀。

(4)成型

将爆米花倒入糖衣机内,开机转动,加入蜂蜜液少许,使其汁细而均匀地浇在爆米花上,直至表面都涂盖上一层发亮的蜂蜜为止,然后再薄薄撒一层复合粉,使其表面附上一层面粉,转动2~3min后,浇第二次调味液,随之一层复合粉、一层调味液交替浇洒,到复合粉用完为止。一般6~8次复合粉加完,糖衣机再转动几分钟,裹实摇圆便可出锅,整个成型操作控制在30~40min内完成。出锅静置30~40min。

（5）烘烤

将摇圆的成品放入电烤笼中或煤烤笼中。烘烤过程中要防止温度过高而烤焦。

（6）制巧克力酱

先将代可可脂在37℃的水浴锅中加热融化,待完全融化后拌入白砂糖粉、可可粉、奶粉,充分混合后用胶体磨进行精磨。精磨后加入卵磷脂和香料,然后进行24~72h的精炼。精炼后将温度先降至35~40℃,保温一段时间后再进行调温。调温分三个阶段:第一阶段从40℃冷却到29℃,第二阶段从29℃冷却到27℃,第三阶段从27℃升温到29℃或30℃。经过调温后的巧克力酱应立即裹巧克力外衣。

（7）裹巧克力外衣

将烘好的空心豆放入糖衣机中,把1/3的巧克力酱倒入其中,待摇匀后再将剩余的巧克力酱分2次放入,糖衣机再转动几分钟,直至摇圆。若采用荸荠式糖衣机上酱,需利用喷枪装置。在一定的压力和气流下,将巧克力酱料喷涂到烤过的空心豆上,酱料温度应控制在32℃左右,冷风温度为10~13℃,相对湿度为55%,风速不低于2m/s。这样才能使涂覆在空心豆表面的巧克力酱料不断地得到冷却和凝固。

（8）抛圆、静置

将上好酱的产品移至干净的荸荠式糖衣机内进行抛圆,去掉凹凸不平的表面。这不需要冷风配合。将达到抛圆效果的半成品在12℃左右的室温下贮放1~2d,使巧克力中的脂肪结晶更趋稳定,从而提高巧克力的硬度,增加抛光时的光亮度。

（9）抛光

将硬化的巧克力产品,放入有冷风配合的荸荠式糖衣机内,滚动时先加入高糊精糖浆,对半成品进行涂布。待其干燥后表面就形成了薄膜层。经冷风吹拂和不断滚动、摩擦,表面逐渐产生光亮。当半成品的表面达到一定的光亮度后,可再加入适量的阿拉伯树胶液,以使抛光巧克力表面再形成一层薄膜层,使表面更光亮。

(10)上光

将经过抛光的巧克力放入荸荠式糖衣机内不断滚动,加入一定浓度的虫胶酒精溶液,进行上光。选用虫胶酒精溶液作为上光剂,是因为当它均匀地涂布在产品的表面并经过干燥后,能形成一层均匀的薄膜,从而保护抛光巧克力表面的光亮度,使其不受外界气候条件的影响,不会在短时间内退光。同时经过不断的滚动和摩擦,虫胶保护层本身也会显现出良好的光泽,从而增强了整个抛光巧克力的表面光亮度。上光时,要在冷风的配合下,将虫胶酒精溶液分数次均匀地洒在滚动的半成品表面,直至滚动、摩擦出满意的光亮度为止,即为蒜力酥成品。

二十二、麦粒素

麦粒素是多种谷物混合膨化后形成的膨化球,再涂裹一层均匀的巧克力,经上光精制而成。麦粒素具有光亮的外形,宜人的巧克力奶香味,入口酥脆,甜而不腻,备受消费者特别是儿童的喜爱。

1. 原料及配方

(1)心子

大米50%,玉米粒20%,小米30%。

(2)巧克力酱料

可可液块12%,糖粉44.5%,可可脂30%,卵磷脂0.5%,全脂奶粉13%,香兰素适量。

(3)糖液

砂糖1kg,牛奶0.5kg,蜂蜜0.1kg,水1kg。

2. 工艺流程

原料→膨化→圆球心子→分次涂巧克力酱→成圆→静置→抛光→成品

3. 制作要点

(1)心子的制作

将大米、小米、玉米粒混合,膨化成直径1cm左右的小球。

(2)巧克力酱料的配制

①将可可脂在42℃左右熔化,然后加入可可液块、全脂奶粉、糖粉,搅拌均匀。酱料的温度控制在60℃以内。

②巧克力酱料要用精磨机连续精磨18～20h,期间温度应恒定在40～50℃。酱料含水量不超过1%,平均细度达到20μm为宜。

③精磨后的巧克力酱料还要经过精炼,精炼时间一般为24～28h。精炼过程要经过三个阶段,即固整、塑性和液状阶段,精炼温度控制在46～50℃为好。在精炼即将结束时,添加香兰素和卵磷脂,然后将酱料移入保温锅内,保温锅温度应控制在40～50℃为宜。

(3)巧克力酱的涂裹

先将心子按糖衣锅生产能力的1/3量倒入锅内;开动糖衣锅的同时开动冷风,糖液呈细流状浇在膨化球上,使膨化球均匀裹一层糖液。待表面糖液干燥后加入巧克力酱料,每次加入量不宜太多,待第一次加入的巧克力酱料冷却且起结晶后,再加入下一次料,如此反复循环,心子外表的巧克力酱料一层层加厚,直至所需厚度,一般为2mm左右,心子与巧克力酱料的重量比约为1:3。

(4)成圆、抛光

成圆操作在抛光锅内进行,通过摩擦作用对麦粒素表面凹凸不平之处进行修整,直至圆整为止。然后取出,静置数小时,以使巧克力内部结构稳定。

抛光时一般先倒入虫胶,后倒入树胶,抛光球体外壳达到工艺要求的亮度时便可取出,剔除不良品,即可包装。操作时要注意锅内温度,并不断搅动,必要时开启热风,以加快上光剂的挥发。注意:一般每100mL水,溶解40g树胶。虫胶与无水酒精按1:8配制。

4.质量要求

产品大小均匀,圆整,光亮,不发花,口感细腻。

二十三、营养麦圈和虾球

使用一台膨化机,通过调换机器喷头模具,可生产出圈形、球形膨化食品,在配方中加入不同的原料,便可生产出虾球、奶味球、巧克力球、鱿鱼酥、营养麦圈等膨化休闲食品。产品营养丰富,易于消化吸收,是非常理想的儿童食品。

1. 原料及配方

(1)营养麦圈

玉米粉12%,面粉5%,小米粉15%,全蛋粉1%,大米粉51%,盐1%,糖粉12%,油1%,奶粉2%。

(2)虾球

大米粉75.9%,盐1.5%~2%,淀粉20%,味精0.5%,虾粉0.5%~1%,虾油1%,桂皮、甘草、八角(1:1:1)0.1%。

2. 工艺流程

原料→混合→膨化→冷却→包装

3. 制作要点

①将所有的粉料倒入搅拌机内,一边搅拌,一边将雾化后的油喷入粉料中,同时用少量水将香精溶化,然后喷入粉中,加水量越少越好,一般为1%左右。

②将混合好的物料送入膨化机中膨化,装料前应将机器预热。

4. 质量要求

蛋白质>8%,脂肪3%,碳水化合物74%,水分<5%。

二十四、黑米膨化小食品

1. 原料及配方

黑米1份,海鲜膨化食品调味素6%,玉米1份,植物油适量。

2. 工艺流程

原料预处理→水分调节、加调料→膨化→油炸→脱油→冷却→包装→成品

3. 制作要点

①物料净化,玉米破碎至20目左右,调节原料水分含量为14%~16%。海鲜膨化食品调味素加入量为原料重量的6%,拌匀。

②单螺杆膨化机膨化。

③在远红外温控油炸锅内进行油炸,温度160℃,时间40s。然后

在离心脱油机内及时脱油,使含油量在 25% 以下。

④制成品在室温下冷却 2h,用复合材料真空包装,即为成品。

二十五、黑玉酥

黑米是我国珍稀米种,具有较高的营养价值及药用价值。据分析,黑米含有人体所需的多种营养成分,如蛋白质、氨基酸、维生素和微量元素。黑米酥是经加工而成的快餐食品,不仅解决了口感粗糙问题,还基本保留了各种营养成分,即冲即食,具有糯、甜、香、醇的独特自然风味,是居家、旅行的理想方便食品。

1. 原料及配方

黑米 50% ,米 20% ,黑芝麻 10% ,白糖粉 20% 。

2. 工艺流程

黑芝麻→除杂精选→炒制→粉碎
↓
黑米、玉米→除杂精选→膨化→粉碎→混合搅拌→过筛→计量包装→成品
↑
白糖粉

3. 制作要点

将筛选去杂后的黑米、玉米在膨化机中膨化,黑芝麻炒熟,然后将膨化后的黑米、玉米粉碎,与粉碎后的黑芝麻混合,加入白糖粉混合搅拌、翻动,使其混合均匀,过 80 目筛,再搅拌,然后计量包装。

4. 质量要求

①产品呈细粉末状,无结块,无蔗糖砂粒。

②用开水冲调后即成糊状,滋味香甜。

二十六、油炸膨化米饼

1. 原料及配方

糯米粉 50kg,味精 2kg,面粉 50kg,面粉(调浆用)10kg,白砂糖 3.3kg,水(调浆用)58kg,精盐 2.3kg。

2. 工艺流程

打浆→制面团→搓条成型→包纱布蒸煮→冷却老化→切片→预干燥→加热膨化→包装→成品

3. 制作要点

①打浆:将10kg面粉和58kg水混合,水浴加热,水温控制在60～70℃,搅拌至浆料呈均匀糊状为止。

②制面团:按配方量将各种原料混匀,将准备好的浆料趁热缓慢加入,调粉成面团。

③搓条成型:将面团搓成直径为5cm的圆柱条状,粉条须压紧搓实。

④包纱布蒸煮:用纱布包好面团条,常压下蒸煮40min,使面团充分糊化。

⑤冷却老化:将面团去纱布,用塑料膜包裹后迅速置于2～4℃,冷却老化18h。

⑥切片、预干燥:面团条切片(厚度2mm)后放置在55℃的恒温干燥箱内,鼓风干燥,时间6h,至含水量8%。

⑦加热膨化:将干燥后的米饼薄片放入油锅中油炸,油温控制在180℃,炸至淡黄色,膨化度达260%时,即可得到松脆可口的膨化米饼。

二十七、黑芝麻玉米片

1. 原料及配方

玉米8kg,黑芝麻2kg,植物油10kg,调味料适量,明矾、碳酸钠、泡打粉组成软化剂和脱臭剂,根据原料酌情使用。

2. 工艺流程

玉米→选料→脱皮→浸泡→水洗→蒸熟→压片→切片→油炸→
拌调料→包装→成品　　　　　　　　　　　↑
　　　　　　　　黑芝麻→精选→洗净晒干(烘干)

3. 制作要点

①选择新鲜优质玉米去杂脱皮,在有软化剂、脱臭剂的水溶液中

浸泡 12h,取出洗 3 ~ 4 遍,蒸 40min。选择饱满的黑芝麻,除去杂质,洗净(3 ~ 4 遍),晒干或烘干。将蒸熟后降至常温的玉米在压面机上碾压 6 ~ 7 次,然后混入黑芝麻,压成 1.5 ~ 2mm 厚的整片。也可冲压或切成其他形状。

②将植物油烧沸,放入成型片坯炸 5min,捞出。

③油炸后稍冷的玉米片喷洒调味料,拌匀。调味料由小磨香油、食盐、味精等组成。

④加好调味料的玉米片冷却至常温,整形,包装封口即为成品。

二十八、麦芽纤维片

1. 原料及配方

淀粉 40 份,麦芽谷物纤维 20 份,脱脂奶粉 13 份,食盐 2 份,水 25 份。

2. 制作要点

将淀粉、麦芽谷物纤维、脱脂奶粉、食盐投入和面机中混合均匀,再缓慢加水搅拌调匀,经压片机压 3 ~ 4mm 厚的面片,再切割成 5cm 大小的方片,干燥至含水量 14% 左右,投入 190℃ 的植物油中煎炸 30s,用食盐水对其表面进行喷雾调味。

第二节　面点类

一、饼干

1. 原料及配方

①甲种硬质饼干:面粉 100kg,淀粉 10 ~ 20kg,砂糖 25 ~ 35kg,酥油 6 ~ 10kg,饴糖 6 ~ 10kg,发酵粉 1 ~ 2kg,食盐 6 ~ 500g。

②乙种硬质饼干:面粉 100kg,砂糖 27kg,油脂 8kg,发酵粉 400g,食盐 300g。

③甲种软质饼干:面粉 100kg,淀粉 45 ~ 50kg,砂糖 0 ~ 10kg,油脂 20 ~ 25kg,饴糖、食盐各 0 ~ 4kg,发酵粉 0.5 ~ 1kg。

④乙种软质饼干:面粉100kg,砂糖40kg,炼乳9kg,油脂20kg,发酵粉、食盐各300g。

⑤高档特制饼干:面粉100kg,鸡蛋145kg,淀粉40～55kg,砂糖100～150kg,奶油0～15kg。

⑥特制饼干:面粉100kg,砂糖70kg,玉米淀粉20kg,奶油10kg,鸡蛋40kg,发酵粉1kg。

⑦甲种苏打饼干:面粉100kg,酵母3.6kg,食盐720g,葡萄糖7.2kg。

⑧乙种苏打饼干:面粉100kg,油脂18.3kg,发酵粉400g,食盐900g。

2. 工艺流程

面粉、淀粉→过筛→充分搅拌→捏和均匀→压片→整形→入盘→焙烤→冷却→包装→成品

3. 制作要点

(1)原料捏和

将面粉、淀粉和其他粉料进行筛选,去除杂质,然后加入细糖粉。如果采用浓糖液,则浓糖液亦要通过细布制的口袋进行过滤,滤除不溶解的杂质,然后加入预先混合好的发酵粉与部分淀粉的混合粉末。进行充分搅拌,使其混合均匀,再加入油脂。若配方中有鸡蛋成分,则必须将鸡蛋与油脂先搅拌均匀,然后加入,最后加入水,共同在捏和机内捏和均匀。

制硬质饼干捏和时间较长。捏和时料温要上升,若达到40℃以上,会影响发酵粉的分解而引起失效。为此要加冷水进行冷却,正常操作时温度(捏和后的面粉团)应控制在35℃左右,捏和时间一般为30min左右。面团的软硬度由所制饼干的品种来决定。一般饼干面团的软硬度均为适度。

制造苏打饼干原料捏和时间不宜过长,由于所用酵母品种不同,控制发酵温度必须适合所加酵母繁殖最适合的温度,一般在30℃左右,和料均匀,约4h后就可以整形。

(2)整形

面团经过辊压机压成一定厚度的片状面片,辊压时必须控制轧

辊的开度,以使面片的厚薄均匀一致,然后切断与整形,做成各种形式与花纹的饼干坯,放入涂抹少量精制植物油的浅盘中。另外,饼干坯在浅盘上要有一定的间距,不能使它们互相黏结。

在焙烤前,必须在饼干坯的表面喷水雾,这样可使成品饼干表面得到明显的光泽,若高档饼干不喷水雾,改喷牛奶、鸡蛋黄等,则所制得焙烤后的饼干成品,效果更好。

(3)焙烤

焙烤设备是根据产量大小来决定的。产量大可用连续自动回转式烤炉。焙烤时间由炉型来决定。饼干的焙烤温度为150~205℃。饼干坯在焙烤炉中的变化,首先是外表面受热,于是蛋白质凝固,表面淀粉糊化,并传到内部,由于发酵粉的作用而产生气体,使内部膨胀而表层丰满,最后全部淀粉液化,并渐渐干燥成为成品饼干。在焙烤过程中,较厚的饼干坯宜采用温度较低而时间稍长的工艺,相反饼干坯较薄,宜采用温度较高而时间稍短的工艺条件。

(4)冷却、包装

成品饼干从焙烤炉中取出以后,不能立即冷却(若遇到骤冷,则饼干易破裂),必须送入40℃以上的冷却室内,待冷却1h后,才进行密封包装工作。冷却室内空气的含水量必须控制在3%以下,否则会影响成品饼干的干燥。

二、韧性饼干

韧性饼干是一种大类产品,这种饼干表面的花纹呈平面凹纹型,表面较光洁,松脆爽口,香味淡雅,同等重情况下其体积一般要比粗饼干、香酥饼干大一些。产品主要作为点心食用,但亦可充做主食食用。

1.原料及配方

面粉90kg,淀粉10kg,砂糖(以糖浆形式使用)25~30kg,油脂10~12kg,饴糖3~4kg,奶粉(或鸡蛋)4kg,碳酸氢钠0.6~0.8kg,碳酸氢铵0.3~0.4kg,浓缩卵磷脂1kg,焦亚硫酸钠≤0.17kg,香料适量。

2. 工艺流程

面粉、淀粉→过筛→调粉→静置→压面→成型→烘烤→冷却→包装→成品

3. 制作要点

①调粉:面团要求调得松软一些,加水量约为18%,焦亚硫酸钠用冷水溶化后,在开始调粉时即可加入。一般采用双桨立式调粉机,调20~25min,不宜用单桨卧式调粉机,因为面团易缠抱在桨轴上空转,更不宜采用卧式调粉机,因机桨易断裂。调粉后面团温度为36~40℃。判断调粉好坏的重要指标有两点:首先是面团弹性明显变小,其次是面团稍感发软。

②静置:调粉后面团弹性仍然较大,可通过静置来减少饼干韧缩现象,因在静置过程中可消除面团内部的张力。一般要静置10~20min,视需要而定。

③压面:韧性面团一般辊轧11次左右,要求将面片的两端折向中间,并经二次折叠转向,以改善其纵横之间收缩性能上的差异,尽量少撒粉,以防烘烤后起泡。

④成型:可用辊切或冲印成型。面片在各道辊轧中厚度的压延比不应超过3:1,最后一道的厚度最好不超过3mm,模型应使用有针孔的凹花(阳纹)图案,以增加花纹清晰度,针孔可防止饼干表面起泡和底面起壳。

⑤烘烤:韧性饼干由于在面团调制时形成了多量的面筋,使烘烤时脱水速度慢,因此必须采用低温长时间烘烤。在225~250℃情况下可烘烤4~6min。

⑥冷却:韧性饼干因配料中糖、油含量低,烘烤时脱水量大而极易产生裂缝。在冷却过程中,不可采用强制通风,以防温度下降过快和输送带上方空气过于干燥,导致产品储藏过程中破碎。

⑦包装:要求冷却完全,尽量接近室温,待产品低于45℃方可包装。

三、酥性饼干

酥性饼干是一般中档配料的产品,生产这种饼干的面团弹性小,

可塑性较大,口味较韧性饼干酥松,表面通常由凸起的条纹组成花纹图案,整个平面无针孔。该产品主要作为点心食用。

1. 原料及配方

面粉 100kg,砂糖 32～34kg,油脂 14～16kg,饴糖 3～4kg,奶粉(或鸡蛋)5kg,碳酸氢钠 0.5～0.6kg,碳酸氢铵 0.15～0.3kg,浓缩卵磷脂 1kg,香料适量。

2. 工艺流程

面粉、淀粉→过筛→调粉→静置→压面→成型→烘烤→冷却→包装→成品

3. 制作要点

①调粉:酥性面团的配料次序对调粉操作和产品质量有很大影响,通常采用的程序如下:

<pre>
        卵磷脂   碳酸氢铵、碳酸氢钠
          ↓   ↓
糖酱→油脂→饴糖→香料→鸡蛋→水溶液→混合 1～2min→筛
入面粉→筛入奶粉→调粉
</pre>

调粉操作要遵循造成面筋有限胀润的原则,因此面团加水量不能太多,亦不能在调粉开始以后再随便加水,否则易造成面筋过量胀润,影响质量。面团温度应在 25～30℃,在卧式调粉机中调粉 5～10min。

②静置:调酥性面团并不一定要采取静置措施,但当面团黏性过大,胀润度不足,影响操作时,需静置 10～15min。

③压面:现今酥性面团已不采用辊轧工艺,但是,当面团结合力过小,不能顺利操作时,采用辊轧的办法,这一现象可以得到改善。

④成型:酥性面团可用冲印或辊切等成型方法,模型宜采用无针孔的阴文图案花纹。在成型前皮子的压延比不要超过 4:1。比例过大易造成皮子表面不光,粘辊筒,饼干僵硬等弊病。

⑤烘烤:酥性饼干易脱水,易着色,采用高温烘烤,在 300℃条件下烘 3.5～4.5min。

⑥冷却、包装:在自然冷却的条件下,如室温为 25℃左右,经过 5min 以上的冷却,饼干温度可下降到 45℃以下,基本符合包装要求。

四、苏打饼干

苏打饼干是一种发酵型饼干,有咸、甜两种。适宜于胃病及其他消化不良的患者食用,对儿童及年老体弱者亦颇适宜。

1. 原料及配方

(1)普通苏打饼干

面团:标准粉50kg,精盐0.25kg,精炼混合油6kg,小苏打0.25kg,饴糖1.5kg,香兰素7.5g。

油酥:标准粉15.7kg,精炼混合油6kg,精盐0.94kg,鲜酵母0.25kg。

(2)奶油苏打饼干

面团:特制粉50kg,小苏打0.13kg,猪油6kg,香兰素12.5g,奶油4kg,精盐0.13kg,奶粉2.5kg,鲜酵母0.38kg。

油酥:特制粉15.7kg,精盐0.94kg,精炼混合油4.38kg,抗氧化剂3g,柠檬酸1.5g。

2. 工艺流程

面粉→过筛→第一次调粉→第一次发酵→第二次调粉→第二次发酵→压面→冲印成型→烘烤→冷却→整理→包装→成品

3. 制作要点

①第一次发酵:通常使用总发酵量40%～50%的面粉,加入预先用温水溶化的酵母液,酵母用量为0.5%～0.7%。再加入用以调节面团温度的温水,加水量为标准粉的40%～42%,富强粉为42%～45%。在卧式调粉机中调4min,冬天面团温度应掌握在28～32℃,夏天23～28℃。第一次发酵时间根据室温高低而定,通常8～10h,发酵完毕时的pH值应在4.5～5。

②第二次发酵:在第一次发好的酵头中逐一加入其余50%～60%的面粉以及其他配料,调粉5～7min。冬天面团温度保持在30～33℃,夏天28～30℃,发酵时间3～4h。

③压面:苏打饼干必须经过压面,在辊轧过程中加入油酥。油酥比例为面粉的(以总的发酵面粉为基数)12.5%左右。

压面时面带必须压到光滑,才能加油酥,头子必须铺均匀,并与新面团充分轧压混合。整个辊轧过程中要求反复折叠后转90°,以消除纵横向之间的张力差,防止饼干收缩变形。压延比亦须注意,在夹油酥前不超过3:1,夹油酥后不超过2.5:1,以免因油酥外露产生僵片。

④成型:苏打饼干可使用冲印成型机或辊切成型机生产。在成型操作中尤应注意各道压辊之间的压延比,不宜超过2.5:1,否则易造成破坏油酥层,形成僵片。在各道压辊和帆布之间要使面带在运转中保持松弛,绷紧状态会使饼干收缩,厚薄不匀。苏打饼干通常应使用有均布针孔的阳文模型,一般无花纹,只有简单的文字图案。

⑤烘烤:苏打饼干的烘烤过程是否处理得当,与质量的关系十分密切,即使发酵不太理想,烘烤得好,仍然能获得较好的产品。

⑥冷却:苏打饼干由于配方中不含蔗糖,与甜饼干相比,较易破碎,最好待饼干充分冷却后再包装。

五、维夫饼干

维夫饼干是一种由饼干单片与夹心组成的夹心饼干。具有酥脆、入口易化的特点。其夹心用浆不经过高温烘焙,可将赖氨酸、多种维生素混入夹心浆中,不致使这些营养强化剂在高温烘焙时因受热而被破坏,因此适合制成强化饼干。

该饼干具有强烈的吸湿性,在生产后三天内,可以从空气中吸收相当于其本身重量3倍的水分。配方中加入适量油脂,能减少空气中水分渗入维夫饼干中,包装时应注意密封严密。

1. 原料及配方

①皮料:各厂都有自己调制面浆的配方,现介绍两种如下。

配方1:面粉33kg,小苏打270g,碳酸氢铵270g,磷酸氢钙150g,花生油1.2kg,水50kg。

配方2:面粉33kg,小苏打170g,碳酸氢铵170g,磷酸氢钙150g,花生油1.2kg,水50kg。

②夹心浆:夹心用浆的种类很多,高档产品用巧克力、奶油等调

制。中档产品可用芝麻酱、花生酱、起酥油等调制。

配方 1:糖粉(相当于 80 目)37kg,芝麻酱或花生酱 30kg,香精0.2%。

配方 2:糖粉(相当于 80 目)27kg,高熔点起酥油 20kg,香精0.2%,抗氧化剂(BHA 或 BHT)0.02%。

若要制成强化维夫饼干,则可在制浆时再加入 0.2% 的赖氨酸及维生素 B_1、维生素 B_2、维生素 C 等,起到增补营养的效用。赖氨酸和绝大多数的维生素在高温下由于受热而分解,其营养受到破坏,这限制了其在饼干中的使用。维夫饼干中的浆料不需再经过高温烘烤,故可避免强化剂的分解。有些维生素还能起到改善口味和延长产品保存期的作用,如维生素 C 就是其中的一种。

2. 工艺流程

调面浆→制皮料→涂浆→叠片→去四边→包装→成品

3. 制作要点

①制皮料:将上述制皮原料投入食品搅拌机的搅拌桶中,用球形搅拌桨叶搅拌至无面粉颗粒,搅拌时间为 10~30min,即可供制皮料用。制皮料可用单模手工操作,也可用圆盘形维夫饼干制皮机制作。制皮机每台由 8 个单模组成,可自动开模,自动注浆,操作较为方便。

②配制夹心浆:将芝麻酱或花生酱先投入食品搅拌机的搅拌桶中,用网形搅拌叶搅拌,边搅拌边投入糖粉和香精等物,至混合均匀为止,一般搅拌时间为 10~30min。若用起酥油和糖粉作为浆料,则先将油脂加温,使其熔化成熔融状态,再放入搅拌机的拌桶中,用网形搅拌叶搅拌,边搅拌边加入糖粉、香精、抗氧化剂等物至混合均匀为止,一般搅拌时间为 10~30min。

③涂浆:先将已制好的维夫饼干皮料放在工作台上,然后用机器或手工均匀地涂上一层夹心浆料。

④叠片:取 3 张皮料,把其中的两张涂上浆料,然后把它们粘在一起(3 张皮料,2 层夹心)成一厚片。再把 2 张厚片叠在一起(6 张皮料,4 层夹心),放到切割机中切成小块。

⑤去四边:将已叠成片的大张维夫饼干用切割用切杆先切去四边,

再切成若干长条形的小片,便成了营养丰富、香甜可口的维夫饼干。

⑥包装:将已切好的维夫饼干用纸盒或塑料袋包装。

六、点心饼干

点心饼干属碎干点类,均为炉货,特点是不起酥,不上浆,不包馅。形状花样多,吃时酥脆利口,携带方便,适宜于旅游食用。

1. 原料及配方

标准粉 100kg,进口糖 35kg,白砂糖 6.0kg,食用油 17kg,鸡蛋6.0kg,面起子 1.25kg,芝麻 5.0kg,花生仁 15kg,水 20kg 左右。

2. 工艺流程

余面
↓

水、糖、面粉、面起子、油→搅拌和成面团→轧片→冲型→刷蛋液→粘脸→上盘→烘烤→冷却→包装→成品

3. 制作要点

①和面:将面粉置于案板上制成盆状(或放入盆中),将糖放入加水化开,然后加入油、面起子后充分搅拌,再将全部面粉掺入和成面团。

②轧片、冲型、刷蛋液、粘脸:将面团用辊轧机轧成 0.3cm 厚的面片,用模子冲印成梅花形、圆形,然后刷上蛋液。花样要求有的粘糖脸,有的粘芝麻、花生仁,有的光面。

③烘烤:将冲印粘面的饼干坯,均匀有间隔地摆入烤盘中,放于170℃左右的炉中,约烘烤 13min,烤至表面发黄或棕黄色时出炉、冷却。

④冷却:出炉后的饼干,采用自然冷却法使成品温度降至室温为止,即可包装。

4. 质量要求

饼干呈圆形或梅花形,光面、糖面或芝麻面,块形整齐,不收缩变形,色泽麦黄,不焦边不煳底,火色均匀,口味香脆、酥甜。

七、蛋黄饼干

蛋黄饼干是一类手工饼干,原料中鸡蛋占很大比重,是营养丰富、非常酥松、入口易化的饼干。

1. 原料及配方

特制粉 2.5kg,鸡蛋 2.25kg,香兰素 2g,糖粉 2.5kg。

2. 工艺流程

面粉、鸡蛋液、糖粉、香兰素→调制搅拌成面浆→装袋→挤出成型→静置→干燥→烘烤→冷却→成品

3. 制作要点

①调制面浆:将鸡蛋与糖粉在30℃的条件下,搅拌 15~20min,加入面粉、香兰素,继续充分搅拌,搅拌出面筋。面浆的稠度与成品质量有很大关系。面浆过稠,挤型时发硬,影响形态整齐。面浆过稀则挤出时过于流散,不易成型。

②成型:用三角袋将面浆挤在铁盘上成型。

③静置:在干燥室静置干燥约3h。

八、奶油饼干

1. 原料及配方

富强粉 500g,白砂糖 200g,奶油(黄油)250g,香草粉少许,鸡蛋 250g。

2. 工艺流程

面粉→过筛→搅饼干糊→挤型→烘烤→冷却→包装→成品

3. 制作要点

①搅饼干糊:奶油化软和白砂糖、香草粉都置于容器里,用木搅板搅拌,搅成膨松状,乳白色,鸡蛋洗净去皮,把蛋液分次陆续倒入容器里,边搅奶油边倒蛋液,每次倒入 1~2 个蛋液后,再继续把奶油糊搅拌得膨松细腻,然后继续倒入鸡蛋液,再搅奶油,直到将蛋液全部倒完,奶油糊膨松细腻。再把面粉过筛,倒入奶油混合物中,搅拌均匀,即成奶油饼干糊。装入带花嘴子的布口袋里。右手攥住布口袋

的上口,左手捏住下口的花嘴子,两手互相配合,用力挤在烤盘上。

②挤型、烘烤:把铁烤板擦干净,将饼干糊挤在铁烤盘上,送入200℃的烤炉,大约10min,上面呈金黄色,即熟透,出炉,晾凉后装箱,500g成品大约120块。

4. 注意事项

①加入面粉后,搅拌均匀即可,不能过分搅拌,防止饼干糊出筋。

②向铁烤盘上挤饼干,注意摆开距离,防止距离太近,造成粘连,使制品变形。

③要求形状为金黄色,大小均匀一致,小长条状,波浪纹形,口感酥香。

九、五花饼干

1. 原料及配方

富强粉1500g,黄油800g,奶油400g,绵白糖600g,可可粉50g,杏仁250g,鸡蛋100g,牛奶500g,香草粉少许。

2. 工艺流程

面粉→过筛→和白面团→和黑面团→静置→制杏仁末→制五花面坯→成型→烘烤→冷却→包装→成品

3. 制作要点

①和白面团:1kg面粉过筛,放在操作台上,加入800g黄油,用手搓均匀。从中间扒开一个坑,放入绵白糖400g,香草粉少许,牛奶325g,用手搅拌混合均匀,成为奶白色的白面团。放在铁盘上,送入冰箱冷却。

②和黑面团:将500g面粉过筛置于操作台上,围成圈,加入400g奶油,搓均匀,加绵白糖200g,过筛的可可粉50g,牛奶175g,搅拌均匀,成为可可色黑面团。放在盘上,送入冰箱冷却。

③制杏仁末:将杏仁用沸水冲后浸泡5min,捞出,去皮.切成碎末,烘干备用。

④制五花面坯:将冷却的两色面团取出,放在操作台上,分别擀成8mm厚的面片,并用刀切成许多1cm宽的面条。然后另取一些白色面团(用料未计入),擀成2mm厚的面片,把面片的一端用刀切齐,

面片上刷鸡蛋液,把切好的 8mm 厚、1cm 宽的黑白两种颜色的面条,交错着(白、黑、白)并排码上三根。再刷一层蛋液,码上第二层(黑、白、黑)。刷上蛋液再码第三层(白、黑、白)。再刷上蛋液。随后用 2mm 厚的面片将码齐的两层面条裹上,裹严,成为截面 28mm × 34mm 的长方体面棍。裹好后,在外围刷一层蛋液,粘上一层碎杏仁,送入冰箱冻硬后取出。

⑤成型:将面棍躺放在案板上,用刀切成 5mm 厚的小方片,间隔一定距离,摆在铁烤盘上。

⑥烘烤:送入 200℃ 的烤炉,大约 10min 烤熟出炉。

4.注意事项

切片、码盘时,保持生坯的长方形状,棱角整齐;生坯相隔,距离均匀,防止烤时粘连变形;要求黑白颜色相间;口感酥、脆、香、甜,有杏仁香味。

十、可可夹心饼干

1.原料及配方

饼干料:特制粉 50kg,白砂糖 12.5kg,饴糖 2kg,奶粉、焦糖各 1.5kg,植物油 5.5kg,可可粉 5kg,磷脂 0.5kg,食盐 150g,苏打粉 300g,碳酸氢铵 200g,抗氧化剂 2g,香兰素 35g,柠檬酸 1g。

夹心料:起酥油 20kg,白糖粉 25kg,香兰素 25g,柠檬酸、抗氧化剂各 4g。

2.工艺流程

配料→调粉→压片→成型→烘烤→冷却→夹心→成品

3.制作要点

①面粉过筛备用。白砂糖、饴糖置于熬糖锅内加水加热溶化,熬成糖浆过滤备用(加入焦糖)。

②将糖浆与各种油脂混合,充分乳化后,放入面粉、奶粉等辅料,开动和面机调粉。调粉时间一般在 15min 左右。

③将调制好的面团送入辊压机内辊压,一般辊压 8～10 次,面片比普通饼干稍薄即可。然后送入成型机内制成饼干生坯。

④将饼干生坯送入炉内烘烤,炉温控制在 200～270℃,烤 3～5min 即可,为提高成品光洁度,入炉前在饼干生坯上喷以蒸汽。

⑤将白砂糖、起酥油及其他辅料置入搅拌机内,搅拌成糊状(若气温低,可将起酥油稍加温溶化),即为夹心料。

⑥饼干出炉冷却后,在无花纹图案的一面涂上夹心料。再将两片涂好夹心料的饼干轻轻合在一起即可。

4. 质量要求

香甜可口,营养丰富,有可可香味,为高级饼干之一。

十一、富锌饼干

锌是人体必需的微量元素之一,存在于所有肌体的健康组织中,锌缺乏对人的生命和健康都会产生很大的影响。缺锌特别影响儿童的生长发育,缺锌还会引起心脏病、肝脾肿大、性功能减退等。富锌饼干可以补充锌的不足。

1. 原料及配方

饼干专用粉 100kg,奶粉 3kg,起酥油 10kg,食用油 12kg,砂糖 30kg,葡萄糖酸锌 50g,鸡蛋 5kg,卵磷脂 1kg,柠檬酸 6g,食用小苏打、食用碳酸氢铵各 300g,香草香精适量。

2. 工艺流程

选料→预处理→配料→调粉→输送面团→辊印成型→烘烤→冷却→整理→包装→成品

3. 制作要点

①选料:选用优质、无杂质、无虫、合乎食用等级的原辅材料。

②预处理:面粉用前要过筛,捏碎面团并剔除线头、麸皮等杂质。砂糖要化开,奶粉应先溶解,小苏打和碳酸氢铵等应先溶化。

③配料:在调粉前先将糖、油、水等各种原辅料充分搅拌均匀,然后再投入面粉调制成面团。这样的配料次序是为了让面粉在一定浓度的浆及油脂存在的状况下胀润,其目的就是限制面筋性蛋白质吸水,控制面筋形成的程度。如果不按这个次序,产品就会出现一系列弊病。

④调粉:将各种原辅材料按照要求配合好,然后在和面机中调制成合适的面团。这在饼干制作过程中是关键的一道工序。面团调制的好坏,直接影响到成品的花纹、形态、酥松度、表面光洁度以及内部结构等。不但对成型有影响,而且对成型操作是否顺利起着决定性的作用。要求调制成的面团具有较大程度的可塑性和有限的黏弹性,使操作的面皮有结合力,不粘辊筒和模型,成品有良好的花纹,具有保持能力,形态不收缩变形,烘烤后具有一定的胀发率。

⑤辊印成型:面团调制完后,即置于加料斗中,在喂料槽辊及花纹辊的相对运转中,面团首先在槽辊表面形成一层结实的薄层。然后将面团压入花纹辊的凹模中,花纹辊中的饼坯受到包着帆布的橡胶辊的吸力而脱模。饼坯由帆布输送到烤炉网或烤盘上。

⑥烘烤:大量生产在隧道式烤炉中进行,炉温在300℃左右。小量生产在烤箱中进行,炉温一般在220℃左右。炉温高时烘烤时间短,烤到微红色为止,防止烤焦影响质量。

⑦冷却、包装:刚出炉的饼干,表面温度为180~200℃,需要在冷却过程中通过挥发水分及降温来保持其外形。冷却应均匀,不宜过快,否则容易自动破裂。待饼干冷却到38~40℃后,方可包装。

4. 质量要求

产品黄里透红,色泽诱人。气孔细小均匀,膨胀适度。外形整齐平整,花纹清晰,破碎率低。口感香甜适宜,酥脆适口,无苏打味,无焦煳现象。有浓郁的焦香味和奶香味,无氨味,无其他异味。

十二、甜酥奶饼干

1. 原料及配方

标准面粉18kg,白糖粉6.5kg,糖浆50%,奶粉600g,猪油1.5kg,香蕉油52g,小苏打粉135g,臭粉125g,清水4.25kg,柠檬酸156g,茶油适量。

2.工艺流程

砂糖→碾磨→过筛→溶解→糖水

清水→煮沸→加糖水、柠檬酸→煮制→糖浆┐
　　　猪油、香蕉油、奶粉、小苏打粉、臭粉┘→拌匀
　　　　　　　　　　　　　　　　　　　　　　↓

　　　　　　　　　　面粉→过筛→调粉→冲印成型→烘烤→冷却→整形→包装→成品

3.制作要点

①熬糖浆:把白砂糖加水倒入锅内,中火煮沸,然后改用慢火,同时加入事先用冷开水化开的柠檬酸煮制,煮至糖浆含水量为20%时,出锅倒在桶内静置10d,使之成为还原糖浆,待用。

②按配方投料:先把猪油、香蕉油、糖浆、奶粉、小苏打粉、臭粉混合拌匀;再把白砂糖碾磨成粉,过筛后加清水搅拌溶解,两者混合拌匀后使用。

③调制面团:先把标准面粉用筛过一两遍,使之混入充分的空气,再投入搅拌机内,然后加糖、油、水、奶粉、小苏打粉、臭粉等混合料,开机调粉。调粉时间掌握在 10～15min,见粉团光滑、手触不粘即可。调好的面团温度以 25～30℃为宜,面团温度过低会造成黏性增大,结合能力较差而影响操作;温度过高则会增强面筋的弹性,造成饼干收缩变形等。另外,此类面团要求稍软,因此调粉时间不宜过长;调粉时要求一次加水适当,不要在调粉中间特别是调粉结束时加水,否则面团起筋或黏附工具影响成型。最后把面团送入辊压机内辊压成面片待用。

④冲印成型:先用茶油将成型机的帆布涂抹一遍,再把少许面粉撒在布上。撒粉要均匀,粉多粘印,粉少粘布,然后校好机头,送入面片开机。冲印成型时,要做到面片不粘印,不粘帆布,冲印清晰,分离顺利,饼坯落下平整不卷曲。成型的饼坯其表面忌撒干粉,但可用毛刷轻轻涂抹一层薄薄的生油,成熟的饼会显得油润光滑。

⑤烘烤:饼只成型后便可入炉烘烤。烘烤前先要调整好炉温,此

类饼只的配料中糖、油较重,其面团的面筋形成量较少,入炉后饼坯容易出现形状不规则的膨大或破碎。因此,炉温可调至180~185℃,使饼坯一入炉就迫使其凝面定型。同时注意饼坯入炉时需要较高的底火,上火则相应低些,然后逐渐上升。如果一入炉就使用与底火同样高的温度,饼只表面极易起泡。但底火与上火的温差又不能太悬殊,底火太高,会使刚刚入炉尚未成型的饼坯底部的气体突然膨胀而出现凹底。还要严格掌握烘烤温度,炉温太高饼干会胀发过强或被烤焦,炉温太低,饼坯会发生变形或色泽发白。烘烤10min左右,成熟后取出冷却。

⑥冷却、包装:刚出炉的饼只温度很高,表面温度高达150℃,中心层温度达100℃以上。同时,刚出炉的饼只软绵,极易弯曲。因此,必须让饼只冷却变硬后方可分级包装,如果趁热包装,饼只不仅容易发生变形,而且会缩短贮存期限。

十三、高蛋白韧性饼干

大豆分离蛋白中富含多种人体必需氨基酸,在饼干中添加大豆分离蛋白不仅能够提高植物性蛋白质的含量,还能均衡饼干中的氨基酸,更好地满足人体对必需氨基酸的需求;而且还具有增加饼干酥性、保鲜性的作用,因此开发大豆分离蛋白高韧性饼干具有一定的应用前景。

1. 原料及配方

低筋面粉90%,生粉10%(以低筋面粉加生粉为基准,添加7%的大豆分离蛋白、3%的奶粉、0.006%的α-淀粉酶),花生调和油、白砂糖、小苏打、碳酸氢铵、单甘酯、食盐、焦亚硫酸钠、香精和水适量。

2. 工艺流程

面团调制→静置→辊轧→冲印成型→烘烤→冷却→成品

3. 制作要点

①面团调制:先将面粉、生粉、奶粉、小苏打放入搅拌机中搅拌均匀,然后将盐、碳酸氢铵、糖、水以及面团改良剂放入搅拌机中搅拌,最后将油脂加入,调制成面团。面团具有适度的弹性和塑性,撕开面

团,其结构如牛肉丝状。

②静置:将面团静置 900～1200s。

③辊轧:在辊轧时多次折叠并旋转 90°,辊轧时其压延比小于 3:1,辊轧 9～13 次。

④成型:可用辊切或冲印成型。

⑤烘烤:焙烤采用较低的温度和较长的时间,面火 170℃,底火 150℃,焙烤时间为 240～360s。

十四、燕麦饼干

1. 原料及配方

面粉 1000g,燕麦 100g,奶粉 75g,棕榈油 200g,鸡蛋 30g,白糖 250g,精盐 5g,小苏打 7.5g,转化糖 25g,碳酸氢铵 5g,炼乳香精少许。

2. 工艺流程

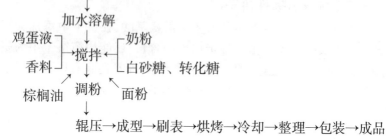

3. 制作要点

①面粉预处理:面粉使用前必须过筛,形成微小的细粒,目的在于清除杂质,并使面粉中混入一定的空气,有利于饼干酥松。

②糖预处理:白砂糖晶粒在调面团时不易溶化,而且为了清除杂质与保证细度,需将白砂糖晶粒磨成糖粉,并过 100 目筛。

③燕麦粉预处理:燕麦粉使用前再粉碎成微小均匀的细粒,这有利于在面团中均匀分布,增加口感度。

④调粉:按照面粉的吸水程度适当加水,一般为 5% 左右。加水过多,面团产生韧缩,压片后易于变形;加水不足,面团干燥松散,成

型困难,面团过硬,成品不松脆。

⑤辊压:将调制好的面团经辊压,制成厚度均一、形态平整、表面光滑的面层。

⑥成型:经过辊压工序压成的面片,经成型机制成各种形状的饼干坯。

⑦刷表:用调制好的鸡蛋液给饼干坯刷表,要做到适度均匀。

⑧烘烤:饼干坯入炉烘烤,炉温为 200～280℃,烘烤时间视温度的高低而定。

⑨冷却:利用鼓风机鼓风降温,空气流速≤2.5m/s,冷却适宜温度为 30～40℃,室内相对湿度为 70%～80%。

⑩包装:采用 500g 装和 250g 装,包装箱内使用内衬纸,纸箱外部用绳带扎扣。

4. 质量要求

①外观指标:在色泽上要求表面、底部均匀一致,具有燕麦特有的色泽为佳;有光洁的糊化层和油光的光泽度;不起泡、不缺角、不弯曲、不爬头、不收缩变形;全部花纹线条清晰。

②口感指标:在松脆度上,有较小的密度和层次空隙、不僵硬;颗粒组织细腻,不粘牙,有酥度;具有独特的香味,兼有燕麦和牛奶的风味。

十五、锌、铁、钙保健饼干

1. 原料及配方

①优质面粉 100kg,奶油 10kg,精炼油 8kg,糖水 21kg,饴糖、奶粉、乳酸钙各 2kg,鲜蛋 4kg,磷脂 1kg,精盐 800g,香兰素 500g,葡萄糖酸锌 10g,乳酸亚铁 50g,香精少许,膨松剂适量。

②优质面粉 100kg,奶油、精炼油各 10kg,糖水 16kg,饴糖、乳酸钙、奶粉各 2kg,鲜蛋 5kg,卵磷脂 1kg,精盐 800g,葡萄糖酸锌 10g,乳酸亚铁 50g,葱油 11kg,膨松剂适量。

2. 工艺流程

白砂糖→化糖→混合→和面→打粉→辊印制坯→烘烤→冷却→

包装→成品

3.制作要点

①选料：

原辅料：优质面粉使产品洁白、酥松；白砂糖、优质饴糖产生良好的口感和色泽，并起酥松作用；鸡蛋、奶粉调节营养结构及口味，产生酥松效果；奶油、精炼植物油含脂肪较少，可产生理想的酥松效果；卵磷脂使饼干酥松柔和，具有良好的健脑保健作用。

强化剂：葡萄糖酸锌具有良好的水溶性及吸收性，耐热，直接参与代谢，乳酸亚铁水溶性、热稳定性好，易于吸收，参与代谢；乳酸钙可补充钙质。

②原料处理：各种原辅料须经预处理方可用于生产。面粉需过筛，以增加膨松性，去除杂质；糖需化成一定浓度的糖液；油需化成液态，各种添加剂需溶于水过滤后加入，并注意加入顺序。

③计量：须计算好总液体体积，一次性定量加好，忌中途加水，且各种辅料应加入糖浆中搅打均匀方可投入面粉。严格控制打粉时间，防止过度起筋或筋力不足。

④烘烤：烘烤温度为230～250℃，时间10min，控制产品外观、口感，要注意冷却温度及时间。

⑤包装：应等饼干冷到38～40℃时包装，以延长保质期。

4.质量要求

①感官指标：色泽焦黄或浅黄色，无焦煳现象；表面光滑平整，图案清晰，破损率低；有浓郁的奶香或葱油香，无焦煳味及其他异味；口感酥松，不粘牙；香味滞留较长，回味较好。

②理化指标：水分5.39%，粗脂肪14%，锌10mg/kg，钙6400mg/kg。

十六、撒糖屑曲奇饼干

1.原料及配方

标准粉12.5kg，奶粉12.5kg，奶油3kg，起酥油2kg，白砂糖6.25kg，精盐0.1kg，鸡蛋1.25kg，柠檬香油25g。

2. 工艺流程

面粉 →过筛→调制面团→成型 →刷蛋液 ,撒糖 ,烘烤 ,冷即 ,
整理→包装→成品

3. 制作要点

①标准粉过筛,鸡蛋去壳后打成蛋液。白砂糖、奶油、起酥油加
热混合搅拌成乳化液,备用(注意留少许蛋液和白砂糖作为刷面及撒
屑用)。

②将糖液冷却到 30℃时,置于和面机内,加入蛋液、标准粉、奶
粉、精盐及柠檬香油,开动和面机调粉,调粉时间为 6 ~ 10min。

③将调制好的面团,送入成型机内制成饼干生坯。在饼干生坯
表面刷上蛋液并撒上粗白砂糖。

④将制好的生坯饼干送入烤炉内烤制。炉温应为 190 ~ 210℃,
烤 6 ~ 10min 即可出炉。注意防止焦煳。

⑤出炉饼干冷却后,即可整理包装,整理包装时,注意防止饼干
表面的白砂糖脱落。

十七、杏仁酥

1. 原料及配方

富强粉 51kg,白糖粉 25kg,猪油 25kg,杏仁 3.0kg,鸡蛋 5.0kg,桂
花 1.0kg,小苏打 0.95kg,发酵粉 0.20kg,水适量。

2. 工艺流程

拌匀←糖、油、蛋、小苏打、发酵粉、桂花、杏仁、水
↓
面粉→过筛→调粉→分剂→制坯→装盘→装饰→烘烤→冷却→
成品

3. 制作要点

①调粉:先将过筛的面粉倒在案板上,摊成盆型,发酵粉撒在面
粉四周,中间倒入白糖粉、猪油、鸡蛋液、小苏打、水、桂花、碎杏仁等,
用手将各种料拌匀,然后再拌入面粉,边揉边调,直至成团。但调和
制团时间不宜过长,防止面团起筋。

②分剂:面团制成后,即可分别切成长方形条,再揉搓成长圆条,然后分揪成小剂子铺撒上干面粉。

③制坯:将面剂子放入模具内,用手按严削平,然后磕出。生坯要求模纹清晰,成型规则。

④装盘:将磕出的生坯,摆好间距码入烤盘内,防止烘烤使成品相互粘连。

⑤装饰:如果采用手工制作,碎杏仁和于面团中。面团在制坯时,在坯中心戳一深洞放入一粒杏仁作为装饰,坯形为扁圆形。

⑥烘烤:将盛有生坯的烤盘送入烘烤炉内,其温度为 130 ~ 140℃,出炉温度为 280 ~ 290℃。约经 10min 的烤制即可出炉。

⑦冷却:出炉后,烤盘要交错重叠码放,待冷却至室温,手触产品不热时,即可包装,入箱存入库中。

4.质量要求

①规格形状:扁圆形,块形整齐,裂纹均匀,中间略高,四边稍薄,中间凹陷,无缺口搭边现象。

②表面色泽:表面乳黄色,底面浅棕色,不应有过白或焦边现象。要求青花白地,底呈浅麦黄色,面上附有杏仁。

③口味口感:酥松利口,有杏仁及桂花香味,无其他异味;油润不腻,无碱味和油哈味。

④内部组织:具有小蜂窝,剖面呈均匀细密微孔,不青心,不含杂质。

十八、芝麻酥

1.原料及配方

富强粉 52kg,白糖 24kg,鸡蛋 3.0kg,猪油 26kg,桂花 1.5kg,芝麻 4.0kg,碳酸氢铵 0.26kg,小苏打 0.26kg,水 24kg。

2.工艺流程

配料→和面→成型→粘芝麻仁→码盘→烘烤→成品

3.制作要点

①和面:在和面机内放入水、碳酸氢铵、小苏打、白糖搅拌均匀,

加入鸡蛋液搅拌至起泡,再加入猪油,搅拌均匀,最后加入面粉和桂花拌和均匀,制成无筋的酥性面团即可。

②成型:面团置于台案上,分成若干个小面团,擀成约0.5cm厚的片,用圆形印模压制成圆形坯皮,在坯表面交错刷敷微量水,粘上去皮芝麻仁即为生坯。

③码盘:将制好的生坯,码入烤盘中,调摆好间距,以防成品在烘烤中相互粘连。

④烘烤:将生坯和烤盘一起送入烤炉中,用中火(约200℃)烘烤8min左右,使制品呈乳黄色即可出炉,冷却至室温包装装箱入库。

4.质量要求

规格形状:饼形扁圆,表面有自然裂纹,薄厚一致,不粘边。

表面色泽:饼面乳黄,底部深黄,表面附有芝麻仁。

内部组织:内有小蜂窝,不青心,不含杂质;剖面有细密均匀的微孔。

口味口感:松酥适口,不粘牙,具有桂花、芝麻的香味。

十九、通心酥

1.原料及配方

富强粉5kg,白糖粉3kg,猪油2.25kg,芝麻0.6kg,鲜鸡蛋0.5kg,精盐、碳酸氢铵各50g,胡椒粉10g,小苏打粉25g。

2.工艺流程

原料→拌粉→成型→烘烤→冷却→成品

3.制作要点

①拌粉:小苏打粉、碳酸氢铵溶于水中,然后与白糖粉、猪油、鸡蛋液、芝麻、精盐、胡椒粉混合拌匀,最后加入过筛的面粉,视面粉的干湿度可以适量加些水,但加水必须在加面粉之前进行,以防面粉起筋后粘模,因此加水量要进行试验。

②成型:用木模成型。模眼直径3.5cm,厚约1cm,眼底有花纹。拌和后的糕粉装进木模,用手按实,模边刮平,然后磕模在烘盘上。模印的模眼要清晰,故要经常刷洗或调换。在生坯上穿一小孔。

③烘烤:用小火烘烤,要打底火,炉温150℃左右,烘至外表呈微

黄色、中空起层、厚度增高1倍左右即成。

4.注意事项

产品要求为扁圆形,中间有一小孔,色泽金黄,入口香松。

二十、双色酥

1.原料及配方

皮料:中筋面粉3000g,低筋面粉2000g,猪油1600g,水1500g。

馅料:面粉5000g,白糖2500g,猪油2500g,芝麻蓉500g,绿茶粉、红曲米粉各适量。

其他:鸡蛋液少许。

2.工艺流程

调制水油酥皮面团→醒面→起酥→制馅→成型→烤制→成品

3.制作要点

①中筋面粉加入猪油(600g)、温水(1500g)调成水油酥面团;低筋面粉加入猪油(1000g)搓擦成干油酥面团。

②将水油酥面团包干油酥面团,收严剂口,擀成2cm厚的长方形,叠三层,再擀开成1cm厚的长方形,叠三层再擀至0.3cm厚备用。

③将馅料中的面粉、白糖、猪油、芝麻蓉,全部调在一起拌匀,分成两块大小相等的馅料面团,将红曲米粉、绿茶粉分别揉在两块馅料面团里。

④将两块馅料面团搓成长条状,放在擀好的面皮上,分别从两头对卷,卷到中间,刷蛋液粘紧成两个圆筒状,整理一下形状,翻过来,用快刀切成1.5cm厚的段,刀口朝上平摆在烤盘中即成。

⑤待炉温升至180℃时将生坯放入,烤至周边呈微黄色、挺身时即成。

4.注意事项

①干油面和水油面软硬度要一致,否则会影响成品的起酥质量。

②起酥时两手用力要均匀,使水油面厚薄一致,干油面分布均匀。

③炉温不宜过高,否则会影响制品色泽。

④调制馅心时颜色要调匀。

5. 产品特点

产品色泽美观,入口松酥。

二十一、咸味酥

1. 原料及配方

皮料:中筋面粉200g,低筋面粉100g,花生油10g,起酥油50g。

馅料:熟面粉200g,白糖100g,鸡蛋黄2个,盐10g,苏打、臭粉各2.5g,香兰素少许,花生油90g。

2. 工艺流程

制馅

调制水油酥皮面团→醒面→起酥→铺馅→擀制→成型→烤制→成品

3. 制作要点

①中筋面粉加入花生油、清水(100g)和成水油酥面团;低筋面粉加入起酥油搓擦成干油酥面团备用;将馅料全部调匀成馅心备用。

②将水油酥面团包干油酥面团,收严剂口,收口朝上,擀成长方形,叠三层,再擀成长方形,把馅料均匀地铺在1/2处,铺匀后对折过来,再擀成1cm厚的长方形。

③用快刀将面片切成长20cm、宽1.5cm的长条,特长条搓成麻花状,然后编成交叉状再盘圆即成生坯。

④待炉温升至200℃时放入生坯,烤至底面浅黄即可。

4. 注意事项

①干油面和水油面软硬度要一致,和好面后水油面要光亮柔润,并盖湿布静置,以防干皮。

②起酥时两手用力要均匀,使水油面厚薄一致,干油面分布均匀,擀时面醭尽量少用。

③炉温不要过高或过低。

④馅料铺得均匀、平整,与油酥皮不能脱离。

5.产品特点

产品咸度适宜,层次清晰,口味纯正。

二十二、金钱酥

1.原料及配方

面粉54kg,白糖粉25kg,猪油28kg,鸡蛋2.0kg,桂花1.0kg,食用色素适量,碳酸氢铵0.3kg,水6.5kg。

2.工艺流程

原料→制皮→调面坯→成型→烘烤→冷却→包装→成品

3.制作要点

①制皮:将面粉3kg过筛后,置于台案上围成圈,把猪油0.6kg、温水1.5kg投入搅拌均匀,再加入适量面粉,调成软硬适宜的筋性面团,分成等量的20块,醒发。

②调面坯:将面粉过筛后,置于台案上围成圈,把已溶化的碳酸氢铵投入,然后将桂花用水调稀过筛置于糖粉上,搅拌使其溶化,投入,最后再投入猪油,充分搅拌乳化,掺入适量面粉,迅速调成软硬适宜的酥性面团,再等量分成20个小块备用。

③成型:取一块和好的面团,略擀成长方形。把皮面擀成与面团大小相等的薄片,刷水后铺在面团上,擀成1cm左右的长方形薄片,用刀切成3cm×3cm的正方形,中间点一红点,干后表面均匀地刷上蛋液,排好距离,摆入烤盘中,准备烘烤。

④烘烤:首先调好炉温,用中火烘烤,将摆好生坯的烤盘送入炉中,烤成底面黄褐色,表面金黄色,熟透后出炉。

⑤冷却、包装:冷却至室温后装箱入库。

4.质量要求

规格形态:块形整齐,呈圆形薄片,皮面方块居于中间。

表面色泽:表面呈金黄色,底面为黄褐色,有蛋液的表面光亮,边缘为红黄色。

内部组织:起发均匀,质地疏松,清洁无杂质。

口味口感:酥松利口香甜,有桂花的清香味,无异味。

5.注意事项

①调制面团时,油、水、糖一定要拌和均匀,防止出油。

②放片时一定要平稳,薄厚一致。

③刷蛋液时,一定要等红色素干后再刷,最好刷两次。

二十三、蛋黄桃酥

1.原料及配方

富强粉49kg,绵白糖24kg,蛋黄3.0kg,猪油30kg,桂花1.5kg,核桃仁4.0kg,碳酸氢铵0.4kg,小苏打0.2kg。

2.工艺流程

配料→和面→揪剂子→磕模→码盘→烤制→冷却→成品

3.制作要点

①和面:在和面机中放入绵白糖、蛋黄、碳酸氢铵、小苏打和水,搅拌后加入猪油、桂花、核桃屑,继续搅拌均匀后加入面粉,拌和均匀即可,防止面团起筋。

②揪剂子:面团分块搓成长圆条,再分切成小剂子,然后铺撒干面。

③磕模:将小剂子搓圆后放入模具中,按平,磕出即为生坯。

④码盘:将生坯码入盘中,调好间距,以防烘烤时成品相互粘连。

⑤烤制:将烤盘连同生坯入烘烤炉。进炉温度为130~140℃,出炉温度为280~290℃,烘烤10min左右,即可出炉。

⑥冷却:出炉后烤盘要交错重叠码放,冷却至手触产品时不热即可,将成品装箱入库。

4.质量要求

①规格形状:饼形扁圆,块形整齐,大小薄厚均匀一致。

②表面色泽:深麦黄色,色泽一致,不焦不煳。

③口味口感:酥松适口,无异味,具有核桃仁的香味。

④组织结构:具有均匀小蜂窝,剖面有均匀细密的小孔,不青心,不欠火,不含杂质。

二十四、牡丹酥

牡丹酥由皮料、酥料、馅料按不同配料精制而成,制作工艺考究,包馅后用刀划出五瓣,入油锅炸制而成,其形似牡丹,美观漂亮,椰香宜人,营养丰富。

1. 原料及配方

标准粉 1500g,莲蓉 250g,熟面粉 1000g,白糖 250g,油脂 500g,椰丝少许。

2. 工艺流程

面粉、油脂、水、白糖→皮料┐
　熟面粉、油脂、白糖→酥料├→包馅→开刀花→油炸→成品
　　　　莲蓉、椰丝→馅料┘

3. 制作要点

①皮料:将面粉、油脂、水和白糖在和面机中调制成筋面,待面和好后切成小剂。

②酥料:将熟面粉兑入白糖粉、油脂,在案板上用手搓成酥料待用。

③馅料:莲蓉加少量椰丝调成馅料。

④包馅:将皮料小剂擀成直径约 2cm 的圆形面皮,中间夹入酥料和馅料后合拢,然后压成中间厚边缘薄的扁形。

⑤开刀花:在包馅后的坯剂上用刀划出五道均匀的花瓣。

⑥油炸:将切瓣后的坯料,放入烧开的油中炸制,当炸至表面金黄时捞出,沥去表面油脂即为成品。

4. 质量要求

产品色泽金黄,酥脆味美,形状完整美观,皮薄馅薄。

5. 注意事项

①面皮调制时软硬要适度,包馅后在表面刷上一层蛋黄油,能使成品发亮。

②油炸时要控制好温度,油温过高,色泽褐暗,油温过低成品失去酥脆性。

二十五、奶油浪花酥

1. 原料及配方

面糊料:面粉 21kg,熟面粉 7kg,奶油 12kg,白砂糖粉 13kg,鸡蛋 3.5kg,香兰素 15g,碳酸氢铵 50g,水 4.5kg。

果酱点料:苹果酱 1kg,食用红色素 0.05g。

2. 工艺流程

备料→调制面糊→成型→烘烤→冷却→包装→成品

3. 制作要点

①调制面糊:将奶油放在容器内(锅或盆,亦可用立式搅拌机调制),用木搅板搅拌(冬季需将奶油加温使其稍熔软),边搅拌边将白砂糖粉、鸡蛋、香兰素陆续加入,搅拌呈均匀的乳白微黄色,然后把水分数次搅入(碳酸氢铵溶化于水内),再搅拌混合均匀,投入面粉拌和成面糊。

②成型:将面糊装入带有花嘴的挤糊袋内(花嘴为 8 个花瓣,口径 1～1.3cm),在干净的烤盘上,找好距离,挤成浪花形,在点心坯尾部花朵处中间,挤一红色苹果酱点(苹果酱中加入红色素),即为浪花酥生坯。

③烘烤:调整好炉温,用中火烘烤,待点心表面花棱呈浅黄色,花棱间为白色,底面为浅金黄色,熟透后出炉,冷却、装箱即为成品。

4. 质量要求

色泽:成品表面花棱呈浅黄色,花棱间为白色,底面呈浅金黄色。

形态规格:成品为浪花形,尾部花朵中间有一红色果酱点;花纹清晰,不摊片,不浸油,块形一致,大小均匀,造型美观。

内部组织:起发均匀,组织细密,内外无杂质和油污。

口味:奶油味浓厚纯正,酥松香甜,无异味。

二十六、奶油核桃酥

1. 原料及配方

①坯料:面粉 24kg,白糖粉 10kg,奶油 2.5kg,猪油 3.75kg,鸡蛋

5.0kg,香兰素 20g,碳酸氢铵 0.15kg,水 2.75kg。

②黏合果酱:苹果酱 3.75kg。

③饰面料:刷面鸡蛋 1.0kg,核桃仁 5.0kg,白马糖 2.5kg,可可粉 0.1kg,醭面粉 1.0kg,清水适量。

2. 工艺流程

备料→调制面团→成型→烘烤→黏合装饰→包装→成品

3. 制作要点

①调制面团:面粉过筛后置于台案上围成圈,投入白糖粉,并加入事先加温稍熔化的奶油、香兰素,搅拌均匀呈乳黄色后投入鸡蛋液,搅打起发后加水和碳酸氢铵,再继续搅拌,待糖粉完全溶化后,加入猪油搅拌均匀,呈现黄色的悬乳状液时掺入面粉,掌握好软硬。调制的面团,要防止起筋。

②成型:面团擀成 0.4cm 厚的面片,用边长 6cm 的正方形花边铜模卡模,将其一半直接找好距离摆入烤盘,另一半再用直径约 1.7cm 的圆铁管模在中心卡孔,刷上鸡蛋液,粘满预先稍烤过的碎核桃仁(必须要粘牢),摆入烤盘内。摆盘时要找好生坯的行间距离,以防烘烤粘连或焦煳。

③烘烤:调好炉温,将所有的生坯烤盘送入炉中用中火烘烤,待表面呈浅黄褐色,底面呈浅金黄色,熟透后出炉冷却。

④黏合装饰:将灼热的糕点坯,一块无孔的和一块有孔的合为一组。底对底用苹果酱(加糖加热制成的果酱)黏合,并在中心孔处挤上可可白马糖液点(白马糖用热水溶化或炉火加温溶化,搅拌入可可粉,用适量水调好稠度),凝固后装盒即为成品。

二十七、奶油巧克力蛋黄酥

1. 原料及配方

①糊料:面粉 16.5kg,白砂糖、奶油各 10.5kg,鸡蛋 10kg,香兰素 20g。

②黏合果酱:苹果酱 8.5kg。

③饰面料:白砂糖 8kg,可可粉 200g。

2. 工艺流程

备料→调制面糊→成型→烘烤→黏合→粘可可砂糖→包装→成品

3. 制作要点

①调制面糊:将奶油放入容器内(如果奶油凝固性强,需用慢火稍加热熔软),用木搅板搅拌至无凝固块,加入白砂糖粉、香兰素继续搅拌起发均匀后,将鸡蛋液分3~4次投入,经充分搅拌,起发均匀,加入面粉拌和成面糊。

②成型:将面糊装入带有圆嘴的挤糊袋内(圆嘴口径约1.3cm),向铺纸的烤盘上找好距离挤成长约5cm的馒圆形小圆饼,挤满盘后入炉烘烤。

③烘烤:调整好炉温,用中火烤至表面浅黄色,底面浅金黄色,熟后出炉,趁热将点心从纸上抖落,冷却以待黏合装饰。

④黏合、粘可可砂糖:将点心熟坯,两个为一组底对底用果酱黏合,在点心的一角斜粘挂上已溶化好的可可砂糖液,待砂糖液凝固即成。

4. 质量要求

成品表面浅黄色,色泽一致,无焦煳。形态规格为长条形,一角斜粘挂可可砂糖。组织疏松起发。内外无杂质和油污。奶油味浓厚,酥松香甜,有可可香味。

二十八、奶油起酥

1. 原料及配方

皮料:特制粉11.5kg,鲜蛋1.5kg,精盐150g,清水600g。

油酥:特制粉350g,奶油1.5kg。

2. 工艺流程

```
      精盐、水   面粉      面粉→擦酥←奶油
        ↓        ↓              ↓
鲜蛋→搅和→和面→擀皮→包油酥→成型→置盘→烘烤→冷
却→包装→成品
```

3. 制作要点

①先将鸡蛋洗净,晾干,去壳,把蛋液倒在器皿内,加入精盐和水,手工搅打 10min 以上,使之起发,体积比原来增加 1 倍,再投入面粉搅和,把其倒在案板上,用手揉成团即成水皮面团。

②先将酥料中的特制粉倒在案板上,扒开,中间加入奶油,和入面粉拌匀,反复搓擦,擦透为止,使面粉和奶油分布均匀即成油酥。

③用擀筒将水皮面团擀成厚薄一致的长方形面片,然后把油酥铺在上面,擀匀抹平,把两边往中间折叠成 3 层,静置 15min,擀开,再折叠,反复 4 次。从第二次起以后各次折叠擀开后均要四边向中间折叠,每次成 5 层。最后用薄刀按规格大小要求分切成长条形。

④将饼坯移入烤盘,摆平,送入烘烤炉烘烤,烘烤炉炉温为 160℃,烘烤 13min,成熟取出冷却即成成品。

4. 质量要求

规格:长方块状,长短一致,厚薄均匀,切面平滑,不发毛,块形完整,不崩角缺边。

色泽:饼面白中稍露浅黄,无焦块。

组织:皮身似硬实松,面起酥,层次分明,油润细腻。

口味:酥松易化,味香可口,咸淡相宜,富有浓郁的奶油香味。

二十九、奶油干点心

1. 原料及配方

精粉 2.75kg,糖稀 40g,苏打粉 15g,白糖 1.1kg,奶油 350g,鸡蛋 800g,红色素适量。

2. 工艺流程

备料→调制面团→切条→刷蛋液→烘烤→粘糖→冷却→成型→包装→成品

3. 制作要点

①备料:锅内放白糖 100g,加入水 150g,上炉熬制,待锅内糖液温度上升至 110℃ 时,加入糖稀继续熬制,当糖液温度上升至 115 ~ 117℃ 时,端锅离火,置于凉水中冷却,待糖液温度下降至 30℃(用手

指试验稍有温度感),用铁铲或木板用力翻拌制成白马糖,把呈白色结晶体的白马糖倒入小盒内,盖上湿布待用。

②调制面团:将奶油(若天热可用豆油250g,另加糖稀100g)倒入盆内搅匀,加入白糖1kg,再加鸡蛋液500g、水500g、苏打粉继续搅拌均匀,倒入精粉拌匀,然后揉成面团。

③切条:把面团擀成约7mm的面片,用刀切成宽约5cm的长条。取几根长条,用滚花刀将长条切成宽约10mm的小条。

④刷蛋液:将宽条逐条摆入烤盘,表面刷一层蛋液,在每个宽条上间隔均匀地顺条粘上3根小条,再刷一遍蛋液,然后用锯齿形薄铁片在小条上划成"之"字形痕。

⑤烘烤:将生坯置于宽烤盘上,放入炉内。上下都用小火烤制,见生坯呈金黄色即熟,取下阴凉。

⑥粘糖:把白糖烧至60℃,取一半加红色素拌匀呈粉红色,把白、粉红两种颜色的白马糖分别装入用透明纸做成的锥筒内,用手捏住锥筒,把白马糖从锥尖端挤出,粘在小条之间的间隙处,使每根宽条粘上白、粉红两种颜色的两条白马糖。

⑦成型:晾凉后把宽条切成长5cm、宽3.3cm的小块即成。

4. 质量要求

产品酥松甘甜,有奶香味。

三十、吧啦饼

1. 原料及配方

富强粉50kg,白糖粉25kg,猪油25kg,碎桃仁5.0kg,瓜子仁0.5kg,桂花2.5kg,碳酸氢铵0.7kg,小苏打0.3kg。

2. 工艺流程

配料→和面→分揪→成型→码盘→装饰→烘烤→冷却→成品

3. 制作要点

①和面:先将白糖粉、碳酸氢铵、小苏打和水投入和面机内搅拌,再加入猪油、桂花和碎桃仁继续搅拌均匀,最后加富强粉,和成面团,但和制时间不宜过长,以防面团上劲。

②分揪:将和好的面团分块,分别切成长方形条。再揉成圆条揪成定量的面剂子,然后铺撒干面。

③成型:将面剂子放入模具内,用手按严压紧,然后削平,再磕出模,生坯要求模纹清晰,成型规则。

④码盘:将磕出的生坯,以行间适当距离码入烤盘内,以防烘烤时成品相互粘连。

⑤装饰:在生坯表面粘上三个瓜子仁,中心按一小圆凹坑打印红戳,形状扁圆形。

⑥烘烤:将盛有生坯的烤盘送入炉温为 130～140℃,出炉温度为 280～290℃的烤炉内,烘烤约 10min 即可出炉,出炉后饼面呈深麦黄色,有裂度和摊度。

⑦冷却、成品:出炉后的产品,烤盘要交错重叠码放冷却,待手触产品不热时,可装箱入库。

4.质量要求

规格形状:扁圆形,块形整齐,摊裂均匀,薄厚一致。

表面色泽:表面呈麦黄色,裂纹为乳白色,底面呈深麦黄色,不焦不煳,面上附有三个瓜子仁,印有红戳。

内部组织:起发均匀,具有均匀蜂窝,不青心,不含杂质,组织疏松。

口味口感:酥松利口香甜,咀嚼溶化快,不糊口,有桃仁、桂花香味,无异味。

5.注意事项

①和面时,糖、油、水一定要充分乳化,碳酸氢铵应用水浸泡后投入。

②成型速度要快,造型要端正。

③炉火宜平稳,不宜过急。

④摆烤盘时要注意找好距离,使用平盘,防止粘连。

三十一、托果

1.原料及配方

面团料:面粉 30kg,桂花 500g,白糖粉 24.5kg,碳酸氢铵 350g,植物油 9kg,水 5kg。

䤈面:面粉 1kg。

2. 工艺流程

备料→调面团→成型→烘烤→冷却→包装→成品

3. 制作要点

①调面团:面粉过筛后,置于操作台上,围成圈。将糖粉、桂花、碳酸氢铵和适量的水投入,搅拌使其溶化,再将油投入,充分搅拌。乳化后,加入面粉,调成软硬适宜的酥性面团。

②成型:将和好的面团压入两端呈扇面状的特制模内。压实摁严,用刀削平,震动出模。找好距离,摆入烤盘,准备烘烤。

③烘烤:调好炉温,将摆好生坯的烤盘送入炉内,用中火烘烤。烤成红黄色,熟透出炉。

④包装:晾凉后包装即为成品。

4. 质量要求

产品表面红黄色,带有小裂纹,底面色泽略深。规格整齐,造型端正,不摊大片,无粘连。起发均匀,组织疏松。内外清洁无杂质。口味香甜,桂花味芳香。

三十二、开口笑

1. 原料及配方

低筋面粉 500g,鸡蛋 50g,绵白糖 300g,泡打粉 6g,小苏打 4g,芝麻 50g,水 130g,炸油 200g(实耗量)。

2. 工艺流程

调制松酥面团→搓条→下剂→滚圆→蘸水→滚芝麻→成型→炸制→成品

3. 制作步骤

①将低筋面粉、泡打粉掺匀,过筛后围成凹塘形,中间加入鸡蛋、白糖、小苏打、水和匀至糖溶化,再与面粉叠和成表面光滑的面团。

②将面团分揪成剂子(20g/个),双手掌心把剂子团圆蘸水,再滚上白芝麻,略团一下,即成生坯。

③油温升至五六成热,放入生坯,炸至生坯上浮开花呈棕黄色即成。

4. 注意事项

①调制面团要用叠的手法,防止上劲。

②油温不能太高,否则炸出的制品开口不自然。

③成品要冷却后才能包装。

④成品的大小可以自己决定,小的一口一只也行。

5. 产品特点

产品色泽棕黄,开口自然,松脆香甜。

三十三、螺丝转

1. 原料及配方

面粉 500g,花椒盐 40g,面肥 250g,碱面 7g,芝麻酱 30g,芝麻油 25g。

2. 工艺流程

备料→调制面团→制饼→烘烤→冷却→成品

3. 制作要点

①将面粉 450g 放在盆内加入凉水 250g(冬天用温水)和成面团,再掺入面肥、碱面揉均匀。用刀切一块,看断面是否有散布均匀的高粱粒大的蜂窝。舔时觉有甜味,即碱量合适。若蜂窝大小不匀,闻有酸味,可适当加一些碱揉匀再用。

②芝麻酱内加入花椒盐,用芝麻油 15g 调匀,再将面粉 50g 铺撒在案板上。将和好的面团放在上面按揉,直到把面粉全部揉进面团里为止。然后,搓成 5cm 的圆条,刷上芝麻油 10g,再揪成 20 个面剂(每个约重 75g)。

③取面剂 1 个,竖着擀成 15cm 长的片,上面抹匀一层芝麻酱,用双手提起里端两角,反腕向案板前方一甩,把面片甩抽成约 26cm 长。再卷成长约 66cm 的卷,按扁(宽约 3.3cm)后,用刀顺着卷的长度划一刀,把卷分成两条,一条宽约 1.4cm,另一条宽约 2cm。把窄条擦在宽条上(横断面要对齐),两手各持一端提起(断面朝上),右手由里向外,围绕左手拇指、食指缠绕,边绕边抻长,直到缠完,形成旋纹清晰

的螺丝形,将末端面头压在底下,再将旋纹朝下擀成直径 5～5.3cm 的圆饼。

④饼锅放在微火上烧热,将圆饼(旋纹朝下)逐个放在锅上烙 3min,当烙成黄色时,翻过来再烙 2min。然后放入炉中,将两面都烤成焦黄色即成。

4. 质量要求

产品要求柔软,咸香;丝匀不乱;层次分明,外形似螺丝。

三十四、千层红樱塔

千层红樱塔造型美观,层次清晰,是休闲、宴会、酒会、茶会之美点。

1. 原料及配方

富强粉 450g,奶油 500g,鸡蛋 100g,清水 150g,红樱桃 25 个,白糖 15g。

2. 工艺流程

备料→制皮面→制心面→包酥→成型→烘烤→冷却→包装→成品

3. 制作要点

①制皮面:面粉 300g 过筛,在案上开窝,加入清水、鸡蛋 50g、白糖,用手混合擦匀后,掺入面粉揉擦至光滑,放入冰箱冻硬备用。

②制心面:将面粉 150g 过筛,与奶油在案上用酥槌砸至油面均匀后,放在盘里,置入冰箱待用。

③包酥:从冰箱取出酥皮面,擀成长方形片,心面开成相当于皮面一半大小的长方片后,放在皮面上包严。再擀成长方形片折三层,放入冰箱冻硬,取出再擀成长方形片折三层,再放入冰箱冻硬,再取出擀成长方形片,折成四层,最后擀成薄片,盖上湿布入冰箱冻硬待用。

④成型:取出冻硬的酥片,用 5cm 的花边圆戳模刻下来,成花边圆片,再用 2cm 的圆筒在圆片的中间刻下一小片成圆圈状(刻成圆片、圆圈各一半)。用排笔蘸蛋液刷在圆片面上,将圆圈放在圆片上,码入烤盘(轻拿轻放),再用排笔蘸蛋液,刷在圆圈上。

⑤烘烤:入炉用 180～200℃的高温,烤 15～20min,熟后晾凉,取出放在点心盘内,将半个樱桃放在圆圈孔内(即点心顶部)便成。

⑥包装:冷却后包装即为成品。

三十五、蛋奶酥饼

1. 原料及配方

坯料:富强粉 29kg,白砂糖粉 12kg,猪油 3kg,植物油 4kg,鸡蛋 3.5kg,小苏打粉 100g,碳酸氢铵 100g,香兰素 20g,奶粉 1kg,清水 5.5kg。

饰面料:醭面粉 1kg,扫面鸡蛋黄 1.5kg。

2. 工艺流程

面粉→过筛→调制面团→成型→烘烤→冷却→包装→成品

3. 制作要点

①调制面团:面粉过筛后置于台板上围成圈,投入白砂糖粉、奶粉、鸡蛋液搅拌起发后,加水、小苏打粉、碳酸氢铵、香兰素继续搅拌均匀,使糖粉全部溶化后加入猪油、植物油充分搅拌,使糖、鸡蛋、水、油等充分混合成乳黄色悬浮状液体时,拌入面粉,找好软硬,和成面团。

②成型:将面团擀成约 0.5cm 厚的面片,用四种花形铁模卡面片(模形有桃形、圆形、长花形、圆花形等,模口直径约 6.5cm)。卡出的面片表面刷上蛋黄液,用带齿的铁皮或细扦划上曲纹,摆入烤盘,入炉烘烤,按成品每千克 48 块取量。

③烘烤:调整好炉温,用中火烘烤,待表面呈金黄色或浅金红色,底面为浅金黄褐色即熟,熟后出炉,冷却装箱即为成品。

4. 注意事项

规格:有几种卡口花样,表面有曲纹,4 种花样外形一致,薄厚均匀,起发舒展。

色泽:表面为金黄色,有蛋黄液烘烤后的光亮,底面呈浅金黄褐色,火色一致,无焦煳。

组织:组织疏松,起发均匀,内外无杂质,底部无油污。

口味:酥松可口,有蛋奶香味。

三十六、萨其马

1. 原料及配方

面粉 17kg,川白糖 9.5kg,饴糖 9.5kg,鸡蛋 13kg,猪油 12kg,金丝蜜枣、蜜樱桃、瓜子仁适量。

2. 工艺流程

打蛋液→和面团→切丝→油炸→挂糖浆→成型→切块→包装→成品

3. 制作要点

①和面团:先将鸡蛋去壳后加适量水,在打蛋机中搅打起泡沫后加入面粉,再揉成面团。

②切丝:待面团静置 30min 后,可擀成薄片,切成细条,宽约 0.5cm,长约 5cm,用筛子筛去浮面。

③油炸:把油烧到 140~160℃时,将筛好的面条放入油锅内炸至乳黄色,捞出沥干油。

④挂糖浆:将糖和饴糖在锅内烧开,熬到 116~118℃,将炸熟的面条入糖浆中拌均匀。

⑤成型:先在木框底层铺上一层切碎的金丝蜜枣、蜜樱桃、瓜子仁,再将挂浆的面丝倒入木框内,铺平、压实,但不要过紧。

⑥切块:稍冷却后,用小刀将从木框中磕出的料坯切成长约 4.5cm 的方块,包上玻璃纸,即为成品。

4. 质量要求

产品表面呈淡黄色,并有挂浆光泽和辅料颜色,块形大小一致,条粗细均匀,刀口整齐,不破不散,内部松软,断面有蜂窝,口味香甜适口。具有蛋香风味。含水量不大于 10%,脂肪含量不少于 30%,含糖量(以蔗糖计)不少于 30%,蛋白质含量不少于 5%。

5. 注意事项

①油炸时注意火候,防止油温过高而炸焦。

②熬浆时若气温高,糖浆可熬得稠一点,冬春季节,糖浆可熬得稀一些。

三十七、海带保健蛋糕

1. 原料及配方

低筋面粉 500g,海带粉 12.5g,白砂糖 42.5g,鲜鸡蛋 750g,乳化剂 50g,脱脂乳粉 50g,食用精盐 2g,香料 5～10g,香甜泡打粉 10g,水 35g。

2. 工艺流程

(1)海带粉的生产

干海带→盐水浸泡→清洗→去杂→沥水→流水反复淋泡→切条→烘干→粉碎→过筛→保温水解→加热脱臭→冷却→脱色→软化匀浆(添加维生素 C)→浸渍→加热煮沸→喷雾干燥→海带粉

(2)海带蛋糕的生产

鲜鸡蛋、白砂糖　　涂油
↓　　　　　　↓
原料准备→打糊→拌粉→装模→焙烤(或蒸)→出炉→冷却→包装
↑
低筋粉、海带粉

3. 制作要点

①海带粉的制备:挑选优质的干海带,去除根部粗茎,用 3% 的盐水浸泡 1.5h,使其吸水膨胀。然后反复洗涤沥去水分,将海带切成 80～100mm 的条状,在 65℃ 烘箱中烘干,并磨碎过 50 目筛,于海带粉中加入 0.4% 的中性多聚磷酸盐溶液,并在 45℃ 条件下保温,然后加入 1% 的柠檬酸溶液并沸煮 40min 就得到脱臭的溶解藻浆。在脱臭后的海带浆中加入脱色液,搅拌脱色 1.5h 后于 1% 的维生素 C 溶液中浸渍 15min,然后加热沸煮 10min,最后喷雾干燥即得海带粉。

②打糊:打糊主要是将鸡蛋与糖放在一起充分搅打,并使鸡蛋胀发产生大量空气泡,打好的鸡蛋糊呈稳定的泡沫状,体积为原来的 3 倍左右。另外,打糊时应注意温度,保持起泡能力和持泡能力的平衡,一般以 21℃ 为宜。打糊要打得适度,打得不充分则焙烤后蛋糕胀

发不够,蛋糕的体积质量小,蛋糕松软度差,打得过度则因蛋糊的筋力被破坏,持泡能力下降,蛋糊下塌,焙烤后蛋糕虽能胀发,但因其持泡能力下降而出现表面凹陷。

③拌粉:在打好的蛋糊中慢慢倒入原辅料并轻轻翻动蛋糊,翻动得越轻、翻动次数越少越好,拌至看不到生粉即可,这样可有效防止蛋糊中所溶气泡的破坏。

④装模、焙烤:装模时要快而准,以防止面糊下沉,另外装模不应超过模腔的 3/4,以防止面糊受热外溢。在焙烤中温度应控制在 200℃ 左右,焙烤 20min 即可出炉,冷却后脱模包装,即为成品。

三十八、香蕉水果蛋糕

1. 原料及配方

面粉 350g,鸡蛋 450g,蔗糖 250g,香蕉泥 80g,色拉油、香甜泡打粉、蛋糕油、香兰素、盐适量。

2. 工艺流程

香蕉泥、面粉、色拉油

鸡蛋、蔗糖、水、蛋糕油、香兰素、香甜泡打粉、盐→打蛋→调制面糊→浇模成型→烘烤→冷却→包装→成品

3. 制作要点

①原料处理:用 80 目筛子将面粉过筛待用,香蕉去除外皮,放入多功能食品搅拌器中打成泥浆状,装入盘中待用。

②打蛋:将清洗后的鸡蛋去壳加入打蛋机中,先用中速搅拌桶中鸡蛋,并加入蔗糖,改用快速搅拌,约 2min 后加水,水分 3 次加入,再加入速效蛋糕起发油、香兰素、香甜泡打粉、盐等,当打至蛋浆液洁白细腻有光泽,体积增加 3 倍以上,说明已打好,打蛋时间为 15~20min。

③调制面糊:在蛋浆中加入面粉、色拉油、香蕉泥,用慢速搅打,待蛋浆与面粉混合均匀,搅拌至见不到生粉即可。调制好的面糊切

忌停放时间过长,以免面糊起筋。

④浇模成型:采用同一规格的铁皮模,模内放入瓦楞纸型的小杯,在纸杯内涂少许色拉油,将面糊定量浇入纸杯,浇注量不要超过纸杯的2/3。浇模成型一般要求在15~20min内完成,若拖延时间较长,蛋浆中的面粉就会下沉,使制出的产品质地变硬。

⑤烘烤:将烤箱先升温到220℃,关掉上火,放入浇模成型的烤盘。使蛋糕坯涨发成熟,10min时关掉底火,打开上火,再烘烤4min,使蛋糕坯表面上色到金黄,即可出炉,烘烤时间控制在10~15min。

⑥冷却:将烘烤好的蛋糕出炉、出模。采用自然冷却法,冷却到30~40℃即可进行检验,剔除不合格产品,合格产品可进行包装。

三十九、蛋卷

1. 原料及配方

特制面粉7.25g,淀粉7.25g,猪油2.7kg,鲜蛋2.2kg,清水15kg,奶油550g,柠檬黄1.5g,白砂糖9.5kg,苏打粉50g。

2. 工艺流程

特制面粉、淀粉、苏打粉→拌匀→过筛→搅拌→面糊→上机→
成型→烘烤→冷却→包装→成品

白砂糖→碾粉→过筛

鸡蛋→去壳

柠檬黄→冷开水→溶解

奶油(溶化)、猪油、清水

3. 制作要点

①先把白砂糖碾磨成糖粉,用筛过两遍,使糖粉细腻滑嫩;将鲜鸡蛋洗净,敲去蛋壳;用少许冷开水把柠檬黄溶解;将奶油加热溶化;然后把蛋液、白糖粉、奶油、猪油和清水倒入搅拌机内搅拌,待其溶化均匀后,加入柠檬黄继续搅拌。

②将特制面粉、淀粉和苏打粉搅和,用筛过一两遍,使其分布均匀,然后装入筛内,徐徐筛入搅拌机内,与上述蛋、糖、油等混合物充分搅拌均匀成糊状待用。

③面糊制好后,随即开动蛋卷机,待蛋卷机烘烤设置通电发热后,立即启动成型设置,面糊即刻通过流水线进入成型和烘烤,待制品散热后,经整理包装即为成品。

4.注意事项

产品形状为长圆筒形,长短一致,大小均匀;色泽为蛋黄色,有光泽;口味松酥,不生不焦。

第四章　坚果类休闲食品

这类果实的食用部分是种子(种仁)，在食用部分的外面有坚硬的壳，果实的特征是外覆木质或鞣质硬壳，成熟时干燥而不裂开，故又称壳果类，也称为干果，一般这类果实含水分很少，如核桃、栗子、榛子、银杏等。

第一节　瓜子类

瓜子是我国最具传统特色、历史最为悠久、美味可口的炒货食品，瓜子作为一种传统的休闲食品而世代相传，经久不衰。

(1)瓜子的主要特点

①取材容易:炒货的原料来源十分广泛，南起两广和云贵，北至黑龙江和内蒙古，西自新疆，东临江、浙滨海，不管是莽莽林海，还是广阔平原，到处都有炒货的原料。

②风味独特，品种繁多:随着市场上香辛料的增多，各种调味料的不断发展，不同风味的瓜子也应运而生，具有香、鲜、脆、爽等特点，令人久食不厌。

③制作简单:炒货的制作较之其他的食品加工要简单得多，只要有原料，一只锅、一把火，就能家庭式生产，炒出香喷喷各式各样的瓜子。尽管现在炒货加工的设备有了很大的发展，但相对其他食品加工设备的投资，还是相当小的。

④具有消闲性、方便性:瓜子具有无可比拟的消闲优越性。吃的时间长也不会使人产生饱腹感，而且风味好，上口以后难脱手，令人久食不厌。又因其储藏、携带、食用均甚方便，因而备受人们喜爱。

(2)瓜子的种类

①黑瓜子:黑瓜子是籽瓜的种子。籽瓜是西瓜的一种，在产地亦

称打瓜、大瓜。黑瓜子产地很广,黑龙江、吉林、辽宁、内蒙古、河北、江西、河南、山西、甘肃、江苏、安徽及新疆等省区均有出产。

②白瓜子:白瓜子是南瓜、角瓜、倭瓜、葫芦瓜、玉白瓜等籽粒的统称。但因大部分取自南瓜,所以习惯上称南瓜子。白瓜子几乎在各省都有出产,产量较多的是黑龙江。

③葵花子:葵花子是向日葵的籽实,简称葵子,俗称香瓜子。其产地最广,全国各地都有出产。东北和内蒙古产量最多,品质也好,统称东北籽;云南、贵州、四川等省葵花籽产量也多,但籽粒较小,统称西南籽;河北、山西、陕西、甘肃、新疆等省区产量也不少,统称西北籽。

一、五香葵花子

1. 原料及配方

(1)五香葵花子(A)

葵花子1000kg,茴香20kg,桂皮20kg,食盐120kg,花椒10kg。

(2)五香葵花子(B)

葵花子50kg,食盐6kg,桂皮1.5kg,八角300g,辣椒粗粉200g,茴香250g,胡椒粉250g,花椒150g,甜蜜素65g,奶油香精20g。

2. 工艺流程

葵花子→洗净→加香料(装入小纱布袋)、食盐及清水→搅拌→浸泡→旺火煮沸→小火焖→捞出→沥干→微火慢慢炒干→晾凉→成品

3. 制作要点[以配方(2)为例]

①先将八角、桂皮、花椒、胡椒、辣椒、茴香等几种香料混合用纱布袋装好,扎紧袋口,浸泡12h,中间翻拌几次。后放入开水锅中煮沸30min,捞出。

②加足所需水量,放甜蜜素和食盐,溶化搅拌均匀。然后把经筛选的瓜子倒入溶液中,用小火煮沸1.5~2h,火力的大小以能煮沸为限。沸后每10~15min翻动一次,1h后须不停搅动,以免煳锅。

③在快煮干时,喷上香油拌匀。将瓜子炒到酥脆或将其晒干、烘干均可。

二、五香西瓜子

1. 原料及配方

西瓜子 100kg,生姜 125g,小茴香 62.5g,八角 250g,花椒 31.3g,桂皮 125g,牛肉 100g,白糖 2kg,食盐 5kg,植物油 1kg。

2. 制作要点

(1)处理

原料除去杂质,剔出质次不能加工的瓜子;将水灌入储槽中,再把石灰投入水中,充分搅拌溶解,待多余的石灰沉淀后,取澄清的石灰液注入另一储槽,再将筛选的瓜子倒入石灰液中浸泡,浸泡时间24h。经浸泡的瓜子捞出盛入粗铁筛内,用饮用水冲洗干净,并去除杂质和质次的瓜子。

(2)配料

按比例称取生姜、小茴香、八角、花椒、桂皮,封入两层纱袋内,纱袋要宽松,给香辛料吸水膨胀时留出空隙。香辛料需要封装若干袋,以备集中煮制瓜子使用。

(3)预煮

将浸泡清洗过的瓜子倒入夹层锅内,再倒入 4 倍的饮用水。然后拧开夹层锅蒸汽阀煮沸 1h,捞出盛入铁筛中冲洗干净。

(4)入味

一夹层锅盛入饮用水 70L,加入 10% 的食盐,并放入香辛料、牛肉,然后加入瓜子,拧开夹层锅蒸汽阀煮沸 2h,此时需要经常添水至原容积。煮瓜子使用的香辛料,1 份可煮两次,使用完取出另行处理。牛肉每次煮 1h 取出,1 份牛肉可连续煮 500kg 瓜子。每次煮后,再补添水至原有的数量,并且添加 1% 的食盐弥补消耗量。

(5)烘烤

将煮出的瓜子以 100kg 原料汁,趁热拌入食盐和白糖,搅拌均匀。取洁净的竹箅,上面铺塑料编织网,将瓜子均匀地撒在上面,每箅的瓜子约 1kg。将装有瓜子的竹箅送入烤房,排列在烤架上。烤房的温度一般为 70~80℃,烘烤约 4h。烘烤时间内还应经常启动排气机排潮,间隔 30min 排 1 次,每次 1~2min。

(6)摊晾

取出的瓜子要集中拌入植物油,用量为原料的 1%,拌植物油时要用油刷充分搅拌均匀。然后送入保温库均匀摊开,晾至表面略干,即可进行包装。

三、五香奶油瓜子

五香奶油瓜子具有香脆可口、回味浓郁、一嗑三开的特点,在瓜子市场备受青睐。

1. 原料及配方

生瓜子 100kg,食盐 5kg,八角 25g,桂皮 20g,良姜 50g,甘草 30g,茴香 10g,白芍、丹皮、甜蜜素、明矾、香兰素、奶油香精等适量。

2. 制作要点

(1)制卤

把各种配料下锅用清水煮沸,然后转微火熬成卤汁。卤汁要一直保持在微沸状态。其中八角、桂皮、茴香、白芍、丹皮要装入纱布口袋,这样既可避免碎料混入瓜子,又便于蘸卤。

(2)炒制

炒制瓜子火候是关键,火候不当往往外焦里生或瓜仁变焦。正确掌握火候,要求先用旺火将锅里的砂烧热.以锅底微呈红色为宜,再把干净瓜子投入铁锅内炒拌。大锅小炒(每次 1.5~2kg 瓜子),高温急炒(每锅 20~30s),使瓜子均匀受热。生瓜子接触热砂后,温度骤增,表面迅速膨胀,壳与仁自然分离。高温时,瓜子内质发生变化,散发出诱人的香味,这时应迅速出锅筛砂。

(3)蘸卤

瓜子炒熟后要尽快筛砂蘸卤。把熟瓜子浸泡在微沸的卤汁中,这不仅是使瓜子适当复水,更重要的是使瓜子味道鲜美,容易脱壳。蘸卤技术性很强,只有蘸卤适中,瓜子才能一嗑三开,既香又脆。蘸卤时间过长会使瓜子吸水过多,不香不脆不易嗑,蘸卤时间短卤汁渗不透,吸水不够,则壳易碎,味也差,蘸卤不均匀会出现花面瓜子和光头瓜子,色、香、味、形都受影响。一般卤汁渗透瓜子即可。

（4）包装

蘸卤后喷拌入适量的奶油香精、香兰素,待热散发后,装袋即成商品。

3. 质量要求

产品色泽黝黑光亮,有少许白色盐霜,且基本均匀一致籽粒平整饱满,大部分中间"眼睛"（焦斑点）凸出,无异味,奶油香味突出,甜咸香脆,瓜子仁不焦不生,一嗑三开。

四、十香瓜子

1. 原料及配方

（1）十香瓜子（A）

西瓜子1000g,桂皮10g,山柰10g,细壳灰15g,大茴香15g,小茴香5g,食盐120g,花椒5g,丁香5g,甘草10g,薄桂10g,香油适量,五香粉适量。

（2）十香瓜子（B）

西瓜子10kg,食盐1.2kg,桂皮50g,薄桂50g,山柰50g,细壳灰0.1kg,小茴香30g,花椒30g,公丁香30g,大料150g。

2. 工艺流程[以配方(1)为例]

瓜子→洗净→浸入清水、加细壳灰→搅匀→浸泡→捞出→冲洗→漂洗干净→沥干

清水→煮沸,加茴香、甘草、薄桂、山柰、桂皮→煎沸→倒入瓜子→拌匀→旺火烧沸→加盐搅匀→盖盖焖煮→改用微火→加花椒、丁香→搅匀→静置→滤出瓜子→摊开晒干→淋香油、五香粉→拌匀→成品

3. 制作要点[以配方(1)为例]

（1）将瓜子置于腌缸中,倒入清水,加入细壳灰（或石灰）搅匀,水以淹没瓜子为度,浸泡10h左右捞出,再用清水冲洗去黏液,漂净沥干备用。

（2）取清水30kg放进锅内,大火烧沸后,加入甘草、茴香、薄桂、

山柰、桂皮等香料,改用文火煮沸30min后,将瓜子投入并搅拌,然后用旺火烧沸并加入食盐拌匀,盖严锅盖,焖煮1h,再转微火加热,最后加入花椒、丁香搅匀。

(3)让瓜子在锅中静置一夜,次日清晨滤出摊铺于竹席上,不时翻动,直到干燥酥脆为止,加些香油,撒些五香粉即为气味芳香的成品。

五、椒盐南瓜子

1.原料及配方

南瓜子1000g,花椒粉10g,食盐150g。

2.工艺流程

食盐、花椒粉、开水(1kg)、南瓜子→搅匀→放置→捞出→摊开晾干

旺火炒白砂→加入干南瓜子→慢慢翻炒→紧炒→离火→筛去白砂→冷却→成品

3.制作要点

(1)腌渍南瓜子5h,其中翻动2~3次。

(2)白砂炒热再下南瓜子,旺火炒制,开始慢慢翻炒,待噼啪作响后,加紧翻炒5min。

(3)若为潮甜味南瓜子,则用料中去除盐和花椒粉,改用甜蜜素3g。炒制方法同上。

六、多味南瓜子

1.原料及配方

南瓜子1000g,桂皮5g,食盐50g,茴香10g,甜蜜素2g,味精2g。

2.工艺流程

南瓜子→洗净加盐、甜蜜素、桂皮、茴香和水→煮至汤汁基本烧干→加味精→搅拌均匀→铲出→烘干→成品

3.制作要点

(1)煮南瓜子时,水以淹没瓜子为度。

(2)烘干,也可晾干,越干越便于久存。

七、奶茶香南瓜子

1.原料及配方

浸泡液1L是用60g茶叶制成500mL茶叶浸提液,用6g甘草制成500mL甘草浸提液,加入10g食盐混合而成的。新鲜南瓜子500g,甜蜜素4g,奶油香精0.5g。

2.工艺流程

南瓜→切瓜取子→清洗→新鲜南瓜子

茶叶→粗粉碎→浸提→过滤→茶叶浸提液┐

甘草→切片→粗粉碎→煮沸浸提→过滤→甘草浸提液─→混合→

食盐─┘

浸泡→过滤→摊晒→喷香精水→成品

3.制作要点

(1)新鲜南瓜子的制备

采收9月中旬完全成熟的南瓜,按瓜的形状横向切开,将瓜子取出,放在清水中洗净,捞起,剔除腐烂、损坏、空瘪的南瓜子,待用。

(2)茶叶浸提液的制备

选择当年产的茶香味较浓的绿茶,先进行粗粉碎,然后放入80~90℃的水中浸提25min,用120目滤网过滤,除去茶渣,得茶叶浸提液。

(3)甘草浸提液的制备

将条状的甘草切成薄片,为增加甘草的浸出率,用粉碎机将甘草片进行粗粉碎,然后放入沸水中煮5~10min,浸提30min,用120目滤网过滤,除去甘草渣,得甘草浸提液。

(4)混合、浸泡

将过滤后所得的茶叶浸提液、甘草浸提液混合,并加入食盐,把清洗干净挑选好的新鲜南瓜子放入混合液中,浸泡至瓜子稍涨起为止,浸泡时间一般为2h,浸泡液温度为60℃左右。

(5)过滤、摊晒

用滤网将浸泡液滤去,及时把南瓜子薄摊在席子或模板木板上,放于通风干燥处晾晒,晒至瓜子含水分6%左右为宜。

(6)喷香精水、成品

预先将甜蜜素用水溶解,滴入奶油香精制成香精水。将香精水均匀喷洒到浸泡晒干的南瓜子上,即成为奶香南瓜子。

八、膨化南瓜子仁

1. 原料及配方

瓜子仁10kg,烧碱2%,食盐100g,柠檬酸0.2%,乙基麦芽酚0.4g,果蔬脱皮剂0.2%,茶多酚适量。

2. 工艺流程

原料精选→热碱去皮→清洗除渣→中和→烘干焙制→分拣→包装→成品

3. 制作要点

(1)精选当年新产的瓜子,无虫蛀、霉变,千粒重150g以上,风力吹选及过筛,剔除次品及杂物,水洗备用。

(2)按水重的2%和0.2%向夹层锅中加入烧碱与果蔬脱皮剂,加热至80℃煮瓜子,皮变色捞出沥干,水洗一遍,放入搅拌机中使瓜子皮破碎,水洗去皮,净度100%,破损率<1%,置于2%的食盐和0.2%的柠檬酸组成的中和液中中和后,离心脱水备用。

(3)10kg原料加食盐100g、乙基麦芽酚0.4g及适量茶多酚,微波干燥炉烘干焙制。

(4)用扁圆筛孔的分拣筛分拣,用复合材料制的包装袋分装,25g/袋,抽真空,充氮封口。

九、盐炒白瓜子(A)

1. 原料及配方

南瓜子500g,油盐75g,砂子适量。

2. 制作要点

瓜子扬去泥灰,除去秕子,放在清水中洗去黏附的瓤和杂质,淘净沥干后立即撒上盐,摇匀后静置3h左右,使盐分渗入瓜子仁内,然后晒干或烘干。砂子放入锅内炒至烫手时将瓜子倒入,炒熟即离锅,筛去砂子即成。

十、盐炒白瓜子(B)

1. 原料及配方

白瓜子 500g,白糖 10g,细盐 25g,粗砂 250g。

2. 制作要点

①先把细盐化成一杯(10g 酒杯)浓盐水,倒入瓜子内搅拌均匀,待 5~6h 后瓜子阴干,待炒。

②将白糖化成半杯糖水待用。

③把粗砂放入锅内炒干、炒黄,然后倒入糖水炒匀,等糖烟刚一冒出迅速放入瓜子,不停地翻炒(要用旺火),待瓜子噼啪作响,并呈金黄色时,速将瓜子倒入筛内(要迅速,否则火就大了),筛净砂即成。

十一、风味白瓜子仁

1. 原料及配方

麻辣味:盐 4.5kg,花椒 0.5kg,大料 1.3kg,桂皮 0.5kg,胡椒粉 1.0kg,甜蜜素 0.25kg。

奶油味:白糖 10kg,盐 2.5kg,花椒 0.1kg,大料 0.2kg,桂皮 0.2kg,甜蜜素 0.1kg,奶油香精 0.2mL。

怪味:白糖 10kg,盐 10kg,醋酸 2.5kg,花椒 0.3kg,大料 1.3kg,桂皮 0.5kg,胡椒粉 1.0kg,味精 0.2kg。

2. 工艺流程

无壳白瓜子→称量→配料→煮沸→烘烤→包装→成品

3. 制作要点

①配料:取去壳白瓜子、调料、水,料水比 1:6。

②煮沸:将上述料、液煮沸 5min,浸润 2h。

③烘烤:采用微波炉烘烤 6.5~8min 即可。

十二、风味黑瓜子

1. 原料及配方

（1）牛肉汁瓜子

大板瓜子 100kg，大茴香 0.4kg，桂皮 0.6kg. 小茴香 0.6kg，牛肉汁粉 20g，精食油 0.5kg，食盐 18 ~ 20kg，茶叶 0.3kg，黑矾 0.3kg，石灰 6kg。

（2）鸡汁瓜子

大板瓜子 100kg，大茴香 0.4kg，桂皮 0.6kg，小茴香 0.6kg，鸡肉汁粉 20g，精食油 0.5kg，食盐 18 ~ 20kg，茶叶 0.3kg，黑矾 0.3kg，石灰 6kg，苯甲酸钠 0.06kg。

（3）虾油瓜子

大板瓜子 100kg，大茴香 0.4kg，桂皮 0.3kg，小茴香 0.6kg，虾肉汁 1kg，精食油 0.5kg，食盐 18 ~ 20kg，黑矾 0.3kg，石灰 6kg，苯甲酸钠 60kg。

（4）甘草瓜子

大板瓜子 100kg，石灰 6kg，素油 0.6kg，甘草 0.6kg，食盐 6kg。

（5）香草瓜子

瓜子 10kg，食盐 0.3kg，甜蜜素 80g，石灰 6kg，香草香精 10g，熟油 0.2kg。

2. 工艺流程

瓜子→筛选→浸泡→冲洗→蒸煮→烘晒→干炒→磨光→包装

3. 制作要点

①石灰与水按 1:10 的比例进行预溶解后，倒入水池中配成溶液，投入瓜子浸泡 12h。

②煮锅中依次加入瓜子、食盐、调配料，蒸煮 4h 左右，可加入适量防腐剂，以延长保存期。

③在 60℃的烘房内连续烘烤 8 ~ 10h，使瓜子含水量在 32% 以下。

④用炒锅炒 15 ~ 20min，使其含水量在 10% 以下。磨光时每100kg 瓜子拌入食用油 2kg。

十三、草药瓜子

保健瓜子不仅具有良好的口感及独特的风味,而且由于在加工过程中,加入了适量的中草药成分,因此对人体具有补脾益气,清热解毒,益智安神等滋补功能。

1. 原料及配方

人参 0.7kg,黄芪 1.0kg,五味子 0.6kg,甘草 1.5kg,八角 1.0kg,茴香籽 1.5kg,桂皮 2.0kg,丁香 0.2kg,蔗糖 3.0kg,精盐 12.0kg,芝麻油适量。

2. 工艺流程

瓜子→筛选→烘干→煮沸→烘干→涂芝麻油和糖→成品

煮液←┬中草药煮液←煮沸←中草药
　　　└配料煮液←煮沸←原料

3. 制作要点

①将原料瓜子进行筛选,除去破损瓜子、砂土杂质等后用水漂洗,然后将瓜子送说烘干机烘干,时间约 25min,再取烘干后的瓜子 100kg 备用。

②先将上述配方中四种中草药洗净切碎,投入 13kg 水中,通过铁釜以温火煮沸 180min,然后捞出药渣,称取 10kg(不足用少许水补至 10kg),即为中草药煮液。

③再取上述配方中配料(不包括蔗糖、精盐及芝麻油)洗净后投入 95kg 水中,用铁釜以温水煮沸 90min,捞出配料渣,称取 100kg(不足用少许水补至 100kg),即为配料煮液。

④将上述分别制成的中草药煮液及配料煮液混合,然后将蔗糖、精盐投入混合液中充分搅拌使其溶解配成煮液。

⑤将备用的瓜子 100kg 投入混合煮液中以文火在铁釜中连续一次性煮沸。时间为 125~145min。煮沸是整个工艺中的重要工序,须使所有的中草药及调料充分渗透于原料中,接着将煮好的瓜子出釜送入紫外线烘干机,烘干至脱去 90% 的水分,然后对瓜子进行防干处

理,即在表面擦以少许芝麻油及蔗糖,然后对产品进行检验、装袋、包装、入库。

十四、话梅瓜子

1. 原料及配方

大粒西瓜子500g,酸梅汁50g,细盐2g,食醋少许,甜蜜素、话梅香精少许。

2. 制作要点

①将甜蜜素化为2匙水与酸梅汁、盐、醋放在碗内调好备用。

②西瓜子放在淘米箩里淘洗一下,滤干即入锅翻炒,至有爆裂声时,说明瓜子将熟,即把调好的酸咸甜汁倒入锅内,再炒至干后起锅,待其冷却便可盛在不漏气的容器(或塑料袋)内,再将话梅香精沿着容器边滴五六滴,颠翻均匀后,密封2h即可。

十五、美味瓜子

1. 原料及配方

大料1000g,茴香1000g,桂皮1000g,花椒150g,盐5000g,甜蜜素100g,味精100g。配料装入布袋内封好,放入开水锅里煮。

2. 制作要点

①选择无霉烂变质、无虫咬,大小均匀,棱角带白色的瓜子。

②当开水锅里煮出沫时,放入瓜子50kg,盖上透气的织布。蒸煮时火要匀,勤翻动,不烧干水为宜,1~2h就可蒸煮好捞起。然后重新倒入新瓜子。按以上方法重复进行6次,至配料全部用完。

③把蒸煮好的瓜子放入旋转着的瓜子机里炒干,脱去瓜子表面黑皮,火要小并要均匀,约1.5h即可出机。

十六、奶油瓜子

1. 原料及配方

生黑瓜子100kg,甘草30g,食盐5kg,茴香10g,八角25g,桂皮20g,良姜50g,白芍、丹皮、甜蜜素、明矾、香兰素、奶油香精等适量。

2. 工艺流程

配料→制卤→炒制→蘸卤→晾干→包装

3. 制作要点

(1)配料、制卤

按配方量将各种配料下锅用清水煮沸。煮沸后以文火煮成卤汁。卤汁要一直保持在微沸状态。八角、桂皮、茴香等配料要装入纱布袋,扎紧袋口同煮。

(2)炒制

先用旺火将锅内砂烧热,再把黑瓜子投入锅内炒,大锅小炒(每次1.5~2kg),每锅20~30s,使瓜子均匀受热。最好一次性出锅。

(3)蘸卤

瓜子炒熟后迅速出锅,筛去砂后,尽快蘸卤。把熟瓜子浸泡在微沸的卤汁中。

(4)晒干、包装

蘸卤后喷洒适量的奶油香精、香兰素等添加剂搅拌,待热量散发后,即可包装为成品。

十七、酱油瓜子

1. 原料及配方

(1)酱油瓜子(A)

大片黑瓜子10kg,大茴香0.1kg,桂皮0.1kg,薄桂0.1kg,酱油1.2kg,石灰0.2kg。

(2)酱油瓜子(B)

瓜子5kg,酱油1kg,生石灰1kg,茴香25g,桂皮25g。

2. 工艺流程[以配方(1)为例]

石灰加清水1kg→搅匀→溶化→去渣取用石灰水→倒入瓜子→浸泡5h→捞出→清水漂洗→洗净→捞出→加酱油、大茴香、桂皮、薄桂和水→煮沸→烧至汤水快干→离火→捞出瓜子→摊开→随晒随翻→筛净杂质→成品

3. 制作要点

煮瓜子时以水没瓜子为宜,捞出煮好的瓜子,沥干余汁,在竹筛上摊开,晒至干燥酥脆时即可。

十八、玫瑰瓜子

1. 原料及配方

(1)玫瑰瓜子(A)

瓜子 10kg,食盐 0.5kg,甜蜜素 10g,五香粉 300g,公丁香 100g,开水 6kg,玫瑰香精 30mg。

(2)玫瑰瓜子(B)

瓜子 10kg,红糖 2% ~3% ,甜蜜素 0.01% ,0.02%的玫瑰香精少许,食盐少许,开水 6kg。

2. 制作要点[以配方(1)为例]

把清水烧开,加入食盐、甜蜜素、五香粉、公丁香粉搅拌匀。把瓜子倒入缸中,倒进以上配料,滴入玫瑰香精,搅拌均匀,加盖放置 24h,中间要搅拌 3~4 次。取出后焙烤至干燥酥脆,即为成品。

十九、玫瑰红瓜子

1. 原料及配方

红瓜子(一种青皮瓜的瓜子)1000g,五香粉 15g,食盐 20g,食用油 10g,甜蜜素 2g,玫瑰香精 20g。

2. 工艺流程

食盐、甜蜜素、五香粉加开水 1kg→倒入红瓜子→搅拌均匀→放置 6h→捞出→摊开→晾干→上火炒瓜子→瓜子发出噼啪声后再炒 3min→离火→取出→摊开冷却→滴入玫瑰香精及食用油→搅匀→成品

3. 制作要点

①腌渍瓜子 6h,中间要翻动几次。

②炒瓜子时用中火。

二十、盐霜葵花子

1. 原料及配方

葵花子 1kg,白砂 2kg,细盐 50g。

2. 制作要点

用旺火把白砂炒热后,将葵花子倒入翻炒。待锅中有爆裂声时,改用文火烘。2～3min 后起锅,筛去白砂,然后把炒熟的葵花子和盐水(按每千克瓜子 50g 盐、一杯水)同时下锅,不断翻炒,待瓜子上有盐霜时即可起锅。

二十一、多味葵花子

1. 原料及配方

葵花子 50kg,八角 500g,胡椒粉 25g,食盐 6.25kg,奶油香精 20g,桂皮 1.9kg,花椒 150g,甜蜜素 62.5g。

2. 制作要点

①将桂皮、花椒、八角、胡椒粉等香料用纱布装好放入开水锅中煮沸 10～15min。

②加入葵花子、甜蜜素、食盐,并加水到 60～65kg,用小火连续煮沸 1.5～2h,此过程以保持水沸腾即可。开始时,每 10～15min 翻动一次,1h 后,需多次翻动,直至锅内水基本耗干。

③继续炒干到脆或者捞出瓜子晒干、烘干。

④炒干、晒干、烘干过程中适当翻动并喷入奶油香精。

二十二、烤香葵花子

1. 原料及配方

葵花子 1000g,味精 2g,食盐 50g,甜蜜素 3g,五香粉 10g,桂皮粉 10g。

2. 工艺流程

葵花子→洗净→捞出→加食盐、甜蜜素、五香粉、桂皮粉、味精及开水(1kg)→搅匀→浸泡 10h→捞出→晾干→中火慢炒→待噼啪声响时快炒 5min→离火→摊开→冷却→筛去杂质→成品

3. 制作要点

①瓜子腌渍时要加盖,中间翻转5～6次。

②炒时锅先烧热,用中火炒。

③保存要防潮。

二十三、调味葵花仁

1. 原料及配方

葵花子1kg,调味剂1.8kg,调味剂自选。

2. 工艺流程

原料选择→洗涤→甩干→调味→沥汁→焙烤→挑选→焙烤→冷却→包装成品

3. 制作要点

①采用机械方法将葵花子脱壳,然后对葵花仁进行筛选和精选,使整仁率达80%以上。

②将挑选后的葵花仁装入尼龙网中,在清水中快速漂洗一遍,然后迅速用甩干机甩干。

③将葵花仁在事先调配好的调味汁中浸泡,葵花仁与调味汁的比例为1:1.8,保持室温15～20℃,浸泡2h。浸泡期间将葵花仁翻动几次。

④捞出葵花仁,沥净调味汁,阴干,以抓取不湿手为度。

⑤将调味后的葵花仁传送入隧道式烤箱中,在170～210℃条件下,经过10min的动态焙烤,葵花仁出烤箱后,尽快将烤焦变质的葵花仁挑出,然后再传送入烤箱中,在同样温度下动态焙烤5min。

⑥出箱,风冷降温。用颗粒自动包装机包装,以透明聚乙烯塑料袋和铝塑复合袋分别按每袋50g、100g、150g包装。

第二节　花生类

花生是一种重要的食品资源,是广大人民群众喜爱的高营养食品。花生具有悦脾和胃、润肺化痰、滋养调气等多种功效,所以民间又称"长生果",并且和黄豆一样被誉为"植物肉""素中之荤"。花生中含有丰富的卵磷脂及钾、钙、铁、锌等多种矿物质及维生素,花生的营养价值比粮食高,可与鸡蛋、牛奶、肉类等动物性食物媲美,有防止人机体的衰老,促进脑细胞发育及防止动脉硬化等多种效用,很适宜制造各种营养食品。

一、脆仁巧克力

脆仁巧克力以花生仁为心子,再涂裹一层均匀的巧克力经上光精制而成。它选料严格,工艺讲究,制品既有巧克力的芳香,又有花生仁的清香风味,是儿童非常喜爱的食品。

1. 原料及配方

花生仁 10kg,可可液块 19.6%,代可可脂 25%,奶粉 15%,白糖粉 40%,卵磷脂 0.4%,香兰素适量。

2. 工艺流程

花生仁→选料→烘烤→分次涂巧克力酱→成圆→静置→抛光→包装

3. 制作要点

(1)花生仁的加工

要严格挑出霉变发芽的花生,选择颗粒饱满、干净者,在 105℃的烘箱中烤 1~2h。要求果仁饱满均匀,色白,无碎粒。

(2)巧克力酱料的加工

①先将代可可脂熔化,熔化温度在 42℃左右,然后加入可可液块、全脂奶粉、糖粉,搅拌均匀。酱料的温度控制在 60℃以内。

②巧克力酱料还要经过精磨、精炼、保温等过程。其中精磨时间为 18~20h,温度控制在 40~50℃,酱料含水量不超过 1%,平均细度大于 20μm。精炼时间为 24~28h,温度控制在 46~50℃。在精炼结束前,添加香兰素和卵磷脂,然后用胶体磨均质一次,置于 45℃左右的保温锅中保温备用。

(3)涂巧克力酱

将烤熟冷却后的花生仁按糖衣机生产量的 1/3 倒入锅内,开糖衣机,然后用勺子将备用的巧克力酱料加入机内。每次加入量不宜太多,待第一次加入的巧克力酱料冷却起结晶后,再加入下一次料,如此反复循环,直至达到所需要的厚度(一般为2~2.5mm)。花生仁与巧克力酱料重量比为1:1。

(4)成圆、抛光

成圆操作时通过摩擦力作用,将表面凹凸不平之处进行修整,直至圆整为止,取出,静置数小时,以使巧克力内部结构稳定。

抛光时一般先倒入虫胶,后倒入阿拉伯树胶,到光球体外壳达到工艺要求的亮度时便可停机取出,包装。这期间要注意锅内温度,可开启热风,以加快上光剂的挥发。

4. 质量要求

产品大小均匀,圆整,光亮,不发花,口感细腻。

二、鱼皮花生

该产品为传统食品之一,历史悠久,咸甜,酥脆,味美可口,具有花生的香味,吃到嘴里越嚼越香,与蜂蜜花生相比,有些发艮,不太酥,但与其他同类产品相比具有很高的声誉及广阔的市场。

1. 原料及配方

花生米25kg,标准粉18kg,大米粉7kg,白砂糖4kg,饴糖3kg,泡打粉150~200g,麻油500g,酱油4kg,味精50g,山奈50g,八角50g。

2. 工艺流程

3. 制作要点

①筛选:挑出霉变、破瓣及不规则的花生,筛出大中小粒,分别保管使用。

②制调和粉:将标准粉10kg和米粉7kg在搅拌机中混合均匀,制成调和粉,备用。

③制调味液:将饴糖放入锅中加热,并加入白砂糖加热溶解后离火。加入香辛料的一半(山柰、八角加清水煮沸20min左右,取汁,再煮,取汁,两次汁合在一起,加入味精,制成调味香辛料)。待冷却至室温加入泡打粉。

④成型:先将花生米放入转锅中,开机转动。随后将糖汁细而均匀地浇在花生米上,再薄薄撒一层标准粉(3kg左右),然后浇一层调和粉,直到将调和粉全部撒在花生米上为止。最后把剩下的标准粉5kg挂在花生米表面上,裹实摇圆便可出锅。

⑤阴干:成型的半成品摊开、阴干,夏季在24h左右,冬季在60h左右,即可烘制。

⑥烘烤:将成型的半成品装入烤炉的转笼中,推入烤炉,开启转笼及加热器。初烤时可用木棒随时敲打转笼,不使其黏结,烤至笼内发出阵阵喀喀声,表面呈微黄色时,即可起炉检查,剖开产品,里面花生仁呈牙黄色,马上倒入调味料锅中,待调味。

⑦调味:按1:1的比例加清水将酱油稀释,加热煮沸后,加入另一半调味汁,混合均匀。趁出炉的熟坯尚热迅速泼上调味液,开动机器搅拌均匀,然后转入大转盘中,冷却,表面撒上少量熟精油,混合均匀。

⑧包装:凉后将变形、烤煳的次品剔除。其余用塑料袋包装。

4.质量要求

外形:颗粒均匀,呈椭圆形,无裂口。

色泽:外表呈黄红褐色,有光。

组织:皮薄而均匀,壳酥脆。

口感:酥脆可口,甜咸适度。

理化指标:水分3.5%,蛋白质16%,脂肪20%。

三、蜂蜜花生

蜂蜜花生是在鱼皮花生工艺配方的基础上加以改进制成的。由于配料中加入蜂蜜,不仅提高了制品的营养价值,而且将后步烤制花生改为炸制,不但省时省力,还节省了设备及投资。产品要比鱼皮花生酥脆,风味也胜一筹。

1. 原料及配方

花生米 50kg,标准粉或米粉 35kg,淀粉或 α - 淀粉 3～5kg,白砂糖 9kg,精盐 0.5kg,酱油 0.5kg,味精 0.01kg,辣椒面 0.04kg,大料粉 0.02kg,花椒面 0.015kg,姜粉 0.01kg,胡椒粉 0.01kg,香甜泡打粉 0.3kg,蜂蜜 2～2.5kg。

2. 工艺流程

蜂蜜液、复合粉、调味液

↓

花生米→筛选→熟或炒熟→成型→油炸→冷却→成品

3. 制作要点

①筛选:最好选用短型小粒花生米,原料不得有虫蛀、发霉、破碎,一般筛选分成两级,即 1000～1600 粒//kg 和 1600～2000 粒/kg,除去太大的或太小的花生仁。

②蜂蜜液的配制:将 1kg 蜂蜜加入 0.5kg 沸水中搅拌均匀,使蜂蜜完全溶解在水中。

③调味液的配制:将清水 6～8kg 放入锅内,放白糖 9kg 化开,再按配方量加入盐、酱油、味精、辣椒面、大料粉、花椒面、姜粉等辅料,加热煮沸,熬煮 5min,加入胡椒粉搅拌均匀。然后离火使调味液温度降到室温,再加入泡打粉,整个过程注意不要煳锅和溢出。

④复合粉的混合:在拌粉桶中或其他容器中放入 1/3 配料量的标准粉或米粉,加入全部淀粉,先搅拌均匀,然后再加 1/3 的标准粉或米粉,继续搅拌。最后加入剩余标准粉或米粉,混合一定时间后,过筛,即达到充分混合。

⑤烤熟花生:将花生米烤熟,但不能去掉红皮,可用净砂将花生米炒熟,也可装盘,送入 105～120℃ 的烤箱。装盘厚度不得大于 2cm,以免生熟不匀。要每隔一段时间搅拌一次,质量要求以烤熟为准。

⑥成型:将熟花生米(除去半粒,吹掉碎皮)轻轻倒入糖衣机(也称滴糖机、滚糖锅)内,开机转动。加入蜂蜜液 1～1.5kg,使其汁细而均匀地浇在花生米上,直至表面都涂盖上一层发亮的蜂蜜为止,加入

量一般为花生米量的 2% ~ 3% 。然后再薄薄撒一层复合粉,使其表面附上一层白粉,转动 1 ~ 2min 后,浇调味液,随后一层复合粉、一层调味液交替使用,直到面粉用完为止。一般 6 ~ 8 次复合粉加完,有时剩一点调味液,滚糖锅再转动几分钟,裹实摇圆便可出锅。整个成型操作控制在 30 ~ 40min 内完成,出锅静置 30 ~ 40min,便转入油炸程序。

⑦油炸:往锅中倒入占锅体积 1/3 的油,油温升至 170 ~ 180℃,放入成型的花生。花生相当于油量的 1/2 至 2/3。入锅后轻轻搅动,等油温上升后就得加快搅动,以防不匀,并压慢火力,在 2 ~ 3min 内将其炸至淡黄色,至橙黄色时立即捞起控干。

⑧冷却:成品应风冷或自然冷却至室温。有条件的应立即放入离心机中甩油冷却,凉透后进行包装。

4. 质量要求

感官指标:口感酥脆,有蜂蜜和花生的双重香味,风味独特。

理化指标:水分 3% ,脂肪 30% ~ 35% ,蛋白质 15% ~ 18% 。

四、蜂蜜香酥花生

1. 原料及配方

花生米 45% ~ 55% ,固体混合料 30% ~ 40% ,液体混合料 8% ~ 18% 。

2. 工艺流程

花生米→放入糖衣机内旋转→撒入固体和液体混合料→油炸→成品

3. 制作要点

①固体混合料为面粉 50% ~ 65% 、淀粉 10% ~ 25% 、糖粉 15% ~ 30% ;液体混合料为蜂蜜 40% ~ 60% ,水 30% ~ 50% ,食盐 5% ~ 15% ,发酵粉、味精低于 1% 。

②花生米在糖衣机内不时翻转,将液体混合料和固体混合料交替加入,反复操作,直至配料全部用完为止。

③在 180 ~ 200℃的油锅中油炸 4 ~ 5min,至表面呈焦黄色时,出锅自然冷却。

④1kg 花生米可得 1.8 ~ 2kg 的成品。

五、蛋黄花生

1. 原料及配方

花生仁 10kg,白砂糖 5kg,饴糖 600g,香草油 10mL,猪油 500g,苏打粉 50g。

2. 工艺流程

花生仁→选料→砂炒→筛砂→去皮→拌料→冷却→包装→成品

3. 制作要点

①花生仁加工:将花生仁用净砂炒成象牙黄色后,筛去砂子,搓去皮备用。

②熬糖:将砂糖入锅,加入清水 500g 左右,加热化糖。待砂糖全部溶化后,加入饴糖,搅拌均匀,放入猪油,再加热至 145℃。用筷子挑起糖检测,至能拉起丝时,将苏打粉放入锅内搅匀。离火后,用铲子不停地铲拌,直至糖液变为淡黄色为止。

③拌料:将炒好的花生仁趁热倒入糖液中迅速搅拌,花生仁入锅凉了则不容易粘糖。同时将香草油一并倒入糖中,一直拌到部分砂糖返砂,而花生仁呈颗粒状即成。

④冷却:将拌好的花生仁倒出,摊晾。用手掰开粘连的果仁。冷却后进行包装即为成品。

4. 产品特点

蛋黄花生又名香草花生,因色黄而得名,味道松酥可口,营养丰富,久食不腻,特别适合儿童食用。

六、腐乳花生

1. 原料及配方

花生米 1kg,腐乳 1 块,精盐 100g。

2. 制作要点

①腐乳压碎,加精盐搅拌。先用少许清水调稀、调匀,倒入盆中,加入半盆清水,将腐乳、精盐化开,制成腐乳调料待用。

②选用粒大饱满的新鲜花生米,放入竹篮中,用竹篮盛着花生米

一起放入调料中浸泡3h。将竹篮提起,置于通风处,边沥水边风干。晾至4h,再把竹篮放入调料中,将花生米第二次浸泡3h。

③提起竹篮,把泡好的花生米倒入竹筛中置于通风处,令其自然风干。

④炒锅上火,倒进净砂,用中火炒热后改用小火。待花生米风干至表面干爽时,倒入细沙锅中,用小火慢慢炒熟,熟后出锅,筛去净砂,即为成品。

3. 产品特点

产品具有腐乳的香味,松酥可口,营养丰富。

七、雪衣花生

1. 原料及配方

花生米1kg,白糖899g,糖桂花少许。

2. 制作要点

①先将花生米用黄砂在锅内炒熟(酥为度,不要炒黄),取出,用筛子筛去黄砂,用手搓去红皮,再用抹布将花生米搓一下,以去掉浮土,待用。

②将炒勺上火,加入清水少许、白糖700g、桂花适量,用手勺不断搅动。待糖水熬尽快要出丝时,把花生米倒入颠翻几下,使糖汁紧包花生米即可出锅。再将剩余白糖撒在花生米上,并用筷子搅动,不使之粘连,晾凉后即成。

3. 产品特点

本品洁白似霜,甜香酥脆。

八、奶油可可花生

奶油可可花生原是西式食品。它是欧洲人点缀花蛋糕所用,后来传入我国民间,并根据我国的食用习惯改革了生产工艺和配方,采用琥珀花生的炒制方法,制成营养丰富、含有高蛋白和高脂肪的产品,也是招待宾客的名牌食品。

1.原料及配方

花生米 10kg,蔗糖 8kg,人造奶油 0.5kg,水 4kg,人造可可油少许,香兰素少许。

2.工艺流程

花生米→选料→清洗

↓

水、蔗糖→化糖→过箩→炒花生→文火搅拌返砂→武火紧炒→冷却摊晾→包装→成品

3.制作要点

①选料:生花生米经过挑选,选择颗粒饱满、大小均匀、干净、不脱内衣、不霉变发芽的,用水清洗。

②化糖:按配方量将水和蔗糖放到铜锅内加热,糖溶化后过箩或用密制笊篱捞出糖液里的杂质。

③炒花生:加入花生米,开动机器不停地搅拌,使花生炒熟,并使花生表面充分而均匀地粘满糖液。搅拌至糖液水分大部分蒸发掉,花生表面所粘的糖因返砂而形成不规则的细小晶粒,立即调成文火,搅拌 1～2min,促使返砂均匀。加入可可油,然后用武火炒制并搅拌,返砂糖晶遇到高温又开始溶解,有 70%～80% 溶解时,即加入人造奶油,搅拌均匀,然后迅速加入香兰素,急速搅拌出锅。

④冷却:花生米出锅后,倒在流水降温的冷却台上,用铲子平摊,进行冷却,并把粘在一起的花生敲开,待产品凉透后进行包装。

4.质量要求

色泽:本品呈褐色。

外形:花生米颗粒整齐,粘糖均匀,表面光滑,并略带细小晶粒的凹凸面,脱皮现象不得超过 5%,颗粒粘连不得在三个以上,不能有煳粒。

滋味:酥、脆、香甜,味美适口,具有巧克力、奶油和香兰素的诱人芳香及花生米的浓郁香味。

九、奶油五香花生米

1. 原料及配方

花生米 10kg,精盐 500g,茴香 60g,桂皮 60g,甜蜜素 1.6~2g,奶油香精 4mL。

2. 制作要点

①除奶油香精外,将其他原料一起入锅,加水至没过经过筛选的花生米,用大火烧开,然后转用文火煮,直到将水分煮干,再放入锅内略炒,使花生米干燥,稍晾凉。

②拌上奶油香精,迅速装入塑料袋,密封保存,即为成品。

3. 产品特点

产品外皮呈浅红色,微皱,咸甜可口,具有浓郁的五香奶油味,营养丰富。

十、奶油香酥花生

奶油香酥花生是以花生仁为主要原料外裹调粉液和调味液加工而成的,优于传统的多味花生和鱼皮花生,具有香脆爽口、酥松适宜、味厚而不腻、色泽金黄诱人等特点,是一种理想的消闲和旅游食品。

1. 原料及配方

(1)主料

花生 100g,发酵素 6g。

(2)调粉液

食盐 3g,猪油 15g,糖 3g,面粉 6g,水 140mL。

(3)调味液

砂糖 10g,奶油 20g,面粉 3g,水 20mL。

2. 制作要点

(1)挑选花生仁

选择果仁饱满、表皮无损伤、无霉变酸败的优质花生仁,按大、中、小分成三等分别密封包装,贮于干燥处待用。

（2）配制调粉液和调味液

调粉液用食盐、猪油、糖、面粉和水，混合后加热至沸，经冷却，再加入发酵素，调匀后便成；调味液用砂糖、奶油、面粉和水，经加热，调成糊状即可。

（3）裹粉

将花生仁在130℃下烘烤，边烘烤边按所需调粉液的比例逐步加入，并使花生仁滚动，将调粉液均匀地黏附在表面，直到调粉液全部裹完为止。

（4）油炸

将已裹粉的花生仁，放入160～175℃油温的炸锅中，将其炸至金黄色起锅。

（5）调味

将调味液按比例倒入起锅后的油炸花生仁中，迅速滚动，使调味液均匀地分布在裹粉花生仁的表面。

（6）包装

将着味的花生仁摊开，待散去热气和水分，完全冷却之后，便可以进行统装或分装，并密封袋口。最后，经抽样检验合格，即可销售。

若要加工其他风味的香酥花生，亦可采用这种方法，只需在调味液中改变奶油配料即可。将奶油改为咖啡，就能加工出咖啡型香酥花生；将奶油改为果粉，可加工出果味型香酥花生等。

十一、济宁酱花生米

1. 原料及配方

花生米10kg，甜面酱5.6kg，碱40g，热盐水适量。

2. 工艺流程

花生米→选料→温水浸泡→热碱水脱皮→挑选→烫漂→摊晾→装袋→浸盐水→酱制→成品

3. 制作要点

（1）选料

选用粒仁饱满，无虫斑霉烂、无异味的花生，以当年产的花生为佳。

(2)脱皮、挑选

将花生米放在 35～40℃ 的温水中浸泡 15min 左右,捞出沥水。放入沸热的碱溶液中,浸泡 10min 后,捞出放入脱皮机中脱去红皮。脱皮后的花生米放入清水中漂净红皮,洗除余碱,至碱分去除干净后,进行挑选。将带有红皮、虫蛀、生芽的一律剔除干净。

(3)烫漂

将花生米放入沸水锅中烫漂 2min,食之嫩脆且不含生味,仁中间有小圈即可。然后迅速倒在竹帘上摊晾,使温度降至室温。

(4)酱制

将处理好的花生米装袋,连同袋子放入 6%～7% 的盐水中浸泡,随即沥去盐水,放入酱缸中进行酱制,第二天翻缸,连续 3d。以后每隔 3～5d 反倒一次,酱制 15d 后即为成品。

4.质量要求

感官指标:色泽金黄,富有甜酱香气,口味微咸带甜,质脆鲜香。

理化指标:食盐 8%～10%,还原糖 10%～12%。

十二、花生粘(天津)

1.原料及配方

花生仁 24kg,白砂糖 26kg,食品色素(食品卫生标准严格规定) 50mg/kg,麦芽糖稀适量,柠檬酸适量。

2.制作要点

①筛选花生仁,拣出砂粒等杂质。

②把花生仁放进烤炉,用文火烘烤。注意掌握火候和时间,火过旺或时间过长易出现苦味,反之温度过低或时间过短则出现夹生。烤熟后自然冷却,倒入铁制转筒中。

③用直径不小于 70cm 的大铜锅熬糖。糖与水按 13:5 的比例倒入锅中,加热熬制。至 120～130℃,及时加进适量柠檬酸和麦芽糖稀,以防止早返砂,增强附着力。

④转筒加温,不停地转动,用小勺有节奏地将熬好的糖汁倒入转筒中,直到桶内花生仁变得洁白为止,加入食品色素。冷却后包装。

3. 产品特点

产品颜色洁白,表面粗糙,呈椭圆形,口感酥香,甜度适中。

十三、白鸽蛋(广西)

1. 原料及配方

花生仁 10kg,白砂糖 15kg,清水 5kg。

2. 工艺流程

白砂糖→熬制→糖浆→穿糖→成型→冷却→包装→成品

3. 制作要点

①先把清水倒入锅中,投下白砂糖加热溶化,然后猛火煮沸。煮至糖温为 130℃,停火,出锅,过滤后待用。

②精选新鲜饱满、颗粒均匀的花生仁,投入锅中文火慢炒,炒透、炒香,出锅摊开待用。

③把熟花生仁投进旋转球罐内,开机旋转,并将糖浆淋在滚动的花生仁上,使花生仁均匀地挂上糖浆。淋糖时不要一次注完,应徐徐淋入,淋完为止。糖浆返砂后便形成细小晶粒,花生仁就像穿上了一件白色的糖衣。此时制品即告成型。最后把其倒在铁盘上,制品彻底冷却凝固后,经包装即成成品。

4. 质量要求

规格:圆形,大小均匀,每千克 700 颗左右。

色泽:洁白。

组织:结实脆裂,表面呈针锥孔状,衣仁相黏,无脱落现象。

口味:清香纯正,香甜爽口。

十四、潮式花生酥

以熟花生仁与糖浆为原料,经捶打混合制成。由于制作考究,其味醇厚香甜,酥脆,具有浓郁的奶油芳香,是馈赠亲友和节日必备的上等食品。

1. 原料及配方

花生仁 8kg,白砂糖 5kg,饴糖 4kg,奶油 1kg,香兰素 30g。

2.工艺流程

花生仁→烘烤→去皮

↓

白砂糖、饴糖→化开→熬糖→拌料→折叠→滚压→压片→切块→包装→成品

3.制作要点

(1)花生仁加工

剔除霉变花生及杂质,然后将花生在105℃以上烘烤熟,冷却去皮。也可让花生与净砂同炒,炒熟后筛去砂子,去皮备用。

(2)熬糖

将白砂糖入锅加清水1.5kg左右,待加热溶化后加入饴糖,加热至沸,再加入配方量1/2的奶油,文火熬制,至糖液温度升至140℃左右时,将香兰素和剩余奶油全部加入,搅拌均匀,即可端锅离火。

(3)拌料、折叠

将熟花生仁倒入熬好的糖浆中拌和,最好用机器快速搅拌,然后倒在冷却台上,边冷却边折叠糖膏,以使花生仁和糖混合均匀并排出糖膏中心的空气。

(4)滚压

将拌好花生仁的糖膏稍冷却后放在双滚机上进行滚压,直至花生仁没有明显的颗粒为止。

(5)压片、切块

将糖坯放在操作台上整形,并切成若干块进行压片、切块。

(6)包装

待切好的糖块凉透后进行筛选,剔除不整齐糖块,进行包装即为成品。

4.质量要求

外形:长方形块状,糖块整齐,四边刀口整齐,无毛茬。

色泽:谷黄色。

组织:断面微观酥层坚实。

滋味:入口酥甜,利口不粘牙,具有浓郁的奶油和花生仁香味。

十五、琥珀花生

琥珀花生系用花生米、白砂糖、食用油制成的,是南味小食品之一。该产品具有琥珀的色泽,保持了花生米的自然形态美,食用时香甜适口,是一种很受欢迎的花生制品。

1. 原料及配方

花生米 5kg,白砂糖 5kg,饴糖 1kg,食用油少量,水适量。

2. 工艺流程

花生米→挑选→洗净

↓

白砂糖、水→化糖→过箩→共煮→调文火搅拌返砂→调武火紧炒→出锅平摊→凉透→包装

3. 制作要点

(1)花生米的加工

要严格剔除霉变发芽的花生,选择颗粒饱满、大小均匀、干净不掉皮的花生,用清水洗净。

(2)化糖

用适量的水将白砂糖溶化,然后将糖液过箩除去杂质,再加入与白砂糖等量的花生米与糖液共煮。

(3)炒制

花生米与糖液共炒时,应使花生米表面充分均匀地粘满糖液。由于不断搅拌和加热,水分不断蒸发,致使花生米表面所粘的糖开始返砂并形成不规则的晶粒,即调节火候,改用文火炒制 1~2min,促使其返砂。待返砂均匀,再把文火调成武火,并加速搅拌,当返砂糖晶继续溶解至 90% 左右,加入少量饴糖和食用油,迅速搅拌,随即出锅。

(4)冷却

出锅后平摊在装有流动水的冷却台上,完全凉透后包装。

4. 质量要求

色泽:呈琥珀色,表面光亮,有色泽。

外形:颗粒整齐,粘糖充分均匀,表面呈现凹凸不平的形态,允许

有极少量颗粒粘连,但不得有三个以上的花生粘连在一起,不得有发砂的现象。脱皮粒不得超过3%,不能有煳粒。

滋味:甜、酥、脆、香,微绵适口,具有熟花生米的浓郁香味。

十六、甜酥花生

甜酥花生香甜酥脆,百吃不腻,是具有独特风味的花生小吃。

1. 原料及配方

带皮花生米5kg,白糖粉0.5kg,精面粉2kg,50%的糖液5kg,花生油或棕榈油5kg(实耗0.1kg),水适量。

2. 工艺流程

糖液

↓

花生米→筛选→成型→油炸→冷却→包装→成品

3. 制作要点

①挑出破瓣及不规则的花生,原料不得有虫蛀、发霉、破碎。

②将白砂糖2.5kg和水2.5kg一起放入锅中加热煮沸,溶化为糖液倒入盆中待用。

③将白砂糖粉碎,取0.5kg白糖粉与0.5kg精面粉混合、过筛,备用。

④将花生米倒入糖衣机内开机转动,向锅中慢慢加入糖液。使其汁液细而均匀地浇在花生米上,直至表面都涂盖上一层糖液,然后再薄薄撒一层混合粉,转动几分钟,再加糖液和混合粉。待加完混合粉后,分次加完剩余的1.5kg精面粉,一般5~6次全部粉加完,可能剩余一些糖液,滚糖锅再转动几分钟,裹实摇圆便可出锅,成为油炸花生坯子。

⑤将花生油或棕榈油放在油锅中加热煮沸到180~190℃,然后将花生坯子放在油锅中炸,待油沸腾后改用文火。同时用笊篱轻轻翻动花生,将花生炸成焦黄色,捞出倒入铁筛中,沥出多余花生油,冷却后便可包装。

4.质量要求

感官指标:产品口感香甜酥脆;外观焦黄色,颗粒状,不掉外皮;色泽呈棕黄色。

理化、卫生指标:水分 <4%,粗蛋白 15%~18%,粗脂肪 25%~35%,致病菌不得检出。

十七、花生糖

花生含有丰富的功能成分和很高的营养价值,是全球最重要的四大油料作物之一。我国花生资源丰富,种植面积和产量均居世界前列;但我国对花生资源开发和利用的研究程度与发达国家相比相差甚远。我国应重视对花生资源开发利用的研究,大力开发花生营养食品。

糖果是节日馈赠亲朋好友的精美礼品,是人们放松心情和补充能量的营养休闲食品。具有独特风味和营养价值的花生制作成的糖果,深受消费者青睐。

1.原料及配方

葡萄糖 125kg,白砂糖 190kg,盐粉 77g,水 12kg,花生颗粒 7.5kg,花生酱 1.5kg,花生香精 50g,抗氧化剂 3.75kg。

2.工艺流程

加料→预热→储存→SFC 加热→真空蒸发→外料添加→冷却糅和→拉条切割→成型→冷却→挑拣→内包→外包→成品

3.制作要点

(1)糖浆制作

①加料:将称量好的葡萄糖浆、白砂糖、水按先后顺序倒入加料缸。

②预热:预热的目的是将白砂糖溶化。预热温度设定为110℃。

③储存:将葡萄糖和白砂糖充分溶化后,再把预热好的糖置于温度为95℃的储存缸中储存。

(2)熬糖

①SFC 加热:糖浆制作完成后要进入熬糖工序,将储存缸中的糖

浆通过管道输送到 SFC 加热缸加热,SFC 加热缸温度控制在 155℃,加热缸蒸汽压力为 0.4~0.8MPa。

②真空蒸发:糖浆经 SFC 加热后,输入真空缸,进行水分蒸发。真空缸蒸汽压力为 0.20~0.28MPa,真空度为 73.3~86.6kPa,真空处理时间为 5min。

(3)外料添加

①加料顺序:真空蒸发之后,糖浆通过管道定量流入接收锅。先将少许称量好的花生颗粒撒在接收锅的底部,然后打开管道开关,使糖流入接收锅,再把剩余的花生颗粒撒在糖浆表面,然后加入花生酱和花生香精,接收锅自动旋转搅拌 2min 后,将物料反倒在冷却平台上。

②外料搅拌:新熬煮出锅的糖膏冷却 1min 后,加入盐粉和抗氧化剂,并立即进行调和翻拌。翻拌的方法是将接触冷却台面的糖膏翻折到糖块中心,反复折叠,这样既可使糖膏搅拌均匀,又可使整块糖膏的温度均匀下降。

(4)冷却糅和

用人工方法把糖膏推到回转冷却平台上,用两边的推进器和压糖机一起挤压糖,挤压糅和成有韧性的膏状,糅糖时间 1~2min,把糖放进滚轧筒,再次糅和至适中,经提升机输送糖膏至糅糖保温滚筒定型。

(5)拉条切割

糖膏由提升机输送到保温滚筒之后进入拉条机,糖膏被拉成条状进入切糖机,被切糖机里的模具切割成型。切糖速度一般为 50~90r/min。

(6)成型

①连续式冲压成型:冲压成型的适宜温度为 70~80℃,这时糖坯具有最理想的可塑性。成型室适宜温度不低于 25℃,相对湿度不超过 70%。

②成型糖(裸糖)的质量:糖被切出之后,随机取 10 粒称重,算出每粒糖的平均重量,使之控制在 3.4~3.6g,即成型糖的重量。

③成型糖(裸糖)的形状:成型糖要大小均匀一致,厚圆程度符合要求,规定其厚度为 0.6 ~ 0.8cm,直径为 1.0 ~ 1.2cm,糖表面有光泽,不能有磨损。

(7)冷却、挑拣

①冷却:糖经过振动筛后,碎糖被自动过筛筛出,其余糖经上升输送带进入冷却箱。冷却箱温度为 15 ~ 25℃,相对湿度为 40% ~ 65%。糖在冷却箱经 5 ~ 6min 冷却以后,即为花生糖(裸糖)。

②挑拣:挑拣就是把成型后有缺角、裂纹、气泡、杂质粒、形态不整等不合规格的糖粒挑选出来,以保持花生硬糖的质量,以及避免其堵塞包装机。

(8)包装

将合格糖粒输送到包装室进行内包装和外包装,即为成品。对包装室的要求是:温度在 29℃以下,相对湿度不超过 65%,设有空调装置。

十八、椒盐花生米

1. 原料及配方

花生米 10kg,精盐 500g,花椒粉 150g,生油适量。

2. 工艺流程

花生米→选料→热水焯→剥膜→晾干→炸制→调味→冷却→包装→成品

3. 制作要点

①选料:选用颗粒饱满,大小均匀,干净的花生米为原料。

②热水焯:把水烧至 90℃以上,然后倒入装有花生米的缸中,加盖浸泡 15min 左右。焯花生米的热水温度不能太低,否则花生米不易脱皮。

③晾干:将花生米从缸中捞出,逐粒剥去花生米的外膜,摊开晾干。

④炸制:将生油注入锅中,用旺火烧沸,紧接着倒入晾干的花生米,不断翻拌。将其炸至橘黄色时即可捞出,滤去余油。

⑤调味:将精盐、花椒粉混合均匀,拌入炸好的花生米。待冷却后分装入袋即为成品。

4. 质量要求

外形:花生瓣整齐,无破碎,均匀地粘有味料。

色泽:呈橘黄色。

滋味:咸香酥脆,具有花生米的香味和花椒的味道。

十九、怪味花生米

1. 原料及配方

花生米 5kg,白糖 2.5kg,饴糖 600g,甜酱 350g,熟芝麻 150g,盐 65g,辣椒粉 40g,花椒粉 40g,五香粉 7g,味精 17g,素油 1.5kg。

2. 制作要点

①浸泡:将花生米用冷水浸泡 2~4h,然后捞起沥干。

②油炸:用旺火将素油烧开,把花生米倒入,炸至花生米酥脆即捞出,将油沥干。

③炸酱:用另一小锅将素油烧熟后,放入甜酱,稍炸数分钟后,即离火冷却。

④拌调味料:将熟芝麻、辣椒粉、花椒粉、五香粉、味精、盐等佐料搅拌均匀。

⑤加调味料:将炸好的花生米倒入辅料中,充分拌匀。

⑥包糖衣:将白糖、饴糖加水 300~400mL,放入锅内边搅拌边熬煮。至温度达 110~120℃时,慢慢将其浇在拌好调味料的花生米上,边浇边翻动,使花生米均匀地粘上糖衣,晾凉后即为成品。

3. 产品特点

产品外表呈酱色,味鲜美无比,香甜麻辣咸诸味齐全,吃后满口生香,余味无穷。

二十、香脆花生米

1. 原料及配方

带壳花生米 454g,盐 90g,碎椰子丝 200g。

2. 制作要点

①挑选干净并有坚固外壳的花生,剔除裂的、破壳的花生。原料应干燥、咯咯作响,避免潮湿发霉。

②将带壳花生浸在冷水中4h,清洗并初步软化果仁。

③泡足时间后,将花生从浸泡水中取出,再用清洁的冷水,一升一升地水洗。水应该是冷的,不能用温水或热水。因为冷水能抑制煮沸时多余的盐留在花生外壳上。

④往水里添加1/3杯盐和1杯碎椰子丝并把水煮开,保持35～40min。这一步是很重要的,椰子有助于保持煮花生的滋味和泥土的芳香气,盐可以保持在果仁里。

⑤煮沸足够的时间之后,取出花生,并排尽水分,把花生铺在微波炉里,烤20～25min。如果使用的是标准微波炉,其温度应在中档到高档之间。时间和温度可以根据使用的微波炉作相应改变。

⑥必须保证达到微波炉烤制的终止时间。花生被取出后,置冷,除去外壳。这时才能显示出典型的煮花生的味道。花生冷却变硬后,内部果仁具有烤花生的坚硬质地。

⑦花生可以包装在玻璃纸或类似材料的袋里,有较长的货架寿命。

3. 产品特点

产品具有炒花生的质地和煮花生的味道。

二十一、五香花生仁

1. 原料及配方

八角0.2%,花椒0.1%,桂皮0.1%,生姜0.1%,食盐3%,老抽1%,味精0.4%,白糖1%,花生仁94.1%。

2. 工艺流程

花生仁→精选→清洗→热烫→腌制→装袋密封→杀菌→保温→检验→成品

3. 制作要点

①精选:要求选用新鲜花生仁,无霉变,无杂质。

②热烫:将洗净的花生仁倒入热水中,热烫3min。

③腌制:将调味料放入锅内,加适量水煮成调味液,放入花生仁,腌制 2～4h。

④装袋密封:将腌制好的花生仁按规格计量分装,装袋后用真空包装机封口,封口条件为真空度 0.09MPa,热封电压 30kV。

⑤杀菌:将装袋密封后的花生仁放入高压杀菌锅内杀菌,杀菌条件为温度 121℃,时间 30min。

4. 质量要求

感官指标:产品具有五香花生仁特有的色泽和风味,口感适宜;花生仁颗粒完整,无破瓣。

理化指标:固形物≥90%,铅(以 Pb 计)≤0.5mg/kg,铜(以 Cu 计)≤10.0mg/kg,规格为200g/包或500g/包。

微生物指标:符合商业无菌标准。

二十二、辣椒花生酥

1. 原料及配方

花生米 35kg,辣椒粕 10kg,调味粉、糖粉适量,食用油足量(主要用于油炸),市售全麦粉 40kg。

2. 工艺流程

花生米→选料→熟化→加入复合粉→成型→油炸→烘烤→冷却→包装→成品

3. 制作要点

(1)选料

选用短型小粒花生米,不得有虫蛀、发霉、破碎,一般筛选分成两级,即 1000～1600 粒/kg 和 1600～2000 粒/kg,除去太大的或太小的花生米。

(2)熟化

将花生米装盘,送入 105～120℃ 的烤箱。装盘厚度不得大于2cm,以免生熟不匀。每隔一段时间搅拌 1 次,质量要求以烤熟为准。

(3)复合粉配制

将小麦粉、辣椒粕,糖粉及调味粉放入搅拌器中,搅拌均匀后,过筛,以达到充分混合。小麦粉与辣椒粕的最佳配比为4:1。

（4）成型

将外表全部湿润的花生米倒入滚转锅内，开机转动。随后撒一层复合粉，滚匀后喷一层水，再撒一层复合粉。反复几次直到复合粉全部撒在花生米上为止，裹实摇圆便可出转锅。花生米与复合粉的配比以 1:1.5 为最佳。

（5）油炸

花生油或棕榈油加热到 140～160℃，将半成品放入油锅中炸 1min，捞出，沥出多余的油。

（6）烘烤

将沥干油的半成品装盘，送入 160℃ 的烤箱，每隔一段时间搅拌一次，烤 25min 左右，至外皮酥脆。

（7）冷却

成品应风冷或自然冷却至室温。晾透后进行包装。

（8）包装

凉后将变形、烤煳的次品剔除，将质量规格合格的成品进行真空包装。

4. 质量要求

（1）感官要求

色泽：辣椒花生酥为红棕色。

外观：颗粒整齐、均匀，呈椭圆形，无裂口，无破粒，不能有焦煳粒。

滋味：具有辣味，酥脆清香，味美适口。

（2）卫生指标

细菌总数≤1000 个/g，大肠菌群≤30 个/100g，铅（以 Pb 计）≤0.5mg/kg，致病菌不得检出。

二十三、保健型醋蜜花生

醋蜜花生是将花生仁用食醋和蜂蜜处理后，外部裹以调配好的面制外衣，经成型、膨松和增香调味等精制而成，食用时外部酥脆，内部酸甜，营养丰富，风味独特，是深受儿童和青少年喜爱的保健佳品。

1. 原料及配方

花生米 100g，精粉 50g，香辛料 115g，蜂蜜 15mL，蔗糖 5g，奶油

10g,食醋适量,精盐适量,膨松剂适量,调味料适量,水 20mL。

2. 工艺流程

精粉、水、精盐、蜂蜜、奶油、蔗糖、香辛料→调制←膨松剂

↓

花生米→选料→清洗→烘烤→浸泡→干燥→上衣→炸制→调味→冷却→包装→成品

3. 制作要点

①选料:颗粒饱满、无虫害、无霉变的花生,通过筛选去除杂质,并保证花生米大小基本一致。

②烘烤:将花生米放入远红外烤箱中,在 90℃下烘 10min,取出冷却至常温。

③浸泡:将蜂蜜适量放入食醋中,甜味以适口为宜。将烘好的花生米放入,在常温下浸泡 2d 后取出沥干。

④干燥:将浸泡后的花生米放入干燥箱中,在 60 ~ 70℃下烘干,取出冷却至常温。

⑤调制:将蔗糖、奶油、精盐和蜂蜜加热熔化,倒入称好的精粉和香辛料的混合物中,随后加入适量膨松剂,加适量水调制成面团,使之软硬适中,可塑性良好。

⑥上衣:将面团制成 2cm 大小的小薄面皮,要厚薄均匀,然后将其包裹在花生米的表面,要求包裹均匀、美观。

⑦炸制:将生坯放入 140 ~ 160℃的热油中炸至颜色呈金黄时起锅,沥油。

⑧调味:将炸好的花生放入调好的组合调味料的粉末中翻滚上味,调味料可根据不同的需求调成不同的风味。

4. 质量要求

色泽:呈金黄或浅棕黄色。

滋味和气味:酸甜适中,花生香味浓郁。

口感:酸甜可口,鲜美酥脆,有咀嚼感。

组织状态:颗粒均匀,表面丰满圆润,无粘连。

二十四、枸杞花生

1. 原料及配方

花生仁 100kg,鲜枸杞 5～10kg,面粉 30kg,玉米淀粉 5kg,精盐 2kg,味精 0.2kg,蜂蜜 5kg,膨松剂适量。

2. 工艺流程

花生仁→精选→挂衣→油炸→滚枸杞料粉→干燥→冷却→包装→成品

3. 制作要点

(1)原料预处理

将鲜枸杞去杂,清洗干净,置于粉碎机中打成糊状。

取配方量 2/5 的面粉、2/5 的玉米淀粉在 100～120℃温度下烘熟,与配方量 2/5 的精盐,2/5 的味精及枸杞糊一起搅拌均匀,在 50～70℃温度下烘干,即成枸杞料粉。剩余的面粉、玉米淀粉同膨松剂混合均匀,制成混合料。剩余的精盐、味精与水配成调味液。蜂蜜加水配成蜂蜜水。

花生仁经筛选,除去砂石、杂质、破碎粒、虫蚀粒、霉变粒备用。

(2)加工成品

把挑选好的花生仁放入糖衣机,边旋转,边加入调味液、面粉混合料,反复操作至固体混合料均匀分布在每粒花生仁上。取出花生仁,在温度160℃的食用油中,炸 3～5min。将炸熟的花生仁冷却至室温,置入裹衣机中,边转动,边加入蜂蜜水及枸杞料粉,使枸杞料粉均匀地粘满花生仁。取出粘满枸杞料粉的花生仁,在 70～80℃温度下干燥,室温晾透,密封包装。

枸杞花生呈砖红色,令人赏心悦目,口感香脆微咸,营养丰富且具有医疗保健功效。产品中不添加任何色素和防腐剂,特别适合老年人和儿童食用。

二十五、多味花生

多味花生香、酥、脆、甜、辣,美味可口,多种滋味的产生有赖于盐、胡椒粉、辣椒粉、花椒粉、小茴香、五香粉等多种调味料的科学配比。

1. 原料及配方

花生仁 5kg, 淀粉 4kg, 白砂糖 4kg。

在调味料中,一般盐占 60%、胡椒粉 2.5%、辣椒粉 28.5%、花椒 0.5%、小茴香 7%、五香粉 1.5%。可根据顾客要求重新配比,生产出不同口味的多味花生系列。

2. 工艺流程

花生仁→清洗→淋糖浆→裹粉→淋糖浆→裹粉→淋糖浆→裹粉→烘烤→淋糖浆→加调味料→杀菌→冷却→包装→成品

3. 制作要点

①原料的选择至关重要,这一点是成品酥脆的关键。

②熬糖浆时按 1:0.6 的糖水比例熬煮,熬至滴冷起珠状即可。

③淋糖浆要均匀。

④一定要掌握好烘烤的火候这一关键技术,一般温度控制在 120～130℃,两头低中间高,并根据情况进行适当的调整,否则就会出现生熟不匀、外皮焦肉仁不熟、质硬而不脆的现象。

⑤加调味料一定要均匀。

⑥生产出来的多味花生不能马上包装,要有一个冷却脆化的过程。但也不能放置太久,否则就会返潮,一旦返潮,既不脆,也不香,大失风味。

4. 质量要求

(1) 感官标准

产品外形呈均匀的椭球形,金黄色,无焦、生现象。口尝香、酥、脆、甜、辣,可口,无焦苦味及其他异味。

(2) 理化指标

水分≤8%,食盐≤2%,黄曲霉≤5μg/kg。

(3) 微生物指标

细菌总数≤1000cfu/g,大肠菌群≤1000cfu/g,致病菌不得检出。

二十六、巧克力花生豆

1. 原料及配方

花生米 2kg,精粉 800g,食盐 80g,葡萄糖 40g,植物油 6kg,巧克力糖浆 5.6kg。

2. 工艺流程

选料→葡萄糖水溶液浸泡→热烫→捞出沥干→挂粉→油炸→捞出→盐水喷洒→巧克力糖浆浸泡→捞出→干燥→晾凉→包装→成品

3. 制作要点

(1)葡萄糖水溶液浸泡、热烫

在浓度为 0.02% ~0.1% 的葡萄糖(或饴糖)水溶液中倒入花生米,加热至 90 ~100℃,热烫 2 ~4min。

(2)挂粉

用 60% 的精制粉芡、40% 的精粉制成稀稠适中的粉浆,热烫过的花生米放入粉浆中挂粉,捞出沥干。

(3)油炸、捞出、盐水喷洒

植物油先加热至 177 ~ 193℃,将挂粉的花生米放入,油炸 2 ~8min,至表面呈棕黄色,捞出稍凉,用 2% 的盐水均匀喷洒,使之微咸。

(4)巧克力糖浆浸泡、捞出、干燥、晾凉、包装

含糖可可粉 4kg、可可脂 1.6kg、糖粉 1.5kg,共同拌匀加热,并加酒精 0.5kg 混匀。将油炸好的花生米浸没在事先制好的巧克力糖浆中,立即捞出,干燥、晾凉后用塑料袋包装,即为成品。

二十七、香酥多味花生

1. 原料及配方

花生米 1kg,标准面粉 1kg,白糖 1kg,食用油 2kg,食用级 $NaHCO_3$ 4g,食用级 NH_4HCO_3 1g,辣椒粉、花椒粉、食盐等适量。

2. 工艺流程

白糖→溶化　　　　　　面粉 + NaHCO$_3$ + NH$_4$HCO$_3$

　　　　↓　　　　　　　　　　↓

花生米→淋糖浆→沥去多余糖浆→裹粉→筛圆→第二次淋糖浆→第二次裹粉→第三次淋糖浆→第三次裹粉→油炸→出锅→沥油→佐料→冷却→包装→成品

3. 制作要点

①制备糖浆:将白糖:水为 1:2 的白糖加入水中,加热溶化成糖浆。

②制粉:在面粉中加入 0.4% 的 NaHCO$_3$ 和 0.1% 的 NH$_4$HCO$_3$,混匀。注意 NaHCO$_3$ 和 NH$_4$HCO$_3$ 事先要研成很细的粉末。

③淋糖浆:将花生米置于筛网上,均匀淋上一层糖浆,静置几分钟以沥去多余糖浆。

④裹粉:将淋有糖液的花生米倒入面粉中,使花生米均匀地粘上一层面粉,将粘在一起的花生米分开,筛去多余面粉,并将花生米筛成球形。

⑤第二、第三次淋糖浆:裹粉:同第一次,只是淋糖浆时动作要慢。

⑥油炸:油烧至七成热,将裹好粉的花生放入炸至金黄色,出锅,沥干油,趁热上佐料。

⑦上佐料:使用前先将调味料研成细粉末,用铁锅炒热至稍有焦味,倒入刚炸好的花生中,迅速拌匀,冷却后即可包装。

二十八、香脆花生(带壳)

1. 原料及配方

花生 1kg,调味料 2kg,漂白水 2kg。

2. 工艺流程

花生→精选→清洗→浸渍调味液→漂白→蒸熟→干燥→检验包装→成品

3. 制作要点

①挑选颗粒饱满的当年花生,洗净,置于调味液中保温 40 ~

50℃,浸渍18~20h。调味液由食盐、八角、甘草、丁香、桂皮、甜蜜素、味精等组成,浓度10~11°Bé。

②浸渍调味液后的花生用清水洗净,置于由$KMnO_4$、H_2O_2、$H_2C_2O_4$等按不同分量组成的漂白水中搅拌漂白,时间为10~15min。

③漂白的花生用清水洗净后置于高压锅内蒸熟。工艺条件为0.15MPa,5~7min。八九成熟。蒸熟后的花生须立即用清水洗净表面的调味液。

④洗净的花生分层均匀地放置于干燥车上,推入隔层蒸汽循环干燥房中进行干燥,前期70~80℃,18h左右;后期90~95℃,30~45min。每干燥8~9h将花生翻动一次。

⑤干燥好的花生冷却至常温后,检验包装。

二十九、椒盐花生

1. 原料及配方

花生米500g,细盐30g。

2. 制作要点

花生米放入开水中烫一下,取出沥水,加细盐拌匀,待盐溶化后晾干。锅内放砂子炒至烫手,将花生米下锅,不断翻炒,直到花生米去红衣后呈肉黄色无生味即可。

三十、盐水花生

1. 原料及配方

花生1kg,食盐2.5g,柠檬酸0.5g,味精0.5~1g。

2. 工艺流程

原料→筛选分级→挑选→烘焙→脱衣→浸泡→预煮→分选→制汤汁→装罐→排气→密封→检查→杀菌→冷却→成品

3. 制作要点

①烘焙:挑选大小均匀,新鲜无霉蛀、无僵粒的花生仁,在水中浸润瞬时后捞出,沥干水分,然后均匀地铺在竹制的烘焙盘上,于70~80℃烘房中烘焙8~12h,使花生含水量在2%~3%时拿出。

②脱衣:取出烘好的花生仁摊放冷却,及时脱衣,注意防止花生破裂。

③预煮:将脱衣后的花生仁用流动清水浸泡 4~6h,待花生全部膨胀后捞出沥干水,放入 0.1%~0.2% 的柠檬酸水溶液中,分段预煮,先在 55~65℃预煮液中预煮约 5min,升温至 75~85℃预煮 5min,再升温至 95~98℃预煮 5~8min。花生与预煮液之比为 1:2,预煮后缓慢冷却或分段冷却。

④制汤汁:在 2.5% 的沸盐水中加入 0.05% 的柠檬酸及 0.05%~0.1% 的味精。经细绒布过滤后备用。

⑤装罐:若按净重 500g 装罐,则花生 300~310g,汤汁 190~200g。若净重为 425g,则花生 255~264g,汤汁 161~170g。汤汁注入罐内时温度不低于 75℃。

⑥密封:于中心温度≥75℃,0.05MPa 条件下抽气、密封。

⑦灭菌:密封后 30min 内杀菌。杀菌公式为:净重 500g 的产品于 108℃下分三次间歇杀菌,分别为 15min、40~45min、25min。净重 425g 的产品于 108℃下分三次杀菌,分别为 10min、37~42min、10min。然后分段缓慢冷却。

三十一、香蜜酥花生(A)

1. 原料及配方

花生米 50g,标准粉 40g,细淀粉 3.5g,白砂糖 10g,饴糖 2g,蜂蜜 3g,精盐 0.1g,酱油 0.75g,辣椒面 0.03g,花椒面 0.02g,五香粉 0.02g,胡椒粉 0.01g,姜粉 0.01g,花生油 2g,食用 $NaHCO_3$ 0.2g,食用 NH_4HCO_3 0.1~0.15g。

2. 工艺流程

花生米→筛选→烘烤→成型→调味→油炸→冷却→包装→成品

3. 制作要点

①挑选花生米,去除杂物、碎粒及霉变粒。将花生米放入烘箱,在 120~130℃下烘烤 20~30min。注意翻动或调换烤盘位置,以保证烘烤均匀。

②将 0.5kg 开水加入 3kg 蜂蜜中搅拌均匀,制成蜂蜜液。

③先将部分面粉与所有淀粉混匀,再将剩余的面粉加入其中混匀,制成复合粉。

④先将 10kg 砂糖溶化于 7kg 水中,再加入饴糖、食盐、酱油、辣椒面、花椒粉、五香粉、姜粉等,混匀后煮沸 4~6min。当温度降至室温时加 $NaHCO_3$、NH_4HCO_3 和花生油,搅拌均匀,制成调味糖浆。

⑤将花生米放入滴粘机内开机转动,均匀连续地加入少许蜂蜜液,当花生米表面均匀粘上一层蜂蜜液时撒一层复合粉。再转动 1~2min,浇一层调味糖浆,交替进行 5~6 次,直至复合粉用完,即制成生坯。

⑥将花生油加热至 160℃左右,加入油重 20% 的生坯,搅动煎炸 2~3min,当颜色变成淡黄至橙黄色时立即捞出滤干。

⑦将油炸后的产品摊开冷却,至室温时即进行密封包装。

三十二、香蜜酥花生(B)

1. 原料及配方

花生米 200kg,辣椒面 0.06kg,标准面粉 80kg,花椒面 0.04kg,细淀粉 7kg,五香粉 0.04kg,白砂糖 20kg,胡椒粉 0.02kg,饴糖 4kg,姜粉 0.02kg,蜂蜜 6kg,花生油 4kg,精盐 0.2kg,食用 $NaHCO_3$ 0.4kg,酱油 1.5kg,食用 NH_4HCO_3 0.2~0.3kg。

2. 工艺流程

花生米→筛选→烘烤→成型→油炸→冷却→称重→包装→成品

↑

复合粉、蜂蜜液、调味糖浆

3. 制作要点

①制蜂蜜液:将 1kg 开水加到 6kg 蜂蜜中,搅匀。

②制复合粉:先将部分面粉与淀粉混匀,再加入剩余面粉混合均匀。

③制调味糖浆:将白砂糖用 14kg 水溶化,再加饴糖,然后依次加入盐、酱油、辣椒面、花椒粉、五香粉、姜粉等调料,混匀,加热至沸腾

4～6min后,加入胡椒粉拌匀,终止加热。待调味糖浆温度降至室温时,再加入预先配置好的 $NaHCO_3$、NH_4HCO_3,溶液(加 1kg 水溶化)和花生油。

④烘烤:将花生米放入烤盘送进远红外烤箱,在 120～130℃下烘烤 20～30min,适当翻动。

⑤成型:将烤熟的花生米放入滴粘机内,开机后均匀地加入蜂蜜液少许,再均匀地撒一些复合粉,转动 1～2min 后,再浇上一层调味糖浆,此后,一层复合粉、一层调味糖浆交替进行 5～6 次以上,直到原料用完。成型后即为生坯。

⑥油炸:油炸的用油量为生坯量的 5 倍,油温升至 160℃左右时加入生坯,煎炸 2～3min,轻微搅动,使产品颜色介于淡黄与橙黄之间,捞起沥干,冷却至室温即得到成品。

三十三、蜜甜酥花生仁

1.原料及配方

花生仁、蜂蜜、白糖(纯度99%)、味精(含谷氨酸钠80%以上,水分<1.5%)、淀粉(含水量<20%,酸度<25度)、浓缩果汁、猪油、奶油、小麦胚芽粉、发酵粉、蛋液、面粉。

(1)调粉液

浓缩果汁10kg,小麦胚芽粉(120目)0.5kg,净水 3kg,面粉 1kg,白糖 3kg,鸡蛋液 1kg,精盐 3kg,发酵粉 0.6kg,猪油 1.5kg。

(2)调粉

白糖5kg,面粉10kg,小麦胚芽粉8kg,淀粉 1.5kg。

(3)调味液

白糖1kg,面粉 0.5kg,蜂蜜 2kg,浓缩果汁 1.5kg,味精 50g。

2.工艺流程

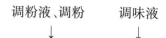

调粉液、调粉　　　调味液
　　　↓　　　　　↓
原料挑选→烘烤→滚动裹粉→油炸→调味→装罐→密封→杀菌→冷却→成品

3. 制作要点

①调粉液制备:按配方将各种原料混合均匀,加热至沸,冷却后加入鲜鸡蛋液(事先用1mg/L的漂白粉溶液将蛋浸泡5~10min杀菌)和发酵粉,搅拌均匀后备用。

②调粉制备:将白糖研磨成细粉,按配方将各种原料在混合机内混合均匀备用。

③调味液制备:按配方将各原料加热后调成糊状备用。

④烘烤:将花生仁在130℃的烘箱内烘烤至熟,温度不可过高,以防焦煳。

⑤滚动裹粉:一边加入调粉液,一边加入调粉于烤熟的花生仁中,同时滚动花生仁,使调粉均匀地黏附于花生仁表面,直至完全包上为止。

⑥油炸、调味、装罐:控制油温在160~175℃,加入裹好调粉的花生仁,炸至金黄色时出锅,倒入调味液中迅速摇滚,使调味液均匀地分布于表面。沥干装罐。

⑦密封:采用热力排气密封,于100℃下排气密封5~15min,密封时中心温度不低于75℃。

⑧杀菌、冷却:于118℃下分3次间歇灭菌,分别为15min、40min、15minn,杀菌终止,冷却至40℃以下。

三十四、蜜甜花生米

1. 原料及配方

花生米、蜂蜜、砂糖、味精(含谷氨酸钠80%以上)、食盐(含NaCl 98.5%以上)、淀粉(含水量不超过20%,酸度不超过25度)。

40%的糖水96.4%,精盐0.5%,淀粉2%,味精0.1%,蜂蜜1%。

2. 工艺流程

原料筛选→洗涤→制糖浆→装罐→封口→杀菌→冷却→抹罐入库

3. 制作要点

①洗涤:将选出的花生米用流水冲洗干净,沥水(防花生米浸水

过久,造成内衣脱落)。

②制糖浆:按配方量制作 100kg 糖浆。将 96.4kg 糖水加热至 90℃,取出 4kg 放冷,调配淀粉用。将 2kg 淀粉加入这 4kg 冷糖水中搅匀,然后徐徐加入另外 92.4kg 糖水内,边加边搅,使其成为均匀浆体。在浆体内,依次加入精盐、蜂蜜、味精,搅匀。

③装罐:将沥干水分的花生米称量装罐,然后将配方量的糖浆逐罐加入,370g 花生米加 160g 糖浆,240g 花生米加 100g 糖浆,210g 花生米加 90g 糖浆。

④封口、杀菌:封口时真空度 0.05 ~ 0.06MPa,瓶罐可排气封口,于 110℃下,排气 5 ~ 15min。排气后中心温度不低于 75℃。不同重量的花生米杀菌条件不同,花生米重 370g,于 118℃下分段杀菌 15min、60min、15min;花生米重 240g,于 118℃下分段杀菌 15min、50min、15min;花生米重 210g,于 118℃下分段杀菌 15min、40min、15min。杀菌毕,冷至 40℃左右,抹净罐头表面水分,入库。

三十五、绿衣花生

1. 原料及配方

花生仁 400 ~ 500g,面粉 150 ~ 200g,淀粉 20 ~ 40g,绿色蔬菜 300 ~ 600g,精盐 3 ~ 6g,味精 0.2 ~ 0.5g,增稠剂 1 ~ 5g,膨松粉 1 ~ 3g,蜂蜜 10 ~ 50g。

2. 工艺流程

3. 制作要点

①将绿色蔬菜去除根蒂、腐叶,清洗、漂烫,置于打浆机中打成糊状。

②取 3/5 的菜糊,添加适量的面粉、淀粉、精盐、味精,搅匀,在

50～70℃条件下(或冷冻干燥)烘干制成菜糊粉。

③剩余的面粉、淀粉同增稠剂、膨松粉混合均匀,配制成固体混合料。将剩余的菜糊、精盐、味精加适量的水,制成混合液。将蜂蜜加5～10倍的水,配成蜂蜜水。

④将花生仁清理、挑选,在100～130℃的温度下烘熟,去皮,冷却至室温。然后置入糖衣机,边旋转边加入混合液、固体混合料,经反复操作至固体混合料基本均匀地分布在每粒花生仁上,进行二次烘烤(或短时油炸),冷却。

⑤将烘熟的绿衣花生置入裹衣机中,边转动边加入蜂蜜水及菜糊粉,使菜糊粉均匀地粘满花生,然后置于50～70℃条件下烘干,室温冷却,密封包装。

三十六、异香花生

1. 原料及配方

花生米500g,橘皮3～4个,甘草片(成药)5片,植物油250g。

2. 工艺流程

甘草片→碾碎→加水溶化
↓

植物油→加热至冒烟→倒入花生米→油炸→捞出→控油→喷洒甘草液→滴入鲜橘皮汁→成品

3. 制作要点

①甘草液:甘草成药5片(约25mg)切碎,在带喷雾的洗净玻璃瓶中制成甘草液,其颜色比酱油略浅些。

②油炸:将花生米倒入热油锅后,用中火炸至红色,油温保持在150℃,翻炒3～4min,捞出时不断摇动漏勺,以免花生外皮发黑。

第三节　蚕豆类

蚕豆,又名罗汉豆、胡豆、川豆。我国南北方均有种植,内含丰富的蛋白质、淀粉和维生素,可开发出多种蚕豆系列食品。

蚕豆中含有调节大脑和神经组织的重要成分钙、锌、锰、磷脂等，并含有丰富的胆石碱，有增强记忆力的健脑作用。蚕豆中的钙，有利于骨骼对钙的吸收与钙化，能促进人体骨骼的生长发育。蚕豆中的蛋白质含量丰富，且不含胆固醇，可以提高食品的营养价值，预防心血管疾病。蚕豆中的维生素 C 可以延缓动脉硬化，蚕豆皮中的膳食纤维有降低胆固醇、促进肠蠕动的作用。现代人认为蚕豆是抗癌食品之一，对预防肠癌有一定的作用。

蚕豆是一种富含淀粉和蛋白质的粮食作物，通常用来加工成淀粉，再制成粉丝或其他淀粉食品，或是直接作为蔬菜食用，其进一步的用途是加工成各种小食品，如五香辣味豆、脆香椒盐豆、兰花豆、怪味豆、糖衣豆等。这些产品的加工技术特点是在不改变蚕豆原有形态的情况下，经过浸泡、煮、炸制，再配以香辣、麻、咸、甜等调味料，制作成不同风味的小食品。多数以香脆为主要特点，一般适合儿童和年轻人食用。

一、捂酥豆

1. 原料及配方

蚕豆 1kg，食盐、味精、胡椒粉、香葱适量。

2. 制作要点

（1）煮酥

将蚕豆洗净，除去泥沙、杂质，入锅，加水至超过豆粒面 10cm 左右，加盖，用旺火烧。烧开后，停火焖 1h 左右，揭去锅盖，取出蚕豆，倒掉锅中水，以去掉涩味。然后再把蚕豆倒入，加足热水，至超过豆粒面，盖上锅盖，再用旺火煮开，停火后焖 1h 左右。揭去锅盖检查一下，若尚未煮酥，再以旺火煮开并焖一下，直至豆粒全部煮酥，部分豆粒中间开裂，俗称"开花"，吃起来酥而不烟。为了加快煮酥速度，在第二次煮开前，可在锅中加入适量的食用苏打。

（2）配料

蚕豆煮酥后，将锅中水倒掉，趁热加入适量的食盐、味精、胡椒粉及香葱等配料，充分拌和后即为成品。喜欢吃辣的，还可加入适量的鲜辣粉，以增加食味。

3.质量要求

产品味鲜香略带辣味,质地酥而不煳。熟而不酥的豆粒不超过3%。

二、五香蚕豆

1.原料及配方

蚕豆5kg,食盐500g,甜蜜素4g,香精5g,老卤适量。

2.制作要点

①去除杂质,拣去黄板、小粒和蛀粒。除去泥灰并淘去瘪粒。

②放入锅内,加水至高出豆面3~4cm,加盖以旺火烧煮,去其涩味。

③烧煮约半小时后把豆捞出来沥水,再放入锅内,加老卤、盐和甜蜜素(若没有老卤,盐和甜蜜素的用量需加倍)等辅料,再以文火煮约半小时。烧煮时间不要过头。

④熟后喷香精搅拌,捞出翻拌,冷却后即为成品。

3.质量要求

蚕豆酥烂,香甜味美。

三、十香乌豆

1.原料及配方

蚕豆10kg,食盐夏季700g、冬季600g,十香料(丁香、肉蔻、山奈、白芷、陈皮、花椒、大茴香、小茴香、姜丝、大料)150g。

2.制作要点

①筛选:将蚕豆放入大盆或大缸中洗净,并把漂在水面的死豆、坏豆捞出。

②浸泡发芽:将蚕豆放在水中浸泡24h,待其膨胀,装进麻袋中,不断洒水,室温控制在18~22℃,冬季4.5d,夏季3d即可生芽。

③熬汤:加大半锅水,投入十香料和食盐,烧火熬汤。

④煮制:待水沸后,放入发芽蚕豆。大火煮沸后迅速将火改为文火,盖严锅盖,像焖米饭一样不断转动锅底,约2h蚕豆即焖熟。

3.质量要求

产品十香味浓,口感软烂,适宜老人、儿童食用。

四、怪味豆

1.原料及配方

蚕豆3kg,红糖1.5kg,麦芽糖300g,面粉300g,辣椒粉、胡椒粉、味精适量。

2.制作要点

(1)油氽蚕豆

油入锅烧沸,将盛有蚕豆的铁丝篮放到油锅里氽。开始入锅时豆粒下沉,随着豆粒被油氽熟炸空,便开始上浮,等到豆粒都浮到油面上,豆瓣呈奶油色时,将铁丝篮提出油面,上下颠动几次,备用。

(2)炒面粉

先将锅洗净晾干,用文火烧,倒入面粉,不停地翻动,直到面粉由白色变成微黄,并散发出香味为止。

(3)熬糖浆

把红糖倒入锅内,加入适量水(水面略高于糖面为宜),然后用文火熬制。待糖完全溶化,水分基本蒸发,糖浆变稠时为止。

(4)炒拌

把麦芽糖倒入锅内,用文火烧热,然后倒入油氽蚕豆,边倒边炒拌,使每粒油氽蚕豆都粘有麦芽糖,以增加黏着力。

(5)拌和

把油氽蚕豆、炒面粉、辣椒粉、胡椒粉、味精倒入糖浆锅内,边倒边用铲子充分炒拌,直至糖浆起砂硬结即成怪味豆。取出冷却后,可装入食品箱、食品袋或坛、罐等容器中贮藏。

五、开花蚕豆

开花蚕豆是一种大众化的休闲食品,制品香辣酥脆,很受大众喜爱。

1. 原料及配方

蚕豆 10kg，食盐 100g，甜蜜素 10g，精盐 500g，五香粉 100g，花椒粉 100g，菜子油适量。

2. 工艺流程

蚕豆→盐浸→破皮→炸制→调味→包装→成品

3. 制作要点

①先将清水入锅煮沸，加入食盐 100g 和甜蜜素 10g，倒入装有蚕豆的桶中，加盖浸泡一天。

②将蚕豆取出沥干，用刀片将蚕豆的端头纵横各割一刀（呈十字形），晾干待用。

③往锅中注入菜子油，用旺火烧沸后倒入蚕豆，炸至豆面生花，豆壳呈紫色时迅速取出，滤去余油。

④将花椒粉、精盐、五香粉拌在一起，入锅用文火稍炒一下取出，拌入炸好的蚕豆中调匀，经冷却后即为成品。

六、油氽兰花豆

1. 原料及配方

（1）家庭氽制

蚕豆、氽油（实耗 160～180g）各 1kg。

（2）工场氽制

蚕豆 100kg，氽油 40kg（实耗 16～17kg）

2. 制作要点

（1）家庭氽制

①将蚕豆置于容器中，灌满水，浸至豆发胖，在蚕豆种脐一头剥去 1/5 的豆壳。

②在锅中倒入氽油，加热至 170℃时，即可加入蚕豆氽制。蚕豆 1kg 分 6～8 次氽制。氽至蚕豆发松，翻动时有清脆响声，即可出锅。

（2）工场氽制

①蚕豆淘洗干净后，倒入缸中浸泡。蚕豆每 100kg 加清水 150～160kg，水面约高出豆面 15cm。在浸泡过程中，蚕豆会因吸水膨胀而

高出水面,应及时补水,以利豆粒充分吸水。

②在豆的尾部横剖一刀,切口呈一字形,深度为豆粒的1/5。为提高切口功效,可自制切刀,将铁片一边磨薄,使之出现锋口,固定在厚木板上,锋口朝上,刀片露出模板宽度为蚕豆粒长的1/5左右。操作时,拇指和食指捏住蚕豆,豆尾部朝下,往刀上揿一下,即出现一字形切口。

③把油倒入铁锅中烧开,将盛有蚕豆的铁丝篮放到油锅里余。铁丝篮形状随油锅形状而定,一般半球形铁锅,采用圆形铁丝篮;长方形不锈钢油锅,可用方形铁丝篮。下锅豆粒数量根据余油多少和铁丝篮大小而定。初入油锅时,豆粒应低于油面3~6cm为宜。待豆粒余热,浮在油面上,豆壳呈棕色时捞出,沥去油,倒入盛器中,冷透装袋。

3. 质量要求

产品豆色深棕有光泽,豆肉淡黄,入口酥脆。

七、蚕豆膨化脆片

膨化食品作为近几年来新兴的休闲食品,越来越被众多的消费者所接受,是人们茶余饭后、早点、夜宵以及儿童营养不可缺少的食品,它具有口感酥脆、味道甜美、便于消化和吸收、食用方便及保存期长等特点,因而在国内外发展较快。

本蚕豆膨化脆片以新疆优质资源蚕豆为原料,不使用膨化设备,也不添加膨松剂,而是将淀粉质原料经糊化、老化、预干燥、油炸以达到膨化的目的。蚕豆膨化脆片的研究开发为我国蚕豆资源的深加工利用提供了一条新途径。

1. 原料及配方

蚕豆、糯米粉、面粉、玉米淀粉、食盐、辣椒粉、味精、花椒粉、孜然粉、棕榈油、蔗糖酯、羧甲基纤维素钠、黄原胶。糯米粉:面粉=1:1。

蚕豆泥45%,糯米粉14%,面粉14%,食盐1%,羧甲基纤维素钠0.6%,蔗糖酯0.5%,玉米淀粉、辣椒粉、味精、花椒粉、孜然粉、棕榈油、蔗糖酯、黄原胶24.9%。

2. 制作要点

（1）原料预处理

选择成熟度好的蚕豆，浸泡至溶胀，经去皮、蒸煮、磨浆，用160目的网筛挤压筛分制得原料。

（2）配料

先将糯米粉、面粉、食盐、乳化剂、增稠剂等按比例混合均匀，然后将处理好的蚕豆泥加入，进行调配。

（3）切片、干燥

将调配好的混合料搓成直径5cm左右的圆柱状条，注意要压紧搓实，将内部空气挤出，至切面无气孔为止。然后切成厚度均匀的薄片，放入干燥箱中，在50℃条件下进行干燥。坯片的厚度为1mm，坯片的含水量控制在8%左右。

（4）油炸

以棕榈油为油炸用油，棕榈油性质较稳定，不易氧化变质，产品色泽好。要求油炸冷却后的产品酥脆，不能出现焦煳现象。油炸温度为140℃。

（5）调味

可按所需口味配制调味料。

第四节　核桃类

核桃是一种营养价值极高的干果，其种仁芳香味美，营养丰富，具有很高的医疗价值。核桃多分布在我国北方各省，如山西的光皮绵核桃和穗状绵核桃，河北的露仁核桃，陕西的商洛核桃，山东的麻皮核桃及新疆的薄皮核桃均为皮薄、味美、出油率高的优良品种。核桃是干果，含水量低，易于贮运。

一、多味核桃

核桃仁含有丰富的脂肪、蛋白质、碳水化合物及多种矿物质和维生素，具有滋肺润肠功效，对虚寒咳嗽、腰膝疼痛等病症有益处。目前除罐头外,其加工产品很少。现介绍一种新的加工方法。

1. 原料及配方

选择新鲜、饱满、无病虫,大小和壳厚较为一致的核桃为加工原料,或用 10% 的盐水漂洗选果,去掉空果及病虫果,然后风干备用。

调味液的配制方法:大料 1%,豆蔻 0.3%,桂皮 0.3%,丁香 0.2%,甘草 0.3%,小茴香 0.2%,花椒 0.15%,食盐 4%,水加至 100%。将上述各种调料按比例称取后混合均匀,用水煮沸 1h 左右(注意增补损失的水分),其水溶液即为调味液。

2. 制作要点

(1)浸泡去涩

把选好的核桃用清水或淡盐水浸泡清洗去涩,每天换水 1 次,3d 后捞出,风干。

(2)调味液浸泡

将去涩的核桃直接泡在调味液中,防止漂浮,每天搅拌 2~3 次,使其入味均匀,5d 后捞出,沥干水分。

(3)烘烤

将浸泡入味的核桃放在烤炉或烘烤房中烘烤,温度控制在 75~80℃,防止温度过高产生焦煳现象。烤制过程中翻动 2~3 次,使其受热均匀,烤到核桃仁发脆,有浓郁香味为止。

(4)成品包装

冷却后按大小分级,然后以 250g、500g 等不同重量包装,封入塑料食品袋内,放在低温通风处保存。

二、怪味核桃(A)

核桃仁是一种经济价值和营养价值很高的干果,它富含脂肪(66.8%)、蛋白质(15.8%)、糖类、维生素 B_1、维生素 B_2、维生素 E 及大量的维生素 P(362mg/100g)、Ca(119mg/100g)、Fe(3.5mg/100g)等矿物质和微量元素,是传统的滋补食品。现代中医认为核桃仁具有滋润、补气、养血、化痰治喘、益脑乌发的功效。但核桃食用不方便,目前市场上销售的核桃产品有三种,即核桃粉、核桃乳和琥珀桃仁,结构较单一,不能满足消费者多样化、营养化、功能化的要求,尤其是琥珀桃仁,基本上都是甜的,导致其销售不畅。黑芝麻具有滋肝明目、滋肾养血、补虚、润肠通便、乌发通乳等功效,核桃仁与黑芝麻的结合,能增加各自的功效。该产品是一种旅游小食品,它携带方便,营养丰富,具有油炸核桃仁与黑芝麻结合的独特香味,黑芝麻较均匀地点缀于黄亮的瓣形核桃仁上,有光泽,滋味醇美,酥脆可口,又具有保健功能,群众喜食。

1. 原料及配方

核桃仁 1kg:1/2 瓣状,仁大饱满、新鲜、色黄亮、干爽、无杂质、无异味。

黑芝麻适量:颗粒饱满、新鲜、杂质<2%,白芝麻<2%,无异味。

食用调和油 3kg。

调味料 90g:白砂糖、辣椒面、花椒面、桂皮、丁香、生姜、胡椒等,均为食用级。

2. 工艺流程

核桃→挑选→脱涩→风干→油炸┐
调味料→称量→配比→浸提→怪味调味液──┤→包埋→摊晒→包装
黑芝麻→整理除杂→烘香或炒香┘

→检验→成品

3. 制作要点

①怪味核桃的加工,核桃仁可以不去皮,脱涩就能达到目的。脱涩水温 90~98℃,时间 1~3min,根据核桃仁与水的比例不同而小同。

②瓣形核桃仁的最佳附味方法为包埋,包埋可以赋予瓣形核桃仁多种风味。

③影响怪味核桃风味的主要因素是调味液的添加量,其次是油炸时间。怪味调味液添加量为9%、油料比3:1、(185±3)℃油温中炸2min 为最优工艺。实际生产应采用真空油炸。

三、怪味核桃(B)

1. 原料及配方

核桃仁 2kg,面粉 11.5kg,鸡蛋 11.5kg,食用油 5.5kg,白糖 8kg,$NaHCO_3$ 115g,发酵粉 100g,生水 1.15kg。

2. 制作要点

先将核桃仁磨成小粒,用面粉筛筛一次,再与配料一起拌匀,然后一个一个地做成饼放到烤盆里,涂上一层搅匀的鸡蛋,再将做好的饼放进烤箱里,烤 8～12min,当温度达到 150℃即八成熟时,将温度调低,6min 后从烤箱中拿出,核桃酥饼就做好了。

3. 质量要求

(1)营养成分

本品含蛋白质 2.0kg,脂肪 7.2kg,碳水化合物 16.4kg。

(2)口感

本品香脆可口、营养丰富、风味独特。

四、核桃羊羹

羊羹是一种以红小豆为主要原料的冻状食品。其色红,味清香,是我国传统的小吃食品。核桃味香多脂,营养丰富,含有 60%～70%的脂肪.15%～20%的蛋白质,10%左右的碳水化合物,6.7%的纤维素、灰分和水分。另外还含有人体必需的微量元素和多种维生素,具有极高的药用价值。

1. 原料及配方

适量红小豆制成豆沙 50g,核桃仁 50g,琼脂 3g,白砂糖 80g。

2. 工艺流程

```
        琼脂→浸泡→溶化┐
                      ├→熬制→注模→冷却成型→成品
红小豆→煮豆→分离豆沙┤
核桃仁→焙烤→去皮→磨浆┘
```

3. 制作要点

①琼脂溶化:琼脂切成小块于 20 倍水中浸泡 10h,然后于 90～

95℃加热溶解。

②煮豆:红小豆浸泡24h后煮2h,至开花无硬心时即可。

③制豆沙:将煮烂的豆放在20目不锈钢筛网中用力擦揉,将豆沙抹压于筛下,装进纱布袋压去水分,至豆沙可攥成团,松手后又能自动开散时即成。

④核桃仁去皮:核桃仁直接焙烤去皮,焙烤温度为120℃,60min。

⑤磨浆:将核桃仁置于小磨中加仁重50%的水,磨成米粒大小。

⑥熬制:糖:水 = 10:7,将糖水加热溶解,然后加入化开的琼脂,当琼脂和糖溶液的温度达到120℃时,加入豆沙熬至可溶性固形物含量60%时加入核桃浆,搅拌均匀,待可溶性固形物含量为55%时,便可离火注模。

五、核桃酥糖

1. 原料及配方

核桃80g,白砂糖1000g,大豆190g,饴糖400g,玉米230g,植物油50g,维生素A 2.5mg,柠檬酸0.5g,维生素C 500mg,水35mL。

2. 工艺流程

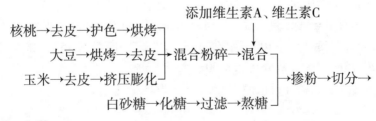

造型→包装

3. 制作要点

①大豆处理:选粒大饱满、无霉变的大豆,在80~90℃下烘烤6h,去腥味、去皮。

②核桃处理:选新鲜、仁大饱满、无霉变、无哈变的核桃,去皮,在10%的NaOH溶液中沸煮30s,清水冲洗去皮,于稀柠檬酸溶液中护色,80~90℃下烘烤2h。

③玉米处理:选整齐、粒大、无病虫霉变的玉米,利用机械摩擦去皮,在160~180℃、水分10%~16%、1MPa下挤压膨化。

④粉碎、添加维生素A、维生素C:将以上处理好的大豆、玉米、核桃混合粉碎,添加维生素A、维生素C,混匀,放于40~50℃的烘箱内备用。

⑤熬糖:将水加入不锈钢锅内加热,然后放入白砂糖,溶化后加入饴糖;沸腾后过滤,继续熬煮,加入植物油并不断搅拌,变黏稠后加入柠檬酸,最后将糖浆升温至160℃即可。这时蘸取糖浆拉长能呈薄纸状而不断裂,且凉后咬有脆响声。这一过程加柠檬酸是为了防止制品粘牙,加入植物油起消泡作用,同时调节油脂含量,促使制品光亮。

⑥掺粉、切分、造型:熬好的糖倒在刷油案板上压平,表面用40~50℃的备用粉撒匀,而后折叠压平再撒粉,重复操作直至糖成薄纸状而不断裂为止。此操作应在最短时间内完成,备用粉温度不宜太高或太低,否则不利于完成操作。将做好的糖切成大小合适的块并拧成麻花状,凉透包装。

4.质量要求

感官指标:产品色泽呈白色或淡黄色,表面光亮;形态完整,大小一致,呈螺旋状;口感酥脆香甜,不粘牙;无杂质。

理化指标:蛋白质7.88g/100g,Ca 112mg/100g,脂肪6.69g/100g,P 73.75μg/100g,水分4.3g/100g,还原糖<15%,维生素C 20.75mg/100g,灰分0.9g/100g,水分<5%。

微生物指标:符合GB 9678.1—2003。

六、甜核桃仁

1.原料及配方

核桃仁10kg,糖粉(烘干磨细过筛)2kg,食盐粉(过70目筛)24g,食用油适量。

2.工艺流程

原料→筛选→水煮→速冷→甩水→油炸→甩油→晾冷→撞皮→挑选→蘸油→拌糖→分选→装罐→密封→检查→杀菌→冷却→包装→成品

3. 制作要点

①筛选:挑选优质、无哈喇味的核桃仁,并按大小分选放在干燥、洁净的地方。

②水煮、速冷:将核桃仁放入双层锅内,沸水热烫 3 ~ 4min,待水再次沸腾后即可捞出,用流动清水冷却,并漂洗除去涩味。

③甩水:沥干核桃仁水分,或用离心机甩水 1 ~ 2min,使核桃仁含水量在 10% 左右。

④油炸:将 4 ~ 5kg 核桃仁装入油炸筐内,置于油槽内进行油炸,油温 150 ~ 160℃,时间 2 ~ 4min。

⑤甩油、晾冷:炸好的核桃仁倒入衬布离心机内,趁热甩油 3 ~ 50s,然后倒在筛子上,吹风冷却。

⑥撞皮:将冷却后的核桃仁放在撞皮机上,开机使皮衣脱落,时间 2 ~ 3min。筛孔孔径为 0.6cm。

⑦蘸油、拌糖:将挑选后的核桃仁放入拌糖机内,开动机器,加上少量花生油,按拌糖料配方与食盐粉混合均匀,撒在核桃仁上,拌匀,最后筛去多余未黏附的糖盐粉。

⑧装罐:将以上得到的核桃仁分拣后装罐。

七、烤核桃仁

1. 原料及配方

核桃仁 80 份,玉米糖 20 份,色拉油适量,水适量。

2. 制作要点

①在 5L 的蒸煮锅中,将水煮沸,然后加入核桃仁蒸煮 1min。

②用热水漂洗核桃仁。

③用橡皮刮勺将玉米糖均匀地涂抹在核桃仁上。

④用深平底锅,将色拉油加热至 180℃。

⑤用长匙将核桃仁放于油锅中烘烤即为成品。

八、香脆核桃仁

1. 原料及配方

核桃仁750g,甜面酱75g,鲜姜末3g,植物油1000g,白糖100g,面碱适量。

2. 工艺流程

核桃仁→洗净、加开水、加碱→浸泡→去皮→洗净→控干→油炸→核桃仁浮出水面时捞出

白糖→熬化、加甜面酱、加姜末、加适量开水→搅匀→倒入炸好的核桃仁中→翻炒→卤汁收干→成品

3. 制作要点

①浸泡:核桃仁浸泡30min。

②油炸:放入热油锅中,用小火炸至核桃仁呈金黄色。

③熬糖:白糖熬化时要少加些油。

九、果珍桃仁

1. 原料及配方

核桃仁250g,果珍粉50g,白糖100g,花生油750g,麦芽糖50g,白醋少许。

2. 工艺流程

核桃仁→沸水浸泡→去皮→温水洗净→捞出控水→油炸→捞出沥油→煮沸→加白糖、麦芽糖→熬化→加果珍→搅匀→糖浆变浓→淋白醋→放入核桃仁→拌匀→晾凉→成品

3. 制作要点

①核桃仁沸水浸泡后,用牙签挑去仁皮。

②油炸时,放入温油中,在小火上炸至金黄色。

十、桃仁芝麻糖

1. 原料及配方

核桃仁500g,花生油250g,白糖350g,熟芝麻100g,麦芽糖100g。

2. 工艺流程

核桃仁入沸水→去仁皮→洗净沥干→油炸→捞出→控干→油炸→核桃仁浮出水面时捞出

油烧热→加白糖、麦芽糖→翻炒至溶→加核桃仁、熟芝麻→混合→倒入容器内→压平压紧→反扣倒出→切成薄片→冷却→成品

3. 制作要点

①油炸时用温油,小火。

②成型时,将混合搅拌匀的桃仁、芝麻、糖趁热倒入事先涂有热油的长方形容器内,用铲刀压平压紧,静置 10min,反扣倒在案板上。

③待其转硬尚温时切薄片。

十一、琥珀核桃仁

1. 原料及配方

核桃 100kg,植物油 300kg,白砂糖 50kg,液体葡萄糖 5kg,蜂蜜 3kg,柠檬酸 30g。

2. 工艺流程

原料选择→去皮→上糖→炸制→甩油→包装

3. 制作要点

①按与桃仁质量比约为 2:1;配制 0.4% ~0.8% 的 NaOH 溶液,升温至 50~70℃,将桃仁泡入,15~20min 即可去皮。然后用大量清水将桃仁漂清至无异味。

②以白砂糖、液体葡萄糖、蜂蜜、柠檬酸、水 20kg 混合加热。待糖全部溶解后,放入核桃仁,并改用文火煮制 10~15min。糖液浓度达到 75% 时,出锅冷却到 30℃左右。

③将植物油倒入油锅中加热至 140~150℃,放入核桃仁油炸 1~2min,呈琥珀黄色时出锅,立即风冷却,放入离心机,甩油 2~3min 后,除去杂碎、焦烂品,将合格品入袋抽真空包装。

第五章　糖类休闲食品

糖类休闲食品是以糖为主要原料,以芝麻、豆粉、花生或爆米等为辅料加工制成的一种介于糖果与糕点之间的食品。

一、孝感麻糖

孝感麻糖是湖北有名的地方传统食品。它以精制糯米、优质芝麻和绵白糖为主料,配以桂花、金钱橘饼等,经过 12 道工艺流程、32 个环节制成。孝感麻糖外形犹如梳子,色白如霜,香味扑鼻,甘甜可口,风味独特,营养丰富,含蛋白质、葡萄糖和多种维生素,有暖肺、养胃、滋肝、补肾等功效。孝感麻糖历史悠久,相传宋太祖赵匡胤曾经吃过并赞不绝口,从此成为皇家贡品。成品主产地为孝感城南的八埠口。据说,只有用城关西门外隍潭的“龙吐水”熬糖,才能制作出上等的麻糖。

1. 原料及配方

白砂糖 25kg:纯净洁白,含量 99.5% 以上。

糯米 25kg:不霉变,无杂质。

芝麻 50kg:颗粒饱满,皮薄,新鲜,无杂质,以当年收获的芝麻为好。

大麦:采用种皮薄、皮色浅、富有光泽、麦粒整齐的四棱或六棱大麦,不宜用两棱大麦。大麦发芽率应不低于 95%。

糯米饴糖 25kg。

2. 工艺流程

芝麻→风选→浸泡→漂洗→脱壳→冲洗去皮→晾晒→焙炒→筛选→冷却→熟麻仁

$$糯米→清洗去杂→浸泡→蒸煮$$
$$\downarrow$$

大麦→精选→浸泡→发芽→干燥→粉碎→糖化→过滤→真空浓

缩→饴糖→熬糖→二次真空浓缩→板糖→拌麻→冷却→成型→切

　　　↑　　　　　　　　　　　　　　　　　↑

　　蔗糖　　　　　　　　　熟麻仁→预热

片→冷却→整理→包装→成品

3.制作要点

(1)芝麻的预处理

①脱壳:芝麻脱壳处理要求彻底,只有这样,才能保证成品色泽纯白,酥香,入口无渣。因此要严格掌握浸泡去皮工序。视气温和水温的不同决定浸泡时间,使芝麻充分吸水膨胀,便于去皮。根据浸泡程度,恰当地掌握去皮时间,以去净芝麻皮。

②焙炒:焙炒要求量少多锅,以达到芝麻颗粒起爆,色泽不黄不焦的效果。因此要求严格控制火力和焙炒时间。

(2)大麦芽的制备

大麦芽的质量好坏,决定着糯米饴糖的得率和成品的颜色。因此必须抓好以下几个环节。

①精选:首先将大麦进行淘洗,除去砂石、铁屑、破碎粒、杂草种子以及浮麦、瘪麦等。

②浸泡:水面应高于麦粒 10～15cm,水温 15～30℃,时间视水温和天气而定。一般掌握在水温 15℃,1h 左右;水温 16～25℃,45min左右;水温 26～35℃,30min 左右。麦粒在吸水的同时,也浸出了麦粒中的色素物质和苦味成分。隔 6h 再浸水 2 次,每次 15min 左右。待麦粒充分吸水,增重 40%～50%,麦粒质地柔软,以手压之易破碎,麦芽突出,麦粒横切面有白乳状物质,并带有香气时为浸泡适度。夏季天气炎热,为了预防杂菌的污染和繁殖,浸泡时可加入水量 0.03%～0.05%的漂白粉。

③发芽:浸泡后的大麦,一般在 16～30h 即开始吐白生根须,麦温即上升。因此要移出培养,厚度适中,一般控制在 18～25cm,借以保温,天寒时面层可用麻袋覆盖。此阶段麦芽处于生长的旺盛时期,每隔 4h 需淋水一次,每隔 8～12h 翻一次。操作时要防止麦粒根须脱落及产生芽团,排除 CO_2 及其他气体和热量,并使氧气供给充足。温度

以 18 ~ 25℃ 为宜,麦芽长度为麦粒的 2 ~ 3 倍为最好。发芽的全过程必须避光,以防止日光照射产生叶绿素,影响产品的质量。

④干燥:干燥方法可分为自然干燥和人工干燥两种。自然干燥以风干后再晒干为佳。人工干燥应在低温下进行。一般干燥初期温度为 35 ~ 40℃ ,后逐渐升高,但温度不应超过 50℃ 。干燥的麦芽一般要求麦粒有光泽,色泽淡黄,气味芳香,口嚼有脆、甜感觉。

⑤粉碎:干燥后的麦芽随即磨碎,筛去根部。因根部无酶,留在其中会影响制品的色泽。

(3)糯米饴糖的生产

①浸泡:水应没过糯米 15cm 左右,时间 12h 左右。使糯米充分吸水膨胀,然后捞出阴干,米粒含水量以达到 35% ~ 40% 为宜。

②糖化:将蒸好的糯米冷却到 70℃ 以下,然后加入麦芽粉,用量为原料(糯米)重量的 5% ~ 16% ,一般控制在 5% ~ 10% 为宜。同时加入原料重量 2 ~ 3 倍的 55 ~ 60℃ 的温水。迅速搅拌均匀。整个糖化过程应保持 50 ~ 60℃ 的温度,并适当地搅拌,以利于糖化的进行,6 ~ 8h 糖化完毕。糖醅以手控不粘,而糖汁被挤出后只剩下米皮在手指上。也可用碘液检查,不呈现蓝紫色即表明糖化基本完成。糖化过程中要控制好温度。如果温度过低,易于引起乳酸发酵,致使饴糖带有酸味,影响品质和质量。如果温度过高,酶被抑制甚至破坏,产品糊精多而麦芽糖少,黏稠度大。

③浓缩:把过滤好的糖液置于夹层锅中,迅速加热,破坏酶及杀灭微生物,以免酸败。在浓缩过程中,因糖汁中所含的少量蛋白质受热凝固而浮于表面形成薄膜,应及时将其除去,以免影响饴糖的质量。浓缩到 40°Bé 即成为糯米饴糖成品。为保证饴糖的色泽,可加入适量的脱色剂。浓缩以真空浓缩为好。真空浓缩较开口锅浓缩温度低,成品色泽优良。真空度应控制在 79.8kPa 左右。

(4)麻糖的生产

在麻糖生产过程中,要达到麻糖色白、脆酥香甜、口味纯正、不粘牙、无焦糊味、无苦味及其他异味,关键在于掌握好以下操作工艺。

①熬糖:在熬制过程中,要掌握好火候、时间和温度,使经过熬制的糖坯不老不嫩。

②拌麻:首先将芝麻置于锅中,炒制预热,要掌握好火候、温度,切忌芝麻变色。然后将拔白的糖坯放入,反复翻转,使芝麻拌匀。

③冷却、成型:冷却要适中,否则直接影响到成型切片,致使成品率降低。

④切片、整理:采用切片机切片,切片后于传送带上冷却,视气温和传送带长短可加风机。冷却后的麻片应及时整理,以便包装。

4. 质量要求

产品色白、酥脆、口味纯正、入口无渣、不粘牙、无焦煳味、无苦味及其他异味。

5. 产品特点

产品色白如霜,酥脆香甜,甘甜可口。

二、麻酥糖

麻酥糖是从南宋流传至今的传统名品,为徽州特色名细糕点。它用炒熟的芝麻研粉,加糖加料制成,其味香甜、质感松软,用一张小红纸包成长方形,小红纸上印有店家的招牌。麻酥糖中的精品称为"顶市酥"。顶市酥采用脱壳的白芝麻、白糖,配以少量的面粉或米粉,拌以饴糖精制而成。成品白中显黄,抓起成块,提起成带,进嘴甜酥,满口喷香,不粘牙不粘纸,老幼皆宜。

1. 原料及配方

芝麻 30kg,面粉 21kg,绵白糖 48kg,饴糖 11kg。若做黑麻酥糖另加盐 310g,做夹心糖另备玫瑰、猪肉丁等原料。

2. 工艺流程

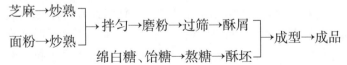

3. 制作要点

①制酥屑:芝麻、面粉分别炒熟,加入拌匀,磨成粉,过筛成酥屑。

②制酥坯:饴糖下锅熬到一定浓度成酥坯。根据天气而定,冬季熬到手能拿起即可,夏季要熬到比松香骨子稍小。一般根据经验调整浓度,浓度过大酥坯发脆,产品易碎,酥层不薄,粘牙;过小则产品易溶化和返潮。

③成型:以上原料就绪后,先在工作台上撒一层酥屑,将酥坯放在撒好的酥屑上,表面再撒上酥屑,用滚筒滚薄,当中央上酥屑将酥坯相互对折,滚薄再夹酥屑,如此反复进行7次,然后卷成细长圆条,切成小块,用纸包好即可出售。若做夹心酥糖,在最后一次酥坯包酥屑时,将夹心的原料包入,再卷成细长圆条。

4. 质量要求

长方块大小均匀,层次分明,能按折叠顺序分开。口感甜脆松酥,麻香味浓。

5. 产品特点

黑酥糖内嵌猪油丁,甜中稍带咸味。白酥糖内嵌白糖玫瑰,清香适口。

三、三北藕丝糖

三北藕丝糖,与三北豆酥糖齐名,是宁波的土特产品,清代时曾作为贡品进贡朝廷。

1. 原料及配方

白砂糖52kg,芝麻25kg,饴糖40kg,油0.5kg。

2. 工艺流程

白砂糖、饴糖、油→熬糖→糖骨子→拉糖→上麻→成品

3. 制作要点

①熬糖:将白砂糖加水加热溶化,加入饴糖和油,熬制成糖骨子。

②拉糖:将熬好的糖倒在铁盘里冷却,铁盘浸在冷水里或放在冰上,以加快冷却速度。用长柄铁铲不断翻动,待糖不烫手时即开始拉白,一直拉到糖色发白为止。天冷动作要快一些,太冷了拉不开。然后开始拉孔,把拉白的糖两人对拉,其中一人不断地拉长后对折,使空气储存在糖里形成空洞,共拉4次。拉孔完毕,拿到面板上拉长拉

细(这道工序须三人操作),拉成直径 1.4cm 的长条,切成长段,将封口压扁,以免空气跑掉糖变形。

③上麻:冷却后切成8cm 长的小段(切时刀要用火烧热),倒在筛内置于沸水锅上使糖的表面湿润,再放入芝麻里滚一滚,以使粘麻均匀。

4. 质量要求

产品条形整齐,色白光亮,入口松脆不粘,麻香味浓。

四、米花糖

米花糖是传统风味食品,主要由糯米和白糖制作而成,以重庆江津米化糖和四川乐山苏稽米花糖最为著名。江津米花糖原为太和斋米花糖,创于 1910 年。其米花原为砂炒,后改为油酥。其产品具有酥脆香甜、形式精巧、物美价廉、携带方便等优点。

1. 原料及配方

油酥米 19.5kg,冰糖 0.75kg,花生仁 1.45kg,川白糖 13kg,芝麻 4.8kg,桃仁 1.1kg,饴糖 9.4kg,食用油适量。

2. 工艺流程

花生仁、核桃仁
↓
糯米→选米→蒸米→烘干或阴干→阴米→油酥→油酥米→拌糖→
开盆、包装→成品　　　　　　　　　　　　　　　　　↑
白糖、饴糖→熬糖

3. 制作要点

①选米、蒸米、制阴米:选宜宾大糯米过筛,去杂质,用清水淘洗,并用清水泡 10h 后装入甑内蒸熟,后倒在竹席上。冷却后散开,再烘干或阴干即成阴米。

②制油酥米:将阴米倒入锅内,用微火炒,等米微熟后将适量溶化后的糖开水倒入米中(100kg 阴米用 1.88kg 白糖化开水),把米和糖开水搅拌均匀后起锅,放在簸盖内捂 10min 左右,再用炒米机烘干,然后用花生油(菜子油、猪油均可)酥米。酥米时,要待油温达 150℃

左右时下米,每次约 1kg,酥泡后将油滴干,筛去未泡的饭干,即成油酥米。

③拌糖、开盆、包装:先熬糖,将白糖和饴糖放入锅内,加适量清水混合熬,待温度达 130℃ 左右起锅。然后把油酥过的花生仁、桃仁和油酥米放在锅内搅拌均匀,起锅装入盆内,撒上冰糖、熟芝麻,再抹平、摊紧,用刀开块切封。起上案板后包装为成品。

4. 质量要求

成品每块厚薄均匀,长短一致,色泽洁白,酥脆化渣,不松散,不砂不化,无异味。

5. 产品特点

成品香甜可口,具有米花清香。

五、香油米花糖

香油米花糖是四川省乐山地区苏稽镇名特产品,清末已畅销省内各地。香油米花糖选用乐山地区上等糯米为原料,产品光润饱满,口感酥脆香甜。

1. 原料及配方

糯米 12.5kg,白砂糖 20kg,花生仁 6.25kg,饴糖 7.5kg,白芝麻 3.75kg,熟猪油 7.5kg。

2. 工艺流程

花生仁

↓

糯米→选米→泡米→蒸米→烘干或阴干→阴米→炒米→爆米→拌糖→成型→成品

↑

猪油、饴糖、白糖→熬糖→糖浆

3. 制作要点

①选米、泡米、蒸米:用竹筛筛去半截米和碎米,选出颗粒均匀的糯米,然后放入清水中淘洗,浸泡 12h,捞起滴去水珠,用甑子加热蒸熟、蒸透即可。

②制阴米、炒米:将蒸好的糯米倒在晒垫上铺开,摊晾阴干(切忌

太阳曝晒和高温烘烤)。然后将阴米放入锅内小火焙制,边焙制边下糖水(每100kg用糖水5kg;糖水比例1:10)。至糖水下完,阴米发脆,起锅捂4~5min。再将制过的河砂倒入锅中,以猛火将米炒爆。筛去河砂,选出大白爆米备用。

③熬糖、拌糖、成型:把白糖、饴糖、猪油倒入锅内,加热熬化,同时搅拌均匀成糖浆。另外把花生仁炒酥脆,去皮和胚芽,选瓣大、色白的备用,将熬制糖浆的铁锅端离炉火,加入爆米和花生仁,拌和均匀立即起锅。将脱壳炒脆的白芝麻铺在板盆上,把拌好的米花配料倒入板盆,趁热用木制滚筒擀薄压平,然后开条、成型,进行包装。

4. 质量要求

产品呈长方形块状,表面平整,不松散,色泽洁白,略带光泽、松泡,不砂不化,无杂质,无异味。

5. 产品特点

成品香甜可口,酥脆化渣。

六、火炙糕

火炙糕又称状元糕、上元糕,系以上等圆粒糯米、粳米和白砂糖为主要原料,配以桂花或松子等辅料,经磨粉、蒸制、成型、烘烤等工序制作而成,为上海青浦著名特产之一。

1. 原料及配方

精白粳米4.25kg,糯米0.5kg,砂糖1.1kg。

2. 工艺流程

糖粉
↓
粳米、糯米→淘洗→磨粉→搅拌→拌粉→制坯→蒸制→成型→烘烤→成品　　　　　　　　　↓　　　↑
　　　　　烘烤→过筛

3. 制作要点

①制粉:粳米、糯米混合淘净晾干,磨成米粉,拌入糖粉。将拌匀的粉先提出750g左右,放入铁皮网眼盘内(垫纸),用炉火烘烤,取

出,用滚筒将烘燥结块的粉压细过筛,再与其他米粉拌匀擦透过筛。湿粉中不加干粉也可,加入干粉可使成品更加松酥。

②制糕:将已拌匀的粉放入木制方模具内(俗称糕箱),用刮刀刮平表面,用长约35cm的薄刀片将糕坯划成薄片。蒸15min左右,取出冷却,用薄刀片将糕片分开,平放在铁丝筛内,用炭火将糕片两面烘成焦黄色即可。

4. 产品特点

成品片薄,色泽金黄,味美气香,甘甜松脆,入口即溶,内含蛋白质、脂肪、维生素及多种微量元素,具有助消化、生津健脾之功效。

七、印糕

印糕是宁式糕点,成品为圆形小块,表面呈黄色,甜而松酥,糕面印有各种图案。

1. 原料及配方

炒粳粉10kg,砂糖粉2.5kg,饴糖625g,麻油250g,冷开水约500g,黄松花粉(防止粘模用)适量。

2. 工艺流程

砂糖、水→拌糖→过筛→制坯→烘焙→成品

炒粳粉、饴糖

3. 制作要点

①拌糖:麻油、砂糖加冷水拌成潮糖后,拌入炒粳粉、饴糖,搅匀,过筛。

②制坯:将混合粉装入木制圆形模板内(模内敷黄松花粉),用力按压,使之在模内黏结,然后用薄片刮刀刮平,敲出模内的印模生坯。

③烘焙:将生坯摆在铁丝筛上,放入烘箱中烘焙,直至含水量在1%以下时为止。

4. 产品特点

印糕呈金黄色,糕面可印制各种图案,口感甜而松酥。

八、如意百果糕

如意百果糕是四川内江的民间食品。此糕不仅味美、形美,还是健身的滋补品。其中的核桃仁补中益脑,红橘或柚子皮、冬瓜、萝卜、青杏等分别有平咳、健脾等作用。

1. 原料及配方

糯米粉 700g,籼米粉 300g,核桃仁 50g,芝麻 10g,红橘或柚子外皮煮制的蜜饯、蜜萝卜、蜜冬瓜条各 25g,蜜樱桃 50g,蜜青杏 15g,白糖 350g,菜子油 250g,芝麻油适量。

2. 工艺流程

糯、籼米粉→和面→蒸制→制饼→成型→成品

　　　　　　　　　　　　　　↑

核桃仁、芝麻、白糖等→制馅

3. 制作要点

①制馅:把核桃仁用沸水浸泡,剥去皮衣,入油锅炸酥,捞出后沥去余油,切成碎末。各种蜜饯切成均匀细粒,芝麻炒熟,趁热擀成粉末。混合上述各种配料,拌入白糖 200g,即成芝麻白糖蜜饯馅。

②制饼:把糯、籼米粉和成湿粉团,揪成小馒头似的团,放入笼屉,用旺火蒸 30min,取出倒在案板上,稍凉后调入余下的白糖揉匀,擀成一张约 1cm 厚的长方形大饼(在擀面杖和案板上均抹一层芝麻油)。

③成型:在饼面上均匀地撒上芝麻蜜饯白糖馅,卷成如意形卷,用刀横切成 20 块即可。

九、新疆龙须酥

龙须酥为新疆地方特产,据传已流传民间两千年,正德皇帝游民间时发现此糖,带回宫中。因其外观洁白绵密、细如龙须而得名。

1. 原料及配方

麦芽糖 750mL,糯米粉 3kg,奶油、香油、调味料适量。

2. 工艺流程

糯米粉

↓

麦芽糖、奶油→糖浆→拉丝→粉丝→油炸→成品

3. 制作要点

①制糖浆:将麦芽糖、奶油熬成糖浆,在室温下放置凝结。

②制粉丝:糖浆蘸上糯米粉,中间开洞,拉成环形,将其中一端翻转成8字形,再将两个小圈合起来。重复这一动作,反复拉扯,直至拉成丝状,以拇指的力量拉断粉丝,每一段长10~13cm,整理。

③油炸:香油加入适量液体调味料,香油热沸后,加入粉丝,粉丝浮起即成。

4. 质量要求

产品色泽乳白或金黄,层次清晰。

5. 产品特点

产品酥松绵甜、香酥可口、入口即化。

十、开封花生糕

开封花生糕系古代宫廷膳食,源于宋朝,后经元、明、清三个朝代600余年,流传至今。以精选花生仁为主料,辅以白糖,经过熬糖、搅拌、垫花生面、切片等工序制成。成品呈片状,多层次,疏松度强;食之香甜利口,含口自化,令人回味无穷。

1. 原料及配方

白砂糖20kg,花生仁14kg,芝麻3kg。

2. 工艺流程

3. 制作要点

①做铺底:花生是事先炒过并剥好了的,若能掰开更好。将少许

花生撒在墩子上,用大锤碾碎,做铺底,避免糖稀粘在上面。

②挂糖:在锅里放水,加糖,熬糖稀,糖稀熬至棕色,调小火放入花生、芝麻,搅拌,使之充分混合。

③砸糖:将搅拌好的花生倒在铺了底的墩子上,把从锅里倒出来的花生弄成团状,砸糖。花生团砸开后,用刀从边上往中间翻,再弄成团状,反复4~5次,把花生尽量砸匀。最后,把两边翻到中间,呈长条状。趁糖还没凉,把长度拉长 $\frac{1}{3} \sim \frac{1}{2}$,切片。

4. 产品特点

产品口味酥脆,香甜利口,入口自化。

十一、花生糖

据传花生糖最早出现在公元前475~221年的战国时代。由于当时各地战火纷飞,人们为了生命安全,纷纷逃避,远离战火。在兵荒马乱的时期,为了携带方便,有钱的人家就将饴糖和花生加在一起熬煮,熬煮后再切成不规则的小块,这就是花生糖的始祖,也是世界上最早的花生糖,在12~13世纪,花生糖首先传入阿拉伯国家,然后传到希腊和欧洲乃至世界各地。

(一)奶油花生糖

1. 原料及配方

白糖2.35kg,花生仁2.25kg,奶油0.25kg,小苏打0.5kg,食盐150g,黄油150g,液体葡萄糖3.75kg。

2. 工艺流程

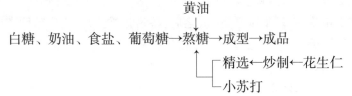

3. 制作要点

①熬糖:花生仁炒脆并精选,糖水熬到沸点后下花生仁,等糖水

再次升到沸点时加盖熬约 5min。待温度升至 115℃时揭盖,再煮片刻,至 125℃时下黄油,边炒边熬制,至 140℃左右时离火。

②成型:将小苏打用水调成糊糊状,离火后加入,边下料边炒动,炒动 20～30 次,即可倒上案板、摊开、刮平、冷却后用滚刀成型。操作要迅速准确,刮平的动作要快,炒动的次数要严格掌握。

4. 质量要求

成品呈正方形,颗粒完整均匀,底面光洁,侧面可见花生仁颗粒,每千克 180～200 颗。糖体和花生仁均为谷黄色,松脆细腻,无绵软现象,无异味。

5. 产品特点

产品微咸,香甜,酥松脆。

(二)澳味花生糖

1. 原料及配方

花生米 1kg,白糖 0.5kg,花生油 50g,植物油适量。

2. 工艺流程

花生仁→炒制→熬糖→成型→成品

白糖、花生油

3. 制作要点

①熬糖:将花生米用文火炒熟去皮,分成两瓣,将油倒入锅里,待油热时放入糖并不断翻炒。待糖全部化后,将花生米倒进锅内与糖混合。

②成型:趁热将混合好的花生米和糖放在一个长方形的盒内,盒底抹上植物油,压平压紧,5min 之后,将盘扣过来,把花生糖倒在一块干净的面板上。待糖开始变硬,但尚温热时,用刀切成薄片。

(三)芝麻花生糖

1. 原料及配方

花生仁 50kg,白砂糖 33kg,淀粉饴糖 16kg,猪油 2kg,精盐 3kg,芝麻适量(有黑、白芝麻,可放一种,或两种一起放)。

2. 工艺流程

　　　　　白糖、淀粉、饴糖、猪油→花生油

芝麻→炒制┐　　　　　　　↓

　　　　　├→盐水→浸泡→炒制→熬糖→成型→成品

花生仁→炒制┘

3. 制作要点

①炒花生仁、芝麻:将花生仁、芝麻预炒至四成熟,放入盐水中(盐3kg,水10kg)浸泡2h,捞出控干,再炒至淡黄色,过筛,除去衣膜及杂质备用。

②成型:将拌和均匀的糖料倒在案子上,趁热平摊,用手拉,使其摊成薄厚不匀的薄片,冷却后,断成若干形状不定的块,每块重50~100g。

(四)芝麻花生软糖

1. 原料及配方

麦芽糖50kg,花生仁50kg,白砂糖33kg,淀粉饴糖16kg,猪油2kg,精盐3kg,芝麻适量。

2. 工艺流程

麦芽糖、淀粉饴糖、白糖、猪油→熬糖→拌糖→成型→成品

　　　　　　　　花生仁→炒制┐

　　　　　　　　　　　　　　├

　　　　　　　　芝麻→炒制┘

3. 制作要点

①炒花生:铁锅小火将花生炒熟炒香,放凉,除去外皮备用。

②熬糖:取2匙猪油烧热,加砂糖、精盐,小火炒融。

③拌糖:放入花生和芝麻快速拌匀。

④成型:将拌好的糖料趁热装入已涂油的容器里,摊平压紧压实,放凉5min,倒扣出模,趁有余温切块。

(五)猪油花生糖

1. 原料及配方

白砂糖2kg,饴糖0.8kg,猪油0.5kg,花生米2kg。

2. 工艺流程

3. 制作要点

①熬糖:白砂糖加水 0.6kg 放在锅中化糖,烧到糖水滚沸起泡沫,用 100 目筛过滤,重新放入锅中与饴糖猪油共熬,熬到糖膏冷却后口咬发脆有声时即离火冷却。

②拌糖:趁糖膏稀软流质未变硬时,混入炒熟去皮的花生米,用手铲拌匀,倒在石面桌上(桌面涂一层油),把糖摊成八大方块,冷透后用刀切成条,再细切成长 2.5cm、宽 1cm 的长方形小糖块即成。

4. 产品特点

产品味清香松脆、不粘牙、不腻口。

(六)扭结软糖

1. 原料及配方

白砂糖 2.5kg,麦芽糖 2.5kg,花生 2.5kg,鸡蛋 0.25kg,奶油 0.25kg。

2. 工艺流程

奶油
↓
白糖、麦芽糖、鸡蛋→熬糖→拔白→冷却→压片→切块→包装→
成品　　　　　　　　↑
花生仁→炒制

3. 制作要点

①熬糖:花生米加工挑选后,切碎成粒状。鸡蛋、奶油搅打后加入冷水、麦芽糖、白砂糖,熬糖至 160～165℃后,倒在冷却箱上,将花生米撒在糖膏上,用刮刀来回折叠。

②拔白:糖膏在冷却后逐渐凝结成软糖,将软糖放在拔糖机上拔白,获得色泽洁白、质地均匀、细腻膨松的糖坯。

③压片、切块、包装:把糖坯整形,切成若干等分的块,分别压片、切块,待充分冷却后包装。

4. 质量要求

产品色泽乳白,糖块整齐,每块规格为 2.4cm × 1.4cm × 1.1cm,每千克称 160 ~ 180 块,糖块面底平整光滑,四边刀口整齐无毛茬,无碎末,花生分布均匀,不得有严重缺角掉边和大块花生粘连的现象。每百克含蛋白质 4g,脂肪 6.2g,碳水化合物 89g,钙 34mg,磷 55mg,铁 0.28mg,烟酸 1.8mg,热量 1.8×10^3 kJ,大肠菌群 0/100g,杂菌 2000 个/g 以下。

5. 产品特点

产品具有硬糖的脆、硬和奶糖的色泽及奶香味。

十二、奶油花生片

1. 原料及配方

花生仁 2kg,奶油 0.75kg,香兰素 10g,面粉 1.15kg,白砂糖 3.5kg,色拉油 0.2kg。

2. 工艺流程

奶油、温水
↓

面粉、白糖、香兰素、碎花生仁→拌和→花生糊→挤坯→烘焙→成品

3. 制作要点

①制花生糊:挑选干净、质量好的花生仁,用滚刀碾碎成绿豆大小。把面粉、白砂糖、香兰素、碎花生仁倒入锅中拌和,加入奶油,加少量 35 ~ 40℃ 的温水,调成面糊状,装入布袋中。

②烘焙:在烘盘上涂一层油,撒少量面粉,把花生糊挤成直径 1.5cm 的坯子,间隔 3cm 码放,放入烘烤炉中,170 ~ 180℃ 烘烤,当油和糖溶化时,坯子摊成薄片。烤到花生片四周呈棕黄色即可出炉。稍冷片刻,用铲刀取出。

4.产品特点

产品松脆香甜、奶油味浓。

十三、柿饼花生糖

1.原料及配方

柿饼 5kg,炒熟、去皮的花生米 5kg,白糖 10kg,花生油 1kg。

2.工艺流程

花生米→炒制

↓

花生油、白糖→熬糖→成型→成品

↑

柿饼→整理

3.制作要点

①制柿饼块,炒花生米:将柿饼切成花生米大小,花生米炒熟,碾成两半,筛去花生衣备用。柿饼含水量不宜过高,以免成品吸潮回软。

②熬糖:花生油加热,油热后加入白糖,待糖熬至透明可拔丝时,立即倒入柿饼和花生米,迅速搅拌均匀,离火。注意,若溶糖不够,易使成品返砂,不易结块;溶糖过久,糖易焦化发黑,产生苦味,影响成品色泽和风味。

③成型:在模具内壁涂少许花生油,趁热将糖料倒入模具中,压紧压实。物料硬化之前,从模具中倒出,用刀切成薄片,包装。

4.质量要求

成品为片状,光亮透明,红黄相间。

5.产品特点

产品酥脆香甜,柿子和花生味浓。

十四、橘香花生糖

将橘皮制成橘皮粉,加入奶油等制成的橘香花生糖,具有健胃顺气、化痰止咳等功效,味美可口,老少皆宜。

1. 原料及配方

白糖 100kg, 花生仁 80kg, 饴糖 20kg, 奶油 10kg, 橘皮粉 5kg, 精盐 10kg。

2. 工艺流程

花生仁→烘烤→花生粒

↓

橘皮→整理→浸泡→烘烤→粉碎→橘皮粉→混合→冷却→成型→

包装→成品　　　　　　　　　　　　　　↑

奶油、饴糖、白糖→熬糖

3. 制作要点

①制橘皮粉:选新鲜、无腐烂、无杂质的橘皮,去蒂洗净,将橘皮倒入沸水锅中烫漂 5s,捞出倒入 pH 值为 12～13 的石灰水中浸泡 6～8h,将橘皮切成小粒,放入 5%～10% 的食盐水溶液中浸泡 1～3d 捞出,用清水漂洗除盐。45℃ 烘烤 20～24h,使其水分含量降至 3%～4.5%,粉碎至 100 目。

②制花生粒:剔除霉变的花生仁,120℃ 烘烤 30min,冷却后,去掉红衣,用刀剁成碎粒备用。

③熬糖:白糖用水溶解,煮沸后加入饴糖、奶油,加热熬制到 150～160℃,边熬边搅拌。

④混合:将熬制好的糖膏离火,不断搅拌,待温度稍下降时,把橘皮粉和花生粒倒入锅内搅拌均匀,再倒在案板上冷却成型。

⑤成型:热糖膏冷却到 80～85℃ 时分块压片,冷却到 70～75℃ 时开条切块成型。要求切出的糖块形状、厚薄均匀一致,切口整齐,无缺角。切好的糖块内包糯米纸,外包彩色包装纸,装袋封口即为成品。

十五、豆酥糖

豆酥糖是宁式茶食,创始于清代,一直是宁波三北的名点,故又称三北豆酥糖。

1. 原料及配方

糖粉 16.5kg, 黄豆粉 16.5kg, 熟面粉 7.5kg, 饴糖 12kg, 棉籽油 300kg。

2. 工艺流程

$$棉籽油、饴糖→煮糖→老糖$$
$$↓$$
黄豆粉、熟面粉、糖粉→拌粉→过筛→混合粉→制糖→包装→成品

3. 制作要点

①拌粉、过筛:将黄豆粉、熟面粉、糖粉混合拌匀,然后过筛。

②煮糖:将饴糖、棉籽油下锅熬制,根据气候不同,一般熬到110～20℃,即成老糖(熬好的饴糖)。取出放在传热的容器内,保持老糖的温度。

③制糖:将黄豆粉、熟面粉和糖粉的混合粉用锅炒热,取少量撒在操作台上,放上老糖,表面再撒热粉,擀成方形。将热粉放入其中,再将老糖两面相互对折,用擀杖擀薄,然后再放热粉,如此重复折叠三次,最后用手捏成长条,顺直,切成四方小块,然后用木条挤紧压实。

④包装:用纸把豆酥糖包好即为成品。因豆酥糖容易受潮,以贮藏于铁皮箱里为好。

4. 质量要求

产品色泽微黄略白,粉质细,糖皮厚薄均匀,酥松,易溶化,无糖渣,不粘牙。

5. 产品特点

产品香、甜、松,进口酥而易化,具有浓郁的黄豆香味。

十六、糖大豆

1. 原料及配方

白砂糖 10.5kg,白矾 1g,炒大豆 7kg,清水 5kg。

2. 工艺流程

$$白糖、白矾→熬糖→打豆→冷却→包装→成品$$
$$↑$$
大豆→整理→炒制

3. 制作要点

①大豆的加工:大豆经过挑选,除去杂质和破瓣,清洗干净,炒熟备用。

②熬糖:将白砂糖、清水放入锅内,加热熬炼,再放入白矾,熬至糖汁浓度适当,糖泡均匀,糖温达135℃左右即可。

③打豆:将熟大豆微火烘烤,热度适中,再倒入转桶,将熬好的糖用小勺均匀地浇在大豆上,直到将糖汁浇完为止。糖大豆要打出毛刺来,出桶倒入簸箕内,吹出潮气冷却。

4. 质量要求

产品表面有刺,形如雪花。

5. 产品特点

产品色泽洁白,甜脆适口,有豆香味。

十七、怪味胡豆

怪味胡豆是四川特产,产品色白,口感酥脆,多味,食之令人食欲倍增。

1. 原料及配方

胡豆1kg,白砂糖500g,饴糖100g,甜面酱50g,熟芝麻50g,味精3g,辣椒粉5g,盐2g,花椒粉Sg,白矾10g,五香粉2g,植物油、酱油、水适量。

2. 工艺流程

$$植物油、调味料→熬制$$
$$\downarrow$$
$$胡豆→清洗→浸泡→去皮→浸泡→油炸→搅拌→成品$$
$$\uparrow$$
$$白砂糖、水、饴糖→熬制$$

3. 制作要点

①制油炸胡豆:胡豆放入冷水浸泡1d(夏天要勤换水),取出,剥去黑嘴和根芽部的外皮。然后将胡豆放入白矾水中(以浸没为准)浸泡10h左右,取出用清水漂净后,沥干水分。用急火将油烧沸,放入胡豆,炸制10~15min,待胡豆酥脆时即可捞出,控油。

②拌调味料:用少量油将甜面酱炸熟,约炸制3min,铲入盆内冷却。将熟芝麻、辣椒粉、花椒粉、五香粉、味精、盐、酱油及甜面酱等调料倒在炸好的胡豆上,搅拌均匀。

③浇糖汁:白糖加水100g,加热溶化后加入饴糖,熬至115℃,随后将糖浆慢慢地浇在拌好辅料的胡豆上,拌匀即成。

4. 质量要求

产品颗粒完整,碎瓣在2%以下,上糖均匀,颗粒上糖率在95%以上,无粘连现象;呈茶黄色,色泽一致;颗粒表面似桑葚,无杂质;酥脆,有香甜、麻辣及咸味;水分含量在5%以下。

十八、豆面酥

1. 原料及配方

白砂糖65kg,柠檬酸20g,豆面35kg。

2. 工艺流程

大豆→选料→蒸煮→炒制→磨粉→搅拌→拔丝→成型→成品
　　　　　　　　　　　　　　　　　 ↑
白糖、水、柠檬酸→熬糖→冷却→拔泡→剪块

3. 制作要点

①选料:豆子除杂、挑选、蒸煮,上锅炒至八成熟,冷却后磨成湿豆面备用。

②熬糖:白砂糖加入清水35kg,加热熬至开锅后放入柠檬酸,待糖温达160~170℃时出锅。

③冷却:熬好的糖汁倒在水箱上冷却,冷却至打叠软硬合适为止,以便拔泡。

④拔泡:将冷却至适宜温度的糖料放到拔糖机上拔泡,拔20~25次,拔至糖发白,不要太泡,如果没有拔泡机,可用木棍进行人工拔泡。

⑤剪块:将拔好的糖拽成长条,用剪刀剪成小块(每块15g),放入准备好的豆面锅内。

⑥搅拌:将适量的熟豆面放入锅内,用微火加温至70~80℃,将剪好的糖块放入热豆面中加温,并用铁铲调和豆面,防止煳锅。

⑦拔丝:将豆面锅里的糖块取出用手拽拔,每对折拔一次加一次豆面,折拔9~11次,对头拧花,然后放在案子上,用小木板压成块,便为成品。

4.质量要求

产品拔丝均匀,呈长方花卷形,如丝或卷花形,有亮光;口感甜、酥、脆,不粘牙,有豆香味。

十九、黄金椰丝球

1.原料及配方

黄油 5kg,绵白糖 4.5kg,鲜奶 2kg,鸡蛋 15kg,奶粉 1kg,椰蓉 13.5kg,低筋面粉 7kg。

2.工艺流程

鸡蛋、鲜奶、奶粉、低筋面粉、椰蓉

↓

黄油、绵白糖→搅打→拌匀→成型→烘焙→成品

3.制作要点

①配料:黄油低温加热软化后加入绵白糖打至发白,加入鸡蛋、鲜奶、过筛的奶粉、低筋面粉和椰蓉搅拌均匀。

②成型:原料搓成小团摆盘。

③烘焙:烤箱调至150℃,先预热5min,温度不变烘焙20min。

二十、牛皮糖

牛皮糖号称"扬州一绝",早在清乾隆、嘉庆年间就已出现,是扬州特色产品,口味独特,柔软适中,老少皆宜。

1.原料及配方

芝麻 1kg,桂花 0.1kg,小麦面粉 2kg,白砂糖 5kg,炼制猪油 10kg,蜂蜜 6kg。

2.工艺流程

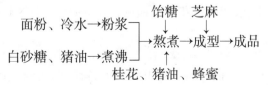

3. 制作要点

①调制粉浆:将面粉放入容器中,取冷水 7kg,逐渐加入面粉中。边加入边搅拌,调制成粉浆,不得有面渣。

②制糖料:将白砂糖和 1/3 的猪油入锅,加 2.5kg 水煮沸,然后倒入粉浆一同熬煮。30min 以后,呈薄糯糊状时,加入饴糖继续熬煮。1h 后,加入剩余的猪油,继续熬约 30min。然后拌入桂花(也可加入其他香味物质)和蜂蜜,搅拌均匀后,端锅离火。整个过程要不断铲拌。

③成型:在铁盘中铺一层芝麻,将糖浆倒在芝麻上面,并在糖浆上面撒一层芝麻。待其稍凉后(一般冬季 30min,夏季约 1h),用擀面杖压成厚约 0.8cm 的薄片,切成长条,再切成块。

4. 质量要求

产品外层芝麻均匀,切面光亮,呈棕色半透明状,富有弹性,味香,细嚼不粘牙。

二十一、什锦南糖

什锦南糖又名灶君糖,是云南的传统特产,已有 100 多年的历史。旧时,民间有祭灶的习俗,每年农历腊月二十三、二十四,家家户户都要用什锦南糖供灶君爷,祈求他保佑全家平安。什锦南糖由寸金糖、鸡骨糖、麻片、软皮糖、牛皮糖、酥糖、红色象眼糖、黑色象眼糖、花生丝片、核桃片十个品种组成,所以又叫杂糖。

1. 原料及配方

麻仁、花生、白砂糖、饴糖、麻酱、食用油、色糖、柠檬酸、香草精适量。

2. 制作要点

什锦南糖形状多样,有条、片、三角、鸡腿等形状,工艺烦琐。为了便于掌握工艺,产品按花样分锅制作,50kg 产品分 8 锅操作,操作方法如下:

①花生条:将清水 2.5kg 注入锅内,放入饴糖 2.86kg、白砂糖 5kg,加热熬制。开锅时加入食用油 100g,待糖温达到 150～160℃时

起锅。花生 6kg 倒在冷却台上,将熬好的糖汁倒在花生上,用铁铲折叠均匀,移到挡板上,分成 3 块擀片,切条,冷却装箱。

②花生麻片:将清水 2.5kg 倒入锅内,放饴糖 2.86kg、白砂糖 5kg,加热熬制,开锅时放食用油 100g,待糖温达到 150 ~ 160℃ 时即可,冷却后口尝酥脆为宜。在起锅前先将花生 4kg、麻仁 2kg 分别倒在水箱上,随即将熬好糖汁的 65% 倒在花生上,35% 倒在麻仁上,用铁铲折叠均匀。随之分别移到案子上,把芝麻糖擀成薄片作为外皮,将花生糖倒在芝麻片上,包严擀薄至 2.5cm 见方的条,切块,冷却装箱。

③麻仁片:将 2.5kg 清水倒入锅内,加饴糖 2.86kg、砂糖 5kg,加温熬制,开锅时放入食用油 100g,待糖温达到 150 ~ 160℃ 时,即可口尝,冷却后酥脆为宜。出锅前将麻仁 5kg 倒在水箱上,随即将熬好的糖汁倒上,用铁铲折叠均匀后,移到案板上,分成两份,其中一份擀薄后加入色糖,用纸盖严,再擀一次,使色糖粘在芝麻片上,然后开条切片;另一份搓成长条,包上色糖心,用木板夹成三角形,切片,冷却装箱。

④鸡腿:将清水 3kg、白砂糖 10kg、柠檬酸 2g 注入锅内,加温熬制,待糖温达 160 ~ 165℃ 时出锅倒在水箱上,冷却折匀。用 70% 拔泡作为外皮,30% 包馅。熬糖的同时,将麻酱 3kg 放入炒馅锅内,加温至 70℃ 左右,放入香草精 2g,搅拌均匀,把馅倒在馅皮上,拽拔 6 ~ 7 个对头,用拔泡的外皮包好拽条,拽至直径 0.5cm 左右时,切成 3cm 的长块,冷却装箱。

3. 质量要求

包装:将上述各种条、块、片等产品混合均匀,使之美观,用大塑料袋包装,每袋装 2kg。

形状:有条、块、片、三角形,花样新鲜,麻仁、芝麻鲜明,糖块有亮光。

口味:甜、酥、脆,有果仁香味,甜度适口,营养丰富。

二十二、牛奶布丁

布丁是一种凝胶状半固体乳制品,口感细腻、嫩滑,形态饱满,通常作为点心或餐后甜食,在欧美各国甚为流行。布丁不仅具有牛奶的香味,还可添加辅料使其具有可可、咖啡以及各种水果的风味,以增加其商品嗜好性。近年来,布丁在国内的消费市场逐渐扩大,颇受消费者喜爱。

1. 原料及配方

砂糖 20kg,鲜奶 30kg,果冻粉 0.55kg,变性淀粉 0.5kg,山梨酸钾 0.05kg,柠檬酸 0.05kg,果酱、色素、香精适量。

2. 工艺流程

鲜奶
↓

砂糖、果冻粉、变性淀粉→混合→煮沸→恒温→调配→灌装→封口→杀菌→冷却→成品 ↑

果酱、山梨酸钾、色素、香精、柠檬酸

3. 制作要点

①制作凝胶:将果冻粉、变性淀粉与砂糖充分混匀,加入水中,慢速升温,加热至沸,恒温 10min。

②混合:加入鲜奶液混匀。

③调配:将柠檬酸、色素和山梨酸钾用热水溶解,果酱用热水稀释一倍。投料顺序为果酱、山梨酸钾、色素、香精、柠檬酸。

④灌装、杀菌、冷却:用 200℃ 左右高温将复合膜与果冻杯热封融合。杀菌温度 85℃,时间 5~10min。杀菌完毕,及时用流动水冷却至胶体内部凝固。

4. 质量要求

(1)感官要求

产品呈均匀乳白色或该水果特征色泽,具有牛奶的芳香味和该水果香味,胶体柔软适中,富有弹性,口感细滑,酸甜适度。

(2)理化指标

可溶性固形物≥20%,蛋白质≥5%,总酸(以柠檬酸计)0.28%~0.36%,砷≤0.5mg/kg,铅≤0.5mg/kg,铜≤0.5mg/kg。

(3)微生物指标

菌落总数≤100 个/g,大肠菌群≤30MPN/100g,致病菌不得检出,保质期 1 年。

二十三、果冻

1. 原料及配方

蔗糖16kg,果汁13kg,柠檬酸0.23kg,明胶5kg。

2. 工艺流程

糖→溶解过滤→熬煮→调配→灌装→杀菌→冷却→成品

　　　　　　↑　　　↑

明胶→溶解过滤　柠檬酸

3. 制作要点

①溶糖:白糖加适量水溶解,过滤备用。

②凝胶剂预处理:明胶加质量5倍的水,待充分吸水膨胀后,于70℃的水浴中加热溶解。

③熬煮:将过滤后的糖液加热,加入果汁(或别的风味物质),将溶解的明胶过滤加入,熬煮5min,制得糖胶。

④调配:柠檬酸能降低糖胶pH值,使明胶水解变稀,影响果冻胶体的成型,操作时应在糖胶液冷却至70℃左右时,将柠檬酸用少量水溶解,搅拌均匀,以免造成局部酸度偏高。

⑤灌装、杀菌:将调配好的糖胶液装入果冻杯中封口,放入85℃的热水中灭菌5~10min。

⑥冷却:自然冷却或喷淋冷却,使之凝冻即得成品。

4. 质量要求

(1)感官指标

气味:自然,具有果汁的香味。

色泽:呈果汁颜色,透明性良好。

组织状态:成冻完整,不粘壁,弹性、韧性好,表面光滑,质地均匀。

口感:细腻,爽滑,酸甜可口。

(2)理化指标

可溶性固形物>25%,pH值在4.0左右,重金属含量符合国家现行标准。

(3)微生物指标

细菌总数≤100 个/g,大肠菌群≤6 个/100g,致病菌不得检出。

二十四、冬瓜糖

1. 原料及配方

冬瓜 150 ~ 160kg,砂糖 85kg,蚬壳灰 8 ~ 10kg。

2. 工艺流程

<pre>
            蚬壳灰、水
               ↓
冬瓜→整理→切条→浸泡→糖渍→煮糖→冷却→成品
               ↑
             砂糖
</pre>

3. 制作要点

①原料处理:冬瓜去皮去瓤,切成 13cm×3cm×3cm 的长条。蚬壳灰加入清水 50kg 配成溶液,放入冬瓜条浸泡 8 ~ 10h,取出洗净,用清水浸泡,每隔 2h 换水一次,换水 5 次左右,至冬瓜色白透明捞出,用清水煮沸 1h,沥干备用。

②糖渍:将冬瓜分 6 ~ 7 次放入容器,每放一层面上加一层砂糖覆盖,用糖量共 40kg,腌渍 48h。

③煮糖:煮糖共分三次进行,煮糖过程中要翻动。糖添加量为第一次 13kg,第二次 12kg,第三次 12kg,最后加入白糖粉 8kg。具体操作为:第一次将冬瓜条连同糖液倒入锅中,煮沸 10min,加糖,加糖后再熬煮 1h(煮的过程中要去掉糖泡),倒回容器浸渍 4 ~ 5h。第二次煮糖的方法与第一次相同。第三次煮糖时火稍慢,熬至糖浆滴在冷水中成珠不散,迅速取出冬瓜放在砂锅里,加入糖粉不时翻动拌匀,冬瓜条表面呈一层白霜,取出冷却后即为成品。

二十五、冬瓜保健软糖

冬瓜具有利水、清热、化痰、解渴等功效。冬瓜保健软糖是以麦芽糖醇和蛋白糖等低能量,具有抗龋齿、改善肠胃功能的物质为甜味剂,加入冬瓜制成的一种具有多种保健功效的休闲食品。

1. 原料及配方

冬瓜浆 100kg,蛋白糖 0.3kg,麦芽糖醇 15kg,明胶 6kg,卡拉胶 0.8kg。

2. 工艺流程

卡拉胶、明胶　　蛋白糖、麦芽糖醇、液体麦芽糖醇
↓　　　　　　　　　　　　　　↓
冬瓜→整理→打浆→冬瓜浆→浸泡→加热溶解→浓缩→成型→包装→成品

3. 制作要点

①制冬瓜浆:新鲜冬瓜去皮,制成冬瓜浆备用。

②胶体的预处理:将明胶和卡拉胶胶体用冬瓜浆浸泡 3~4h,加热混合胶体和冬瓜浆,使胶体溶解在冬瓜浆中。

③浓缩:将麦芽糖醇晶体、液体麦芽糖醇和蛋白糖加到冬瓜浆中搅拌均匀,浓缩至干,终点的判断方法是用手捏起熬煮的糖体,能把它们拉成一条丝。

④成型:软糖液中加入香精调匀,浇盘,冷却成型。将成型糖坯移入烘箱,45℃烘干至糖坯含水量为 15%~18%。

⑤包装:将成型的糖坯按规格切成片并采用真空包装。

4. 质量要求

(1)感官指标

气味:香味纯正,有冬瓜特有的香味,并有糖果的特殊香气。

色泽:色泽淡黄,鲜明,均匀无浑浊。

组织形态:表面光滑细腻,无皱纹。

口感:入口有弹性,不粘牙,口感丰满润滑,无肉眼可见杂质。

(2)理化指标

固形物含量为 75%~85%,铅(Pb)≤1.0mg/kg,砷(As)≤0.5mg/kg。

(3)微生物指标

细菌总数≤500cfu/g,大肠菌群≤30MPN/100g,致病菌不得检出。

二十六、梨膏糖

梨膏糖是以雪梨或白鸭梨和中草药为主要原料,添加冰糖、橘红粉、香檬粉等熬制而成的休闲食品。能治疗咳嗽多痰、气管炎、哮喘等症,味甘易服,疗效显著。

1. 原料及配方

雪梨或白鸭梨 1000g,贝母 30g,百部 50g,前胡 30g,款冬花 20g,杏仁 30g,生甘草 10g,制半夏 30g,冰糖粉 500g,橘红粉 30g,香檬粉30g,食用油适量。

2. 工艺流程

雪梨、贝母、百部、前胡、款冬花、杏仁、生甘草、制半夏→煎液→取汁→
冰糖粉
↓
浓缩→切块→成品
↑
橘红粉、香檬粉

3. 制作要点

①煎液:将雪梨或白鸭梨洗净切碎,与 7 种中草药一起投入搪瓷大药罐内,加入适量的水,用火煎煮,每隔 20min 将汁液取出一部分,再加水继续煎煮。这样连续取汁液 4 次。

②浓缩:将 4 次取出的汁液倒入搪瓷锅内(不能与金属器皿接触),用旺火烧开,然后改用文火熬煎。当锅内汁液浓缩至稠时,加入冰糖粉,并不断搅拌至黏稠状,再加入橘红粉和香檬粉,继续搅拌;当用筷子挑起能拉成丝时,即可停火。在整个熬煎过程中,火力应逐渐减小。

③切块:经浓缩的黏稠液倒入涂过食用油的搪瓷盘内,稍凉后压平,厚度为 5~6mm,然后,用薄刀片划切成边长为 5~6cm 见方的小块(一般不切透),凉透后,即为梨膏糖。如果在梨膏糖中加入虫草、苦参、白萝卜等中草药,保健效果更佳。

二十七、桑葚糖

桑葚糖为我国民间休闲保健食品,对肾阴亏损者效果显著。

1. 原料及配方

桑葚 5kg,白糖 5kg。

2. 工艺流程

桑葚、白糖→熬煮→冷却→成型→成品

3. 制作要点

①桑葚捣成泥状,和白糖共煮。

②待糖液呈黄色并能拔起丝时,倒在涂有麻油的不锈钢板上,冷却,切成糖块即可。

二十八、薄荷糖

薄荷糖为我国民间休闲保健食品,有疏解风热、清咽利喉的功效。可辅助治疗感冒风热,头痛,目赤,咽喉肿痛等症,性偏凉,风寒外感者不宜食用。

1. 原料及配方

薄荷粉 3kg,白砂糖 50kg。

2. 工艺流程

薄荷粉、白砂糖→熬糖→冷却→成型→成品

3. 制作要点

①熬糖:白砂糖放在锅中,加水少许,以小火煎熬至较稠厚时,加入薄荷粉,调匀,再继续煎熬至用铲挑起即成丝状而不粘手时,停火。

②成型:将糖倒在表面涂过食用油的大搪瓷盘中,待稍冷,将糖分割成条,再分割成小块即可。

二十九、胖大海润喉糖

胖大海润喉糖除含胖大海外,还含有乌梅、橘红、菊花、桉叶油、薄荷油等,具有清咽润喉的功能。

1. 原料及配方

胖大海 10kg,乌梅 10kg,橘红 10kg,菊花 10kg,桉叶油 2kg,薄荷油 2kg,白砂糖 50kg,葡萄糖浆 150kg。

2. 工艺流程

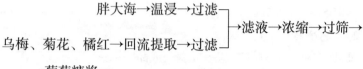

水、白砂糖→化糖

成型→包装→成品

3. 制作要点

①中药提取物制备:取胖大海加 20 倍的热水于 90℃保温 1h,过滤,滤液备用,残渣加 10 倍的热水同样提取三次,合并四次滤液,备用。取乌梅、菊花、橘红,加 10 倍的热水浸泡过夜,然后加热煮沸 1h,过滤,滤液备用,残渣加 6 倍的水煮沸 1h,过滤,合并两次滤液。将两种滤液合并,于夹层锅中加热浓缩至 7~9°Bé(热测,约 60℃)停止加热,过 100 目筛,备用。

②硬糖制备:于夹层锅中加入白砂糖和适量水,通过蒸汽加热使其溶化,加入葡萄糖浆,搅匀,再加入中药提取物,搅拌 30min 后,用 100 目细筛过滤,过滤的混合糖浆加入真空熬糖锅中熬糖。

③成型:熬煮出锅的糖膏适度冷却后,加入事先已混匀的桉叶油和薄荷油,立即进行调和翻拌,反复折叠至糖坯硬软适度,具有良好的可塑性时(70~80℃),送入拉条机将糖坯拉伸成条,进入成型机中冲压成型。

④包装:成型后的产品,人工剔除缺角、裂纹、气泡、杂质粒及形态不整粒等不合规格的糖粒。合格的糖粒转入包装工序,用包装纸或包装袋包装后装箱。

三十、姜糖

姜糖最早发源于南方,是用生姜提炼的姜汁和红糖混合制成的。目前市售姜糖大多为固体糖块,配以高级淀粉精制而成;在南方,还有加上糯米做成姜糖团的。由于姜有去湿祛寒的作用,还可以减轻口干舌燥时入口中的苦涩味道,因此特别适合南方潮湿气候以及北方多雨季节食用。

1. 原料及配方

红糖25kg,油4kg,鲜姜1kg。

2. 工艺流程

生姜→整理→姜末┐
　　　　　　　　├→熬糖→拔糖→成型→成品
　　　　　红糖┘

3. 制作要点

①熬糖:鲜姜洗净去皮,切碎成姜末。红糖熬成糖稀,加入姜末,熬制。

②拔糖:糖膏在冷却后逐渐凝结成半流质半固体状,放在拔糖机上拔糖。

③成型:等姜糖完全变硬,切成小块即为成品。

三十一、糖衣紫姜

糖衣紫姜由紫姜、糯米制成。紫姜是生姜成熟前的幼姜,其质地细嫩,水分含量高,味辛,性微温,含有辛辣和芳香成分,有增进食欲、温中健胃、除湿祛寒、解表杀菌的作用,是治疗风寒感冒、慢性胃炎、胃痛、胆结石、支气管哮喘、行经腹痛、呕吐等病症的良药和保健食品。糯米又名江米、元米,能益气补脾肺。糖衣紫姜兼具两者的营养价值。

1. 原料及配方

紫姜10kg,糯米20kg,麸皮与米糠两者之比为17∶3。

2. 工艺流程

糯米→淘净→煮熟→冷却

↓

麸皮、米糠→接种→培养→浸提→过滤→酶液→糖化→糯米浆→

混合→日光处理→分离→储藏→成品

↑

晾干←高压蒸制←去皮紫姜

3. 制作要点

①原料预处理：去皮洗净的紫姜放入高压杀菌锅内（温度为 120~150℃）蒸 1~1.2h，取出晾干。当年产新鲜白糯米洗净，除杂。淘米水澄清过滤取上清液做煮米水。洗好的米放置于蒸锅内，加水，水面没过米面 10~12cm，在常压条件下加热。煮熟的糯米饱满透亮、黏稠度高，熟而不烂。冷却至 300℃，备用。

②糖化酶液的制备：称取一定量的新鲜麸皮与米糠于三角瓶中，加 1.2 倍的水搅拌均匀，121℃灭菌 30min，冷却至 30℃。接入黑曲霉菌孢子，30℃恒温培养 68~72h 麸曲成熟。发酵好的麸曲用固液比为 1:5 的 $CaCl_2$ 溶液，在往复式摇床上于 30℃、120r/min 条件下浸提 1.5h，用三层纱布过滤即得酶液。

③糖化：将制备好的糖化酶液均匀地拌入熟糯米饭中，然后盛进洁净的白瓷平盘中进行糖化，糖化时需将白瓷平盘面盖住，以利于保温和减少水分挥发。温度保持在 28~30℃，12~15h 即得糯米浆。

④混合：将熟紫姜块加入糖化好的糯米浆中，固液比为 1:4，使两者充分接触。

⑤日光处理：混合物置于日光下曝晒。为了保证混合物中的水分完全蒸发，糯米的营养物质、糖分能够完全渗入紫姜中，并充分杀死有害菌，日照温度为 38~40℃，时间为 2~3d。

⑥分离、储藏：取出紫姜，用清水洗净姜表面的糯米浆并晒干，密封保存。晒干后的紫姜迅速存放入陶瓷容器中密封好，半个月后姜块表面会形成一层薄薄的糖霜，即成成品。产品存放的时间越长效果越好。产品储藏过程中应注意密封，防止姜块表面糖霜结合空气

中的水分而影响产品质量。

4.质量要求

(1)感官标准

色泽:紫姜表面呈均匀白色。

外观:白色糖霜附于表面,形态各异,每块都独具特色。

口感:甜中带辣,醇香扑鼻。

(2)理化卫生标准

应符合相应的国家质量及卫生标准。

三十二、葱酥糖姜

葱酥糖姜是以鲜嫩姜片配合洋葱的香味,经糖渍而成的。产品质地酥脆、甘香略辣。

1.原料及配方

姜片25kg,洋葱细浆7.5kg,白砂糖20kg。

2.工艺流程

$$水、白砂糖→煮沸化糖$$
$$↓$$

嫩姜→整理切片→浸泡→漂洗→沥干→姜片→熬制→浓缩→烘烤→包装→成品

$$↑$$
$$洋葱→清洗→打浆$$

3.制作要点

①原料预处理:嫩姜清洗去皮后,斜切成0.7~1cm厚的斜片,放入饱和石灰水中浸泡24h。捞出,在清水中漂洗,沥干水备用。洋葱剥去外表干皮,切蒂后清洗,切成碎块,用打浆机打成细浆备用。

②熬制、浓缩:将白砂糖入锅并加水12kg,加热煮沸,加入姜片,微火熬至103℃左右。加入洋葱细浆,继续煮沸浓缩。搅拌至结成浓稠团块状时,停止加热,缓慢冷却。

③烘烤:将上述浓稠状物散摊于烘盘中,放入烘干室内。在60~65℃的温度下烘至干燥散开为止,含水量不超过10%。

④包装:成品可用聚乙烯小袋分装,每袋可装30g、50g或100g,真

空密封即可。

三十三、糖醋酥姜

糖醋酥姜是广东名特产之一,既可作为烹饪的调味配料,又可作为糖果食用。

1. 原料及配方

鲜姜 50kg,食醋 62.5kg,白糖 35kg,花粉适量,食盐 9kg。

2. 工艺流程

鲜姜→洗涤→去皮→加盐腌制→转池复腌→捞起切片→漂水→压水→醋渍→糖渍→染色→煮姜→装缸→成品

3. 制作要点

①腌制:选取肉厚不老不嫩的姜,一般以 8～11 月初收获的姜为佳。鲜姜收获后用水洗净,摘除叶片和老根,用擦皮机去皮,再人工修整,刮皮后先放入水中防止褐变。待全部姜去皮后,即可进行腌制。盐腌过程分两次进行。第一次把姜装入缸中,一层生姜撒一层食盐,一般每 50kg 生姜用盐 9kg。缸顶部要多放些盐,盖上竹箅盖,在上面压上石块。过 4～6h,缸内将有大量汁液上升,汁液没过姜面 7cm 即可,其余汁液可以排去。腌制 24h 后,用笊篱将姜捞入竹筐内,盖上竹箅盖,压上石块。3h 后,50kg 姜的重量降为 25kg 左右。随后,装满缸,盖上竹箅盖,压上石块进行第二次盐腌。腌 24h 后,把姜捞入竹筐内,上面加盖并压上石块,沥去水分,约 3h 即可。经过第二次盐腌后,50kg 生姜约剩 22.5kg。

②醋渍:醋渍也分两次进行。第一次先在缸里放入相当于姜重 50% 的食醋,然后再将腌姜装入缸内,装到距缸口 15cm 左右时,再灌进姜重 25% 的食醋,醋液漫过姜面 10cm 时,盖上竹箅盖,压上石块。浸渍 24h,即为半成品,色白鲜明,重量比浸渍前增加 1%～2%,然后析出姜中部分盐水。第二次先把半成品纵劈两半,再斜着切成一边厚一边薄的碎圆片,或半圆片,放入清水中浸泡 30min,捞进另一只缸内,注入清水,压上石块,浸泡 12h,再捞入竹筐,盖上竹箅盖,压上石头沥水 8h,其间要翻动姜片一次。沥水后,再把姜片装入缸内,灌进

姜片重量 50% 的食醋(醋液要漫过姜片),盖上竹篾盖,浸渍 12h,捞出沥尽醋液。

③糖渍:用糖量为姜重量的 70%。把姜片分层倒入缸内,加入白糖,搅拌均匀,装到距缸口 15cm 处摊平,盖上麻布、竹篾和缸罩,浸渍 24h 后,姜片充分吸收糖液,然后装入竹筐沥尽糖液。糖浆应保存好,以备再用。

④染色:将糖渍姜片装入缸内,每 1kg 糖渍姜片拌无毒花粉 100g,再将上次沥出的糖液灌进缸内,盖上麻布、竹篾盖和缸罩,腌制 7～8d。

⑤煮姜:将浸渍姜片的糖浆水倒入铜锅里煮沸,捞出杂质,再把染好色的姜片放进锅里,勤翻动,煮到姜片膨胀饱满为宜。

⑥装缸:把煮得膨胀饱满的姜片捞到竹筐里,摊平散热。将糖水舀到缸内。

4. 质量标准

产品色泽鲜红,口味清脆凉爽,姜片饱满柔软。

水分 52%～54%,总糖 35%～40%,总酸 0.9% 以下。

三十四、甘草姜糖

甘草姜糖与传统的糖姜蜜饯不同,它是将嫩姜处理后,与甘草、酸梅汁等配合糖渍而成,产品具有甜、酸、辛辣等复合美味。食用该糖具有健胃、除湿、祛寒、发汗、止吐等功效。

1. 原料及配方

嫩鲜姜 6.5kg,白砂糖 5kg,酸梅汁 20kg,甘草粉 4kg,丁香粉 200g,苯甲酸钠 100g,精盐适量。

2. 工艺流程

```
        精盐      白砂糖→酸梅汁→溶解
         ↓                    ↓
嫩鲜姜→清洗去皮→腌制→浸泡→漂烫→沥干→浸渍→浓缩→
浸渍→烘烤→包装→成品             ↑
                        甘草粉、丁香粉、苯甲酸钠
```

3. 制作要点

(1)原料预处理

选取肉质肥厚细嫩的子姜,在流动水中冲洗干净后,刮净浮皮,切忌夹带泥沙,以防影响质量。也可将嫩姜用热碱液浸泡后捞出,放入流动水中搓洗去皮。将洗净的姜依横径斜切成 0.5 ~ 0.7cm 厚的斜片,加适量精盐拌和腌制 3 ~ 4h,然后投入浓度为 3% ~ 5% 的石灰水中浸泡 1h,取出投入沸水中热烫 1min,再捞出沥干水分备用。

(2)糖制

采用糖液浸渍和糖液煮制相结合的方法进行糖制处理,以达到所需的含糖浓度。白砂糖加入酸梅汁,搅拌均匀并使其溶解。当白砂糖充分溶解后,加入甘草粉、丁香粉、苯甲酸钠。苯甲酸钠加入前要先用少量水溶解。搅拌均匀后,将处理好的姜片放入浸渍 48h,中间翻拌 3 ~ 4 次,然后加热煮沸,微沸 8 ~ 10min,使其适当浓缩,以提高糖液浓度。最后用煮制液浸渍 24h,将姜片充分浸透。

(3)烘烤

糖姜片的烘烤分两次进行,中间要注意通风排湿和倒盘整形。

①烘烤温度:第一次烘烤时,将姜片轻轻捞出(切忌用力过猛弄碎姜片),沥尽糖液后放入盘中摊平,送入烘房,在 60 ~ 65℃ 的温度下烘烤 6 ~ 8h,待姜片中的含水量降至 24% ~ 26% 时,取出烤盘,适当回潮整形后进行第二次烘烤。第二次烘烤温度控制在 55 ~ 60℃,烘烤 4 ~ 6h,待含水量降至 18% 左右,用手摸姜片不粘手时,即可出房。

②通风排湿:烘烤期间要注意通风排湿,因为湿度过大将严重影响产品质量。通风排湿的方法和时间可根据烘房内相对湿度的高低和外界风力的大小来决定,不可一概而论。当烘房内相对湿度高于 70% 时,就应进行通风排湿。室内温度很高、外界风力小时,可将进气窗和排气筒全部打开。若室内温度较高而外界风力大时,可将进气窗和排气筒交替打开。一般通风排湿次数为 3 ~ 4 次,每次通风排湿时间以 15min 左右为宜。通风排湿时,若无仪表指示,也可凭经验进行。根据经验,当人进入烘房时,若感到空气潮湿闷热,脸部感到有潮气,呼吸感到窘迫时,即应进行通风排湿。当烘房内空气干燥,面

部无潮湿感,呼吸顺畅时,即可停止排湿,继续干燥。

③倒盘:倒盘的目的是使盘内姜片受热均匀一致,产品全部符合质量要求。烘房内各处的温度不一样,特别是使用烟道加热的烘房,上部与下部、前部与后部温差较大。所以,在糖姜片的烘烤中,要注意调换烤盘的位置,翻动盘内姜片。倒盘一般在第一次烘烤结束时进行。结合倒盘,可适当地用手将姜片压成较平整的片状,压片时动作要轻柔。

(4)包装

将加工好的姜糖冷却后,用无毒塑料袋进行 100g、200g、250g 等不同规格的定量包装,密封后放入阴凉干燥洁净的地方存放。

第六章　鱼肉类休闲食品

鱼肉类休闲食品主要指以水产品(主要是鱼类)和畜禽肉为主要原料,经过一定的加工工艺制成的方便休闲食品。鱼肉类休闲食品营养价值较高,并具有各种独特的海鲜味、肉香味等,深受人们的喜爱。

第一节　水产品类休闲食品

水产品是指具有一定的经济价值,可供利用的生活于海洋和内陆水域的生物种类。水产类休闲食品是以生活在海洋和内陆水域中有经济价值的水产动植物为原料,经过各种方法加工制成的休闲食品,水产类休闲食品是休闲食品中重要的一种。

我国是一个水产大国,海产资源丰富,环列于大陆东南面的有渤海、黄海、东海和南海四大海域,海岸线长达18000km以上,大小岛屿5000多个。我国也是世界上淡水面积较多的国家之一,淡水面积约为$2 \times 10^{11} \, \mathrm{m}^2$,其中可供养鱼的水面约$5 \times 10^{10} \, \mathrm{m}^2$,江河平原区是我国淡水鱼类的主产区,包括长江中下游、黄河下游及辽河下游。这里除了江河流域,还有众多湖泊,天然水产鱼类众多,有青、草、鲢、鳙、鲤、鲫等。我国大部分地区位于温带或亚热带,气候温和,雨量充沛,适于鱼类生长,是当今世界淡水养殖业最为发达的国家,无论养殖的面积和总产量,都居世界前列。

水产动物原料以鱼类为主,其次是虾蟹类、头足类、贝类。水产植物原料以藻类为主。水产原料与其他食品加工原料相比具有很大不同。比如,水产原料的捕捞具有一定的季节性;水产原料一般含有较高的水分和较少的结缔组织,极易因外伤而导致细菌侵入;另外,水产原料所含与死后变化有关的组织蛋白酶类的活性都高于陆产动物,因而水产原料一旦死亡就极易腐败变质。水产食品一般营养丰富,味道鲜美,深受人们的喜爱,因此,开发水产品类休闲食品对于水产品的加工具有重要意义。鱼类是水产类休闲食品的重要原料,下面介绍一下鱼的原料特性。

鱼的营养成分含量丰富,鱼肉中含水分70%～85%、粗蛋白质10%～20%、碳水化合物<1%、无机物1%～2%。与陆产动物肉相比,鱼肉的水分含量多,脂肪含量少,蛋白质含量略高。所以鱼肉是很好的蛋白质来源,而且人体对这些蛋白质的吸收率很高,87%～98%会被人体吸收。鱼类的脂肪含量比畜肉少很多,而且鱼油中含有很特别的Ω-3系列脂肪酸,如EPA(二十碳五烯酸)及DHA(二十二碳六烯酸)。此外,鱼油中还含有丰富的维生素A及维生素D,特别是在鱼的肝脏中含量最高。鱼类还含有水溶性维生素B_6、维生素B_{12}、烟酸及生物素。另外,鱼类还含有矿物质。最值得一提的是丁香鱼或沙丁鱼等,若带骨一起吃,是很好的钙质来源;海水鱼含有丰富的碘;其他如磷、铜、镁、钾、铁等,也都可以在吃鱼时摄取到。

水产动物肌肉浸出物即肌肉浸入温水或沸水中所得的水溶性物质,其成分可分为三大类,即含氮有机物、无氮有机物和无机物,主要有磷、钾、钠、钙、镁等。肌肉浸出物与水产品的食味和微生物的繁殖腐败有着重要关系。与食味有关系的浸出物主要是含氮浸出物。若将肌肉组织中的水溶性浸出物除掉,则蛋白质基本上是无味的,腐败微生物也难以繁殖。而肌肉浸出物多的水产品味道较浓,微生物也容易繁殖。

水产品类休闲食品主要是以鱼为主要加工原料的,因为鱼以其高蛋白质、低脂肪等特点深受人们喜爱,一直是我国传统的休闲食品。鱼类食品也被公认为一种优质的保健食品,它富含蛋白质,并且其蛋白质易被人体消化吸收,利用率高,鱼类脂肪含量少且大都由不饱和脂肪酸组成,其营养价值高于其他动物脂肪。但近年来,由于乱捕滥捞而导致海洋渔业资源发生了巨大的变化,海洋经济鱼类资源极度衰退,其数量、质量不断下降,低值鱼的捕获量呈大幅度上升趋势,主要品种为小梅鱼、小黄鱼、龙头鱼等。目前我国水产品加工业的加工品比例较低,高附加值产品少,技术含量低,而水产类休闲食品附加值高,加工方便,且具有明显的经济效益和社会效益,研究开发前途广泛,又避免了低值鱼处理不当对环境的影响,具有明显的生态效益。

下面介绍一些水产类休闲食品的加工技术及配方。

一、美味鱼肉脯

用鱼肉加工成的美味鱼肉脯,营养丰富,市场畅销,同时原料广泛,是鱼类深加工增值的一条重要途径。

1. 原料及配方

(1)主料

鱼肉 1kg。

(2)调味揸溃

味精 2g,白糖 30g,五香粉 2g,姜粉 3g,焦磷酸钠 2g,淀粉 40g。

(3)调味汁

生姜 1g,酱油 18g,白砂糖 15g,精盐 4g,味精 0.3g,胡椒粉 1g,辣椒干 1g,桂皮 15g,八角 15g,清水 300g。

2. 工艺流程

原料选择→原料预处理→去鳞→切片→脱腥→漂洗→揸溃→烘片→油炸→调味→烘制→包装→成品

3. 制作要点

(1)原料选择

加工鱼脯主要以无刺的鱼肉为原料,因此宜选较大、膘肥的鱼。以冻鱼为原料时,需解冻后加工,并且为防止解冻时造成的汁液流失过多,一般要求冻鱼在室温下用流水解冻、洗净。

(2)去鳞

去鳞前需将鱼浸入 80 ~ 85℃,浓度为 3% 的碳酸钠溶液中浸泡 10 ~ 15s,然后立即移入冰水中并不断搅动 3 ~ 4min,取出,用刀刮去鱼鳞,清洗干净。

（3）切片

用刀垂直将鱼头切下,沿背椎骨向鱼尾割下一片完整的鱼肉。用同样的方法得到另一片鱼肉,为便于接下来的处理,要求切片尽量完整并将鱼肉充分利用。

（4）脱腥、漂洗

将鱼肉片放入浓度为6%的食盐溶液中浸泡30min脱腥,要求鱼肉和盐水的比例大于1:2,并且要在浸泡过程中翻动2~3次。待浸泡结束后,将脱腥后的鱼肉用流动水漂洗2~3min,再泡在5倍的清水中,慢慢搅动8~10min,静置10min,然后倒去漂洗液,再按以上浸泡方法重复操作3次。最后一次漂洗用0.15%的食盐水溶液,漂洗后沥干水分。

（5）擂溃

擂溃分为空擂、盐擂和调味擂溃三个阶段。空擂是将鱼肉放入绞拌机内粗绞一次成糜,时间为5min。鱼糜应粗细适中。盐擂是将3%的食盐溶于水,加入鱼糜中,搅拌研磨10min,使鱼肉变成黏性很强的溶胶。调味擂溃是先将味精、白糖、五香粉、姜粉、焦磷酸钠溶于水,倒入鱼糜中,匀速搅拌3min。然后将淀粉溶于水,加入鱼糜中再搅拌3min。

（6）烘片

将处理好的鱼糜平整地摊到模板上,厚度为2~3mm。然后将模板连同鱼糜置于鼓风干燥机中,在45℃下烘3h,将半干制品取下并放到网片上,50℃继续烘4h,使鱼片水分降至20%左右。

（7）油炸

将烘好的鱼片切成小块投入温度为190~200℃的色拉油中,轻轻翻动,炸5~7min,当鱼脯表面呈金黄色时捞出沥油。

（8）调味

按配方的量将洗净的桂皮、八角、生姜投入锅中,加水煮沸,保持微沸1h,捞出香料,控制锅中配液为300g左右,用纱布过滤后,加入剩余调料并加热,搅拌溶解,煮沸,制成调味汁。将炸好的鱼脯趁热浸入调味汁中,浸泡10~15s,捞出沥干。

(9)烘制

将鱼肉脯放入鼓风干燥箱中,于100℃温度下烘至酥脆,然后密封包装,即得成品。

二、五香鱼脯

1.原料及配方

(1)主料

鱼肉74kg。

(2)调味液

茴香0.2kg,桂皮0.2kg,甘草0.2kg,花椒0.2kg,丁香0.05kg,酱油3kg,精盐0.1kg,白糖4.5kg,味精0.1kg,黄酒1kg,清水9kg。

2.工艺流程

原料验收→原料处理→脱色→浸酸脱臭→漂洗→脱水→调味→烘烤→包装→成品

3.制作要点

(1)原料处理、脱色

一般选择个体较大,肉质肥厚的鱼类为原料,比如鲨鱼等。首先将鱼用水冲洗,开腹,去内脏,洗净腹腔后去皮,剖割成条块状净鱼肉,再沿肌肉纤维平行切成2mm的薄片。为使肉色较深的褐色肉脱去部分血液,可用1倍量5%的盐水浸泡5~10mim,然后用清水漂去血污。

(2)浸酸脱臭

为了脱去鱼体中尿臭的氨味,需将漂洗脱色的鱼肉薄片用醋酸浸渍30min左右,浸泡至用试纸测试pH值为5~6为止,一般冰醋酸使用量为鱼肉的0.5%~0.7%,食用醋酸用量为鱼肉的1.5%~2%。

(3)漂洗

浸酸完毕后,即用大量清水漂洗,直至洗到接近中性。为使鱼肉薄片容易吸收调味液,需将脱酸后的鱼肉薄片包在布袋内,用石块压榨或离心分离脱去部分水分。

(4)调味

调味液的煮制:按配方将茴香、桂皮、甘草、花椒、丁香放在清水中煮沸,熬至香料液6.6kg左右,用纱布过滤后,加入酱油、盐、白糖、边煮边搅。待煮沸溶解后,再加入味精,搅匀放凉,再加入黄酒,即制成调味液。若加工辣味鱼脯,可在以上调味液中增加150g红辣椒粉一起烧煮。将脱水后的鱼肉薄片,放入调味液中浸渍约2h即可捞起。

（5）烘烤

将捞起沥干调味液的鱼肉薄片平整地摊放在铁丝网烘架上,在60~70℃条件下烘至六七成干,也可用日光晒干。然后逐渐升温至100~110℃焙烤至九成干,以带有韧性为度。烘烤时要注意随时翻动,防止烤焦。

（6）包装

成品自烘房取出,自然冷却至室温后,用聚乙烯薄膜袋定量包装,严密封口,并装入带内衬防潮纸的纸板箱,以便于贮运。包装时应注意安全卫生的要求。

三、五香烤鱼

1. 原料及配方

（1）主料

鱼肉84kg。

（2）调味液

茴香0.2kg,桂皮0.2kg,花椒0.2kg,姜片0.2kg,酱油3kg,精盐1.5kg,白糖2.5kg,黄酒1.5kg,清水12kg。

2. 工艺流程

原料选择→预处理→切块→盐渍→蒸煮→干燥→调味→烘烤→包装→成品

3. 制作要点

（1）原料选择、预处理

可选用大小较均匀的鲱鱼（青条鱼）、马面鲀或个体较小的鲹鱼,也可选用鲜度较好、条形完整的小带鱼或小杂鱼。可选用新鲜鱼或冷冻的鱼,也可选用盐渍保藏的咸卤鱼。

新鲜鱼可直接处理。冻鱼需要解冻后才能使用,一般采用流水解冻。咸卤鱼须先用清洁流水(水温不超过 200C)漂洗脱盐,同时要搅动鱼体,以缩短脱盐时间,保证鱼的质量。各种鱼原料一般均需要去鳞、去头尾、去内脏,用水洗净,切块。

(2)盐渍

盐渍的方法要根据原料的保藏方法和鱼块的厚薄、大小而定。若以冻鱼为原料,盐渍时间应适当缩短,而以咸卤鱼为原料的,则不仅不需盐渍,而且对于处理前脱盐不充分的还应再度漂洗。盐渍时一般采用 8% ~ 16% 的盐水,腌渍 10 ~ 20min。

(3)蒸煮、干燥

经盐渍的鱼块,沥水后装在蒸煮烘架上,先用直接蒸汽吹热,而后在 75 ~ 80℃ 的烘房内干燥至六七成干,一般需 6h 左右。

(4)调味

将桂皮、生姜、茴香、花椒等洗净,碾碎,加水 12kg,煮至 6kg(需 1 ~ 1.5h),取出过滤,在滤液中加入白糖、酱油、精盐等煮沸,再加入黄酒,随即取出备用。

过滤后剩余的残渣可用于第二次配料,即在残渣中再加入上述 4 种香料各 0.1kg,然后仍放 12kg 清水,一并煮熬至 6kg 即可。

取干燥鱼块放在调味液中浸泡 30min 左右,浸泡时应将鱼块全部浸没在调味液中,并加以搅拌,以使浸泡均匀。

(5)烘烤

将浸渍调味液的鱼块沥干后再上架,第二次在烘房中烘烤 4h 左右,至成品水分不超过 18% 即可。

(6)包装

烘干之成品自烘房中取出后,放在自然通风的地方冷却至室温,最后用聚乙烯薄膜袋定量包装,封口后置于阴凉干燥处。

四、香甜鱿(墨)鱼干

1. 原料及配方

(1)主料

干鱼片 25kg。

（2）硼酸盐溶液

将硼酸400g、食盐600g溶于40kg沸水中即成。

（3）香甜液

将桂皮粉50g、花椒粉75g、辣椒粉50g溶于10kg水中，煮沸30min过滤，再用20kg开水冲洗滤渣。两次滤液合并约重25kg，再将白糖1kg、盐750g、一级鱼露500g、甜蜜素25g、柠檬酸25g溶解于上述滤液中，经过滤，可得香甜液26L左右。

（4）香料粉

将葱头粉175g、蒜头粉125g、胡椒粉150g、辣椒粉76g、丁香粉75g、甘草粉100g、八角粉100g混合均匀，立即装瓶备用。

2. 工艺流程

原料验收→原料预处理→清洗→酸处理→回软→焖炖→保温→撕条→拌料→烘干→灭菌包装

3. 制作要点

（1）原料预处理

选用体长10~15cm的新鲜鱿（墨）鱼或冷冻原料，除去海螵蛸、鱿腕、内脏和皮，制成鱿（墨）鱼肉片。经漂洗后，摊在尼龙网晒盘上晒干或人工干燥至干透，备用。生产时选择体形大小匀称和色泽一致的干鱼片，称取25kg，浸泡于流动清水中30~45min，使其复水回软。

（2）酸处理、回软

取复水后的鱿（墨）鱼片，沥水数分钟，在40L、90℃以上的硼酸盐水中浸20~25min进行助发，促使鱼体酥松，酸处理时每千克鱿（墨）鱼片需硼酸盐溶液1.6L。助发后捞起投入温水中迅速洗除表面筋膜、污物，再投入另一个容器的温水中继续复水软化，待全部洗好后一起捞起，沥水5min。浸泡时间一般不超过2h，复水回软后鱼片重为50kg。

（3）焖炖、保温

取香甜液20L，放入不锈钢锅内，加热至沸，投入鱼片，煮1h后，改用文火焖炖1~1.5h，其间要经常翻动，以免煮焦。然后把鱿（墨）

鱼片和香甜液倒进保温瓷缸中保温 60～70℃,等待辊压撕条。

(4)撕条

将鱿(墨)鱼片从保温瓷缸中捞出,放进辊压机往复压轧 2～3次,使鱿(墨)鱼片的纤维组织松散,然后顺着纤维撕成宽 0.4cm、长2cm 的鱿(墨)鱼丝条,置于盘中,每盘约 1kg。

(5)拌料

每千克鱼条称取香料粉 10g、味精粉 35g、白糖粉 30g,混合均匀后筛在鱼条上。

(6)烘干

将拌好料的鱼条摊在塑料网底烘干盘上,放入烘箱烘至鱼条表面稍干即停止烘烤,让其回潮。称取 30g 白糖粉,均匀地撒在鱼条上,再烘烤,烤至鱼条的水分含量在 25% 以下。冷却后按实际重量,每千克再撒香料粉 5g,装入缸内密封 1～2d,使水分、香料扩散均匀。

(7)灭菌包装

包装前,再将鱼条烘干,将其水分含量控制在 22%～24%。用紫外线灯灭菌 3～5min,然后立即包装(成品率为 6%～7%)。

4. 质量要求

外观:呈松软的条状,每条 2cm 以上,部分可见到鱿(墨)鱼肌肉纤维。成品中碎品不超过 3%。

色泽:呈深金黄色或淡黄色。

气味:具有香料和鱼干应有的气味。

味道:呈甜、香、辣等综合风味。

干度:水分在 24% 左右。

保质期:可保存半年以上。

五、墨鱼干丝

1. 原料及配方

(1)主料

墨鱼片 294kg。

（2）调味液

将清水 50kg、砂糖 17kg、精盐 4kg、味精 2.5kg 混合加热,冷却过滤。

2. 工艺流程

墨鱼→处理→发泡→调味→干燥→焙烤→撕条→包装→成品

3. 制作要点

（1）原料处理

选每只 100g 以上的墨鱼,洗去鱼体表面的黏液、墨汁及污物,去头、内脏、海螵蛸、皮,并在清水中洗净得墨鱼片,去内脏时不得弄破墨囊。

（2）发泡

洗净的鱼片,用双氧水溶液浸泡约 3h,双氧水溶液为 100kg 水中加入 39% 的双氧水 2.5L 混合而成（可浸泡墨鱼 100kg）。浸泡时应经常翻动,没泡的第一小时每隔 5min 翻动 1 次,以后每 10min 翻动一次。用拇指和食指捏紧墨鱼片能产生明显凹印时,则表明浸泡完毕,即可取出放在流动清水中漂洗 20min,沥干。

（3）调味

经浸泡沥干的墨鱼片放在调味液中浸渍 10h,沥干。墨鱼片与调味液的重量比为 4:1。

（4）干燥

将鱼片取出沥干,背面向上平摊于清洁的尼龙网烘架上,在温度为 70~80℃ 的烘房中烘至半干,即不粘手。

（5）焙烤、撕条

将烘至半干的墨鱼片置于电热或煤气加热的焙烤炉中,烤至鱼体呈浅褐色。焙烤后的墨鱼片应收缩,发泡呈微孔状而有弹性。撕成 2~3mm 的细条,即得墨鱼干丝。

（6）包装

用聚乙烯薄膜袋定量包装。

4. 质量要求

产品呈淡黄色,组织柔软而具有弹性,并且具备特有的鲜香味,无异味。

六、美味烤鱼片

1.原料及配方

（1）主料

鲜马面鱼若干。

（2）调味料（对鱼肉重）

白砂糖4%～6%，精盐1.5%～2.0%，味精1.5%～2.5%，料酒1%～2%，胡椒粉0.1%，姜汁0.5%。

2.工艺流程

原料预处理→清洗→切片→漂洗→调味→初烘→回潮→烘烤→轧松→称重→包装→成品

3.制作要点

（1）原料预处理

选取经卫生检验机构检测合格的新鲜马面鱼为原料，先剥皮，去头，去内脏，再将鱼体内腔清洗干净。

（2）切片

在做切片处理时，应边冲水边用不锈钢小刀将鱼体上下两片鱼肉削下来。要求形态完整、不破碎为好。

（3）漂洗

将削好的鱼片倒入水槽内用流动水漂洗，直至鱼片上的黏膜及污物、脂肪等物质随水漂洗干净。

（4）调味

漂洗好的鱼片捞出沥干水，称重，再进行配料调味，并进行人工搅拌，然后浸渍1～2h，让鱼肉内层入味。

（5）上筛初烘

将调味浸渍好的鱼片逐片粘贴在无毒塑料筛网上，并使形态尽量完整成片。然后将筛网板一层层推进烘车，再送进热风烘房内进行第一次初烘。开始温度控制在40～50℃，然后升温至50～60℃，初烘8～10h，使烘出的鱼片含水分为20%～22%，烘房温度应均匀稳定，按工艺要求执行。将烘干的马面鱼半成品从塑料网格上取下来放入清洁的干燥容器内,封扎袋口,防止受潮。在操作中防止擦伤鱼干片,以免影响成品的形态。

(6)回潮:为了不使产品烤焦,先在初烘后的鱼干片上喷一些水,使鱼片吸潮到含水量为 20% ~25% 。

(7)烘烤:先将回软的鱼干片均匀地摊放在红外线烘烤炉的钢丝条上,再经过 240~250℃、3min 左右的高温烘烤。要经常检查成品色泽,适当调节炉温,不致烘焦或未烤熟。

(8)轧松:由于鱼片经二次烘烤后组织收缩变硬不能食用,必须经机器一次轧松。

(9)包装:根据一定的包装规格进行称量并立即装入聚乙烯无毒塑料薄膜袋内进行封口包装。小包装鱼片为每袋 10g。

4. 产品特点

本品色泽呈金黄色,具有鱼干片经高温烘烤后应有的滋味及气味,口味鲜美,食时有纤维感,鱼干含盐量为 1.5% ~2% 。

七、多味小鲫鱼干

1. 原料及配方

冰冻小鲫鱼若干。

调料液:糖 6kg,黄酒 5kg,橘盐 8kg,桂皮 0.5kg,八角茴香 0.3kg,生姜 1kg,月桂叶 0.1kg,花椒 0.2kg,陈皮 0.1kg,味精 0.2kg,干辣椒 0.05kg,水 100kg。

2. 工艺流程

调料液

↓

冰冻小鲫鱼→解冻→预处理→盐渍→腌制→沥干→烘制→分级定量包装→成品

3. 制作要点

(1)解冻

冰冻小鲫鱼在冰冻时应及时剔除变质鱼。为防止汁液流失过多,解冻时采用自然解冻或淋自来水。

（2）预处理

用刀轻轻刮除鱼鳞,然后用小刀或剪刀剖腹,挖去内脏,除去鱼鳃,再用清水冲洗干净。

（3）盐渍

将洗净的小鲫鱼放进4%的盐水中,盐渍约20min,鱼与盐水比例为1:2,腌完捞出用清水冲洗一遍,沥干水分,待用。

（4）配制调料液

首先将桂皮、八角茴香、生姜、月桂叶、花椒、辣椒和陈皮等用纱布袋装好,扎紧袋口,入水加热煮沸,稍加熬制,然后加黄酒、味精,过滤备用。

（5）调料液腌制

将沥干水分的小鲫鱼放入60~80℃的调料液中腌制数小时后,捞起、沥干。

（6）烘制

用60~80℃的温度对沥干的小鲫鱼进行烘烤至不粘手为止。

（7）定量包装

包装时需注意环境的卫生条件。

4. 产品特点

本品呈褐黄色,鱼体完整,酥脆醇香,鲜美可口,为旅行居家之多味小食品。

八、龙虾片

1. 原料及配方

鲜虾肉或鲜带鱼肉10kg,淀粉90kg,味精2kg,糖3.3kg,精盐2.3kg,调料液2kg,淀粉浆48kg。

调料液:用桂皮、甘草和大料各0.5kg,加水熬成2kg。

2. 工艺流程

选料→原料预处理→打浆搓条→蒸熟→冷却切片→烘干→成品

3. 制作要点

（1）原料预处理

将新鲜的带鱼去掉头、尾和内脏,并用清水洗净,去骨刺,取净肉备用。

（2）打浆搓条、蒸熟

将味精和打成浆的淀粉各自先用水化均匀，然后加热，边加热边搅拌，使之呈透明状，加热至以刚烫手为度。将原料、调味配料和浆粉料同时放入搅拌机内搅拌，再把热浆徐徐加入搅拌机内，约经20min，待搅拌均匀和其浓稠度接近烙饼面的浓稠度时，即可取出倒入木箱，用布盖好以保温。同时陆续取出，在案板上搓成直径为5cm的粗条，要搓得紧实，中间不得有微孔。把搓好的粗条放入蒸箱蒸熟后，再冷却12h。

（3）冷却切片、烘干

把已冷却的粗条放进温度为 -2℃ 的冷库内，再冷却约30h，使之成为棍状即可。然后切成厚度为1mm的薄片，再经过晾晒或烘干即成为龙虾片。

4. 产品特点

本品食用时用油炸或用砂炒，抑或用爆筒加热成为酥松、香脆、鲜美可口的龙虾片。

九、美味丁香鱼罐头

1. 原料及配方

丁香鱼若干。

调味液：酱油17kg，蒜头0.5kg，桂皮0.04kg，黄酒1.2kg，生姜0.5kg，茴香0.04kg，砂仁0.7kg，花椒0.03kg，味精0.09kg，盐2.0 ~ 3.0kg。

2. 工艺流程

原料验收→洗涤→油炸→调味液配制→炒拌→装罐→密封→杀菌→冷却→成品

3. 制作要点

（1）原料验收

干鱼体为白色稍有透明，个体完整，长度在2cm以上。其水分含量应小于15%，含盐量少于12%，品质新鲜，无不良气味。

（2）洗涤

将丁香鱼置于漂洗槽中,用流动自来水浸泡 1~1.5h,每隔 20min 应轻搅几次,以防止个别部位脱盐不匀。原料与水之比为 1:2,最后用小眼漏勺捞起,沥干。

（3）油炸

将精炼植物油加热至 170~180℃,投入适量的丁香鱼,油炸时间控制在 2~2.5min。炸至色泽淡黄,鱼体起酥为度。每炸一锅应将锅内碎鱼屑消除干净。相隔一段时间应补充一定量的植物油。连续油炸 4h,更换新油。

（4）调味液配制

按调味液配方配制并调至调味液含盐量在 6.0%。先将香料冲洗干净,再与生姜、蒜头同置于夹层锅中,加入适量水。在蒸汽压力 0.12~0.15MPa 下熬煮 1h,出锅过滤,即为香料水。在香料水中加入酱油、砂糖、精盐及自来水煮沸后,调至规定重量和规定盐度,最后加入味精等,过滤备用。

（5）炒拌

油炸后的丁香鱼应趁热收集,置于夹层锅中,在 0.3MPa 的蒸汽压力下炒拌,10kg 丁香鱼加入 2.5kg 调味液,炒拌至汤汁液充分吸收后出锅。

（6）装罐

将空罐（瓶）用 82℃ 热水清洗干净,倒置沥干,然后装罐。

（7）密封

封口真空度要求达到 0.03~0.04MPa,并逐个检查封口、外观质量是否良好。

（8）杀菌、冷却

121℃ 杀菌 40min、10min,冷却至 40℃ 以下,擦干罐外水分,入库为成品。

4. 产品特点

本品鱼体呈黄褐色,富有光泽,具有丁香鱼罐头应有的鲜香味,软硬适度,食后满口生香。营养丰富,风味诱人,是人们野外旅游及居家的佐餐佳品。

十、软包装美味带鱼

1. 原料及配方

带鱼 100kg，色拉油适量。

调味汁：茴香 3kg、花椒 2kg、桂圆 3kg 混合均匀后，包成几个松散的沙袋，加入水 75kg，在夹层锅中加热至微沸，保持 2h 至总量约 70kg 汤汁，停止加热，取出香料袋，趁热加入味精 1.5kg、白糖 15kg、精盐 6kg，冷却后加入黄酒 15kg，搅匀即为调味汁。

2. 工艺流程

原料→预处理→腌制→油炸→浸汁→沥干→真空包装→杀菌→晾干→预贮观察→检验→成品

3. 制作要点

（1）预处理

取尾重 200g 以上的冷冻带鱼，先进行流水解冻并进行分级处理，使每一等级的色泽、重量基本均匀一致。将带鱼去头、内脏、尾，洗净鱼体及腹腔内的黑膜，切成 4cm 左右的鱼段。

（2）腌制

每 100kg 带鱼段加 3kg 精盐（用水化开），腌制 10～15h，取出沥干。

（3）油炸

将色拉油加热至 200℃ 左右，投入适量的带鱼，炸至色泽淡黄，鱼体起酥为度。相隔一段时间应补充一定量的植物油。连续油炸 4h，更换新油。

（4）浸汁

将沥干油的鱼块投入调味汁中浸泡 10s 取出，沥干余汁。

（5）真空包装

经浸汁沥干后的鱼块进行装袋、计量，封口时真空度为 0.093MPa，热封。封口的一段时间（8s），调低一档，每袋 200g（选用 PVDC/AL/PE 复合薄膜高温蒸煮袋）。装袋时注意封口处切忌污染调味汁和油。

（6）杀菌

在消毒器内杀菌。杀菌条件：5min—25min—15min/116—118℃，蒸汽杀菌，0.081MPa反压冷却，冷却至70℃。

（7）晾干

杀菌后袋子上的附着水用振动器初步除去，然后趁热置放于金属网格晾架上用风扇吹干。

（8）检验

逐袋检查。剔除胖袋，打箱成件，即为成品。

4.产品特点

本品原料味美价廉，骨刺少，易加工；成品香酥可口，软硬适度，色泽为黄褐色，食用方便，为旅游佳品。

十一、鲢柳丝

1.原料及配方

白鲢鱼若干。

冷冻变性防止剂（对鱼肉重）：糖7.28%，山梨醇3.1%，山梨酸钾0.1%。

调味擂溃（对鱼肉重）：10%的淀粉、2.24%的精盐、2.24%的碳酸氢钠、0.5%的姜汁、0.1%的胡椒料、0.2%的三聚磷酸钾和10%的水。

2.工艺流程

原料预处理→采肉→加冷冻变性防止剂→捣碎→擂溃→铺片→定型→成品

3.制作要点

（1）采肉

捕捞上来的新鲜鲢鱼，马上采肉。用背剖法剖开后去除内脏，用稀盐水（5倍鱼肉重）3次清洗干净。除去含脂高的红色肉，并用离心机脱水。

（2）捣碎

用捣碎机捣碎。捣碎时应注意控制低温，先冷冻，再解冻进行捣碎,这时会更容易捣碎。捣碎后的鱼糜可直接加入调味料,进行擂溃或进行冷藏。

（3）擂溃

先加盐擂溃2min,然后加上述调料继续擂溃。注意温度应低于15℃(若加水可以碎冰形式加入,以降低温度,防止鱼肉蛋白质变性)。

（4）铺片

铺片要均匀,厚度在1mm左右。

（5）定型

把鱼皮薄片置于不粘锅上焙烤(两面反复烤)至膨松分层。切丝后迅速包装。

4.产品特点

产品为营养价值较高的旅游馈赠佳品,口味鲜美。

十二、多味贻贝休闲食品

1.原料及配方

新鲜贻贝肉150kg,糖6kg,酱油1.3kg,盐0.7～1kg,酒1～1.5kg,味精0.2kg,大料2.6kg,桂皮2.6kg,胡椒0.13kg,花椒2.6kg,丁香1.3kg,辣椒0.7kg,水100kg。

2.工艺流程

新鲜贻贝→预处理→蒸煮→去壳、去足丝→原汁冲洗→分级→拌料→浸泡→烘烤→分级→称重→真空包装→成品贮藏

3.制作要点

（1）原料预处理

将新鲜、肉质饱满的贻贝清洗干净,去除藻类及其他杂质。

（2）蒸煮

洗净的贻贝倒入锅中,煮到贝壳裂开。用原汁冲洗取出的贝肉。

（3）配制料液

将糖、盐、味精、酱油、酒等拌和一起,香料用纱布小袋装好,加适量水和上述混合液熬煮一段时间即成料液。

（4）浸泡

趁热将贝肉倒入调料液中浸泡 2~3h。

（5）烘烤

先用 105~120℃烘 2~3h,然后降温至 70~80℃烘 1~2h,再升温至 90℃,烘 0.5h,即成。

（6）分级、称重

产品冷却后分级、称重、包装,即为成品。

4. 产品特点

产品外观略带光泽,肉质柔软,有嚼劲,个体基本完整、一致,滋味鲜美、咸、甜、麻辣适宜,具有贻贝特有的香味。贻贝是高蛋白海洋类食品,同时富含钙、磷、铁等无机盐,脂肪酸组成合理,为有开发前途的新型海产保健食品。

十三、海带松

1. 原料及配方

海带 25kg,精盐 0.05kg,酱油 1kg,白糖 2.5kg,白醋 0.1kg,味精 0.1kg,生油 4kg,防腐剂少许。

2. 工艺流程

原料清洗→浸泡→切丝→油炸→蒸煮→冷却→拌松→成品

3. 制作要点

①清洗、浸泡:将海带用温水浸泡,除去泥沙,清洗干净。

②切丝:将洗净的海带切成 4cm 左右长的细丝。

③油炸:生油入锅烧至七成熟时,将海带丝放入油锅炸约 1min,待海带丝漂起来,速用漏勺捞出沥油。

④蒸煮:在夹层锅内,加入 1.5kg 熟油。再将精盐、酱油、白糖、白醋、水少许煮沸,把炸过的海带丝入锅蒸煮 10min,然后加入味精、防腐剂,出锅凉透后拌松即为成品。

4. 产品特点

产品微黄松脆,咸鲜味美。

第二节　鸡肉类休闲食品

鸡肉和牛肉、猪肉相比,具有蛋白质质量较高,脂肪含量较低等优点。鸡肉蛋白质中含全部必需氨基酸,与蛋、乳中的氨基酸模式极为相似,是优质蛋白质的来源。此外,鸡肉也是磷、铁、铜和锌的良好来源。因此,鸡肉类休闲食品是营养健康的食品。

一、鸡肉松

1. 原料及配方

配方1:去骨生鸡肉5kg,茴香6g,生姜25g。

配方2:连骨生鸡肉50kg,料酒150g,生姜150g,盐1.25kg,白糖2.2kg。

2. 工艺流程

宰杀→配料→焖煮→炒干→揉松→包装→贮存

3. 制作要点

①宰杀:首先将健康的活鸡宰杀放血后,放进70~72℃的热水中浸泡拔毛,羽毛拔除干净后,把头、脚切去,挖除内脏,再清洗干净。

②焖煮:将净膛鸡剔皮去骨切成肉块,和生姜同时放入锅中用水煮3~4h至肉熟(仔鸡宜短一些),加入上述调料。生鸡肉加水焖煮开始时,火力宜大,以后逐渐减小。然后将鸡肉全部捞出,除去骨、皮及其他杂质,并将撕下的精肉捏撕分散。将经初次处理的鸡肉再次下锅加水煮,煮开后除净上面的油,然后将用布包裹好的香料与酒、盐一同放入煮1h,再加入白糖,直至卤汁烧干起锅。烹制前期用大火使肉熟烂;中期用中火,使汤汁尽收肉内;后期用小火,防止焦糊。加水太少肉难煮烂,也不便压散;加水过多则肉汁黏稠易炒焦。

③炒干:用锅铲将肉块压散,不断翻炒。待汤汁收尽后取出,置于搓板上趁热搓擦,拣出筋膜、骨屑,将鸡肉搓成细丝即成。注意用文火炒,待干度适合时取出,要勤炒勤翻,动作轻而均匀,不要炒焦。

④揉松:若制作数量多,可用揉松机揉松,少量的则用手工操作。

将干净的洗衣搓板放在白瓷盘内,将鸡松放在搓板上,用手轻轻揉,待其柔软、蓬松后即为成品。成品装入食品袋或经消毒的玻璃瓶密封存放。

4.产品特点

优质肉松应为白中透黄,呈丝状,蓬松而有弹性,清香可口,味道鲜美,营养丰富。产品便于携带,为旅游的理想食品。

二、无骨鸡柳

1.原料及配方

鸡胸肉 100kg,冰水 20kg.食盐 1.6kg,白糖 0.6kg,复合磷酸盐0.2kg,味精 0.3kg,白胡椒 0.16kg,蒜粉 0.05kg,其他香辛料 0.8kg,鸡肉香精 0.3kg(香辣味加辣椒粉 1kg,孜然味加孜然 1.5kg,咖喱味加咖喱粉 0.5kg)。

2.工艺流程

鸡大胸→解冻→切条→加香辛料和冰水→滚揉→腌渍→上浆→裹粉→速冻→包装→入库

3.制作要点

①解冻:将冷冻的鸡胸肉自然解冻或者流水解冻。

②切条:切成 7~9g 条状。

③滚揉:将大胸肉、香辛料、冰水放入并滚揉。

④上浆、裹粉:采用专业浆液,水:粉 =1.6:1。

三、香酥鸡丁

香酥鸡丁具有肉类罐头应有的滋味和气味,有浓郁的香辛味,无异味,无杂质,咸淡适中。油炸鸡丁表面呈金黄色,晶莹透亮,组织紧密,柔嫩,软硬适度,口感细而不腻,是一种老少皆宜的休闲食品。

1.原料及配方

鸡肉 50kg,食盐 3kg,葡萄糖 0.25kg,抗坏血酸钠 0.05kg,鸡蛋(取蛋清)2kg,味精 0.1kg,蜂蜜 0.2kg,五香粉 2kg,茴香 0.5kg,胡椒粉0.2kg,花椒粉 0.5kg,大蒜 0.3kg,黄酒 0.5kg,食用色拉油和香油适量。

2.工艺流程

选料→宰杀→清洗→切条→腌制→预煮→冷却→切丁→晾干→
涂蜜→油炸→调香→装袋→真空封口→杀菌→检验→包装→成品

3.制作要点

（1）宰杀、切条

要求用锋利的菜刀，一刀割断鸡的气管，且能让鸡血全部流尽。
血放完后，进行烫毛、煺毛。用清水冲净鸡体表面的残毛，再用尖刀
在鸡的腹部刺开一条刀口，取出内脏，用清水漂洗，浸出残血等污物。
鸡肉切条时一定要注意，保证肉条的大小均匀，在有骨的鸡肉切条
时，应顺着肌肉的方向切取。

（2）腌制

鸡肉腌制时应首先加入鸡蛋清，将其和鸡肉混合均匀后，再加入
食盐、葡萄糖、抗坏血酸钠混合均匀，温度5℃，腌制时间24h。添加鸡
蛋清的作用是保持肉的鲜嫩。

（3）预煮

将腌制好的鸡肉放入夹层锅中煮，煮熟后从锅中捞出，冷却到
40℃左右（在此温度下有利于切块），切成见方的小块。

（4）油炸

先将切好的肉块晾干，均匀地涂上一层蜂蜜，然后把鸡肉块投入
油锅中（油温在120℃以上开始投料），控制加热，使油温始终保持在
130～150℃。油炸时间3～5min，至鸡肉表面呈现金黄色，鸡肉脱水
率为40%～45%。炸完后捞出，充分沥油。

（5）调香

调香是将食盐、味精、蜂蜜、胡椒粉、花椒粉、五香粉、茴香、大蒜、黄酒均
匀地与已经炸好的鸡块充分混合，调味，使味达到最为醇和，最为可口宜人。

（6）装袋

应注意装袋要均匀，并且要注意装袋的卫生要求。

（7）杀菌

封口后的袋装食品要尽快装入杀菌锅内进行杀菌。杀菌过程应
严格按照操作规程进行，以免造成次品或废品。

四、鸡肉虾条

鸡肉虾条是一种低脂肪高蛋白的食品,具有营养滋补的功效,它克服了鸡大胸产品肉干味淡的缺点。产品形似虾条,味道纯正,是一种老少皆宜的休闲食品。

1. 原料及配方

糊料:玉米淀粉73kg,绵白糖27kg,鸡精3.5kg,大豆分离蛋白15kg,姜粉1.2kg,味精2.5kg,盐4.5kg,山梨酸钾0.174kg,水40kg。

调料液:100kg水中加入花椒1.42kg,桂皮3.38kg,肉蔻3.12kg,八角1.725kg,白胡椒1.2kg,小豆蔻0.6kg,姜2.74kg,大蒜7.88kg,盐3.7kg,山梨酸钾0.1kg。

2. 工艺流程

原料肉的选择→腌制→蒸煮→手撕→裹糊→沾面包屑→油炸→冷却→真空包装→杀菌→成品

3. 制作要点

①原料肉的选择:选择新鲜无淤血的去皮鸡大胸。原料肉符合国家食品卫生标准。

②腌制:将调料加入水中煮沸10min,冷却后作为腌制液,将鸡肉加入腌制12h。

③蒸煮:100℃汽蒸8min。

④手撕:将胸肉冷却后手撕成宽1~1.5cm、长3~5cm的胸肉条。

⑤裹糊:按配方配成糊料,将手撕后的胸肉沾满糊料后迅速投入面包屑中,充分裹匀。

⑥油炸、冷却:将裹满面包屑的胸肉条投入180℃的油中,炸1min后,取出沥干油,冷却至室温。

⑦包装、杀菌:将炸好的胸肉条根据包装规格要求装入透明蒸煮袋或铝箔袋中,然后进行真空封口,真空度为0.05~0.06MPa,检查是否漏气。杀菌公式为10min—30min—15min/121℃,高压冷却。

4.产品特点

风味:入口香,具有明显的鸡肉味。

外观:黄褐色,形似虾条。

五、膨化鸡肉片

1.原料及配方

新鲜鸡肉10kg,玉米淀粉40kg,食盐2.8kg,砂糖4kg,味精0.2kg,水42kg。

2.工艺流程

原料肉处理→混合→切分→干燥→粉碎→挤压膨化→切割成型→烘烤→调味→包装→成品

3.制作要点

(1)原料肉处理

将新鲜的鸡肉水洗,去骨,在高速组织捣碎机内充分捣碎,使鸡肉最终成糊状。实验表明,鸡肉粉碎程度越好,越有利于物料混合,挤出产品形状越规则。

(2)混合、切分和干燥

将捣碎的鸡肉糊按比例与淀粉、食盐、水充分混合均匀,呈团状,切分成0.8~1.2cm的小块,于50℃的条件下通热风干燥至含一定水分。

(3)挤压膨化

挤压膨化是整个流程的关键,直接影响产品的质感、口感。影响挤压膨化度和糊化率的因素很多,有挤压温度、挤压压力、螺杆转速、进料速度、物料湿度、物料粒度和物料组成等。所以在生产中应根据不同的挤压膨化机器选择合适的参数,使挤出物的糊化程度可满足产品的质量要求,膨化度适中,产品组织结构较好。

(4)烘烤

挤压出来的半成品还含有一定的水分,需送入烤炉进一步烘烤,使水分降低到5%~8%,以利于长期保存,同时因美拉德反应产生特殊香味,进一步提高了酥脆度和口感。

（5）包装

为防止受潮，保证酥脆和美味，且避免在贮存、运输过程中破碎，调味后的产品要进行充氮包装。

第三节　牛肉类休闲食品

以牛肉为主要原料生产的休闲食品一般都味美可口、食而不腻、回味悠长、营养丰富。将我国传统名特食品与国内外先进加工技术和设备相结合，利用现代的保鲜和包装技术，分析市场消费习惯，进行必要的配方调整和技术改进，开发出我国大众喜爱的具有一定保健功能的现代方便食品，是肉类食品今后的主要发展方向之一。

一、牛肉干

1. 原料及配方

鲜牛肉 100kg，盐 3.0kg，酱油 3.1kg，白糖 12kg，曲酒 2.0kg，咖喱粉 0.5kg，其他调味料适量。

2. 工艺流程

原料选择→分割整理→清洗→腌制→预煮→冷却→切丁（条）→复煮→收汤→脱水→冷却→检验→包装→成品

3. 制作要点

①原料选择、分割整理：选用新鲜的牛肉，经检疫合格，以前后腿的瘦肉为佳。先将原料肉的脂肪和筋腱剔去，然后洗净沥干，切成 0.2kg 左右的肉块。

②腌制：按配方要求加入辅料，在 4~8℃下腌制 48~72h。

③预煮：将肉块放入夹层锅中，用清水煮开后撇去肉汤上的浮沫（血沫、油花等杂质），煮制 30min 后捞出冷却（肉内部刚好无血丝为宜），然后将肉切成丁或片。有时为了去除异味，可加 1%~2% 的鲜姜。

④切丁（条）：预煮后，将肉置于筛子或带孔的盆中，待不烫手时切丁（条），使之形状整齐，厚薄均匀。

⑤复煮:取部分原牛肉汤加入调料和切好的肉丁或片,先用大火煮制,再改文火收汤,时间1~2h,待卤汁基本收干,即可起锅。

⑥脱水:常规的脱水方法有三种:

烘烤法:根据口味不同,将收汁后拌入不同调料粉的肉胚,铺在竹筛或铁丝网上,放置在远红外烘箱中烘烤,烘烤温度前期为80~90℃,后期可以控制在50℃左右,一般使含水量下降到20%以下,需要5~6h,在烘烤的过程中注意定时翻动。

炒干法:收汁结束后,肉胚在原锅中文火加温,炒至肉块表面微微出现蓬松绒毛时出锅。

油炸法:腌制后,沥干水分,在肉胚上撒上调味粉后投入135~150℃的油锅中油炸,油炸时要控制温度,温度高易炸焦,温度过低脱水不彻底且色泽差。可以选择恒温油炸,产品质量易控制。炸到肉块微黄色后,捞出并滤净油。

⑦冷却、检验、包装:在清洁的室内摊晾。自然冷却较为常用,也可以采用机械通风。冷却为室温,检验合格后进行真空包装,即为成品。

4. 产品特点

烘干的肉干色泽酱褐泛黄,略带绒毛;炒干的肉干色泽淡黄,略带绒毛;油炸的肉干色泽红亮油润。本品外酥内韧,油香味浓,并且肉质疏松,厚薄均匀,无焦煳、无杂质;质地干爽但不硬,口味鲜美,咸甜适中。

二、肉脯

1. 原料及配方

肉10kg,酱油1.5kg,味精0.5kg,白糖1.5kg,料酒0.1kg,姜粉0.05kg,葱粉0.05kg。

2. 工艺流程

原料→清洗→整理→切片→拌调料→沥干→烘烤→整形→蒸煮→包装

3. 制作要点

①所用原料,猪、牛肉不限,要选取精肉较多的部位。

②将选好的原料浸泡 2~4h,洗净血水。

③将洗净的原料整理,除去脂肪和筋腱部分。

④切片有以下两种方式:

直接手工切片法:对操作人员的刀功手法要求比较高,切片厚度要求 0.1~0.2cm,大小不限,以片大为宜。切片要顺肉丝切,以保证成品具有一定的韧性,有良好的口感。

冷冻机器切片法:首先将整理好的肉放入冷库中深冻成冻肉,至机器可切时为止。

⑤切好的肉片放入调味料,混合均匀以后放置 4~5h。

⑥取出肉片后,单层铺放在筛网上,放入 70~80℃ 的烘箱中烘烤。

⑦烘烤到七八成干,取出后整形成方正片。

⑧整形以后的肉片放入蒸锅,蒸 10~15min。

⑨取出后冷却,即可包装。

三、五香辣味牛肉干

1. 原料与配方

牛坯肉 100kg,白糖 21kg,味精 0.5kg,曲酒(60 度)1kg,五香粉 0.5kg,辣椒粉 0.3kg,精盐 4.5kg,酱油 2kg,鱼卤 2kg。

2. 工艺流程

选料→原料处理→切片→配料→煮制→烘干→检验→包装

3. 制作要点

①选料:选用肉质新鲜的黄牛或水牛肉,以黄牛肉最好。

②原料处理:将选好的牛肉按肌肉纹理,除去油、筋、膜及碎骨,切成250g 左右的方块,洗净后下锅白烧 1h,待牛肉断血、断红,里外熟透时起锅,放竹筛上散热降温,即为坯肉。

③切片:将坯肉按规格切成长 3~4cm、宽 2~3cm、厚 0.1~0.2cm 的长方形肉片。

④配料、煮制:按上述配方,除味精和曲酒外,各料均倒入锅内,加煮坯肉的汤,用中火烧煮,翻拌原料,待锅内汤快干时,再倒入曲酒,最后加味精,立即出锅,盛到筛内摊开,晾凉。

⑤烘干:把烤筛摆在烘架上烘制,烘烤温度保持在 50～60℃,每隔 1～2h 调动烤筛上下位置,并翻动原料,约经 2h 即成。

4. 产品特点

本品为棕褐色,表面起绒,干而不焦,酥松,口味清香,辣甜适中。

四、新型牦牛肉干

1. 原料及配方

牦牛肉 100kg,食盐 8kg,白砂糖 2kg,酱油 2kg,白酒 2kg,香料提取液 4kg,三聚磷酸钠 200g,山梨酸钾 50g,硝酸钠 50g。

2. 工艺流程

原料预处理→注射→腌制→沥水→蒸煮→成型→烘烤→冷却→包装→成品

3. 制作要点

(1)原料预处理

把牦牛肉切成 1.5～2kg 的肉块,修去筋膜,剔除碎骨,清洗干净。

(2)注射

将香料破碎后,用纱布包裹于水中煮沸熬汤,制成香料提取液,然后加入酱油、白酒、三聚磷酸钠、山梨酸钾、硝酸钠,混合均匀,预冷至 6～8℃,制成注射液。注射液总量控制在肉重的 8%～11%,用注射器将配好预冷的注射液均匀注射到肉中。

(3)腌制

经注射后的肉块于冷库中保持 4～8℃ 的温度腌制 21h。

(4)蒸煮

将肉块改成 1.5kg 左右的小块,保持表压 1.1MPa 蒸煮至肉熟而不烂。

(5)成型

待肉块晾凉后,顺着肌肉纹路切割成型。

（6）烘烤

先用 60℃ 的温度烘至产品表面变干,再升至 90℃ 的高温快速烘烤脱水,内部强制排风,加强气流循环,烘烤至产品中的水分含量为18% ~20% 时为止。

（7）冷却

将肉干从烘箱中取出,冷却至常温。

（8）包装

用聚丙烯—聚酯包装材料或其他复合材料定量包装。

4. 产品特点

本品外表色泽绛红,形状整齐均匀,上架效果良好,而且具有高蛋白、低脂肪的特点,是一种具有较高营养价值的休闲肉制品。

五、休闲牛肉棒

1. 原料及配方

牛肉 75kg,猪肉 20kg,食盐 2.5kg,亚硝酸钠 0.01kg,白糖 0.7kg,混合香料 1.5kg,柠檬酸适量。

2. 工艺流程

原料肉预处理→搅拌→绞制→和料搅拌→再绞制→再搅拌→灌浆→干燥→烟熏→蒸煮→喷淋→包装→成品

3. 制作要点

（1）原料肉预处理

原料肉放在干净卫生的解冻池中解冻,牛肉应完全浸没在流动的清水中,水温控制在 1 ~5℃,室温控制在 15℃ 以下,解冻视气温情况,必须完全解冻,要求肉中心无冻块和硬块。然后剔除筋膜、腱、软骨、淋巴、淤血、脂肪、污物等,再用清水冲洗表面血污,沥干水分后备用。把牛肉通过绞肉机绞细。

（2）搅拌

搅拌温度控制在 4℃ 以下,此过程应避免温度升高,以免脂肪组织破坏。

（3）和料搅拌

加入配方中调料继续搅拌。

(4)再绞制、再搅拌

将搅拌好的肉馅用 4 ~ 5mm 孔板再绞细。将绞制后的肉馅与酸味物质(如柠檬酸)混合均匀。如果加入微胶囊包埋柠檬酸,应仔细加入搅拌,以保证不破坏微胶囊。

(5)灌浆

将搅拌好的肉馅真空灌装入 14 ~ 16mm 口径的胶原蛋白肠衣。

(6)干燥、烟熏

应保证较好的空气流通及烟熏。

(7)蒸煮

在烟熏炉内采用阶梯蒸汽蒸煮,至中心温度为 69℃ 。

(8)喷淋

冷水喷淋 3min,将产品悬挂至室温并保持 12h。

(9)包装

包装后的产品保证每一截的长度相同,质量相同。

4.产品特点

本品为新型西式肉制品,造型美观,食用方便,口味鲜美,保质期长。

六、牛肉松

1.原料及配方

牛肉 100kg,盐 2.50kg,糖 2.50kg,葱末 2.0kg,姜末 0.12kg,大茴香 1.0kg,曲酒 1.0kg,丁香 0.10kg,味精 0.20kg,酱油适量。

2.工艺流程

原料肉的选择和处理→煮制→撕松→收汤(炒压)→炒松→搓松→拣松→无菌包装→成品

3.制作要点

(1)原料肉的选择和处理

选用检验合格的牛后腿肌肉为原料,剔去脂肪、筋腱等结缔组织,顺着肌纤维方向切成 3 ~ 4cm 长的条状。

（2）煮制

将香辛料用纱布包好后和处理好的牛肉条放入夹层锅中，加入与肉等量的水，煮沸后，撇去油沫（血沫、油花等杂质），大火煮30min，用文火焖煮3~4h，直到煮烂为止。煮烂的标志是：用筷子稍用力夹肉块时，肌肉纤维能分散。

在此步骤中，撇去浮沫是肉松制品成功的关键，它直接影响到成品的色泽、味道、成品率和保存期。撇浮沫的时间一般在煮制1.5h左右时，目的是让辅料充分、均匀地被肉纤维吸收。

（3）撕松

将煮烂的肉条从锅中捞出，放在消过毒的案板上，趁热用木桩敲打，使肌纤维自行散开。

（4）收汤（炒压）

肉块煮烂后，改用中火，加入酱油、酒等，一边炒一边压碎肉块，然后加入白糖、味精等，减小火力，收干肉汤，并用温火炒压肉丝至纤维松散。

（5）炒松

肉松中由于糖较多，容易塌底起焦，要注意炒松时的火力。炒松在实际生产中一般是人工和机炒结合使用。当汤汁全部收干后，用小火炒至肉略干，转入炒松机继续炒至水分含量小于20%，颜色变为金黄色，具有特殊香味即可。

（6）搓松

用搓松机搓松，使肌纤维呈绒状松软状态。

（7）拣松

在拣松机中，利用机器的跳动，使肉松从拣松机上面跳出，而肉粒从下面落出，使肉松和肉粒分开。

（8）无菌包装

加工好的肉松在无菌室冷却后，无菌包装，即得成品。

4.产品特点

产品呈金黄色或淡黄色，带有光泽，呈絮状，纤维纯洁而疏松，口味鲜美，香气浓郁，无异味。成品中应无焦斑、筋、膜、碎骨等。

七、牛肉米片

1. 原料及配方

（1）米片

碎粳米 75kg，粳糯米 15kg，牛肉粒 5kg，熟花生油 3kg，淀粉 2kg。

（2）炖煮

搅碎牛肉 50kg，酱油、白糖各 5kg，精盐、大葱各 2kg，黄酒 1kg，花椒粉、八角粉、胡椒粉各 0.6kg，调料包（生姜 3kg，砂仁、肉蔻各 0.1kg，山楂片 0.2kg），丁香粉 0.05kg，净水 30kg。

（3）调味粉

花椒粉 1%，辣椒粉 2%，姜粉 2%，味精 20%，五香粉 0.6%，丁香粉 0.4%，精制盐 74%。

2. 工艺流程

原料米→清理→淘洗→熟化→拌料（牛肉粒、熟花生油、淀粉）→

　　　　　　　　　　　　　　↑

　　　　牛肉绞碎→炖煮→过滤

压片→成型→预干→油炸→拌调味粉→包装→成品

3. 制作要点

（1）原料选择

碎粳米、粳糯米无霉变、蛀虫及杂质。

（2）熟化、拌料

将洗净的糯米放入夹层锅，加水煮沸 10～15min，再放入碎粳米煮沸 15～20min，捞出放入蒸笼内，在 100℃下蒸制 20～25min 后，将蒸熟的米饭取出，要求淀粉糊化 85% 以上，无硬芯，疏松不烂，透而不烂，熟化均匀；然后趁热加入牛肉粒、熟花生油拌匀，冷却至 30℃ 左右，加入淀粉，供压片用。

（3）牛肉绞碎

选用新鲜中肋部牛肉，割去脂肪、脂肪膜，剔除肋骨等，净肉用切绞机切成 0.2～0.3mm 的肉粒，但不能绞成肉糜。

（4）炖煮、过滤

将碎牛肉放入夹层锅,加水搅拌使肉粒分散。若先加热,蛋白质因受热变性凝固,肉粒收缩粘连,再搅拌很难得到均一的肉粒。煮沸后撇去浮沫、血污,加入炖煮调料(四种香辛料用纱布包好捆扎),在微沸状态下炖煮 1.5～2h(肋骨与肉粒一起炖煮风味会更好)。将葱段和调味包(下次还可再用)捞出,过滤出肉粒,沥干供拌料用。

(5)压片、成型

将拌好的米饭用压面机辊轧几次,轧成 1.2～1.5mm 厚的米片,冲压或切成方形、长方形或菱形片坯。

(6)预干、油炸

将成型湿片均匀地装入底部有孔的烘盘,送入干燥室(或干燥箱),在 60～100℃下干燥 2～3h,使水分降低到 10%～13%。将食用油入锅加热,油炸筐装入米片 3～5kg,油温至 150～180℃放入,炸至金黄色、酥脆时迅速提筐,时间 2～3min,每炸一次应将锅内米片碎渣捞净。

(7)拌调味粉

将油炸米片倒出,趁热撒入适量混匀的麻辣调味粉拌匀。若加工其他风味的米片,可于此时加入相应的调味粉拌匀即可。

(8)包装

将拌好调味粉的米片冷却至常温,拣出碎片另行处理。正品采用铝箔复合袋或塑料袋包装,每袋净重(250±7.5)g,抽真空或充氮气密封。若采用塑料袋包装,则应注意遮光存放,提高保质期。按要求若干小袋为一箱,打包入库存放即为成品。

第四节　羊肉类休闲食品

羊肉在我国肉食消费总量中平均占 4%。商品羊肉为绵羊肉和山羊肉两类。绵羊肉色泽浅红,肉实,纤维细软,脂肪很少,夹杂在肌肉中。山羊肉色泽暗红,肉质不如绵羊,而且腹部有较多脂肪,膻味较重。膻味的主要成分是低分子量的挥发性脂肪酸。在成羊中,以揭羊(阉割了的公羊)肉质最好,鲜嫩味美,风味较浓。羔羊肉虽然最为细嫩鲜美,但风味平淡。种公羊肉不仅有特殊的腥膻味,而且肉质较老,品质最差。

羊肉的营养成分是非常丰富的,以北京地区肥瘦羊肉为例,每500g羊肉中含蛋白质55.5g、脂肪144g、碳水化合物4g、维生素 B_1 0.35mg、维生素 B_2 0.65mg、烟酸0.45mg。

羊肉以冬季食用为最好,因为羊肉性温热,最宜冬日进补。冬季吃羊肉,可以促进血液循环,增温御寒,可以增加消化酶,保护胃壁,帮助消化,修补胃黏膜,并有抗衰老和预防早衰的效果,还可以取其温热之性,以散凝滞之寒。所以,老年人或身体虚弱者,冬天手足不温、阳气不足、衰弱无力、怕寒畏冷者,均宜多食羊肉。秋末冬初,羊肉最为肥美,最宜鲜食。北京风味的涮羊肉就是典型的时令菜肴之一。说到"鲜"字,我们便知"鲜"字的一半是羊。可见,羊肉自古以来就是鲜美之品。

羊肉虽好,但因膻味重而不受人欢迎,为了减轻或消除膻味以增加食欲,在制作时可采取以下办法:

①将羊肉切块,按照500g羊肉放500g水。入锅旺火烧开,取出羊肉,再烹调。

②将萝卜切块,再加些葱、姜、料酒等,与羊肉一起烧制30min,取出萝卜,再烧制羊肉,膻味就很小。

③煮羊肉时,放上七八粒绿豆,可以除去膻味。

④煮汤时,加入杏仁10g,胡桃仁30g,桂皮、红枣、姜适量,可消除膻味,并能增加温补之力,且羊肉易烂。

⑤煮羊肉时,放入肉料包(将碾碎的草果、丁香、砂仁、豆蔻、紫苏等药料包入袋内),这样,羊肉不仅无膻味,还会具有特殊风味。

⑥制作羊肉时,按照每500g羊肉加入250g咖啡粉的比例制作,可制成没有膻味的咖啡羊肉。

⑦在制作羊肉时,按照每500g羊肉加入100g鱼肉、200g番茄的比例,将其制成肉泥,然后制成的丸子就没有膻味了。

⑧羊肉将要熟时,加少量辣椒略烧一下,起锅时加点青蒜或蒜泥,会使羊肉香味醇,腥气大减。吃时可蘸点蒜汁或辣椒末。

羊肉类的休闲食品由于冷食时有令人不愉快的风味,所以以热食者较多,下面简单介绍几种。

一、烤羊肉串

1. 原料及配方

羊肉选择肥瘦适中,肉质鲜嫩的,用羊腿肉作为原料,肉质肥瘦相间,其中略带筋膜的,剔除干净后可与羊里脊相媲美,因此羊腿肉非常适合用做烤羊肉串的原料。

羊腿肉 500g,羊肥肉 100g,盐 10g,辣椒粉 15g,孜然粉 15g,油 15mL。

2. 制作要点

制法 1:将羊肉切块用钢钎穿成串,放在炭火上烤熟,烘焙 10min,然后撒上调味料即可,其调料用量根据口味添加。特点:口味鲜嫩。

制法 2:

①将羊腿肉洗净,用厨房纸巾擦干水分,同羊肥肉一起切成2cm见方的肉丁。

②在切好的羊腿肉小丁中调入盐、辣椒粉、孜然粉、油等,混合均匀后腌制 15min。

③把竹扦刷洗干净,擦干水分后将羊腿肉小丁依次穿在竹签上,并在每个肉串的中间位置穿上一块羊肥肉小块(每串穿 6~7 块肉)。

④将穿好的羊肉串整齐地平摊在烤架上,再放入上下火均已预热至180℃的烤箱中烤制约7min。

⑤如果羊腿肉比较瘦,可用食物专用的塑料毛刷蘸上少许油刷在羊肉串上,再放入烤箱中烤制。

⑥可在烤架下端放入一个烤盘,用以接住羊肉串在烤制时滴下的油脂。另外,在烤制的过程中最好不断翻面。

二、五香羊肉串

1. 原料及配方

(1)浸泡剂

食盐 10%,孜然 60%,复合香辛料 16%,白砂糖 10%。

(2)复合香辛料

花椒 3.6%,胡椒 0.6%,桂皮 0.8%,大料 0.6%,山柰 0.4%,姜片 0.8%,丁香 0.4%,辣椒 6.4%,草果 0.8%,肉蔻 1.6%。

（3）嫩化剂

木瓜蛋白酶 0.1%。

2. 工艺流程

羊肉→解冻→分割→整形切块→穿串→嫩化→浸泡入味→沥水→包装→冷冻→成品

3. 制作要点

（1）原料预处理

原料肉经解冻、分割、切除筋腱、血管、淋巴筋膜及软骨,分割成 1kg 大小的肉块。

（2）切块

原料肉半解冻有利于切块。将肉切成（长×宽×厚）15mm×15mm×10mm 的块状,因为切块大小对嫩化及入味效果至关重要。切块太大,嫩化时间长,不利于浸泡入味,外观也不好看;切块太小则不易穿串。

（3）穿串

用竹扦或钢钎,按切块的对角线穿串,穿串方向与肉的肌纤维方向呈 45°,则肉块不易掉,并且利于嫩化和入味。另外,每一串要肥瘦搭配。

（4）嫩化

嫩化有多种方法,包括注射嫩化法和浸泡嫩化法等。用木瓜蛋白酶嫩化效果好,工艺条件为酶用量 0.1%,温度 30℃,时间 30min。

（5）浸泡入味

入味是决定羊肉串色、香、风味、组织的关键步骤,复合香辛料浸提液冷却至 30℃后,加入食盐、孜然、白砂糖等辅料。浸泡过程中保持温度为 30℃,并不停翻动,有利于羊肉串更好地入味。用水浴锅保持恒温,以免温度降低,影响入味的效果。

（6）包装、冷冻

用高压聚乙烯袋包装,包装前沥去表面多余水分,否则冷冻后表面会出现明显冻结现象。原料肉在半解冻后经嫩化浸泡已完全解冻,若不及时冷冻,颜色会变暗,失去新鲜感,冷冻温度 –18℃,时间 3h。

4.产品特点

产品风味独特,口感细腻,食用方便,是家庭用餐、招待宾客、馈赠亲朋的理想佳品。食用时无需解冻,油炸或用少许油煎 2～3min。本品也是明火烧烤或涮火锅的方便食品,可作为方便营养食品推向市场。

第五节　猪肉类休闲食品

一、猪肉干

(一)上海咖喱猪肉干

上海咖喱猪肉干是上海著名的风味特产。肉干中含有的咖喱粉是黄色的,味香辣,很受当地人们的喜爱。

1.原料及配方

猪瘦肉 50kg,精盐 1.5kg,白糖 6kg,酱油 1.5kg,高粱酒 1kg,味精 50g,咖喱粉 250g。

2.工艺流程

原料选择与整理→预煮→切丁→复煮→翻炒→烘烤→成品

3.制作要点

①原料选择与整理:选用新鲜的猪后腿或大排骨的精瘦肉,剔除皮、骨、筋、膘等,切成 0.5～1kg 大小的肉块。

②预煮、切丁:坯料倒入锅内,放满水,用文火煮制,煮到肉无血水时捞出。将煮好的肉块切成长 1.5cm、宽 1.3cm 的肉丁。

③复煮、翻炒:肉丁与铺料同时入锅,加入白汤 3.5～4kg,用中火边煮边翻炒,开始时炒慢些,到汁快烧干时稍快一些,不能焦粘锅底,炒至汁干后出锅。

④烘烤:出锅后,将肉摊在铁筛子上,力求均匀,然后送入 60～

70℃的烤炉或烘房内烘烤 6 ~ 7h,为了均匀干燥,防止烤焦,烘烤时要经常翻动,当产品表里均干燥时即为成品。

4.产品特点

成品外表为黄色,里面为深褐色,呈整粒丁状,柔韧甘美,肉香浓郁,咸甜适中,味鲜。出品率一般为 42% ~ 48%。

(二)麻辣猪肉干

1.原料及配方

猪瘦肉 50kg,食盐 750g,花椒面 150g,辣椒面 1 ~ 1.25kg,芝麻油 500g,植物油适量,白酒 250g,白糖 0.75 ~ 1kg,酱油 2kg,味精 50g,五香粉 50g,大葱 500g,鲜姜 250g,芝麻面 150g。

2.工艺流程

原料选择与整理→煮制→油炸→成品

3.制作要点

①原料选择与整理:选用经过检验合格的新鲜猪前腿肉,去除脂肪和筋膜等,洗干净后切成 0.5kg 左右的肉块。

②煮制:将大葱挽成结,姜拍碎,把肉块与葱、姜一起放入清水锅中煮制 1h 左右出锅,顺肉块的肌纤维切成长约 5cm、宽高均为 1cm 的肉条,然后加入食盐、白酒、五香粉、酱油 1.5kg,拌和均匀,放置 30 ~ 60min 使之入味。

③油炸:将植物油倒入锅内,用量以能浸没肉条为准,将油加热到 140℃左右,把已入味的肉条倒入锅内油炸,不停地翻动,等水响声过后,发出油炸干响声时,即用漏勺把肉条捞出锅,待热气散发后,将白糖、味精及余下的酱油搅拌均匀后倒入肉条中拌和均匀,阴凉。取炸肉条用的熟植物油 2kg,加入辣椒面拌成辣椒油,再依次把熟辣椒油、花椒面、芝麻油、芝麻面等放入凉后的肉条中,拌和均匀即为成品。

4.产品特点

产品呈红褐色,为条状,味麻辣。出品率一般为 45% ~ 48%。

二、猪肉松

肉松是将肉煮烂,再经过炒制、揉搓而成的一种入口即化并且易于贮藏的脱水制品。根据所用的原料不同,肉松可分为猪肉松、牛肉松、鸡肉松及鱼肉松等。根据其成品形态不同,可分为肉绒和油松两类,肉绒成品金黄或淡黄,细软蓬松;油松成品呈团粒状,色泽红润。它们的加工方法各有不同。我国有名的传统产品有太仓肉松和福建肉松等。

(一)太仓肉松

太仓肉松是江苏省的著名产品,创始于江苏省太仓县。

1.原料及配方

猪瘦肉 50kg,食盐 1.5kg,黄酒 1kg,酱油 17.5kg,白糖 1kg,味精 0.1~0.2kg,鲜姜 0.50kg,八角 0.250kg。

2.工艺流程

原料选择→整理→煮制→炒制→包装→成品

3.制作要点

(1)原料选择、整理

选用新鲜猪后腿瘦肉为原料,剔除结缔组织等,切成 0.5kg 左右的肉块。

(2)煮制

将瘦肉块放入清水(水浸过肉表面)锅内预煮,不断地搅动,使肉受热均匀,并撇去上浮的油沫。约煮 4h 时,稍用力肉纤维即可撕开分离,加入其他辅料继续煮制,直到汤煮干为止。

(3)炒制

取内装香辛料的纱布包,采用小火,用锅铲一边压散肉块一边翻炒,勤炒勤翻,操作要轻并且均匀,肉块全部炒松散和炒干(含水量小于 20%),颜色由灰棕色变为金黄色,纤维呈疏松状即可。再擦松、挑松、拣松后即为成品。

(4)包装

炒制结束后趁热装入塑料袋或马口铁听。

4.质量要求

成品色泽金黄,有光泽,呈丝线状,纤维疏松,水分含量小于或等于 20%,油分 8%~9%。

(二)福建肉松

福建肉松为福建著名传统产品,创始者是福州人,据传在清代已有生产,历史悠久。福建肉松的加工方法与太仓肉松基本相同,只是在配料上有区别,另外加工方法上增加油炒工序,制成颗粒状,产品含油量高。

1. 原料及配方

猪瘦肉 50kg,白糖 5kg,白酱油 3kg,黄油 1kg,桂皮 100g,鲜姜500g,大葱 500g,味精 75g,猪油 7.5kg,面粉 4kg,红曲米适量。

2. 工艺流程

原料选择与整理→煮肉→炒松→油酥→成品

3. 制作要点

(1)原料选择与整理

选用新鲜猪后腿精瘦肉,剔除肉中的筋腱、脂肪及骨等,顺肌纤维切成 0.1kg 左右的肉块,用清水洗净,沥干水。

(2)煮肉、炒松

将洗净的肉块投入锅内,并放入桂皮、鲜姜、大葱等香料,加入清水煮制,不断地翻动,舀出浮油。当煮至用铁铲稍翻动即可使肉块纤维散开时,加入红曲米、白糖、白酱油等,根据肉质情况决定煮制时间,一般煮 4～6h,待锅内肉汤收干后出锅,放入容器晾透。然后把肉块放入另一锅内炒制,用小火慢炒,让水分慢慢地蒸发,炒到肉纤维不成团时,再用小火烘烤,即成为肉松坯。

(3)油酥

在炒好的肉松坯中加入猪油、味精、面粉等,搅拌均匀后放到锅中用小火烘焙,随时翻动,待大部分松坯都成为酥脆的粒状时,用筛子把小颗粒筛出,剩下的颗粒松坯倒入加热的猪油中,不断搅拌,使松坯与猪油均匀结成球形圆块,即为成品。熟猪油加入量一般为肉体重的 40%～60%,夏季少些,冬季可多些。

4. 产品特点

成品呈红褐色,颗粒状,大小均匀,味美香甜,香气浓郁。

三、肉脯

肉脯是烘干的肌肉薄片,与肉干加工的不同之处在于不经过煮制。各地均有生产,只是加工方法稍有差异,但成品一般均为长方形薄片,厚薄均匀,为酱红色,干爽香脆。靖江猪肉脯是江苏靖江著名的风味特产,颇具盛名。

1. 原料及配方

(1)主料

猪瘦肉 100kg。

(2)调味料

特级酱油 95kg,白糖 13.5kg,白胡椒粉 0.1kg,鸡蛋 3.0kg,味精0.5kg,精盐 20kg。

2. 工艺流程

原料选择与整理→冷冻→切片→拌料→烘干→烤熟→成品

3. 制作要点

(1)原料选样与整理

选用新鲜猪后腿瘦肉为原料。剔除骨头,修净肥膘、筋膜、碎肉,顺肌肉纤维方向分割成小块肉,用温水洗净油腻杂质,沥干水分。

(2)冷冻

将沥干水的肉块送入冷库速冻至肉中心温度达到 -2℃ 即可出库。冷冻的目的是便于切片。

(3)切片、拌料

把经过冷冻的肉块装入切肉片机内切成 2mm 厚的薄片。混合溶解调味料,加入肉片中,充分拌匀,腌制 50min,在不锈钢丝网上涂植物油后下铺腌好的肉片。

(4)烘干

把入味的肉片铺好(不要上下堆叠)后送入烘箱内,保持烘箱温度 50~55℃,烘烤 5~6h,经自然冷却后出筛,即成半成品。

(5)烤熟

将半成品放入 200~250℃ 的烤炉内烤至出油,呈棕红色即可。

烤熟后用压平机压平,再切成 12cm×8cm 规格的片形,即成成品。

4. 产品特点

成品颜色深红透亮,呈薄皮状,片形完整,厚薄均匀,味道鲜美,咸甜适中。

四、猪肉南瓜火腿肠

1. 原料及配方

(1)主料

猪肉若干(肥瘦比为 3:7)。

(2)辅料(对猪肉重)

南瓜碎粒 15%,卡拉胶 0.3%,大豆蛋白 3.5%,玉米淀粉 10%,食盐 4%,香辛料 1%,味精 0.3%,白糖 1.5%,红曲红色素 0.05%,复合磷酸盐 0.5%,亚硝酸钠、异抗坏血酸钠、水适量。

2. 工艺流程

原料肉→清洗→低温腌制→斩拌→拌匀→灌肠→杀菌→冷却→
　　　　　　　　　　　　　　　　　↑
成品
　　　　　　　　　　　　　南瓜碎粒

3. 制作要点

(1)原料预处理

选用卫生检验合格、品质优良的猪肉,肥瘦比例约为 3:7,然后将肉清洗干净,用 8mm 的孔板绞碎;选用成熟南瓜斩成碎粒(2~3mm)备用。

(2)低温腌制(干腌)

在绞碎的肉馅中直接加入亚硝酸钠、复合磷酸盐、异抗坏血酸钠、食盐搅拌均匀,干腌 24h。

(3)斩拌

将腌制好的馅料放入斩拌机中,加冰斩拌 2min 后,快速加入味精、白糖、香辛料、红曲红色素,继续斩拌 3min,加玉米淀粉、大豆蛋白、卡拉胶和适量冰水,斩拌 2min,最后将南瓜碎粒加入肉泥中,搅拌均匀,静置片刻即可充填。

（4）灌肠

将肉馅灌装至 PVCD 肠衣中,检查肠体是否密封良好,卡扣两端是否有肉泥。

（5）杀菌

采用分段升温杀菌(84℃恒温 20min,105℃恒惵 15min)。

五、平菇火腿肠

1. 原料及配方

猪肉 100kg(肥瘦比 1:4),味精 50g,亚硝酸钠 10g,异抗坏血酸钠 50g,焦磷酸钠 50g,卡拉胶 300g,水 20kg,玉米淀粉 8%(对猪肉重,后同),菇浆添加量 10%,食盐 3%,白砂糖 2%,复合香辛料 2%。

2. 工艺流程

猪肉选修→绞制
↓

新鲜平菇→预处理→漂烫→打浆→搅拌→腌制→斩拌→灌肠→熟制→杀菌→冷却→成品

3. 制作要点

（1）菇浆的制备

选取新鲜的平菇,切除根部,然后清洗干净,在沸水中漂烫 8 ~ 10min 灭酶,冷却后放入打浆机中打成菇浆。

（2）猪肉的处理

取肥瘦配比合适的新鲜猪肉,去除皮、碎骨、软骨、淋巴及结缔组织等,然后用绞肉机绞碎,绞肉时控制肉温在 10℃以下。

（3）搅拌、腌制

将食盐、亚硝酸钠、异抗坏血酸钠加入绞好的肉馅中搅拌 10min,再进行腌制,腌制温度应控制在 2 ~ 5℃,2d。

（4）斩拌

将腌制好的肉馅投入预冷的斩拌机中斩拌 2min,再加入菇浆和适量水斩拌 2min,然后加入已溶解好的卡拉胶、味精、白砂糖、复合香辛料、焦磷酸钠及适量水斩拌 3min,最后加入淀粉及剩余水斩拌

3min。注意斩拌时温度不超过 10℃，并且斩拌时应先低速后高速。斩拌后的肉馅应色泽均匀，黏度适中。

（5）灌肠

将斩拌好的肉馅灌入 PVDC 的红色肠衣中，并用铝线结扎好，规格为 50g，灌制的设备应选用自动充填结扎机，并且灌制时肉馅要适量，不要灌得过紧或过松。

（6）熟制、杀菌、冷却

灌制好的火腿肠要尽快进行熟制、杀菌，因为熟制可以使蛋白质变性凝固形成具有弹性的凝胶，另外，熟制还可以起到部分杀菌的作用。熟制时间一般不要超过 0.5h。熟制结束后还要进行杀菌，即将包装完好的火腿肠分层放入杀菌篮中，然后推入杀菌锅内，封盖杀菌，杀菌条件为 120℃，20～30min。杀菌结束后要及时降温，降温时既要使火腿肠尽快降温，又要防止降温过快而使火腿肠内外压力不平衡而使肠衣胀破。

六、椰果火腿肠

1.原料及配方

猪瘦肉 160g，肥膘 40g，椰果 50g，大豆蛋白 40g，鸡蛋 50g，玉米淀粉 30g，水 100g，食盐 3g，白砂糖 30g，卡拉胶 2g，黄原胶 2g，红曲米 0.15g，亚硝酸钠 0.01g，椰子香精 1mL，CMC 适量，复合磷酸盐 0.34g，异抗坏血酸钠 0.2～0.8g。

2.工艺流程

$$椰果→复水→脆化$$
$$\downarrow$$
原料肉→修整→腌制→绞肉→搅拌→灌肠→熟制杀菌→冷却→成品

3.制作要点

（1）椰果的脆化

椰果先复水，复水后的椰果还需要脆化，目的是使长纤维束减短，分子间的键减弱，变得易咀嚼。一般方法是加入总量 0.12℃的

CMC 和 25% 的白砂糖,搅拌均匀,煮沸 2～3min,并在 85℃恒温下烘制 2h 左右。

(2)腌制

经解冻修整后的原料肉,加入食盐、亚硝酸钠、复合磷酸盐、异抗坏血酸钠、各种香辛料和调味料等,关键是控制肉温低于 10℃,腌制 24h,腌制好的肉颜色鲜红,且均匀,肉质富有弹性和黏性,同时提高了制品的持水性。

(3)绞肉

腌制后的原料肉在绞肉机中绞碎,目的是使肉的组织结构达到某种程度的破坏。绞肉时,应注意控制好肉温不高于 10℃,否则肉馅的持水力、黏结力就会下降,对产品质量产生不良影响。为了控制好肉温,绞肉时要先将原料肉和脂肪切碎,并且预冷至 3～5℃。同时,绞肉时加入的馅料要适量。绞碎后,要求肉粒直径为 6mm 左右。

(4)搅拌

搅拌前先用冰水将搅拌机降温至 10℃左右,然后投放预冷后的肉糜、椰果、白砂糖、鸡蛋、卡拉胶、黄原胶、红曲米、玉米淀粉和大豆蛋白等,斩拌时应先慢速混合,再高速乳化,斩拌温度控制在 10℃左右,斩拌时间一般为 5～8min,经斩拌后的肉馅应色泽乳白,黏性好,油光好。

(5)灌肠

斩拌好的肉馅采用连续真空灌肠机灌入肠衣中,使用前灌肠机的料斗用冰水降温。灌制的肉馅要紧密而无间隙,注意不要灌得过紧或过松,胀度要适中,以两手指挤压肠两边能相触为宜。

(6)熟制杀菌

灌制好的火腿肠要及时蒸煮杀菌,否则须加冰块降温。经蒸煮杀菌的火腿肠,不但产生了特有的香味、风味,稳定了肉色,使肉黏着、凝固,而且起到了杀菌的作用。蒸煮杀菌操作规程分三个阶段:升温、恒温、降温。将检查过完好无损的火腿肠放入杀菌锅中,封盖,杀菌温度和恒温时间依灌肠的种类和规格不同而有所区别。

七、钙营养强化火腿肠

1. 原料及配方

（1）主料

猪瘦肉 70kg，鸡肉 20kg，猪脂肪 10kg。

（2）辅料

食盐 3.0kg，亚硝酸钠 0.01kg，异抗坏血酸钠 0.06kg，多聚磷酸钠 0.6kg，白糖 2.0kg，味精 0.2kg，红曲红色素 0.15kg，猪肉香精 0.2kg，香辛料 0.35kg，大豆分离蛋白 5kg，淀粉 10kg，卡拉胶 0.5kg，超细鲜骨粉 1.5kg。

2. 工艺流程

原料肉→绞制→斩拌→灌肠→高温杀菌→冷却→包装→成品
　　　　　　　　　↑
　　　　　超细鲜骨粉

3. 制作要点

（1）绞制

绞肉机选择孔径为 8～10mm 的绞板，绞制的目的是将原料肉制成大小均一的颗粒。

（2）斩拌

斩拌是利用一组高速旋转的刀片对物料进行切割，将肉斩碎。这个过程既能完成肌肉蛋白的乳化作用，还能将各种辅料混合均匀。为了使超细鲜骨粉均匀地分散在产品中，超细鲜骨粉应在斩拌的初期加入。

（3）灌肠

采用自动连续灌装机灌装。肠衣材料为聚偏二氯乙烯，这种材料对水、蒸汽阻隔性强。

（4）杀菌

杀菌条件的选择要求既能杀灭微生物，达到在常温下保藏的目的，又能尽量使产品的风味和营养物质损失小。因此杀菌时间应准确把握，杀菌时间需要通过产品的保温实验来确定。针对直径 20mm

钙营养强化火腿肠,采用121℃高温杀菌10~15min,经保温实验证明菌落总数均小于10cfu/g,大肠菌群均小于30MPN/100g,所以产品是安全的。

八、金针菇火腿肠

1. 原料及配方

猪肉(肥瘦比2:8)100kg,黄色鲜金针菇25kg,淀粉8kg,大豆蛋白4kg,食盐3.5kg,复合香辛料(花椒粉、胡椒粉、生姜粉、大蒜粉各1/4)1kg,料酒(12度)2kg,白糖1kg,味精100g,冰水10kg,异抗坏血酸钠50g,复合磷酸盐30g,亚硝酸钠10g,红曲红色素适量。

2. 工艺流程

原料肉选择与修整→绞肉→搅拌→低温腌制→斩拌→灌肠→蒸煮→灭菌→冷却→成品　　　　　　　　　　　↑
　　　　　　金针菇→切根→清洗→漂烫→打浆

3. 制作要点

(1)菇浆的制备

选取优质黄色金针菇,切除根部,然后清洗干净。因金针菇内含有各种过氧化物酶,易引起褐变,故必须将酶灭活。方法是将其置于沸水中漂烫8~10min,之后将水控干,于打浆机中打浆制成菇浆。该菇浆呈淡黄色,黏稠细腻,菇香味浓。

(2)原料肉选择与修整

选用符合国家卫生标准的猪瘦肉作为原料,剔除筋腱、软骨、血污及淋巴等,将肉块切成5cm长的细条。肥膘选用背部皮下脂肪,切成丁冷却备用。

(3)绞肉

将瘦肉用孔径3mm的绞肉机绞碎。绞肉时控制肉温不高于10℃。

(4)搅拌、腌制

把绞制好的肉放于搅拌机中,加入食盐、异抗坏血酸钠、亚硝酸钠等,搅拌8~10min。然后置于0~4℃条件下腌制24h。

（5）斩拌

斩拌的目的是起乳化作用,增加肉馅的持水性,提高肉馅的嫩度和出品率,改善制品的弹性。先用冰水将斩拌机降温到10℃左右,排掉水备用。斩拌时,先投入腌制好的肉馅斩拌 2min;接着加入金针菇浆和适量冰水斩拌 2min;然后加入调味料、复合香辛料、复合磷酸盐、膘丁、色素及适量冰水斩拌 3min;最后加入淀粉、大豆蛋白及剩余冰水,斩拌 3min,斩拌过程中,肉馅温度应控制在10℃以下,过高时可通过加冰水调节;斩拌机操作要先低速再高速;斩拌好的混合物色泽均匀,黏度适中。

（6）灌肠

将斩拌好的肉馅及时灌入红色 PVDC 肠衣中,并用铝线结扎,规格为 60g。灌制的肉馅松紧适中,不能装得过紧或过松。

（7）蒸煮、灭菌

灌制好的火腿肠要尽快进行蒸煮灭菌,一般不要超过 50min,杀菌公式为 15min – 20min – 15min/121℃,反压冷却。

九、醇香猪肉条

1. 原料及配方

（1）主料

猪肉 1kg。

（2）调味汤汁

白糖 50g,精盐 5g,酱油 10g,味精 3g,料酒 10g,生姜 2.5g,八角0.5g,丁香 0.5g,桂皮 0.5g,色拉油 5g。

2. 工艺流程

原料处理→初煮→切条→复煮→烘制→冷却→装袋→封口→保温→检测→成品

3. 制作要点

（1）原料处理

将市售的全精猪瘦肉洗净。在不锈钢锅中加入适量清水,加热至微沸,放入肉块,煮制约 35min。

（2）切条

将煮好的肉切成长约6cm、宽约1.2cm、厚约0.8cm的肉条。

（3）复煮

用纱布将桂皮、丁香、八角、生姜包好放入锅中,倒入适量清水,烧沸后改用小火微沸1h,取出料包,加入其他调料,拌匀,烧沸后加入肉条,改用中火,烧至汤干后停火,沥干。复煮时间约40min,每隔10min翻动肉条一次。

（4）烘制

将猪肉条放于恒温干燥箱内,摊开肉条,进行鼓风烘制。烘制温度为60℃,烘制时间约为5h,每隔1h翻动肉条一次。

（5）冷却

采用自然冷却方法使肉条温度降至室温,要尽量防止制品受到污染。

（6）装袋、封口

用干净的耙叉将肉条放入包装袋中,每袋重30g;采用包装机抽真空封口,热封口温度为150~170℃,时间为4s。

（7）保温、检测

把封口袋放在(37±1)℃的保温箱中保温7d,然后对保温后的产品参照有关标准测定菌落总数和大肠菌群数。检验合格的制品即为可出售的成品。

4. 产品特点

色泽:棕黄色。

组织形态:软硬适中,切片均匀、整齐。

口感:咀嚼有味,香味扑鼻。

第七章 果蔬糖渍类休闲食品

第一节 概述和分类

一、概述

果蔬糖渍类食品是利用糖液的高浓度而产生的强大渗透压,迫使果蔬水分排出,糖液渗透,同时抑制了微生物的生长,使果蔬能保持良好的状态,再经过合理的配方及各道工艺加工,使果蔬成为各种风味的蜜饯。

蜜饯本作"蜜煎",我国习惯把果蔬糖渍分成"南蜜"和"北蜜"两种,即南方主要称蜜饯,北方则称果脯。之所以如此称呼,主要是蜜饯偏湿,而果脯偏干,也就是说,南方以湿态制品为主,北方则以干态制品为主,俗称"北脯南蜜"。而以果品、蔬菜为原料生产的果脯、蜜饯,是人们喜爱的一类休闲食品。

二、分类

(一)按含糖量及含水量分类

1.高糖果脯、蜜饯

高糖果脯、蜜饯的含糖量在55%以上,这是果脯、蜜饯中生产量最大的一类产品。产品的形状完整、形态饱满、色泽鲜明、呈半透明状、柔韧浓甜。其代表产品主要有各种果脯,如苹果脯、杏脯、糖佛手、糖青梅等。

2.低糖果脯、蜜饯

低糖果脯、蜜饯的含糖量低于55%。主要以甘草制品和凉果为代表,产品集甜、咸、酸及浓郁的添加香味于一体,食用时其风味依次释放。产品果形、块形完整,表面明显皱缩,色泽各异。

(二)按外观形态分类

1. 糖渍蜜饯类

原料经糖渍蜜制后,成品浸渍在一定浓度的糖液中,略有透明感,如蜜金橘、糖桂花、化皮榄等。

2. 返砂类

原料经糖渍、糖煮后,成品表面干燥,附有白色糖霜,如糖冬瓜条、金丝蜜枣、金橘饼等。

3. 果脯类

原料经糖渍、糖制后,再经干燥,成品表面不黏不燥,有透明感,无糖霜析出,如杏脯、菠萝片、姜糖片、木瓜片等。

4. 凉果类

原料在糖渍或糖煮过程中添加甜味剂、香料等,成品表面呈干态,具有浓郁香味,如甘草梅、话杨梅、梅味金橘等。

5. 甘草制品

原料采用果坯,以糖、甘草和其他食品添加剂浸渍处理后进行干燥,成品有甜、酸、咸等风味,如话梅、甘草榄、九制陈皮、话李等。

6. 果糕

原料加工成酱状,经浓缩干燥,成品呈片、条、块等形状,如山楂糕、开胃金橘等。

(三)按生产地域分类

1. 京式蜜饯

京式蜜饯以果脯类为代表,又称北京果脯,或称"北蜜""北脯",起源于北京地区,封建时代曾为贡品。

果脯选用新鲜果蔬,经糖渍、糖煮后,再经晒干或烘干而成。其产品特点是:成品表面干燥,不粘手,呈半透明状,含糖量高,柔软有韧性,口味浓甜,其中以苹果脯、梨脯、桃脯、金丝蜜枣等最为出名。

2. 苏式蜜饯

苏式蜜饯起源于苏州,主要以糖渍和返砂类产品为主,现已遍及江、浙、沪、皖等地。

苏式蜜饯以选料讲究、制作精细、形态别致、色泽鲜艳,风味清雅见长。糖渍类产品,表面微有糖液,色鲜肉脆,清甜爽口。原果风味浓郁,色、香、味、形俱佳,其代表产品主要有梅系列产品、蜜金柑、无花果等。返砂类产品,表面干燥,微有糖霜,色泽清新,形状别致,入口酥松,其味甜润,代表产品有枣系列产品、金丝金橘和苏式话梅、糖杨梅、糖樱桃等。

3. 广式蜜饯

广式蜜饯起源于广州、汕头、潮州一带,主要以甘草调香的制品(俗称凉果)和糖衣类产品为主,已有 1000 多年的生产历史,初以凉果为主,逐渐产生了糖衣类产品。

凉果类产品,表面半干燥或干燥,味酸甜或酸咸甜适口,入口余味悠长。其代表产品有陈皮梅、奶油话梅、甘草杨桃等。糖衣蜜饯质地纯洁,表面干燥,结有一层白色糖霜,好像浇了一层糖,故又称"浇糖蜜饯"。其产品入口甜糯,原果风味浓。产品花色多,代表产品有冬瓜糖、糖藕片、糖橘饼等。

4. 闽式蜜饯

闽式蜜饯起源于福建的福州、漳州一带。那里盛产橄榄,故闽式蜜饯以橄榄制品为代表。

闽式蜜饯表面干燥或半干燥,含糖量低,微有光泽感,肉质细腻而致密,添加香味突出,爽口而有回味。其代表品种有玫瑰杨梅、丁香榄等。

第二节　果品类

一、苹果

苹果为蔷薇科苹果属植物,是世界四大水果之一,我国是最大的苹果生产国,苹果外形美观,香气浓郁,肉质细腻,甜酸适度,脆爽适口,营养丰富,所含糖类占 15% ~ 17%,在水果中名列前茅,还含有多种维生素、矿物质和有机酸等。

(一)苹果脯

1.原料及配方

苹果块 100kg,蔗糖 70kg,柠檬酸 100g,亚硫酸钠适量。

2.工艺流程

选料→清洗→去皮→切分→挖核→护色→糖制→烘制→回潮→包装

3.制作要点

①选料:选用果大、圆整,八九成熟,无病变、虫蛀、伤疤、损伤,不腐败的苹果为原料。

②清洗:将苹果放入洗涤机,清洗去除附着在表面的泥沙和异物,以流动水清洗为佳。

③去皮:苹果皮口感差,必须将其除去。去皮方法有手工去皮、机械去皮和化学去皮,一般用机械旋皮。

④切分、挖核:苹果个体较大,需将其切分,大者切成四瓣,小者对半切开,然后挖掉果核。

⑤护色:果肉中含单宁物质较多,一旦暴露在空气中,很易产生褐变。因此,在挖掉果核后要尽快护色,可将其浸入亚硫酸盐溶液或食盐水中。如果果肉组织较疏松,可在护色液中加入适量硬化剂,如加入适量 0.1% 的氯化钙溶液,一般浸泡 2~3h,在护色的同时,果肉组织也得到硬化。

⑥糖制:将果块捞出,用清水漂洗干净,然后进行糖制。在锅中加入柠檬酸及蔗糖配制成 40% 的糖液 80kg,加热煮沸,倒入果块 100kg,沸煮 5min,加入 50% 的冷糖液 4kg,再沸时,再加入此冷糖液 4kg,反复进行 4 次,历时 40min 左右。

待果块发软膨胀、有微小裂纹出现时,开始撒入蔗糖,每次加糖 5kg,每隔 5min 加糖 1 次,共加糖 6 次,最后 1 次加糖后,在文火微沸状态下沸煮 20~25min,待果块呈透明态时即可出锅,将果块和糖液一起移入浸缸,浸渍 48h,糖制即告完成。

⑦烘制:将果块捞出,摊于烘盘中,送入烘房于 60~65℃ 烘烤 20~24h,至果块不粘手为好。其间要翻动和倒盘数次,使其受热均

匀、干燥一致,即成苹果脯。

⑧回潮、包装:将苹果脯置于25℃左右的室内静置24h回潮,然后用玻璃纸包装单块果脯,再装入塑料袋或包装盒中。

4. 质量要求

产品色泽金黄,果块透明,组织饱满,柔韧可口,甜酸适度,苹果味浓厚。总糖55%,含水量为15%～18%。细菌总数<500个/g,大肠杆菌<30个/g。

(二)真空制苹果脯

1. 原料及配方

苹果肉100kg,蔗糖65kg,柠檬酸200g,食盐适量。

2. 工艺流程

选料→清洗→去皮→切分→挖核→护色→熏硫→抽空透糖→糖渍→烘制→包装

3. 制作要点

选料、清洗、去皮、切分、挖核等工序均与前述苹果脯操作相同。

①护色、熏硫:果块在挖核后,要立即投入1%的食盐水中护色,避免褐变。继而将果块捞出,摆入竹屉中入熏硫室熏硫。用硫黄粉点燃熏3～4h,移出后用清水洗去残硫。

②抽空透糖:抽空透糖分两次进行。在真空糖煮罐中放入果块,然后封闭罐盖,启动真空泵,在真空度0.08MPa时维持15～20min,关闭真空阀,打开进糖阀,使事先配制好的含柠檬酸的40%的糖液5kg在罐内负压下吸入,并喷向果块。由于果块中的气体已被抽走,糖液很容易透入果块中,充填入原气体占据的空间,透糖速度大大加快,效果很好。

接着进行第2次抽空透糖,其操作与第1次相同。在抽空前,放净罐内糖液。第2次所用的糖液浓度为65%。在破除真空后,应加热糖液至沸3～4min,以利于杀菌。

③糖渍:取一浸缸,将两次透糖后的余糖液倒入,调糖液浓度为70%,浸渍果块8～10h,然后捞出,放到80℃左右的热水中洗刷一下,涮去表面粘手的糖液,再摊入竹屉中。

④烘制、包装:将竹屉送入烘房,在 65~70℃下烘制 24h,烘至含水量不超过 20% 为止。然后用玻璃纸单个包装。

4. 产品特点

产品色泽浅黄或金黄,块形整齐、均匀,不返砂,味香浓郁,甜酸适口,透糖均匀,吃糖饱满。采用此法生产效率高。

(三)糖衣苹果

1. 原料及配方

苹果肉 100kg,蔗糖 80kg,绵白糖 15kg,石灰适量。

2. 工艺流程

选料→清洗→去皮→切半→挖核→刺孔→硬化→漂洗→漂烫→糖制→上糖衣→包装

3. 制作要点

选料、清洗、去皮、切半、挖核等工序操作均与苹果脯相同。

①刺孔:果肉刺孔有利于硬化和渗糖,方法是用专用刺孔器对果块刺孔,要求孔眼疏密均匀。

②硬化:在缸内配制 5% 的石灰水,将果块倒入,浸泡 4~6h。

③漂洗:将果块倒入清水池中,浸泡 12h,其间换水 2 次,至水转清为止。

④漂烫:在锅中加水煮沸,倒入经漂洗的果块,煮沸 4~5min,再移入清水中冷却。

⑤糖制:先糖渍,将果块倒入缸中,再倒入配制好的 65% 的糖液 100kg 浸渍 24h,其间每 4h 翻动一次。接着进行糖煮,将果块连同糖液一起移入锅中煮沸,沸煮约 10min,随后一起移至浸缸中浸渍 48h。接着,将果块和糖液一起入锅,加热至沸,至糖液浓度为 65% 左右时,再一起移至浸缸中浸渍 24h。最后,将果块和糖液再次入锅煮沸,加入配好的 65% 的糖液 23kg,熬煮至糖液浓度为 75% 左右停止加热。

⑥上糖衣、包装:将果块捞出,沥干糖液,当果块冷却到 60~70℃时,置于工作台上,加入绵白糖,充分翻拌均匀,并分开粘连的果块。然后,用玻璃纸单个包装。

4.产品特点

产品外观雪白,柔韧香甜,透糖均匀。

(四)苹果糖圈

1.原料及配方

苹果圈 100kg,蔗糖 80kg,柠檬酸适量,亚硫酸钠适量,多维葡萄糖 5kg,食盐 100g。

2.工艺流程

选料→清洗→去皮→切片→挖核→浸硫→抽空→糖制→烘制→回潮→拌糖→包装

3.制作要点

选料、清洗、去皮操作与苹果脯相同。苹果选用直径 6cm 以上的。

①切片、挖核:将苹果按横向切片,每片厚度为 1.0 ~ 1.2cm,切片后用卷刀捅净果核。

②浸硫:在缸中配制好 2% 的亚硫酸钠溶液,将果圈放入,浸泡 3 ~ 5min,至果圈表面发白为止。

③抽空:在锅内放入蔗糖 15kg、水 35kg 及适量柠檬酸,加热溶化后,移入真空罐中,加入漂洗过的苹果圈,将其密封,开始抽空,在 84kPa 左右的压力下,保持真空约 20min,再破除真空。

④糖制:在锅内配制出 40% 的糖液 80kg,加热至沸,再倒入果圈,文火微沸 10min 后加入蔗糖 10kg,间隔 10min 再加入蔗糖 11kg 及食盐(调剂口味),沸煮 10min 后再加入 60% 的冷糖液 20kg,熬煮至糖液浓度为 65% 时出锅,将果圈连同糖液一起移入浸缸中浸渍 24h,然后捞出、沥干。

⑤烘制、回潮:将果圈摊于烘盘中,入烘房烘制,开始 10h 温度为 50 ~ 55℃,后 10h 温度为 60 ~ 65℃,移出烘房后回潮 1 ~ 2d。

⑥拌糖、包装:将回潮后的果圈经挑选、去杂后,加入多维葡萄糖,翻拌均匀,再用玻璃纸逐个包好,定量分装于塑料袋中。

4.产品特点

产品造型美观,光润柔韧,酸甜适口,营养丰富。

二、杏

杏又称甜梅。成熟的杏果色泽悦目,香气浓郁,果肉鲜甜糯软,维生素含量高且丰富,特别是维生素 A 原含量高,在果品中仅次于芒果。另外,钙、磷等矿物质的含量也很可观。果实的挥发油成分有柠檬烯、月桂烯等。

(一)杏脯

1. 原料及配方

鲜杏肉 100kg,蔗糖 59.75kg,硫黄 500g,食盐适量。

2. 工艺流程

选料→清洗→切分→去核→护色→漂洗→熏硫→糖制→烘制→整形→烘制→包装

3. 制作要点

①选料:选用个大、肉厚、色黄、质地细、风味浓的优良品种,以果实表皮青色褪尽、全部呈现黄色、约八成熟的鲜杏为佳,剔除生、青、软、烂、病、虫果。

②清洗、切分、去核:将杏果用清水洗净,然后将鲜杏平放,合缝线朝上,用刀沿合缝线切开,再用手掰开一半,然后用手把另一半上的杏核挖掉成杏碗。

③护色、漂洗:将杏碗立即放入 2% 的食盐水中浸泡护色,浸泡 2~3h 后,投入清水中冲洗,并沥干水分。

④熏硫:将杏碗置于竹盘上,洒少量清水,送入熏硫房进行熏硫 2~3h,见杏碗有水珠出现、杏肉呈淡黄色时即可移出烘房。

⑤糖制:采用糖渍糖煮法时,先糖渍,在缸内将 30kg 蔗糖和杏碗按照一层糖一层杏碗的顺序码放,顶上用糖盖住,腌渍 48h。接着进行糖煮,将腌渍的糖液移入锅内,加蔗糖约 20kg,配制成 65% 的糖液,煮沸后将杏碗移入,用文火沸煮 15~20min 后,加入 65% 的冷糖液 15kg,随后移入浸缸中浸渍 24h,再移入锅中,升温至 70~80℃时,捞出杏碗,沥干糖液。

⑥烘制、整形:将杏碗摊入烘盘,送入烘房,在 60~65℃下烘烤

10~12h,至含水量不超过25%为止,移出烘房,在室温下回潮24h。然后,将杏碗压成片状。

⑦烘制、包装:将杏片摊入烘盘,再入烘房,于55~60℃烘至含水量不超过20%时为止。移出烘房后经回潮,再剔出不合格品,用塑料袋定量密封包装。

(二)杏话梅

杏话梅形似话梅,但风味不同。话杏具有较浓的杏香,甜、酸、咸味兼有,回味悠长,有生津止渴之效。

1.原料及配方

杏盐坯100kg,蔗糖20kg,甜蜜素0.2kg,肉桂0.3kg,丁香0.3kg,甘草4kg。

2.工艺流程

选料→漂洗→晾晒→甘草糖液浸渍→晒制→再浸渍→再晒制→包装

3.制作要点

①选料、漂洗:选用肉厚、核小、无破皮的杏盐坯为原料,将盐坯入清水池中浸泡6~8h,其间换水2次。

②晾晒:捞出杏坯,沥干水分后,置于竹席上于阳光下晾晒至半干。

③甘草糖液浸渍、晒制:将甘草、肉桂、丁香加入40kg清水中,在锅中共煮,熬煮浓缩至30kg。然后澄清过滤,在滤液中加入蔗糖和甜蜜素,搅拌均匀,成甘草糖液。放杏坯入缸,倒入甘草糖液浸渍24h,其间要翻拌多次,使杏坯吸收糖液,然后移出,至阳光下曝晒至半干。

④再浸渍、再晒制和包装:将杏坯再次入缸,与糖液再次拌和,使杏坯均匀黏附糖液,浸渍24h(其间翻拌多次),移出曝晒后再入缸浸渍,直至将甘草糖液完全吸收完为止。最后一次晒干即为话杏,随后进行定量密封包装。

4.质量要求

成品有较浓的杏香,甜、酸、咸味兼有,回味悠长。菌落总数<750个/g,大肠菌群<30个/100g,致病菌不得检出,霉菌<50个/g。

(三)杏蜜饯

1.原料及配方

鲜杏肉100kg,蔗糖75kg,食盐适量,氢氧化钠适量。

2.工艺流程

选料→清洗→去核→护色→去皮→漂洗→糖制→包装→杀菌→冷却→包装

3.制作要点

①选料:选用肉质细密、核小、纤维少、已成熟的果实,剔除腐烂、病虫害、损伤果和过小果。

②去核、护色:用小刀沿合缝线对剖开,挖去杏核和杏蒂,然后立即投入2%的食盐水中护色。

③去皮、漂洗:对皮薄者无需去皮,对皮厚者可用碱液去皮。将10%的碱液加热至沸,放入杏碗热烫30~50s,再立即投入流水中漂洗,使果皮果肉分离,并洗净残碱液。

④糖制:将75kg蔗糖配制成75%的糖液,倒入杏碗,控制温度在70~80℃,浸渍24h,其间每隔2h轻轻搅拌1次。然后,捞出杏碗,将糖液过滤后,加热浓缩至糖液浓度为70%左右,再倒入杏碗一起加热浓缩,至糖液浓度再达70%为止。

⑤包装、杀菌:将杏碗与糖液一起按定量装入玻璃瓶中,封口后,投入沸水中沸煮12~15min,冷却后即为成品。

4.产品特点

产品果肉呈黄褐色,糖汁清亮透明,色泽一致,甘甜可口。

三、李子

李子又称嘉庆子,我国各地都有栽培。李子的果实呈圆形或扁圆形,底色多为黄色,果面覆以紫红色或深红彩色,也有的品种果实完全呈黄色。李子果肉多为黄色,个别品种带紫红色。单果重20~60g,果肉细软多汁,酸甜适口,有香气。李子果实中含有较多的碳水化合物,各种无机盐和维生素也较丰富,还有多种氨基酸,既可鲜食,又可加工制成各种制品,很受人们欢迎。

（一）带核李脯

1. 原料及配方

鲜李 100kg，蔗糖 65kg，食盐 20kg，氢氧化钠适量。

2. 工艺流程

选料→去皮→漂洗→刺孔→盐腌→漂洗→热烫→糖制→烘制→包装

3. 制作要点

①选料：原料要求果形完整，无伤，无虫蛀。

②去皮、漂洗：将李子在清水中洗净。在锅里配制 5% 的氢氧化钠溶液，煮沸后加入李果，沸煮数分钟，使表皮熟化，然后在清水中漂洗，洗去表皮，洗掉碱液。

③刺孔：将李果捞出，沥干后用排针在果面上刺孔，以利透糖。

④盐腌、漂洗：在缸内将李果与食盐 20kg 一起入缸，翻拌均匀，盐腌 12～16h，然后捞出，在清水中浸泡 1～2h，其间换水 2～3 次。

⑤热烫：在锅内放水 100kg，煮沸后倒入李果，热烫 5～8min 后入冷水中冷却，然后捞出、沥干。

⑥糖制：在锅内将 40kg 蔗糖配制成 60% 的糖液，加热至沸后倒入李果，用文火沸煮 30～40min，然后一起移至浸缸中浸渍 48h。连同糖液一起倒回锅中，加热至沸后煮 30～40min，再加入蔗糖 25kg，边加边搅拌，然后再沸煮 30～40min，把李果和糖液一起移入浸缸中，浸渍 24h。

⑦烘制、包装：将李果捞出，沥干后摊于烘盘上，送入烘房，烘至表面不粘手，含水量不超过 18% 时为止。移出烘房，待冷却后即可进行定量密封包装。

4. 产品特点

产品色泽浅黄，半透明，吸糖均匀，清甜，有原果味。

（二）黄金蜜李

1. 原料及配方

鲜李 50kg，蔗糖 35kg，柠檬酸 50g，纯碱、亚硫酸氢钠、氯化钙和明矾适量。

2. 工艺流程

原料选择→去蜡→划纹→浸硫→硬化→漂洗→糖渍→烘制→包装

3. 制作要点

①原料选择:原料要求果形完整,无伤,无虫蛀。

②去蜡:李果表面有一层蜡质,需将其去掉才便于加工。配制3%的纯碱溶液,加入李果,缓慢搅动,浸泡30~40min后取出李果,用水冲洗干净,沥干。

③划纹:将李果送入划纹机中划纹,纹距3mm,纹深2~3mm。

④浸硫:配制0.4%的亚硫酸氢钠溶液,倒入李果,浸泡1h,以防止褐变。

⑤硬化:配制1%的氯化钙和0.5%的明矾溶液,加入李果浸泡1~2h。

⑥漂洗:将硬化后的李果在水中浸泡1~2h,以洗掉表面的残液。

⑦糖渍:将20kg蔗糖和柠檬酸加水配制成60%的糖液,加热至沸,放入李果,沸煮3~5min后,浸渍24h。加入剩余蔗糖,调配成80%的糖液,加热至沸后倒入李果,浸泡24h。随后,再加热至60~70℃,捞出李果,沥尽糖液。

⑧烘制、包装:将李果摊于烘盘中,入烘房60~65℃烘至含水量不超过20%(不粘手),即可按大小分级密封包装。

4. 质量要求

产品色泽浅黄或金黄,果形圆整,甜酸适度。细菌总数<500个/g,大肠杆菌<30个/100g,致病菌不得检出。

(三)奶油蜜李

1. 原料及配方

鲜李50kg,蔗糖15kg,麦芽糖浆40kg,全脂乳粉1.5kg,苯甲酸钠50g,亚硫酸氢钠适量。

2. 工艺流程

原料选择→压果→浸硫→烘制→糖渍→烘制→包装

3. 制作要点

①原料选择:选用八成熟的鲜李为宜。采用果肉为黄色的品种,所得的制品颜色为鲜亮的浅色,而果肉为红色的品种所得的制品则带红褐色,色泽欠佳。剔除未熟的绿色果。

②压果:将李果清洗后,入压果机,压果机调节到仅能压扁、压破果肉为度,不能将果核压碎。

③浸硫:将压果后的李果立即倒入 0.2% 的亚硫酸氢钠溶液中,浸泡 4～5h。

④烘制:将李果摊入烘盘,送入烘干机中,用 60～70℃ 烘至半干。

⑤糖渍:将麦芽糖液和蔗糖加热溶解煮沸,再拌入全脂乳粉和苯甲酸钠,搅拌溶解,然后再加入李果进行糖渍,浸渍 3d,每天拌动 1 次。随后,将糖液移出,加热煮沸,浓缩至 65%,再加入李果,浸渍 5d。然后捞出李果,摊入烘盘。

⑥烘制、包装:将烘盘送入烘房,用 65～70℃ 烘至含水量不超过 18%。然后用玻璃纸包装。

4. 质量要求

产品为浅黄色,柔软润泽,有浓郁的奶香味。菌落总数 <750 个/g,大肠菌群 <30 个/100g,致病菌不得检出,霉菌 <50 个/g。

(四)话李

1. 原料及配方

鲜李 50kg,蔗糖 5kg,甜蜜素 200g,甘草 1.5kg,柠檬酸 100g,食盐 7.5kg,五香粉 50g,甘草粉 1.5kg。

2. 工艺流程

原料选择→擦皮→盐腌→晒制→漂洗→配料液→浸渍→烘制→拌甘草粉→包装

3. 制作要点

①原料选择:选用果大、肉厚、核小的品种。

②擦皮:搅动李果,使其相互摩擦,将表皮擦破,以利盐渍。

③盐腌:以 50kg 李果与 7.5kg 盐的比例,按一层果一层盐的方式腌制,重物压面,腌制 15～20d。

④晒制:将李果捞出,沥干盐液,于阳光下曝晒而成干坯。

⑤漂洗:将干坯在水中浸泡 1～2d,待除去 90% 的盐分后捞出,于阳光下晒至半干。

⑥配料液:将甘草和 17.5kg 水煮沸,浓缩至 15kg,过滤后趁热在滤液中加入蔗糖、甜蜜素、柠檬酸、五香粉,充分搅拌溶解,得甘草糖液。

⑦浸渍:向半干李坯中加入预热至 80～90℃ 的甘草糖液,充分翻动,使李坯充分吸收料液。为避免将李坯表面翻烂,不要用棍棒翻动,可以用翻拌机,或采用倒缸的方法,直至将料液全部吸收完为止。

⑧烘制、拌甘草粉:将李坯摊于烘盘上,入烘房 55～60℃ 烘至含水量不超过 18%,拌入甘草粉,充分拌匀后即为话李,随后进行包装。

4. 质量要求

本品甜酸爽口,有清凉感,别具风味。微生物含量符合国家食品卫生标准。

(五)八珍李

本品是传统产品,具有八种香料的混合香味,并以甘草为主要香味,故称"八珍李"。

1. 原料及配方

无核李盐坯 50kg,蔗糖 6kg,甜蜜素 25g,甘草 1kg,降香 40g,肉桂 40g,丁香 40g,檀香 40g,茴香 40g,陈皮 40g,豆蔻 40g。

2. 工艺流程

原料选择→脱盐→漂烫→去核→配香料液→浸渍→烘制→再浸渍→再烘制→包装

3. 制作要点

①原料选择、脱盐:选用无霉烂、无损伤的李盐坯,将其入水中浸泡 12h,其间换水 3 次,至李坯稍有咸味为止。

②漂烫:将李坯倒入沸水中沸煮 5～7min,捞出,沥干水分。

③去核:用木槌将李坯拍扁,取出李核,尽量使果肉保持完整。

④配香料液:将甘草和 10kg 水加热沸煮 30min,过滤后取其滤液,加入檀香、降香、茴香、肉桂、丁香、豆蔻、陈皮等,沸煮,熬至 7.5kg,

过滤,在滤液中再加入蔗糖和甜蜜素,加热溶解后,即为香料液。

⑤浸渍:将香料液与李坯 50kg 一起翻拌均匀,最好采用倒缸法(即将容器中的物料一起倒入另一容器中),也可用翻拌机进行翻拌,浸渍 24h,其间翻拌 3 次。

⑥烘制、再浸渍:将李坯摊入烘盘,入烘干机 60℃ 烘制 4~6h,至半干为止。再将李坯移入浸渍液中,翻拌吸料,直至料液完全被吸收。

⑦再烘制、包装:将李坯入烘盘,入烘干机烘烤,烘至含水量不超过 15%。冷却后进行定量密封包装。

4. 质量要求

本品具有八种香料的混合香味,风味十分独特。菌落总数 <750个/g,大肠菌群 <30 个/100g,致病菌不得检出,霉菌 <50 个/g。

四、柑橘

柑橘属芸香科,是亚热带常绿果树。柑橘的种类很多,主要有橙、柑、橘、柚、柠檬等。柑橘类果实,富含汁液,营养极为丰富,含有大量有机酸、碳水化合物、矿物质、维生素、果胶等多种营养物质,特别是维生素 C 含量较高。在柑橘类中,大多数果实和果皮是制作果脯、蜜饯的良好原料。由于柑橘类果实的种类和品种非常多,因此,以它们为原料制作的果脯、蜜饯花样繁多,成为果脯、蜜饯中的重要成员。下面将介绍主要品种。

(一)金橘脯

1. 原料及配方

鲜金橘 100kg,蔗糖 60kg,葡萄糖粉 10kg,亚硫酸氢钠适量。

2. 工艺流程

选料→划纹→浸硫→漂洗→漂烫→压扁→去籽→糖制→拌葡萄糖粉→烘制→包装

3. 制作要点

①选料:选用色泽金黄,不能带一点绿色,大小均匀的金橘为原料。

②划纹、浸硫:将金橘入划纹机进行划纹,每粒划纹 5~7 条。然

后,将橘粒倒入 0.1% ~ 0.2% 的亚硫酸氢钠溶液中,浸泡 30 ~ 40min。

③漂洗、漂烫:捞起橘粒后,将其移入清水池中,用清水洗净残液。沥干后,将橘粒移入沸水锅中,热烫 4 ~ 5min。捞出,冷却。

④压扁、去籽:待橘粒稍加冷却,即将橘粒按纵向压扁,再把其中的籽核清除。

⑤糖制:取一缸,加入蔗糖 60kg 和橘坯,充分拌匀,泡渍 4 ~ 5d 后,将橘坯和糖液一起移入锅中,加热至沸,沸煮 15 ~ 20min,再移至浸缸,浸渍 24h。随后又移入锅中,用文火沸煮至糖液浓度为 75% 左右出锅。

⑥拌葡萄糖粉:将橘坯移出,沥去糖液,然后拌入葡萄糖粉,拌和均匀后摊入烘盘中。

⑦烘制、包装:将烘盘送入烘房,在 55 ~ 60℃ 下烘制 6 ~ 8h,至含水量不超过 20% 为止。移出,待其冷却后即可进行定量密封包装。

4. 产品特点

产品透明清晰,形态细巧,味甜爽口,质地柔软。

(二)蜜金橘

本品用全果金橘糖渍而成,中心含肥厚糖蜜,呈金棕色,半透明,质地柔软,酸甜爽口,个体完整,色泽鲜艳,有浓郁的金橘芳香。

1. 原料及配方

鲜金橘 100kg,蔗糖 80kg,食盐适量。

2. 工艺流程

选料→清洗→刺孔→漂烫→漂洗→糖制→包装

3. 制作要点

①选料、清洗:原料要求与金橘脯相同。将金橘用清水洗净。

②刺孔:将每粒金橘沿周向进行刺孔,然后入清水中浸泡 16h,捞起,沥干水分。

③漂烫:取一锅,配制 3% 的食盐水,加热至沸,再倒入橘粒,热烫 5 ~ 6min,然后移出,用冷水冲洗冷却后捞出,沥干。

④糖制:取一浸缸,将蔗糖配制成 60% 的糖液,再倒入橘粒,浸渍 4 ~ 5d,每天翻动一次。浸渍 2d 后,将糖液移出至锅中,加热浓缩至浓

度为60%,待其冷却后倒入浸缸,继续浸渍,即成蜜金橘。随后,将蜜金橘装入玻璃瓶,再倒入适量糖液,封口即可。

4. 质量要求

产品透明清晰,质地柔软,酸甜爽口,个体完整,色泽鲜艳,表面有一层糖胶,有浓郁的金橘芳香。菌落总数 <750 个/g,大肠菌群 <30 个/g,致病菌不得检出,霉菌 <50 个/g。

(三)川式金钱橘

1. 原料及配方

鲜金钱橘100kg,白糖65kg,食盐4kg,石灰2.5kg,糖粉10kg。

2. 工艺流程

选料→划纹→去籽→盐渍→硬化→漂洗→漂烫→糖制→拌粉→包装

3. 制作要点

①选料:选用色泽鲜红、大小均匀、九成熟的金钱橘为原料,将其入清水中洗净。

②划纹、去籽:用不锈钢小刀沿果身按纵向划 9~10 刀,至果心的一半左右。然后,将果身逐个挤压。将汁和籽挤掉,不可挤烂果肉。

③盐渍:在缸内将橘坯用食盐腌制,一层果一层盐,盐渍 4~5h,使橘坯稍微软化。

④硬化:在缸内将石灰配制成5%的石灰水,倒入橘坯,浸泡10~12h。

⑤漂洗、漂烫:将橘坯捞出,入清水中漂洗24h,其间换水 4~5次,直至无石灰味为止。另取一锅,加水加热至沸,倒入橘坯,热烫3~5min捞出,稍加挤干水分。

⑥糖制:取一缸,将 40kg 蔗糖调制成70%的糖液,倒入橘坯,浸渍 12~16h。然后,将橘坯和糖液一起入锅,加热浓缩至75%左右,再一起移出至浸缸。浸渍48h。接着,在锅中重新配制出 65%的糖液,加热浓缩至浓度为80%时加入橘坯,用中火加热待浓度为85%时,停止加热。

⑦拌粉、包装:将橘坯捞出,稍加沥干,趁热倒入糖粉盆中,翻拌橘坯,使其周身均匀地沾满糖粉,即可用塑料进行定量密封包装。

4. 产品特点

产品色红具有光泽,清香纯甜,橘味突出,呈扁圆形,略似菊花,形态优雅,有"蜜饯之王"的美誉。

(四)蜜胡柚皮

1. 原料及配方

鲜胡柚白皮 50kg,蔗糖 32.5kg,柠檬酸 400g,食盐 250g。

2. 工艺流程

原料选择→刨皮→取白皮→切分→漂烫→漂洗→糖渍→烘制→包装

3. 制作要点

①原料选择、刨皮、取白皮:选用皮厚、八九成熟的胡柚,用刀削去胡柚果皮最外层的柚胞层,尽量削干净,可减少制品的苦味和异味。用刀划透白皮层,但不能伤及果肉,随后将白皮层剥下。

②切分:将胡柚白皮层切成 5cm×10cm 的长条。

③漂烫、漂洗:配制 5% 的食盐水,加热煮沸后,倒入白皮条,沸煮 10~15min,然后移至水中,漂洗 24h。

④糖渍:将 25kg 蔗糖和沥干水分的白皮条充分翻拌均匀,腌渍 48h,其间每天翻拌 2 次。将糖渍液移出,向其中加入柠檬酸、剩余的蔗糖及食盐,加热搅拌溶化,然后加入白皮条,用文火熬煮 5~6min,煮至白皮条呈半透明状时为止。

⑤烘制、包装:将白皮条捞出、沥干糖液,摊子烘盘中,送入烘房,在 60~65℃ 下烘至含水量不超过 18% 时为止。然后,用料袋进行定量密封包装。

4. 质量要求

产品色泽金黄,呈透明状,柔嫩略韧,酸、甜、咸适口。菌落总数 <750 个/g,大肠菌群 <30 个/100g,致病菌不得检出,霉菌 <50 个/g。

(五)糖柚皮

1. 原料及配方

鲜柚皮 80kg,石灰 200g,白砂糖 50kg。

2. 工艺流程

原料选择→浸泡→压榨→沸煮→漂洗→糖渍→冷却→成品

3. 制作要点

①浸泡:将柚皮加入澄清的石灰水中,浸泡4h。

②压榨:将浸泡后的柚皮捞出,用水冲洗,边冲洗边压榨,挤出苦味。

③沸煮:用水漂洗柚皮数次,直至柚皮苦味去净。然后放入沸水中沸煮,至柚皮膨胀,捞出,刨成片状。

④漂洗:用水浸漂1h,捞出压干水分。

⑤糖渍:将柚皮、25kg白砂糖和10kg水一起煮沸,沸煮30min,其间不断搅拌。再加入剩余的白砂糖煮沸,至糖液滴入冷水中能结成珠时,捞出柚皮。

⑥冷却:将捞出的柚皮放在盘内,不断搅拌,翻砂冷却,即为成品。

4. 质量要求

成品保持了柚皮原有的色泽风味,表面糖霜洁白,味甜。菌落总数<750个/g,大肠菌群<30个/100g,致病菌不得检出,霉菌<50个/g。

五、山楂

山楂又名山里红、胭脂果等。山楂营养丰富,含多种维生素、酒石酸、柠檬酸、苹果酸等,还含有黄酮类、糖类、蛋白质、脂肪和钙、磷、铁等矿物质。其所含的解脂酶具有促进脂肪类食物的消化,促进胃液分泌等功能。另外,山楂中含有黄酮类等药物成分,具有显著的扩张血管及降压作用,有增强心肌、抗心律不齐、调节血脂及胆固醇含量的功能。

(一)山楂脯

1. 原料及配方

鲜山楂100kg,蔗糖70kg,焦亚硫酸钠适量。

2. 工艺流程

选料→清洗→去籽芯→硫漂→糖制→烘干→包装

3. 制作要点

①选料:选用果形硕大、整齐、色泽鲜艳、组织致密的新鲜山楂,剔除病虫害果、腐烂果或损伤果。

②清洗、去籽芯:将山楂于清水中漂洗干净,用捅核器将花萼、果梗、籽芯除干净。

③硫漂:取一缸,配制 0.05% 的焦亚硫酸钠溶液,倒入鲜山楂,漂洗 10 ~ 15min,捞出,沥干。

④糖制:取一锅,用蔗糖 50kg 加热配制成 50% 的糖液,倒入山楂,用文火熬煮,搅拌使沸腾均匀,糖煮 8 ~ 10min,至果体出现裂痕时,向沸腾处均匀加入蔗糖 20kg,再糖煮 15 ~ 20min,至果体呈透明状时为止。然后,将山楂连同糖液一起移至浸缸中,浸渍 1 ~ 2d,再捞出,沥干糖液。

⑤烘干、包装:将山楂摊于烘盘上,送入烘房,于 60 ~ 65℃ 下烘制 18 ~ 20h,至果面不粘手、含水量不超过 20% 时停止烘烤,即为山楂脯。待冷却后,即可用玻璃纸进行单粒包装。

4. 产品特点

产品色泽鲜红,有光泽,果形肥满,个粒完整,酸甜可口,具有山楂原果的风味和香气。

(二)山楂糖片

1. 原料及配方

鲜山楂 50kg,蔗糖 40kg,食盐 4kg。

2. 工艺流程

原料选择→削皮→挖籽芯→切片→盐渍→漂洗→漂烫→糖渍→晾晒→包装

3. 制作要点

①原料选择、削皮:选用新鲜成熟的山楂为原料,然后手工或机械削皮。

②挖籽芯、切片:挖去山楂的籽芯,切成几片。

③盐渍:将 50kg 山楂和 4kg 食盐按一层果一层盐进行盐渍,表面压重物,盐渍 10d。

④漂洗、漂烫:将盐渍果片在水中浸泡 12~16h,其间换水 2~3 次,捞出后倒入沸水中,不断翻动,沸煮 10~15min,捞出,沥干。

⑤糖渍:将 50kg 山楂坯和 20kg 蔗糖按一层果一层糖进行糖渍,糖渍 24h,然后沸煮 20~25min,再加入 10kg 蔗糖,加糖时应向沸腾处加入,以便溶解。当糖液浓度达 60% 时即停止加热,然后将剩余蔗糖加在山楂片上,浸渍 6~8d。

⑥晾晒、包装:将山楂片捞出,沥干糖液,于阳光下曝晒,边晒边拌,待晒成胶黏状或起小砂时即成山楂糖片,其含水量为 16%~20%,随后即可用玻璃纸进行包装。

4. 质量要求

产品色泽红,鲜艳透明,清甜爽口,滋润芳香。菌落总数 < 750 个/g,大肠菌群 < 30 个/100g,致病菌不得检出。

(三)山楂蜜饯

1. 原料及配方

鲜山楂 100kg,糖 60kg,安息香酸钠适量。

2. 工艺流程

选料→清洗→漂烫→去皮→挖籽芯→糖制→冷却→包装

3. 制作要点

①选料、清洗:选用果形硕大、肉厚、新鲜、成熟度均匀的优质山楂,并将其洗净。

②漂烫:取一锅,放入清水,加热至 75~80℃,倒入山楂,漂烫 4~5min,捞出,沥干。

③挖籽芯:将山楂趁热剥去果皮,挖掉籽芯,并去除果柄及花等。

④糖制:取一锅,将蔗糖 60kg 和水加热溶化成 60% 的糖液,将此糖液倒入盛放果坯的浸缸中,浸渍 24h。然后将果坯和糖液一起移入锅中,用文火加热,使糖液缓缓沸腾,沸煮 20~30min,这时山楂果肉变得透明,糖液也成为红色,浓度在 75% 以上,加入适量安息香酸钠,用以防腐,轻沸数分钟,即停止加热。

⑤冷却、包装：将果坯移出至瓷盘中，任其冷却，其间可摇动数次，避免粘连。将糖液取出过滤，滤液倒入果坯中。然后，取玻璃瓶将果坯和糖液一起定量加入，封紧瓶盖，即成山楂蜜饯。

4. 产品特点

鲜红的糖液，伴以晶莹的山楂，给人以无穷的美感，加之其浓甜中带有微酸，食之给人带来一种美妙的感受。

六、梨

梨又称快果、玉乳等，是蔷薇科植物梨的果实，有"百果之宗"的美称。梨是营养丰富、食用价值较高的水果之一，富含有机酸、糖类及各种维生素和矿物质，且香气诱人、酸甜可口、风味浓郁，是人们喜食之水果。

(一)梨脯

1. 原料及配方

鲜梨100kg，白砂糖60kg，亚硫酸氢钠240~320g。

2. 工艺流程

原料选择→原料处理→糖渍→第一次糖煮→糖渍→第二次糖煮→糖渍→整形→烘干→包装

3. 制作要点

①原料选择：选果形整齐、肉质厚、八成熟无病虫害和伤残的梨作为原料。

②原料处理：将梨洗净，去皮，切半，去籽，立即浸于1%的食盐水中护色。

③糖渍：从盐水中捞起梨块，沥干水分，加入梨块质量20%的白砂糖和0.2%~0.4%的亚硫酸氢钠，拌匀后浸渍24h。

④第一次糖煮：加入梨块质量20%的白砂糖，放在不锈钢锅内，加入与白砂糖等量的水，加热溶化，将糖液与梨块一起倒入锅内，沸煮20min。

⑤糖渍：将梨块连同糖液一起入锅，再糖渍24h。

⑥第二次糖煮：第二次糖渍后再称取梨块质量20%的白砂糖，糖

煮 30min。

⑦糖渍:第二次糖煮后,继续糖渍 24~36h,使糖液充分渗透到梨块的肉质中。

⑧整形、烘干、包装:将糖渍后的梨块压扁,放在烘盘内,送入烘房,在 50~60℃下烘 24~36h,即得成品,进行包装。

4. 质量要求

本品形状扁平,色泽金黄,糖分分布均匀,甜酸适口,无焦味;梨脯表面不粘手;水分含量 17%~20%,糖含量 65%~68%,硫含量(以二氧化硫计)不超过 0.1%。菌落总数 <750 个/g,大肠菌群 <30 个/100g,致病菌不得检出。

(二)糖衣梨脯

1. 原料及配方

梨块 100kg,蔗糖 50kg,石灰水适量,糖粉适量。

2. 工艺流程

选料→预处理→烫漂→糖制→上糖衣→包装

3. 制作要点

①选料:本品对原料要求不甚高,除腐烂变质者外均可使用。

②预处理:将梨清洗后,去皮、切半,用刺孔针刺孔后,挖去籽巢。随之将梨块迅速放入 5% 的石灰水中浸泡 3~4h,使果肉硬化,然后放入清水中浸泡 20min,再漂洗干净。

③烫漂:将梨块放入煮沸的水中,再沸时保持 3~5min,当手感有点软时捞出。放入清水中冷却,再捞出,沥干水分。

④糖制:先糖渍,后糖煮。取 100kg 梨块,倒入缸中,加入 30% 的冷糖液 50kg,浸渍 24h。随后将梨块连同糖液一起入糖煮锅,加入蔗糖 10kg,调整糖液浓度至 45%,煮沸后保温 3~5min,再倒回缸内糖渍 24~36h。然后,将梨块连同糖液一起移入锅中,加入蔗糖约 15kg,调整糖液浓度至 55%~60%,煮沸 15~20min,再移至缸中糖渍 10~12h。接着将梨块与糖液又移至锅中,加蔗糖约 10kg,调整糖液浓度至 65% 左右,糖煮 20~30min。捞出,沥干糖液。

⑤上糖衣、包装:将绵白糖或糖粉与梨块一起拌和均匀,不停翻

抖.并把黏合在一起的梨块分开,经自然冷却后,即成为外有一层白色糖衣的糖衣梨脯,随后即可用玻璃纸进行包装。

4.产品特点

产品块形完整,质地柔嫩,味甜酸适口,有原果风味,加之有白色糖衣,更增一种风情。

七、木瓜

木瓜又称番木瓜、番瓜、文冠果,是一种热带水果。木瓜细滑香软,甜润适口,清香多汁,风味独特,营养丰富,有"百益水果""水果之皇""万寿瓜"之雅称,是岭南四大名果之一。其独有的番木瓜碱具有抗肿瘤的功效,并能阻止人体致癌物质亚硝胺的合成。由于它高产而味美,故有"岭南果王"之美誉。

(一)木瓜脯

1.原料及配方

木瓜100kg,蔗糖40kg,亚硫酸氢钠0.1kg,柠檬酸10g,5%的石灰水100L。

2.工艺流程

选料→去皮籽→切分→浸硫→硬化→糖制→烘干→包装

3.制作要点

①选料:选用七八成熟的果实较为适宜,选择肉质肥厚、组织紧密、新鲜无病、无虫蛀、无腐烂的木瓜为原料。

②去皮籽、切分:将原料清洗干净,去除外皮,然后剖开,去籽,挖净内瓤,切成5cm×2cm×1cm的长条。

③浸硫:将亚硫酸氢钠溶解于50L清水中,放入木瓜条浸泡15~20min,随后用清水洗净。

④硬化:将木瓜条放入5%的石灰水中浸泡4~6h,随后用清水漂洗干净。

⑤糖制:多数采用糖煮加浸渍。糖煮可用一次煮成法或多次煮成法。一次煮成时,先以20kg蔗糖、水和柠檬酸配制成30%~40%的糖液,加入木瓜条,加热至沸4~6min,加入蔗糖5kg,再沸时加糖

5kg,如此将糖全部加入,然后用文火加温,维持 20～30min,至糖液浓度达到 65%～70% 时为止,即可捞出、沥干。

糖煮后,将木瓜条连同糖液倒入缸中浸渍 8～10h,然后捞出、沥干。

⑥烘干、包装:采用烘房或烘干机将木瓜条烘至不粘手为准,然后包装。

4. 产品特点

产品色泽金黄,鲜艳一致,浸糖饱满,质软透明,果味甜酸芳香,食之怡人。

(二)风味木瓜片

1. 原料及配方

木瓜浆 50kg,蔗糖 35kg,10% 的淀粉糊 1kg,姜黄、香味剂适量。

2. 工艺流程

原料选择→预处→配料→成型→烘干→切分→加香→包装

3. 制作要点

①原料选择、预处理:选用六到八成熟的鲜木瓜,清洗后削皮、剖开、去籽,用沸水漂烫 1～2min,加入与原料等量的水,入打浆机打成细浆,再入离心机甩掉水分,直至手捏出浆为止。

②配料:取打浆去水后的木瓜浆 50kg,加入蔗糖、姜黄、淀粉糊等,充分混匀。

③成型:取平底烘盘,在盘底撒一薄层糖粉,洒入木瓜糖浆,再撒糖粉,然后滚压成 1～1.5cm 厚的薄层。

④烘干、切分:将烘盘入烘干机烘至半干,移出切成所要求大小,再烘至含水量为 4%～6%,待其冷却。

⑤加香、包装:加香可根据消费者的爱好,如橘香、乳香、柠檬香等,将香味剂用喷雾器喷洒到木瓜片上,随即用聚乙烯袋进行定量密封包装。

4. 质量要求

产品色、香、味均应根据所选择的香味品种调整。菌落总数 <750 个/g,大肠菌群 <30 个/100g,致病菌不得检出,霉菌 <50 个/g。

（三）多味木瓜粒

1. 原料及配方

木瓜粒50kg，木瓜浆15kg，60%的蔗糖液40kg，蔗糖9kg，60%的麦芽糖浆3kg，食盐300g，柠檬酸150g，苯甲酸钠30g，肉桂粉、陈皮粉、甘草粉少量，石灰水适量。

2. 工艺流程

原料处理→切粒→硬化→热烫→糖渍→配酱→冷却→包装

3. 制作要点

①切粒：将木瓜削皮、去籽，切成1.2cm×1.2cm的方粒。

②硬化、热烫：将木瓜粒投入石灰水中浸泡8～10h，移出，用沸水热烫2～4min后，沥干水分。

③糖渍：将50kg木瓜粒加入40kg 60%的蔗糖液中，缓慢加热至沸，保持沸腾20～30min，待用。

④配酱：将去皮、去籽的木瓜果肉切碎，加1倍的水入打浆机打成细浆，然后用离心机甩掉水分，直至手捏出浆为止。取湿浆15kg，加蔗糖9kg，60%的麦芽糖浆3kg，食盐300g，柠檬酸150g，苯甲酸钠30g及肉桂粉、陈皮粉、甘草粉少量，混合均匀后加热煮制，煮至呈酱状，即为木瓜酱。随后，将木瓜粒与木瓜酱加热搅拌均匀，停止加热，待其冷却。

⑤包装：用玻璃纸将木瓜粒蘸酱进行单粒或双粒包装，再用聚乙烯袋进行密封包装。

4. 质量要求

木瓜粒经糖渍后，甜香适口，再加上风味别致的木瓜酱，使本品香味更为突出，且香、甜、酸、咸各味俱全。菌落总数<750个/g，大肠菌群<30个/100g，致病菌不得检出，霉菌<50个/g。

八、桃

桃柔软多汁，甘甜味美，酸甜适口，香气浓郁。桃的营养丰富，含有多种糖类、有机酸、矿物质及维生素等人体所必需的营养成分。

(一)桃脯

1.原料及配方

桃肉 100kg,蔗糖 50kg,柠檬酸 0.2kg,明矾、亚硫酸氢钠、氢氧化钠适量。

2.工艺流程

选料→清洗→去核→去皮→浸硫→糖制→烘干→包装

3.制作要点

①选料:选用白肉或黄肉品种,在由青转白或转黄时,其组织致密、不软不绵,是最好的加工时期,剔除病果、虫果、烂果、伤果等。

②清洗:将原料用清水清洗干净。桃子表面密布茸毛,若要去掉,可在水中加入 0.5%的明矾,并不断搅动,以促其脱毛。

③去核:去核有两种方法。一种是将桃沿合缝线整体用刀切成两半,再将核挖掉;另一种是用小刀沿合缝线划 1 周,深至核部,再分开去核,制成桃碗。

④去皮:去皮多采用化学方法。可采用热碱液浸泡将皮软化、熟化,再用手工剥去;也可用淋碱法使表皮软化、熟化。方法是将桃碗凹面朝下,反扣在输送带上,氢氧化钠溶液浓度为 2%～4%,温度为 80～85℃,时间为 50～60s,淋碱后迅速入清水,搓去残留果皮,再用流动水冲净桃肉表面残留的碱液。

⑤浸硫:将桃碗浸入 0.2%～0.3%的亚硫酸氢钠溶液中,浸泡 4～6h,使桃肉变为白色。

⑥糖制:取 30kg 蔗糖,配制成 40%的糖液,加入 0.2kg 柠檬酸,将桃碗倒入锅内煮沸,注意火候,不能煮烂,煮制约 10min。随后,将桃碗及糖液一起移至缸中,浸渍 18～24h。捞出后,将糖液浓度调整至 50%(加糖约 10kg),然后将桃碗倒入锅中,煮沸 6～8min 后捞出,沥净余糖。接着进行晾晒。将桃碗凹面向上,排列在竹帘上,置于阳光下晾晒,晒至桃碗重量减少约 1/3 时即可停止晾晒。在糖液中加入 10kg 糖,使糖液浓度调整至 65%,把经晾晒的桃碗倒入糖液中,煮沸后,在微沸下煮制 10～15min,然后捞出,沥净糖液,待烘。

⑦烘干、包装:将糖制后的桃碗凹面朝上摊放在烘盘上,送进烘

房,在 60 ~ 65℃ 的温度下烘烤 18 ~ 24h。烘烤至含水量在 18% ~ 20%、用手摸不粘手时即为桃脯,随即进行包装。

4. 产品特点

产品呈乳黄或淡黄色,有半透明感,质地柔韧,清香甜美,有桃的芳香。

(二)香草桃片

1. 原料及配方

桃干 50kg,蔗糖 10kg,甘草 3kg,香兰素 200g,香精 500g,甜蜜素 50g。

2. 工艺流程

制桃干→浸漂→干燥→糖渍→烘干→包装

3. 制作要点

①制桃干:将鲜桃经切半、挖核,随后将桃肉切成 3 ~ 4mm 的薄片,入沸水中漂烫 5 ~ 10min,沥于后熏硫 4 ~ 6h,随后烘至含水量为 15% ~ 18%。

②浸漂、干燥:将 50kg 桃干在水中浸泡 6 ~ 8h,捞出,沥水,摊开,自然干燥至半干。

③糖渍:将 3kg 甘草切片,加入 25kg 水,浸泡 24h,然后加热浓缩至 15kg。过滤取汁,加入蔗糖、香精、香兰素、甜蜜素等,充分搅拌均匀,即为香草糖浆。然后倒入桃干,浸渍 2d,其间翻动 2 次,使糖浆完全被吸收,糖渍完成。

④烘干、包装:将桃片摊于烘盘上,送入烘房,65 ~ 70℃ 烘制 18 ~ 24h。随后用塑料袋进行定量密封包装。

4. 质量要求

产品呈黄褐色,片形均匀,表面干爽,香味浓郁,风味宜人,菌落总数 <750 个/g,大肠菌群 <30 个/100g,致病菌不得检出。

(三)陈皮桃粒

1. 原料及配方

桃盐坯 50kg,蔗糖 28kg,陈皮 5kg,柠檬酸 100g,甜蜜素 50g,香料适量。

2. 工艺流程

原料选择→漂洗→切粒→漂洗→糖渍→配糖浆→干燥→配酱→烘干→包装

3. 制作要点

①原料选择、漂洗、切粒、漂洗:选用含水量为 30% ~40% 的桃盐坯为原料。将 50kg 桃盐坯在水中浸泡 12 ~16h,以洗去其中过量的盐分,然后切成大小均匀的粒状,再以水漂洗至含盐为 1% ~1.5%,捞出、沥干。

②糖渍:配制 40% 的糖液 35kg,加热后加入桃粒,浸渍 36 ~48h。再将桃粒和糖液加热至沸后保温 8 ~10min,然后加入 4.5kg 蔗糖,搅拌溶解,10min 后再加 4.5kg 蔗糖,搅拌溶解,移出桃粒。

③配糖浆、干燥:向糖煮液中加入柠檬酸、甜蜜素和香料,混匀成糖浆,倒于桃粒上,拌和均匀,捞出桃粒,晾晒至含水量为 65% ~70%。

④配酱:取陈皮 5kg,加少量水,入打浆机中打成浆状,加 5kg 蔗糖,溶解,拌匀成陈皮酱,拌于桃粒中。

⑤烘干、包装:将桃粒摊于烘盘上,入烘房烘至含水量为 15% ~18% 然后用玻璃纸单粒包裹,再用聚乙烯袋进行定量密封包装。

4. 质量要求

产品色泽棕红,有光泽,组织柔嫩,酸津带甜,有陈皮芳香味,口感细腻,别有风味。菌落总数 <750 个/g,大肠菌群 <30 个/100g,致病菌不得检出。

九、无花果

无花果是具有特殊保健功效的水果,在我国有 1000 多年的栽培历史。无花果不仅干物质含量高,富含各种营养素,现代医学研究表明,无花果含有丰富的抗癌药效成分,是世界公认的天然抗癌果品。其果皮薄,无后熟特性,不易鲜储,因此果熟采摘后一般用于加工。

(一)无花果脯

1. 原料及配方

新鲜无花果 100kg,蔗糖 70kg,柠檬酸 200g。

2. 工艺流程

选果→清洗→烫漂→糖制→烘制→整形→包装

3. 制作要点

①选果:选用七八成熟的果实。剔除病果、青果、破损果。

②清洗:无花果皮薄质软,以流动的清水洗涤或放入水池浸泡10min后捞出,切瓣放入流动水中清洗干净、沥干。

③烫漂:锅内先放入清水,加水量为果实的2~3倍,加热煮沸后倒入无花果,边烫边搅动果实,5~10min后果皮色素褪尽,以手捏上去很柔软为度。此时,将果捞出立即浸入清水中漂冷,防止果皮褐变,兼有温差灭菌之效。

④糖制:取一锅,将200g柠檬酸和30kg蔗糖放入锅中,配制成40%的糖液,加热煮沸,倒入无花果,用文火煮沸10~15min,然后将果实和糖液一起移至浸缸,浸渍24h。再把糖液入锅,加蔗糖20kg,加热溶解,使糖液浓度提高至50%左右,反复两次,第三次糖液浓度提高至65 010,煮沸10~15min,浸渍24h。

⑤烘制、整形、包装:将浸渍的果块捞出,沥干糖液,摆放在烘盘上,以50℃左右的温度烘制2~3h,然后升温至60~65℃,烘至果脯表面的糖浆不粘手为宜。随后,用玻璃纸包装。

4. 产品特点

产品色泽浅黄或橙黄,透明光亮,组织饱满。柔韧软糯,甜酸爽口,有原果风味。

(二)无花果蜜饯

1. 原料及配方

鲜无花果100kg,蔗糖60kg,安息香酸钠250g,氢氧化钠适量。

2. 工艺流程

选料→去皮→刺孔→漂洗→漂烫→晾干→糖制→晒制→糖制→晒制→包装

3. 制作要点

①选料:选用质优、形大、八九成熟、新鲜的无花果,剔除病虫害果、损伤果。

②去皮:用碱液去皮。取一锅,配制成 3% ~4% 的氢氧化钠溶液,加热至沸,倒入无花果。热烫 1~2min,立即入流动水中冲洗掉表皮。

③刺孔、漂洗:捞出果坯,用竹针或不锈钢针逐个将果坯刺上 4~6 个孔,然后用清水漂洗干净。

④漂烫:取一锅,加多量清水煮沸,再倒入果坯,沸煮 10min 左右,以除去果肉中的胶质。

⑤晾干:将果坯捞出、沥干后,摊放在竹席上,晾制 24h,使表面基本干燥。

⑥糖制:取一锅,加入蔗糖 30kg 和清水,加热溶化成 50% 的糖液,放入果坯,沸煮约 20min。随后,将果坯连同糖液一起移入浸缸,再撒入剩余的 30kg 蔗糖,使其溶解,浸渍 5d 左右。其间每天轻轻翻拌 1 次。

⑦晒制:将果坯捞出,沥干糖液,摊放于竹席上,置于阳光下曝晒 2~3d,晒至八成干。

⑧糖制:取一锅,将浸缸中的糖渍液倒入锅中,再放入安息香酸钠,加热煮沸浓缩,待糖液浓度达 70% 时,倒入经晒制的果坯,用文火沸煮 20min,随后,将果坯和糖液一起移入浸缸,浸渍 5d 左右,其间每天轻轻翻拌 1 次。

⑨晒制、包装:将果坯捞出,沥干后摊放于竹席上,于阳光下曝晒至表面干燥为止,接着,即用玻璃纸进行逐个包装,入塑料袋密封。

4. 产品特点

产品色泽棕黄透明,风味清甜,带有鲜果幽香,食之清凉,且有润肺、健身、清热之功效。

十、香蕉

香蕉又称弓蕉、甘蕉等。香蕉肉质软糯,香味清幽,甜蜜可口,营养丰富,含碳水化合物、蛋白质、脂肪、粗纤维,并含有维生素 A、维生素 B_1、维生素 B_2、维生素 C 等多种维生素,此外,还有人体所需要的钙、磷、钾和铁等矿物质。

（一）香蕉脯

1. 原料及配方

熟香蕉 100kg,蔗糖 40kg,明矾 0.2～0.3kg,氯化钙 1～2kg,羧甲基纤维素 4kg,亚硫酸钠适量。

2. 工艺流程

选料→预煮→去皮→切块→护色→硬化→糖制→烘干→包装

3. 制作要点

①选料:选择果皮已呈淡黄色,果肉刚软的已熟香蕉,剔除未熟、过熟及有损伤的香蕉。

②预煮:将明矾配制成 0.1%～0.2% 的溶液,加热至沸,投入香蕉,煮 2～3min,捞出后用冷水迅速冷却至室温。

③去皮、切块:手工剥去香蕉皮,沿果肉中线纵切为两半,再横切为 5cm 大小的块状。

④护色:将块状果肉迅速投入 2% 的亚硫酸钠溶液中,浸泡 4～6min,以钝化酶类护色,防止产生黑褐色的类黑素物质。

⑤硬化:将氯化钙配制成 1.5% 的溶液,把果块投入其中,浸泡 0.5～1h,然后取出用清水漂洗干净。

⑥糖制:将蔗糖配制成 55% 的糖液,并将羧甲基纤维素溶于其中。把糖液加热至沸,倒入果块,煮至糖液浓度为 60%～65%,停止加热,再在此糖液中浸泡 24～30h。

⑦烘干、包装:从糖液中捞出果块、沥干,用远红外烤箱烘干果块,温度为 65～70℃,烘 8～10h,至果块表面不粘手,含水量为 20% 左右时停止加热,再用塑料袋进行真空密封包装。

4. 产品特点

产品外表光滑,组织饱满,糖液渗透均匀,甜度高,有浓郁的香蕉风味。

（二）杨桃蕉粒

1. 原料及配方

香蕉 50kg,蔗糖 36kg,浓缩杨桃汁 36kg。

2. 工艺流程

原料选择→切条→硫熏→烘干→切粒→糖渍→冷却→包装

3. 制作要点

①原料选择:选用八九成熟的香蕉,过生则涩,且色泽较深,过熟则太软。

②切条:剥去香蕉皮,切分成长条状,一根香蕉切分成2~3条。

③硫熏、烘干:将蕉条入熏硫室,熏硫约30min,随之入烘房烘干,55~70℃烘至含水量降至10%。

④切粒:待蕉条冷却后,将蕉干切成2cm的蕉粒。

⑤糖渍:将已变成金黄色的成熟杨桃洗净,切碎、打浆、去渣、留汁,随后把杨桃汁按2.5:1浓缩。取36kg浓缩杨桃汁加36kg蔗糖,加热煮沸,使蔗糖充分溶解。再取50kg蕉粒加入杨桃酱中,搅拌均匀,煮沸,煮至呈不流动的结团状为止。

⑥冷却、包装:待蕉粒冷却后,用小匙取带杨桃酱的蕉粒用玻璃纸进行单粒包裹,再装入塑料袋中。成品含水量不超过20%。

4. 产品特点

杨桃蕉粒以蕉粒为果基,用糖酸比合适的杨桃酱进行糖制,使成品具有香蕉风味的同时又带有杨桃的甜酸风味。

(三)夹心蕉片

本品为香蕉的浆肉经糖渍后,再加入牛奶夹心制成的片粒状制品;具有香蕉与牛奶的复合风味。

1. 原料及配方

香蕉浆60kg,蔗糖90kg,淀粉10kg,全脂乳粉2kg。

2. 工艺流程

原料选择→剥皮→打浆→糖渍→压片→涂片夹心→烘干→切片→包装

3. 制作要点

①原料选择、剥皮、打浆:选用全熟、果肉尚未软化的香蕉,剥皮,用打浆机打成浆状。

②糖渍:向60kg香蕉浆中加80kg蔗糖,缓慢加热,在搅拌中加热

至沸。然后加入淀粉糊浆,此糊浆是由 10kg 淀粉加 30kg 水混合而成的,将糊浆在搅拌中加入煮沸的香蕉糖浆中,迅速搅拌均匀。

③压片:将浆料用压辊滚压成 0.3~0.4mm 的薄层,冷却后稍带韧性。

④涂片夹心:夹心料是由 10kg 蔗糖粉、2kg 全脂乳粉及鲜蛋白调制而得的浓浆。将此浓浆涂于果片表面,随之用一果片贴于上,压紧。

⑤烘干:将加工好的夹心片入烘干机,55~60℃ 烘至夹心干。

4. 产品特点

本品为夹心状,层次分明,加之用全脂乳粉制成夹心,成品具有香蕉和牛乳复合在一起的独特的迷人风味。

十一、菠萝

菠萝又名凤梨、黄梨、草菠萝、番菠萝等,为凤梨科凤梨属多年生常绿植物凤梨的果实。果形美观,汁多味甜,香气特殊,营养丰富。菠萝的鲜果肉中,含有丰富的果糖、葡萄糖、氨基酸、有机酸、蛋白质、脂肪、粗纤维、多种矿物质及维生素等营养物质。因此,菠萝是深受人们喜爱的水果之一。

(一)菠萝脯

1. 原料及配方

菠萝肉 100kg,蔗糖 30kg,60% 的糖液、姜汁、0.2%~0.3% 的亚硫酸氢钠溶液适量。

2. 工艺流程

选料→预处理→切片→浸硫→糖制→烘干→加姜汁→烘干→包装

3. 制作要点

①选料:选择八九成熟的鲜果,要求果肉带黄色,无腐烂、无变质、无虫病。

②预处理:选果后用流动水清洗,将附着在果实外表的泥沙杂质洗去。然后切去两端,捅除果芯,削皮,残果皮也要削净。

③切片:削皮后的菠萝,用水清洗后,切成 10~15mm 厚的圆片,

然后按果实直径大小切成 3~4 瓣,再清洗、沥干。

④浸硫:将沥干的果肉放入浸泡池,加入 0.2%~0.3% 的亚硫酸氢钠溶液,须将果肉全部浸入液体中,浸泡 8~12h,捞出清洗、沥干。

⑤糖制:将果肉浸入预先配好的 60% 的糖液中,加热煮沸,控温在 90℃ 左右,煮 20min。然后捞出果肉,移至缸中,加入蔗糖 30kg 和适量原液,浸渍 10~12h。

⑥烘干:捞出果肉,沥干,放入烘盘,送入烘房烘干,在 65~70℃ 烘至手感有弹性(12~14h),即为香甜可口的菠萝脯。

⑦加姜汁、烘干:为使口味独具,可添加适量姜汁等,拌和均匀,再行烘干,即为成品,然后进行包装。成品含水量为 16%~18%。

4.产品特点

本品色泽橙黄或金黄,鲜艳透明,浸糖饱满,块形完整,不流糖、不干瘪,具有菠萝浓烈的风味,鲜甜干爽,甜酸适口。

(二)糖菠萝片

1.原料及配方

菠萝肉 100kg,蔗糖 75kg,安息香酸钠 70g,5% 的石灰水适量,菠萝香精适量。

2.工艺流程

选料→削皮→切分→硬化→糖制→烘干→包装

3.制作要点

①选料:选择果色开始部分转黄、约七成熟的菠萝,剔除虫害果、过熟果。

②削皮、切分:将菠萝清洗后,削去外皮,挖掉果眼。果身在 5cm 以内者,横切成 1.2~1.5cm 厚的圆片;果身大于 5cm 者,在横切成圆片后再切分成 3~4 瓣扇形。

③硬化:将菠萝片倒入 5% 的石灰水溶液中,浸泡 12~15h。然后进行漂洗、沥干,入烘房,在 65~70℃ 下烘去水分,至七成干左右。

④糖制:取菠萝片 100kg、蔗糖 40kg、安息香酸钠 70g,移入一浅容器中,翻拌均匀,腌渍 24~30h,移出糖液,在糖液中加糖 20kg,加热煮沸后,趁热把糖液倒入菠萝片中,腌渍 24h。随后,把菠萝片同糖液一

起入夹层锅,加热煮沸到120℃左右,再补加蔗糖15kg,煮沸到126℃时停止加热,当温度降至100℃时移出菠萝片,沥干,摊于烘盘上。

⑤烘干、包装:把烘盘送入烘干机,以60~65℃烘至含水量低于12%,待冷后即可包装。包装前,用菠萝香精对菠萝片喷雾1次,随即进行真空包装。

4.产品特点

本品色泽橙黄,味美甘甜,风味独特,有保健作用,尤为适合儿童、老人食用。

十二、芒果

芒果、苹果、香蕉、柑橘、葡萄被称为世界五大水果。芒果果肉细腻,酸甜适度,清香入脾,色、香、味、形俱佳,且营养十分丰富。其含蛋白质5.56%,脂肪16%,碳水化合物67.29%,还含有丰富的维生素A、维生素B、维生素C,且维生素A含量最高。此外,芒果还含有少量的钙、磷、铁及其他矿物质。

(一)水晶芒粒

本品利用成熟的芒果浆汁与成型剂结合,制成半透明的晶粒状制品,具有芒果的特有风味。

1.原料及配方

芒果浆50kg,蔗糖100kg,琼脂2kg,苯甲酸钠100g。

2.工艺流程

原料选择→制浆→制备琼脂糖浆→成型→烘制→包装

3.制作要点

①原料选择:选用八九成熟的泰国品种、象牙品种为原料。

②制浆:将芒果切分,入打浆机打成细浆,同时分离出果皮和果核。向50kg细浆汁中加蔗糖50kg,煮沸,使蔗糖全部溶解后停止加热。

③制备琼脂糖浆:将2kg琼脂切碎,加水浸泡4h,捞出,沥去水分,再加入50kg水,缓缓加热,搅拌溶化,然后加入50kg蔗糖和100g苯甲酸钠,缓缓搅拌使之溶解。

④成型:将芒果热浆和琼脂热糖浆充分混合后,加热煮沸,趁热倒入平底浅烘盘中,使之成为2cm的层块,冷却成型。

⑤烘制:将烘盘移入烘干机中,65℃烘制4h,翻转,再烘6h,冷却后,将块片切成2cm的方粒,再入烘盘中,烘至含水量不超过18%。

⑥包装:用玻璃纸单粒包裹,再用聚乙烯袋进行定量密封包装,或用透明塑料盒密封包装。

4. 质量要求

产品半透明,甜酸适度,香气浓郁。菌落总数 < 750 个/g,大肠菌群 < 30 个/100g,致病菌不得检出,霉菌 < 50 个/g。

(二)甘草芒果

1. 原料及配方

芒果肉50kg,蔗糖15kg,甘草2.5kg,丁香粉100g,甜蜜素100g,姜黄色素适量,5%的石灰水适量。

2. 工艺流程

原料选择→去皮→去核→护色→漂洗→晒干→糖渍→晾晒→包装

3. 制作要点

①原料选择:选用色泽淡黄、肉质较厚、七八成熟的新鲜芒果。

②去皮、去核:用刀削去芒果外皮,或用化学法去皮,去掉内核,将果肉纵切成3～4片。

③护色、漂洗:将果肉立即浸入5%的石灰水中护色,浸泡8～10min,随后于水中漂洗,洗至无石灰味为止。

④晒干:捞出果肉,沥干,在阳光下晾晒至半干。

⑤糖渍:将甘草切片,加入10kg水,加热沸煮20～30min,过滤取汁,加入蔗糖、甜蜜素、色素、香料等搅拌,使之溶解,混合均匀。然后倒入芒果肉,浸渍36～48h,多次翻拌,其间也可将果坯捞出,将浸渍液浓缩,再进行浸渍,如此反复几次,使果肉充分吸收浸渍液。

⑥晾晒、包装:将果肉捞出,沥干,晒至制品表面呈现光泽、不粘手时为止,随之即可进行定量密封包装。

4. 质量要求

产品呈黄色,表面干爽,有光泽,清甜带酸,有原果风味,细嚼回味无穷。菌落总数 <750 个/g,大肠菌群 <30 个/100g,致病菌不得检出,霉菌 <50 个/g。

十三、樱桃

樱桃又名薄桃、牛桃、朱樱等,是蔷薇科落叶果树樱桃树的果实,在我国各地广为种植。樱桃营养丰富,特别是其中含有丰富的铁质,每 100g 樱桃含铁约 6mg,是苹果、梨含铁量的 20 倍以上。

(一)樱桃脯

1. 原料及配方

鲜樱桃 100kg,蔗糖 55kg,焦亚硫酸钠 240~320g,柠檬酸适量。

2. 工艺流程

原料选择→浸硫(硬化)→去核→糖渍→熬煮→烘制→包装

3. 制作要点

①原料选择:选用八成熟、新鲜饱满、个大肉厚、风味正常、无霉烂、无病虫害、无机械损伤的果实。品种以安徽太和樱桃和山东黄樱桃等为佳。

②浸硫(硬化):将挑选好的樱桃倒入 0.3%~0.4% 的焦亚硫酸钠溶液中浸泡一天左右。浸泡时间不宜过长,否则会导致樱桃裂口。

③去核:浸硫后用人工或去核机将樱桃的核去掉,去核时不得破坏果实完整,不得使果肉破碎。

④糖渍:将经过去核的樱桃进行漂洗,然后把樱桃放在 55% 的糖液中浸渍约 4h。

⑤熬煮:糖渍后的樱桃果实与糖液一起倒入锅内,加适量白糖及柠檬酸调节酸度。熬煮时间约 30min,使糖液浓度达到 50%。熬制时要使糖液充分渗透到果实内,把水分替换出来,并保持果实不变形、不皱缩。

⑥烘制:将煮制好的樱桃果肉连同糖液一起放入缸内进行第二次糖渍,时间 1~2d。然后将果实捞出沥尽糖液,或放在温开水中冲洗一次,洗去果实表面糖液,即可入房烘制。烘房温度保持 60~

65℃,烘制 7h 后出房冷却即为成品。

⑦包装:包装时剔除杂物及破碎果,并按果实颜色分开,用食品袋包装。

4. 质量要求

产品呈金黄色,有光泽,果实完整,组织饱满,质地柔软,成品酸甜适口,有原果风味,无异味。总糖含量 70%,酸度(以柠檬酸计)0.7%,硫含量(以二氧化硫计)0.1%,含水量 17%~20%。细菌总数 <700 个/g,大肠菌群 <30 个/100g,致病菌不得检出。

(二)蜜饯樱桃

1. 原料及配方

鲜樱桃 100kg,蔗糖 80kg,明矾 5kg,食盐 6kg,红色素 50g。

2. 工艺流程

选料→摘梗→刺孔→硬化→脱盐→糖制→配制糖汁→包装

3. 制作要点

①选料、摘梗:选用新鲜饱满、八成熟的甜樱桃为原料,剔除病虫害、机械伤等不合格果实,摘去果梗,用清水洗净。

②刺孔:为便于透糖,须将樱桃刺孔,可用刺孔器逐一从果实四周刺孔。

③硬化:取一缸,加水 50kg,再放入明矾、食盐等,使其溶化,然后放入刺孔鲜樱桃 100kg,腌制 5~6d,捞出沥干。

④脱盐:将樱桃放于清水中,水要多些,浸泡 4~5d,每天换水。

⑤糖制:主要采用糖腌。取一缸,称 50kg 蔗糖,将樱桃与蔗糖按一层樱桃一层糖腌制,可以多分几层,上面撒糖盖顶,腌制 24h 后,加糖 10kg,拌和均匀,再腌制 24h,如此反复 3 次。最后 1 次腌制后,当樱桃吸收糖液显现出饱满状态时,即可捞出。

⑥配制糖汁:将浸渍樱桃的糖液移入锅中加热,同时加入红色素,与糖液充分调匀后即可停止加热。这种糖液经冷却后倒入装有樱桃的缸中,使樱桃染着鲜艳的红色。

⑦包装:将樱桃粒称重,装入玻璃瓶中,再倒入定量糖汁,封口后即为成品。

4.产品特点

产品色泽鲜艳,甜酸可口,晶莹饱满,有原果香味。

十四、枇杷

枇杷是我国南方的传统水果,果实色泽橙黄、柔软多汁、酸甜可口、风味独特,深受广大消费者喜爱。另外,枇杷果实营养丰富,富含蛋白质、氨基酸、碳水化合物、矿物元素以及维生素 A 和维生素 C 等多种维生素,且具有一定的药用价值,同时还是有效的减肥果品。但成熟后的枇杷果实柔软多汁,易受机械损伤,不耐储藏和运输。低糖枇杷果脯的生产,既可减少果农的经济损失,又为枇杷深加工开辟了新的渠道。

低糖枇杷果脯

1.原料及配方

鲜枇杷 100kg,白砂糖 45kg,变性淀粉 8～10kg,柠檬酸 160g,亚硫酸氢钠 240g,氯化钙 400g,氯化钠 400g,海藻酸钠 180g。

2.工艺流程

原料选择→整理→清洗→切分→去核→护色→漂烫→硬化→漂洗→渗胶→真空渗糖→烘干→冷却→包装→成品

3.制作要点

①原料选择:选用新鲜饱满、果实色泽橙黄、八九成熟无腐烂和机械损伤的果实,每批果实大小基本一致,直径在 1.5～2cm。

②清洗:用清水洗去果实表面的污物,挑拣出破碎、变色等不合格果实。

③切分、去核:用不锈钢刀将果实竖切成两半,去掉果核,同时将果实两头的花等切除,去掉果肉内附囊衣。

④护色:将去核的枇杷片迅速放入 0.2% 的柠檬酸和 0.3% 的亚硫酸氢钠混合溶液中浸泡 1h,进行护色处理。

⑤漂烫:将经护色处理的枇杷片在沸水中漂烫 3～5min,捞出后迅速以冷水冷却,然后进行硬化处理。

⑥硬化:用 0.5% 的氯化钙、0.5% 的氯化钠混合溶液硬化 12～15h。

⑦漂洗:用流动清水把硬化后的枇杷片漂洗 15min 左右,以除去多余的硬化液。

⑧渗胶:将果片取出、沥干,置入真空渗糖机内,加入 0.3% 的海藻酸钠与 10% 的变性淀粉混合溶液,在 0.8MPa、50℃ 条件下渗胶 2h。

⑨真空渗糖:先配制 40% 的白砂糖与淀粉糖浆混合溶液,根据真空渗糖原理,先抽气,再将溶液喷入果片,在 0.08MPa、70℃ 条件下渗糖 1h,至果片渗糖后形态饱满、呈半透明状,进气破除真空度,然后再糖渍 2~3h。

⑩烘干:取出果片,沥干糖液,送入烘箱,采用变温干燥工艺进行烘干。先在 50~55℃ 条件下烘烤 2h,然后升温至 60~65℃,烘烤 4~5h,最后降温至 50℃,烘烤 2~3h,烘至果片表面不粘手并稍带弹性为止。在烘烤过程中注意翻动果片,使果片受热均匀,防止焦化。

⑪包装:制好的果脯冷却后,按果片色泽、大小分级,剔除不合格产品,然后用聚乙烯薄膜袋进行真空包装。

4. 质量要求

产品呈均匀橙黄色或橙红色,有光泽,肉质柔韧而有弹性,无碎屑、无杂质,在规定的存放条件下不返砂、不流糖,具有枇杷的特殊香味,酸甜适口,无异味。总糖 < 50%,水分 15%~25%,$SO_2 < 0.05g/kg$,大肠菌群 < 30 个/100g,细菌总数 < 750 个/g,致病菌不得检出。

十五、柿子

柿子又称米果、猴枣等。鲜柿子营养丰富,多汁,香甜可口。其含碳水化合物较多,主要有蔗糖、葡萄糖及果糖。还含有少量的脂肪、蛋白质、钙、磷、铁和维生素 C 等。另外,柿子富含果胶,为水溶性的膳食纤维,有良好的润肠通便作用,对纠正便秘、保持肠道正常菌群生长等有很好的作用。柿子未熟时含有较多单宁,必须脱涩才能生食。

柿子脯

1. 原料及配方

鲜柿子 50kg,蔗糖 20kg,食盐 8kg,明矾 400g,柠檬酸 150g,焦亚硫酸钠 12.5g。

2. 工艺流程

原料选择→脱涩→去皮→修整→切分→盐渍→切片→漂洗→糖渍→晾晒→糖渍→晾晒→包装

3. 制作要点

①原料选择:选用果肉橘黄、致密,纤维较少,七八成熟的鲜柿子为原料。

②脱涩:将 50kg 鲜柿子在 45~50℃的温水中浸泡 24~30h。

③去皮、修整、切分:用旋皮机将鲜柿子的表皮削去,再用刀削去柿蒂及未削尽的表皮,然后按纵向切成 2~4 块。

④盐渍:将 2kg 食盐配制成 5%的盐水,加入研细的明矾,使其溶解。再倒入柿块,上压重物,使柿块浸没在盐水中,浸泡 48h 后捞出,压去部分水分。然后将 6kg 食盐和柿块按一层果一层盐进行盐渍,并加入 12.5g 焦亚硫酸钠,以防止褐变。浸渍 10d,其间每 2d 翻拌 1 次,使柿块盐渍均匀。

⑤切片、漂洗:将柿块捞出,按纵向切成 0.5cm 厚的柿片,随即用水冲洗干净。再倒入 0.2%的柠檬酸溶液中浸泡 24h,其间每 4h 换水 1 次,至无咸味为止,压干水分。

⑥糖渍:将 20kg 蔗糖和柿片按一层果一层糖进行糖渍,每层柿片厚 5~6cm,腌渍 3d,其间每天翻拌 2 次,使渗糖均匀。

⑦晾晒:捞出柿片,沥干糖液,置于阳光下曝晒至七成干。其间翻动 2~3 次,使干燥均匀。

4. 质量要求

产品色泽橙红透亮,肉质柔韧甘甜,有柿子风味。大肠菌群 <30 个/100g,菌落总数 <750 个/g,致病菌不得检出。

十六、葡萄

葡萄果脯作为一种新的食品,不但比葡萄干的成本低得多,而且口味鲜美,经品尝鉴定深受消费者喜爱。

(一)葡萄脯

1.原料及配方

鲜葡萄100kg,蔗糖70kg,高锰酸钾适量。

2.工艺流程

选料→淋洗→摘粒→漂烫→漂凉→糖制→烘制→包装

3.制作要点

①选料:选用粒大、无籽或少籽、九成熟以上的葡萄为原料,颜色以浅色为好,最好是白色。

②淋洗:先将葡萄串剪成小枝,再淋洗。用清水淋洗2~3min后,再用0.05%的高锰酸钾溶液浸泡5~6min,对葡萄进行消毒。然后用清水漂洗,洗至水中不带红色时为止,高锰酸钾液每班须更换3次以上。

③摘粒:从小枝上将葡萄按粒摘下,在摘粒时动作要轻,不要弄破果皮。在摘粒过程中进行分选,剔除伤烂果、病虫害果、过生果及过小果。

④漂烫、漂凉:取一锅,加清水煮沸,将选好的100kg葡萄粒入沸水中漂烫1~2min,然后立即入冷水池中漂洗,冷凉,再捞出,沥干。

⑤糖制:采用多次糖渍法。取一缸,放入配制好的30%的糖液60kg,再轻轻倒入葡萄粒,浸渍24h,然后移出葡萄粒,加蔗糖20kg,调整糖液浓度为40%,移入葡萄粒,浸渍24h,如此反复几次,糖液浓度依次提高到50%、60%、70%,最后一次糖渍时,待葡萄珠显示出透明状,即为糖渍终点。

⑥烘制、包装:将葡萄珠捞出,沥干糖液,摊于烘盘上,送入60~65℃烘房中烘烤10h左右,移出,任其回潮24h,然后又入烘房,于55~60℃下烘烤6~8h,烘至含水量不超过18%时为止,手摸之不粘手即成葡萄脯。然后,用塑料袋进行定量密封包装。

4.产品特点

产品色泽鲜艳,呈半透明状,柔软甘甜,口味鲜美。

(二)香甜葡萄

1.原料及配方

鲜葡萄 100kg,蔗糖 20kg,甜蜜素 80g,甘草 5kg,食盐 18kg,香兰素 20g,植物油适量,肉桂粉 100g,丁香粉 100g。

2.工艺流程

选料→盐腌→晒制→脱盐→晒制→配料液→糖制→晒制→拌香、拌植物油→包装

3.制作要点

①选料:选用肉厚、粒大、少籽、七成熟的葡萄,剔除病果、虫果、伤果。

②盐腌:取一缸,先配制 10% 的盐水 80kg,倒入葡萄粒,浸渍 2 ~ 3d,待果皮颜色转黄,捞出,沥干盐水。再取一缸,将葡萄和 10kg 食盐按一层葡萄一层盐装入缸中,腌制 5 ~ 6d。

③晒制:将葡萄捞出,摊于竹席上,置于阳光下曝晒,直至晒干,晒得葡萄表面有盐霜出现,葡萄呈琥珀色,即成葡萄盐坯。

④脱盐:取一缸,放入清水 100kg 及葡萄盐坯,浸泡 12 ~ 16h,再以流动水漂洗至口尝稍有咸味为止。

⑤晒制:将葡萄粒捞出,摊于竹席上,置于阳光下曝晒至半干为止。

⑥配料液:取一锅,将切碎的甘草加清水 60kg 入锅,加热至沸,熬煮浓缩至 50kg,然后过滤,取其清液,加入蔗糖、甜蜜素、肉桂粉、丁香粉,加热溶解成香料糖液。

⑦糖制:取一缸,将半干的葡萄坯和香料糖液一起入缸,充分翻拌,浸渍 24h,其间要翻拌数次,使葡萄充分吸收糖液。然后,将葡萄捞至竹席上,置于阳光下曝晒至表面干燥,再将葡萄移入缸中,充分翻拌,浸渍 24h,如此反复几次,直至将香料糖液全部吸收完为止。

⑧晒制:最后,将糖液吸收完后,把葡萄捞出,摊于竹席上,置于阳光下晒至表面不粘手为止。

⑨拌香、拌植物油,包装:将葡萄移至缸中,加入香兰素及适量精制植物油,充分拌和,使葡萄保持一定的湿润度。随后,进行定量密封包装。

4. 产品特点

产品色泽棕褐或呈深摇滚色,有光泽,质地柔软,微感湿润,甜、酸、咸味俱有,香气浓郁。

十七、哈密瓜

哈密瓜古称敦煌瓜,是甜瓜的变种,素有“瓜中之王”的美称。哈密瓜长 30~80cm,状如橄榄,为椭圆形,外皮色泽暗绿,表面多纹,瓜肉为黄色或绿色,味甘如蜜,爽口似梨,入口即融,香甜可口,营养丰富,是驰名中外的珍果。

哈密瓜脯

1. 原料及配方

鲜哈密瓜 100kg,蔗糖 20kg,淀粉糖浆 25kg,氯化钙 400kg,亚硫酸氢钠 80g,磷酸二氢钠 1kg,柠檬酸 160g,苯甲酸钠 40g,果胶 80g,增香剂 8g,盐酸适量。

2. 工艺流程

选料→清洗→去皮、瓤→切片→硬化与护色→漂洗→漂烫→真空浸糖→烘干→整形→包装→成品

3. 制作要求

①选料:挑选八成熟无腐烂的哈密瓜,品种不限,但以瓜肉色泽为橘红色或黄色最好。

②清洗:用流动水冲洗,刷去表面污物,然后放入 1% 的稀盐酸中浸泡 10min,再用流动水冲洗干净。

③去皮、瓤:用不锈钢刀除去表皮,将瓜一分为二,挖净瓜子。

④切片:用不锈钢刀切成长约 4cm、宽 2cm、厚 1cm 的瓜片。

⑤硬化与护色:将瓜片浸入 0.5% 的氯化钙、0.1% 的亚硫酸氢钠和 1% 的磷酸二氢钠混合液中硬化护色处理约 2h。

⑥漂洗:捞出硬化护色处理后的瓜片,用清水洗涤后浸泡 2h,中间换 2 次水。

⑦漂烫:在夹层锅内放入20%的蔗糖液,分别加入0.2%的柠檬酸和0.05%的苯甲酸钠,加热煮沸后投入哈密瓜片,漂烫2min。

⑧真空浸糖:漂烫后的瓜片放入真空浸渍锅中进行真空浸糖。用20%的蔗糖、25%的淀粉糖浆、0.1%的果胶和0.01%的增香剂配成混合液,真空度为85.33kPa,时间30min,糖液温度60℃,然后在常压下浸渍8h,捞出并沥去表面糖液。

⑨烘干:将沥糖后的哈密瓜脯摆盘置入烘房烘制,温度控制在60℃,时间约6h,至含水量25%~28%,中间翻拌几次,取出。

⑩整形、包装:以脯形大小、饱满程度及色泽按一定质量用80kPa真空高密度聚乙烯袋包装。

4.质量要求

产品呈红色、棕红色或黄色(原料品种不同),色泽鲜艳,半透明状,大小均匀,组织饱满,肉质柔软有弹性,在保质期内不结晶、不返砂、不流糖,具有浓郁的原瓜风味,酸甜适口,无异味。总糖含量40%~45%,残硫量(以SO_2计)低于0.2%,含水量22%~28%,总酸含量大于1.2%。

第三节　蔬菜类

蔬菜的种类很多,以蔬菜为原料进行深加工,制作果脯、蜜饯,是开发蔬菜综合利用的有效途径。下面介绍以常见蔬菜为原料制作的果脯、蜜饯。

一、萝卜

萝卜又名夏生,属十字花科,形态多样。其营养丰富,维生素C含量为30mg/100g,比一般水果还多,维生素A原、维生素B以及钙、磷、铁也较丰富,是人们喜食的蔬菜之一。此外,萝卜还具有降气、消积食和化痰等药用及保健功能,故有"土人参"之称。萝卜组织脆嫩细致,肉质肥厚,适宜进行糖制,可加工成脯制品,方便人们食用。

(一)萝卜脯

1.原料及配方

萝卜 50kg,蔗糖 25kg,生石灰 5kg。

2.工艺流程

原料选择→清洗→去皮→切分→硬化→漂洗→漂烫→糖渍→包装

3.制作要点

①原料选择:选择表面平整光滑、无空心黑心、圆润白嫩的沙土白萝卜为原料。

②清洗、去皮:萝卜长在地下,表面粘有不少泥沙,必须清洗干净。可先将萝卜放在水中浸泡,然后用洗涤机洗净,再削去表皮。

③切分:视萝卜形体大小,可切成圆片、方片和条形等各种规格的萝卜坯。

④硬化:将生石灰溶于水,配成 5% 的石灰水,过滤取其清液,把萝卜坯放入石灰水中,浸泡 12 ~ 16h。

⑤漂洗:捞出萝卜坯,用清水洗去表面石灰水,放入清水池,漂洗 3 ~ 4d,期间每天换水 2 ~ 3 次,至水色转清、无涩味为止。

⑥漂烫:将萝卜坯倒入沸水中漂烫至料坯开始下沉时,即可捞出,放入清水池中再漂洗 2d,期间换水数次,即可捞出,沥干水分。

⑦糖渍、包装:先于缸中配制 40% 的蔗糖溶液,倒入萝卜坯,浸渍 24h。然后将萝卜坯和糖液一起移至锅中,先用大火加热至沸,然后用中火熬煮,待糖液浓度达到 65% 以上,取出萝卜坯掰开时断面色泽一致、无花斑时,即可停止加热,再将萝卜坯和糖液一起移至缸中,浸渍 7 ~ 8d,之后再将糖液与萝卜坯一起移至锅中,文火煮沸,捞出,沥干糖液,随后即可进行包装。

4.质量要求

产品色泽洁白,呈透明状,甘甜爽口,滋润无渣。菌落总数 < 750 个/g,大肠菌群 < 30 个/100g,致病菌不得检出。

(二)奶油可可萝卜

1.原料及配方

萝卜粒 50kg,蔗糖 25kg,可可粉 2kg,奶粉 1kg,石灰水适量。

2. 工艺流程

原料选择→清洗→去皮→切粒→硬化→漂洗→糖渍→烘制→包装

3. 制作要点

原料选择、清洗、去皮等工序操作可参照萝卜脯进行。

①切粒:将洗净去皮的萝卜切成2cm的方粒。

②硬化、漂洗:将切好的萝卜粒投入饱和石灰水中浸泡8~12h后,捞出,用清水浸泡1~2d,然后冲洗干净。

③糖渍:先配制50%的糖液50kg,倒入漂洗干净的萝卜粒,加热沸煮20~30min,停止加热,浸渍24h,加入可可粉和奶粉,然后加热煮沸至糖液浓度为70%时为止,捞出,沥干糖液。

④烘制、包装:将沥干糖液后的萝卜粒送入烘房,在60~65℃下烘至不粘手为止,随后即可进行包装。

4. 质量要求

产品色泽洁白,具有浓郁的奶油及可可香味。菌落总数<750个/g,大肠菌群<30个/100g,致病菌不得检出。

(三)胡萝卜脯

1. 原料及配方

胡萝卜50kg,蔗糖25kg,亚硫酸氢钠、桂花、柠檬酸、蜂蜜等适量。

2. 工艺流程

原料选择→清洗→去皮→切片→护色→漂烫→糖渍→烘制→包装

3. 制作要点

①原料选择:选用成熟适度而未木质化,表皮及根肉呈鲜红色或橙红色,无病虫害、冻害及机械损伤的新鲜胡萝卜为原料。

②清洗、去皮:将胡萝卜的尾部根须和青头去掉,洗干净后削去外皮,或采用化学方法去皮:将胡萝卜在浓度为4%~6%、温度为90~95℃的碱液中浸泡1~3min,捞出,立即用流水冲洗2~3次,以洗掉被碱液腐蚀的表皮。

③切片、护色:将胡萝卜切成5mm厚的薄片,然后放入0.2%的

亚硫酸氢钠溶液中浸渍 2h,捞出,并用清水冲洗数次。

④漂烫:将清洗干净的胡萝卜片放入开水中沸煮 10～15min,捞出后立即用冷水冷却。

⑤糖渍:先配制 40% 的蔗糖溶液,倒入胡萝卜片,沸煮 8～10min,将胡萝卜片和糖液一起移至缸中浸渍 1d,捞出胡萝卜片;再将糖液煮沸,将剩余蔗糖分几次加入,同时加入糖液量 0.15% 的柠檬酸和适量蜂蜜、桂花,煮至糖液浓度达 65% 左右、胡萝卜片有透明感时,即可停火,浸渍 1d。

⑥烘制:将浸渍 1d 后的胡萝卜片沥尽糖液,置于烘盘上送进烘房,在 65～70℃ 下烘至胡萝卜片不粘手、稍有弹性时停止,取出晾干。

⑦包装:烘制后的胡萝卜片修整后即可进行包装,包装多采用无毒玻璃纸,放入垫有油纸的包装箱中封存,于阴凉干燥仓库中储藏。

4.质量要求

产品呈黄红色,色泽均匀,有透明感,组织饱满,质地细腻,不返砂,不流糖,具有胡萝卜原有的风味,甜香适宜,无异味。含糖量 65%～70%,水分含量 16%～20%。

二、冬瓜

冬瓜又名白瓜、枕瓜、地芝等,是夏秋季主要蔬菜之一。冬瓜富含水分,肉质细嫩,组织肥厚,风味淡雅,无特殊气味,适于制作各种果脯、蜜饯。但其组织比较疏松,并富含半纤维素,不耐久煮,因此在糖渍时,必须先经硬化,使半纤维素与果胶结合为不溶性果胶钙盐,以便于加热煮制。

(一)冬瓜脯

1.原料及配方

冬瓜条 50kg,蔗糖 30kg,生石灰 2kg,亚硫酸氢钠 0.2kg,明矾 0.1kg。

2.工艺流程

原料选择→清洗→去皮→切条→硬化→漂洗→浸泡发酵→漂烫→糖渍→挑砂→烘制→包装

3. 制作要点

①原料选择:选择个大、肉厚、致密、皮薄、成熟,无病虫害、无机械损伤、无腐烂的冬瓜作为原料,对局部腐烂的要剔除干净。

②清洗、去皮、切条:将冬瓜洗净,用刨刀刨去外表青皮,然后切开冬瓜,挖净瓜瓤,将瓜肉切成长 40mm 左右、厚和宽为 8~12mm 见方的冬瓜条。

③硬化:将切好的冬瓜条倒入饱和澄清石灰水中浸泡 8~12h,并使冬瓜条全部浸没在石灰水中,待冬瓜条质地变硬、能折断时即可捞出。

④漂洗:将硬化处理过的冬瓜条捞出,用清水冲洗净表面的石灰,然后用清水浸泡 24h,其间换水 6 次左右,前期换水间隔要短,后期换水间隔可适当延长,漂洗至 pH 值为 7、无石灰味为止。

⑤浸泡发酵:将漂洗过的瓜条在水中浸泡 20~24h,使其轻微自然发酵。为加快发酵,可在水中加少量白糖,温度控制在 30℃ 左右。浸泡处理可增强冬瓜条在糖煮时对糖液的吸收。

⑥漂烫:取一锅,放入对冬瓜条重为 120% 的清水和 0.2% 的明矾,加热至沸,倒入冬瓜条漂烫 8~10min,至冬瓜条弯曲时不易折断为度,然后立即捞出并入冷水中冷却,待彻底冷却后捞出沥干水分。

⑦糖渍:将蔗糖与亚硫酸氢钠搅拌均匀,然后一层冬瓜条一层糖于锅中腌渍,最上层要多撒糖至能把瓜条盖住,浸渍 40~48h。把腌渍冬瓜条的糖液移至锅内煮沸,再把冬瓜条加入锅中沸煮 15min 左右,然后将瓜条连同糖液一起倒入缸中浸泡 40~48h。最后,将冬瓜条从糖液中捞出,将糖液移至锅中加热浓缩,调整糖液浓度为 75%~80%,倒入冬瓜条,沸煮 25~30min,当冬瓜条全部变成白色、糖液呈黏稠状时即可准备出锅。

⑧挑砂:将出锅的冬瓜条立即捞入盘中,开动鼓风机冷却,并用不锈钢铲不断翻动,待冬瓜条表面出现糖的结晶且不粘铲时停止挑砂。

⑨烘制、包装:将挑砂好的冬瓜条平铺晾晒,或送入烘房,在 50℃ 低温下烘至含水量为 16%~18%。待冷却后,即可进行分级定量包装。

4. 质量要求

产品粗细均匀,色泽洁白一致,组织细腻,香甜适口,无异味,含糖量 75% ~80% ,水分含量 16% ~18% 。菌落总数 <750 个/g,大肠菌群 <30 个/100g,致病菌不得检出。

(二)冬瓜糖条

1. 原料及配方

冬瓜条 100kg,蔗糖 59.4kg,石灰 6kg,焦亚硫酸钠适量。

2. 工艺流程

选料→去皮→切条→硬化→漂洗→漂烫→糖制→炒拌→冷却→包装

3. 制作要点

选料、去皮、切条、硬化、漂洗工序均与冬瓜脯相类似,参照操作。

①漂烫:取一锅,加清水并加热至沸,倒入冬瓜条,同时加入适量焦亚硫酸钠。沸煮 15 ~20min。然后,捞出移入清水池中冷却。

②糖制:取一锅,将 30kg 蔗糖配制成 30% 的糖液,并加入适量焦亚硫酸钠,加热至沸,倒入冬瓜条,沸煮 8 ~10min,接着加入 70% 的糖液 6kg,加热至沸,沸煮 8 ~10min,如此重复 7 次。最后 1 次加糖液后,用文火熬煮至糖液浓度为 70% ~75% 时,停止加热。

③炒拌:捞出冬瓜条,沥干糖液,然后将冬瓜倾倒在工作台上,用不锈钢铲三炒三覆,即炒散 3 次,堆覆起来 3 次,必要时可开动鼓风机吹风冷却。当冬瓜条表面形成糖霜且松散不粘时为止,含水量为 18% ~20% 。

④冷却、包装:待冬瓜条完全冷却后,即用塑料袋进行定量密封包装。

4. 产品特点

产品色泽洁白,呈半透明状,糖液渗透均匀,块形饱满,柔嫩带脆,清甜甘爽,糖霜均匀。

(三)多味冬瓜粒

1. 原料及配方

冬瓜粒 50kg,蔗糖 20kg,麦芽糖浆 15kg,肉桂粉 250g,陈皮粉

1kg,丁香粉100g,柠檬酸150g,生石灰适量。

2. 工艺流程

原料选择→清洗→去皮→切粒→硬化→漂洗→糖煮→烘制→加香→晾制→包装

3. 制作要点

原料选择、清洗、去皮工序的操作可参照冬瓜脯进行。

①切粒:将去皮后的冬瓜切成1.5cm左右的方粒。

②硬化:将冬瓜粒倒入配制好的饱和澄清石灰水中浸泡5~6h,待瓜粒变硬时即可捞出。

③漂洗:将硬化后的冬瓜粒捞出,用清水冲洗净表面的石灰,然后用清水浸泡24h,其间换水6次左右,以洗净石灰味。

④糖煮:配制50%的糖液,倒入冬瓜粒,加热煮沸,煮至糖液浓度为70%时,停止加热,捞出,沥干糖液。

⑤烘制:将冬瓜粒送入烘房,在65~70℃下烘至干燥,即可取出,冷却备用。

⑥加香:将陈皮粉、肉桂粉、丁香粉、麦芽糖浆、柠檬酸一起加入糖渍液中,缓缓加热使其全部溶解,再加入冬瓜粒,边搅拌边加热。当糖液熬煮成浓稠酱状时即可停止加热。

⑦晾制、包装:捞出冬瓜粒,自然晾凉至不粘手时即可进行定量密封包装。

4. 质量要求

瓜粒大小均匀,色泽洁白一致,酸甜适口,具有陈皮的香味和多种香料混合形成的独特风味。菌落总数<750个/g,大肠菌群<30个/100g,致病菌不得检出。

三、生姜

生姜又名姜、黄姜,原产东南亚,南方普遍栽培。姜先是植株的茎部逐渐膨大形成小姜,也称母姜,母姜两侧萌发长出子姜,由子姜再萌发出孙姜……姜的地下根茎供食用,除含碳水化合物、蛋白质外,还含有姜油酮、姜油酚和多种生物碱,具有特殊辣味,除可烹食或制成姜汁、姜油、辣酱油等调味剂外,亦可腌渍成糖姜片、姜粉、姜汁、醋姜等。

(一)糖姜片

1. 原料及配方

鲜姜100kg,蔗糖35kg,亚硫酸氢钠适量。

2. 工艺流程

原料选择→清洗→去皮→切片→护色→漂烫→糖渍→拌糖粉→包装

3. 制作要点

①原料选择:选择根茎肥大、肉质细嫩、粗纤维少、无霉烂、无损伤的新鲜嫩姜为原料。

②清洗、去皮:用清水洗净鲜姜上的泥污,剪去枝芽,刮去表皮。

③切片:用切片机或人工切片,顺着姜芽切成3~4mm厚的薄片。

④护色:将姜片放入3%的亚硫酸氢钠溶液中浸泡20~30min,捞出后用清水漂洗干净,沥去水分。

⑤漂烫:将姜片放入沸水中沸煮5~8min,捞出后放入冷水中冷却。

⑥糖渍:先用20kg蔗糖配制成40%的糖液,加热至沸,倒入姜片,沸煮15~20min,捞出姜片;再加5kg蔗糖,加热使糖液浓度增至50%,倒入姜片,沸煮15~20min。如此进行3次,煮至姜片呈透明状时,捞出姜片,沥干糖液。

⑦拌糖粉、包装:沥干糖液后,直接拌入糖粉,拌匀后用竹筛或漏勺筛出多余糖粉,随后即可进行包装。

4. 质量要求

产品厚薄均匀一致,色泽呈淡黄色,半透明状,不粘连,不返砂,纯甜清香,略带辛辣风味,别具一格。菌落总数<750个/g,大肠菌群<30个/100g,致病菌不得检出。

(二)子姜蜜饯

1. 原料及配方

生姜150kg,蔗糖90kg,石灰4.5kg。

2.工艺流程

选料→去姜芽→刨姜皮→刺孔→硬化→水漂→漂烫→喂糖→收锅→起货→成品

3.制作方法

①选料:选择体形肥大、质嫩色白的子姜作为坯料,以白露前挖的八成熟的姜为最好。

②制坯:削去姜芽,刨净姜皮,用竹扦刺孔。孔要刺穿,均匀一致。

③硬化:将坯料放入 5% 的石灰水中,用工具压住,以防止上浮,使姜坯浸灰均匀,浸泡时间需 12h。

④水漂:浸灰后用清水浸漂 4h,其间换水 3 次,至用手捏坯料带滑腻感时即可。

⑤漂烫:锅内水温达 80℃时,放姜坯入锅,煮沸 5~6min 后,放入清水中漂 4h,再喂糖。

⑥喂糖:将姜坯放入蜜缸,倒入少量的冷糖浆(38°Bé)喂糖 12h 后,将坯料与糖浆(35°Bé)一起入锅,煮沸,至 103℃时舀入蜜缸,喂 48h。

⑦收锅:将姜坯与糖浆(35°Bé)一并入锅,待温度升至 107℃时,起入蜜缸,蜜制 48h 即可起锅。

⑧起货:先将新鲜精制糖浆煎至 110℃,放入蜜坯,用中火煮制约 30min。待温度升到 112℃时,即可起锅,滤干,冷至 60℃左右。然后均匀地粉上川白糖,即为成品。

4.质量标准

产品呈浸白色,芽状完整,无收缩起皱现象,姜味浓厚,香甜可口。

(三)葱香姜片

1.原料及配方

鲜姜片 100kg,蔗糖 40kg,甜蜜素 100g,洋葱浆 10kg,明矾和红色色素适量,桂皮粉 0.1kg,肉桂粉 0.1kg,石灰适量。

2.工艺流程

选料→清洗→去皮→切分→硬化→着色→糖制→烘干→包装

3. 制作要点

选料、清洗、去皮操作可参照糖姜片进行。

①切分、硬化:将鲜姜横切成 1cm 的斜片大块,随即投入饱和石灰水中浸泡 24h,捞出清洗,除去石灰味。随后,将姜片投入含有 3% 明矾的水中,并在水中加入适量红色色素,浸泡 8～10h,其间多搅动几次,使其均匀着色。

②糖制:先制洋葱汁。将洋葱剥皮、洗净、切碎,入打浆机打成细浆。另取一锅,将蔗糖入锅,调制成 50% 的糖液,然后加入其他配料,混合均匀。再加热至沸,倒入姜片,沸煮至糖液浓度保持在 60% 左右,加入洋葱浆,文火继续煮沸、搅拌,至糖液呈黏稠状为止,停止加热,捞出姜块。

③烘干、包装:将姜块摊于烘盘上,入烘房以 60℃ 烘到含水量不超过 12% 为止。接着,以 50g 塑料袋进行小袋密封包装。

4. 产品特点

产品色泽鲜红,兼有多种香味,香辣均俱,余味无穷,独具风味。

四、番茄

番茄又名西红柿、番柿、洋柿子等,在国外又有"金苹果""爱情果"之美称。它既是蔬菜,又具有水果的特质。以它的形状、色泽和营养成分看,也可称为菜中之果。番茄的品种很多,有专供加工用的,有供鲜食的,也有鲜食、加工兼有的。

(一)番茄脯

1. 原料及配方

鲜番茄 50kg,蔗糖 20kg,生石灰和柠檬酸适量。

2. 工艺流程

原料选择→清洗→去皮→切块→硬化→漂洗→糖渍→烘制→包装

3. 制作要点

①原料选择、清洗:选择无病虫害、中等大小(直径 4cm 左右)、圆形的成熟番茄,成熟度最好是坚熟期,此时果实饱满,颜色鲜红。然

后用清水将所选原料洗涤干净,去掉果蒂。

②去皮、切块:去皮的方法有多种,如沸水去皮、碱液去皮、蒸汽去皮等,可根据具体情况选用。此处仅介绍蒸汽去皮法,其具体操作为:将番茄放入95～98℃的热水中漂烫1min,烫至表皮易脱离为宜,然后立即放入冷水中,剥皮。去皮后,用刀从中间一分为二。

③硬化、漂洗:将番茄坯放入饱和石灰水中浸泡3～4h,然后捞出用清水浸泡1～2d,期间换水数次直至没有石灰味为止。

④糖渍:先配制40%的糖液,倒入番茄坯,浸渍24h。捞出番茄坯,沥干糖液,将糖液加热浓缩至30%～35%,倒入番茄坯,继续浸渍24h。第3天与第2天操作相同,糖液浓缩到40%～42%,番茄坯继续糖渍。第4天糖液浓缩到45%～48%。第5天糖液浓缩到50%～55%。第6天糖液浓缩到60%。第7天糖液浓缩到60%～65%。最后一次浓缩后,按番茄坯重的0.4%～0.5%在糖液中加入柠檬酸,再倒入番茄坯浸渍一天,此时番茄坯已充分吸收糖分,呈半透明状,可将番茄捞出,沥干糖液。

⑤烘制、包装:将糖渍好的番茄坯摊到烘盘上,在60～65℃下烘烤10h左右,取出进行整形,再放入烘房烘烤至含水量为18%～20%时停止。番茄坯出烘房后经过回潮即可进行包装。

4. 质量要求

产品色泽鲜红,呈半透明状;组织柔软,酸甜适度。含糖量65%左右,含水量20%左右。菌落总数＜750个/g,大肠菌群＜30个/100g,致病菌不得检出。

(二)蜜番茄

1. 原料及配方

鲜番茄115kg,蔗糖50kg,食盐1.5kg,石灰1.5kg。

2. 工艺流程

原料选择→清洗→去皮→制坯→盐渍→硬化→漂烫→糖渍→拌糖粉→包装

3. 制作要点

原料选择、清洗、去皮工序操作可参照番茄脯进行。

①制坯:番茄去皮后,用专用针具在番茄外表均匀地进行刺孔,再用专用刀具沿番茄周身划 8～12 刀,制成果坯。

②盐渍:将果坯和食盐搅拌均匀,腌渍 1～2h 后,用手轻轻挤压,去除汁液及籽粒。

③硬化:将盐渍后的番茄坯放入石灰水中浸泡6h 左右,待果坯颜色转黄,果肉略硬时即可捞出。

④漂烫:将番茄坯用清水洗净后,入沸水中煮 3～4min,之后放入清水缸内,浸泡12h 左右,其间换水 3～4 次,以漂净石灰味。

⑤糖渍:先将番茄坯在60% 的糖液中浸渍24h,然后连糖液一同入锅煮 5min 左右,再入缸浸渍24～36h。随后和糖液一起入锅沸煮 5min 左右,再入缸浸渍24h。之后,将番茄坯连同糖液置于锅内,用中火煮制,并用木铲适当搅动,待糖液浓度达到65%、番茄坯呈透明状时,即可端锅离火,连同糖液倒入缸中静置糖渍。待番茄汁糖渍 7d 后,用中火再熬煮 1h 左右,目视番茄坯进糖饱满透明时即可捞出,冷却。

⑥拌糖粉:把番茄坯放在平台上,均匀地撒上糖粉,并适当翻动,使糖粉黏附均匀,随后即可进行包装。

4. 产品特点

产品呈扁圆形,色泽红亮、晶莹,味纯甜而微酸,有浓郁的原果风味。

五、甘薯

甘薯,又名红薯、番薯、白薯、地瓜、金薯等,为旋花科番薯的肥大块根。甘薯甘甜香美,老幼皆喜,无论蒸煮烧烤都好吃。甘薯甘美且营养丰富,能提供大量的多糖蛋白质,氨基酸含量也很丰富,且易被人体吸收。甘薯中维生素 A 原和维生素 C 的含量也颇可观,常吃甘薯可以延年益寿。

(一)甘薯脯

1. 原料及配方

甘薯50kg,蔗糖 30～35kg,亚硫酸钠、生石灰、柠檬酸和蜂蜜适量。

2. 工艺流程

原料选择→清洗→去皮→切块→护色→硬化→漂烫→漂洗→糖渍→烘制→包装

3. 制作要点

①原料选择:选择直径在5cm以上,质地细腻、纤维较少、含糖量较高、无病害、无腐烂、非畸形的甘薯为原料。

②清洗:由于甘薯生长于地下,附着的泥沙较多,而且表面不是很平整,可先用清水浸泡1~2h,再用机械或人工的方法,将甘薯清洗干净。

③去皮、切块:用去皮机或人工将甘薯皮去掉,然后将甘薯切成6~8mm厚的薄片,弃去破碎以及不整齐的薯块。

④护色:将切好的薯块立即放入0.3%的亚硫酸钠溶液中,浸泡2~3h后捞出,用清水冲洗干净。

⑤硬化:将薯块放入0.2%的石灰水中浸泡20min,捞出用清水冲洗至洗液pH值为7,说明已漂洗干净。

⑥漂烫、漂洗:将薯块在开水中沸煮8~10min,捞出后用清水洗净,沥干水分。

⑦糖渍:先配制40%的糖液,加势至沸,倒入薯块沸煮10min,端锅离火,浸渍1d,捞出薯块,沥去糖液;将糖液加热浓缩至浓度为55%,加入0.2%的柠檬酸,倒入薯块沸煮10min,端锅离火,浸渍4~5h,捞出,沥去糖液;将糖液继续加热浓缩至浓度为60%,加入5%的蜂蜜,倒入薯块沸煮15~20min(可间歇煮沸,以便薯块充分吸收糖分),煮至糖液浓度达到65%时,端锅离火,浸渍12h,捞出,沥干糖液。

⑧烘制、包装:将沥干糖液的薯块摊在烘盘中,入烘房,在65~75℃下烘至薯块不粘手、稍带弹性为止,需12~16h。烘烤时要勤翻动和倒盘。

4. 质量要求

产品呈金黄色,透明,不返砂,不流糖,呈均匀条块状,表面洁净,无杂质,甜度适宜,无异味,柔软有韧性。含糖量65%~68%,水分含量16%~18%。菌落总数<750个/g,大肠菌群<30个/g,致病菌不得检出。

(二)低糖保健型甘薯脯

1.原料及配方

甘薯 50kg,果葡糖浆 6kg,淀粉糖浆 12kg,异麦芽低聚糖 2kg,柠檬酸 200g,焦亚硫酸钠 150g,氯化钙 40g,磷酸氢二钠 500g,羧甲基纤维素钠和山梨酸钾适量。

2.工艺流程

原料选择→清洗→去皮→切条→护色→硬化→漂洗→漂烫→糖渍→烘制→包装

3.制作要点

原料选择、清洗和去皮的工艺操作可参照甘薯脯进行。

①切条:将去皮后的甘薯用切条机切成长 30～50mm、宽 15mm、厚 3～5mm 的甘薯条。

②护色、硬化:配制 0.3% 的焦亚硫酸钠、0.15% 的柠檬酸、0.08% 的氯化钙和 1.0% 的磷酸氢二钠混合液,将甘薯条倒入其中浸泡 2～3h,以防止薯条在加工过程中出现褐变、软烂现象。

③漂洗、漂烫:甘薯条从硬化护色液中捞出后,用清水洗去表面残留的混合液及胶体,然后倒入沸水中漂烫 5.8min,捞出后再放入清水中漂洗干净,除去黏液。

④糖渍:

a.预煮:将果葡糖浆、淀粉糖浆、异麦芽低聚糖按 3:6:1 的比例加水配制成 40% 的糖液 50kg,再加入糖液质量 0.2% 的柠檬酸、0.15% 的羧甲基纤维素钠和 0.06% 的山梨酸钾,充分搅拌混匀,然后将糖液加热至沸,倒入甘薯条预煮 10min 左右,进一步钝化酶的活性,并使甘薯条适度软化以利于糖分的吸收。

b.真空糖渍:将预煮后的甘薯条放入真空浸渍罐,在真空度为 0.095MPa 的条件下抽真空处理 40～60min,直到甘薯条不产生气泡为止,然后倒入糖液,浸渍 10～12h。

⑤烘制、包装:将真空糖渍后的甘薯条捞出,沥去糖液,用 0.1% 的羧甲基纤维素钠溶液清洗甘薯条表面的糖液,沥去水分后入烘房,在 40～50℃ 下烘烤 12h 左右,取出冷却后进行包装即得甘薯脯成品。

4.质量要求

产品呈淡黄色或金黄色,有光泽,条块大小均匀一致,组织饱满、有弹性,甜度温和,咀嚼性好,具有甘薯固有的风味,无异味。含糖量35%~45%,水分含量15%~18%。菌落总数<750个/g,大肠菌群<30个/100g,致病菌不得检出。

(三)果酱薯片

1.原料及配方

甘薯50kg,苹果60kg,砂糖68kg,猪油适量。

2.工艺流程

原料选择→清洗→制薯糊→制果酱→混合煮制→成型→烘制→包装

3.制作要点

①原料选择、清洗:甘薯品种很多,若肉色选用黄色、橘黄色品种,则所得制品色泽鲜黄,选用紫色品种其制品灰暗,选用白色品种须补加姜黄色素增色。选择完好无腐烂、无病虫害的优质甘薯和苹果充分洗净。

②制薯糊:将50kg甘薯放入蒸煮锅内用蒸汽蒸煮熟透,再根据需要去皮或者不去皮,然后加入38kg蔗糖,入打浆机打成细浆。

③制果酱:将60kg苹果去皮、切分、去芯后,入打浆机打成细浆,然后加30kg蔗糖一同入锅加热煮沸,不断搅拌,直至蒸发成不流动的浓稠酱状为止。可以用搅拌板取样,若搅拌板倾斜时浆液不易流下,则可停止加热,冷后备用。

④混合煮制:把甘薯浆和苹果酱在锅中加热混合。若为白色品种甘薯,则须补加微量姜黄色素液调成黄色。加热过程中应不断搅拌,使混合均匀,同时控制温度在104℃以下,不断炒拌到结成块状时,即可停止加热,移出。

⑤成型:将果酱和薯糊混合的团块摊放在涂有猪油的平底烘盘中,表面再涂一层猪油,然后压成0.5cm厚的小薄块。

⑥烘制:将薄片送入烘房,在60℃左右温度下烘干,表面干燥时再翻烘底面。烘到含水量不超过12℃为止。

⑦包装:冷却后,将成品切成 5cm×5cm 的方片,叠放整齐,用玻璃纸紧密包裹,再用包装袋或包装盒密封,即可上市销售。

4.质量要求

产品具有甘薯和苹果的特有风味,无异味,别具一格。菌落总数 < 750 个/g,大肠菌群 <30 个/100g,致病菌不得检出。

(四)乐口酥

乐口酥以甘薯或土豆、淀粉、奶粉为原料,经油炸而成。本品口感酥脆,特别是土豆中的蛋白质与人体中的蛋白质极为相似,易被人体消化吸收。该产品对充分开发利用土豆、甘薯资源起了很大作用。

1.原料及配方

甘薯泥(或土豆泥)100kg,盐 1kg,淀粉 12～15kg,糖 7～8kg,奶粉 1kg,香甜泡打粉 1.5kg,调味料适量。

2.工艺流程

甘薯或土豆→清洗→去皮→蒸熟→搅碎→配料→搅拌→漏丝→油炸→调味→烘干→包装→成品

3.制作要点

①选用无芽、无冻伤、无霉烂及病虫害的甘薯或土豆,放入清洗池或清洗机中,洗去泥沙。

②用去皮机将甘薯皮去掉或采用碱液法去皮。若生产量较小,可蒸熟后将皮剥掉。

③用蒸汽将甘薯蒸熟。为了缩短蒸的时间,可将甘薯切成适当的块或条。

④用绞肉机或搅拌机将熟甘薯搅成甘薯泥,然后按配方量加入其他原料,搅拌均匀后,放置一段时间。

⑤将糊状物放入漏粉机中,其压出的糊状丝直接掉入 180℃左右的炸锅中,压入量以漂在油层表面 3cm 厚为宜,以防泥丝入锅成团。当泡沫消失后便可出锅,一般 3min 左右。当炸至深黄色时即可捞出(要炸透而不焦煳),放在网状的筛内,及时撒入调味料,令其自然冷却。

⑥将炸好的丝放入烘干房烘干,也可用电风扇吹干,一般吹 1～2h,产品便可酥脆。

4.质量要求

（1）感官指标

产品色泽呈浅黄色，口感酥脆，无异味。呈长短不等的细丝状，丝的直径为2.5～3mm。

（2）理化指标

脂肪25%，蛋白质5%，水分＜6%。

（3）卫生指标

细菌总数≤750个/g，大肠菌群近似数＜30个/100g，致病菌不得检出。

六、南瓜

南瓜又名香瓜、金瓜等。在我国南北普遍栽培，产量很高，是夏、秋、冬主要蔬菜之一。南瓜中含有丰富的维生素E、维生素D、胡萝卜素、南瓜多糖、果胶、膳食纤维、酶类、南瓜籽碱、葫芦巴碱及金属元素等功效成分，使得南瓜表现出各种功能特性。南瓜对糖尿病人有辅助治疗效果，并有排除体内农药污染的作用，可解毒品、农药之毒，促进人体胰岛素的分泌，增强肝、肾细胞的再生能力，具有保肝、强肾之功效。而以南瓜为原料加工成的南瓜脯，不仅味道好，而且营养丰富。以下介绍南瓜脯和南瓜糖条的加工工艺及配方。

（一）南瓜脯

1.原料及配方

南瓜片50kg，果糖25kg，食盐、生石灰和柠檬酸适量。

2.工艺流程

原料选择→清洗→去皮、瓤、籽→切片→硬化→漂洗→漂烫→糖渍→烘制→回软→包装

3.制作要点

①原料选择：选择九成熟以上，但不过熟，花皮黄肉，无腐烂、无病虫害的南瓜为原料。因为这种南瓜肉质致密，粗纤维少，制成的产品细腻软韧，块形饱满整齐，色泽明亮，透明感强。

②清洗，去皮、瓤、籽：先洗净南瓜表面的泥土，再削去南瓜外面

的硬皮,然后切开,挖去瓜瓤和籽,切好后用水迅速洗净,沥干备用。

③切片:先将瓜肉纵切成5cm的长瓜块,再横切成1cm厚的小瓜片,不可过薄或过厚。过薄成品收缩过多,影响外观与口感;过厚则不易渗糖.影响产品透明度。

④硬化:配制2%的食盐水40kg,将南瓜片倒入其中浸泡4~5h,捞出后用清水冲洗干净;然后倒入5%的石灰水中浸泡4~6h。

⑤漂洗:将南瓜片捞出,用清水冲洗2~3次,再用清水浸泡12~14h,其间换水2~3次,以除尽石灰味。

⑥漂烫:取30kg清水,加入适量柠檬酸,调整pH值为3~4,加热至沸,倒入南瓜片沸煮6~8min,捞出,用冷水冷却。

⑦糖渍:先向果糖中加入10%~15%的水,然后加入南瓜片,煮制10min左右,端锅离火,浸渍24h;然后再煮10min,糖渍24h,捞出,沥干糖液。

⑧烘制:沥干糖液后,将南瓜片送入烘房,在55~60℃下烘烤36h。

⑨回软、包装:将烘后的南瓜片放入密闭容器中,促使南瓜片中水分平衡一致,使其回软1天,随后即可进行包装。

4. 质量要求

产品色泽均匀一致,呈金黄色或橘红色,有透明感,具有南瓜原有风味,无异味。菌落总数 <750 个/g,大肠菌群 <30 个/100g,致病菌不得检出。

(二)南瓜糖条

1. 原料及配方

南瓜条100kg,果葡糖浆(转化率42%)30kg,蔗糖30kg。

2. 工艺流程

选料→去皮、瓤、籽→切条→糖制→烘干→包装

3. 制作要点

选料、去皮、瓤、籽与前述工艺相似,注意将瓜瓤除尽,再用水洗净。

①切条:将南瓜切成长4~5cm,宽和厚为1.0~1.2cm的长条。

②糖制:取一锅,先把蔗糖调制成50%左右的糖液,再加入果葡糖浆和南瓜条100kg,煮沸并沸煮10~12min,移出至缸中,浸渍24h

再入锅,煮沸,沸煮至糖液浓度为75%为止,移出至缸中,浸渍24h,捞出,沥干。

③烘干、包装:将瓜条摊于烘盘上,入烘房在55~60℃下烘烤36h,移出至密封容器中回软24h,即可用塑料袋进行定量密封包装。

4. 产品特点

产品呈金黄或橘红色,均匀一致,有透明感,并有保肝、强肾、治糖尿病之功效。

七、莴笋

莴笋,又名莴苣、生笋、白笋、千金菜等,为菊科植物莴笋的茎部。莴笋口感鲜嫩,色泽淡绿,如同碧玉一般,制作菜肴可荤可素、可凉可热、口感爽脆,也可制作果脯、蜜饯等。莴笋富含钙、磷、铁以及多种维生素,具有独特的营养价值。莴笋含钾量高,有利于促进排尿,减少对心房的压力,对高血压和心脏病患者极为有益。莴笋含有的少量碘元素,对人的基础代谢和体格发育甚至情绪调节都有重大影响,具有镇静作用,经常食用有助于消除紧张,帮助睡眠。

(一)莴笋脯

1. 原料及配方

鲜莴笋50kg,蔗糖35kg,柠檬酸150g,生石灰1.5kg,亚硫酸氢钠适量。

2. 工艺流程

原料选择→清洗→去皮→切分→硬化→漂洗→漂烫→浸硫→糖渍→烘制→回潮→包装

3. 制作要点

①原料选择、清洗:选择发育良好、个体较大、含纤维少、肉质翠绿的莴笋为原料,用流动水浸泡、清洗干净。

②去皮、切分:削皮时注意要将纤维层全部削去,并切去根部较老部分和上部过嫩部分,再将其切成长4cm、宽2cm、厚1cm的长条或1cm厚的圆片。

③硬化:将1.5kg生石灰加入30kg清水中,搅拌均匀后取其上清

液,将莴笋条(片)倒在其中浸泡 12～14h。

④漂洗:将莴笋条(片)从石灰水中捞出,放入清水中充分漂洗 6～8h,中间换水 2～3 次,然后捞出备用。

⑤漂烫:将莴笋条(片)放入煮沸的清水中,沸煮 5～8min,捞出放入冷水中漂洗冷却。

⑥浸硫:莴笋条(片)冷却后立即放入 0.2% 的亚硫酸氢钠溶液中浸泡护色,浸泡时间为 3～4h,然后捞出,沥干水分。

⑦糖渍:先取 15kg 蔗糖配制成 50% 的糖液并煮沸,加入 0.1%～0.2% 的柠檬酸,然后倒入放有莴笋条(片)的缸中,浸泡 2d;将上述莴笋条(片)捞出,添加蔗糖调整糖液浓度至 50% 并煮沸,倒入莴笋条(片)沸煮 3～5min;之后,继续添加蔗糖使糖液浓度达到 60% 以上,再次加热沸煮 15～25min。当莴笋条(片)呈现透明状时即可出锅,将糖液和莴笋条(片)一起移至缸中浸泡 24h。

⑧烘制:将糖渍好的莴笋条(片)捞出,沥尽糖液后均匀地摆在烘盘上,送入烘房,在 65～70℃ 下烘制 12～16h,至不粘手、水分含量在 18% 以下时即可停止。要注意的是烘烤过程中要定时进行通风排湿,以利于烘制,同时倒盘 2～3 次,以便于干燥均匀。

⑨回潮、包装:将烘好的莴笋条(片)在室温下密闭存放 24h,使其回潮,然后剔除不合格品、碎渣等,随后即可进行包装。

4. 质量要求

产品色泽呈淡绿色,半透明状;甜酸适宜,脆嫩可口。菌落总数 < 750 个/g,大肠菌群 < 30 个/100g,致病菌不得检出。

(二)莴笋糖片

1. 原料及配方

鲜莴笋 50kg,蔗糖 50kg,柠檬酸 100g,植物油适量。

2. 工艺流程

原料选择→清洗→去皮→切分→蒸制→糖渍→烘制→包装

3. 制作要点

原料选择、清洗和去皮工序操作可参照莴笋脯进行。

①切分:将莴笋沿横向切成 0.5～0.6cm 厚的圆片。

②蒸制:将莴笋片放入蒸屉中加热蒸制约 30nun,然后取出晾凉。

③糖渍:先配制糖渍液,取 50kg 蔗糖和 50kg 清水,加热溶解后,再用文火熬煮至糖液浓度达 80% 时为止,静置放凉。注意熬煮时要不断搅拌,避免糖液发生焦糖化。然后将柠檬酸加入冷糖液中,搅拌混匀,再加入适量植物油,搅拌均匀,即为糖渍液。然后进行糖渍。将莴笋片倒入糖渍液中浸渍48h,糖渍液应将莴笋片完全浸没,期间每隔2h 轻轻搅动 1 次;捞出莴笋片,将糖液移至锅中,加热熬煮到糖液浓度达到75% 为止;把糖液移至缸中,继续浸渍48h,每隔2h 搅拌1 次,然后捞出莴笋片,沥干糖液。

④烘制、包装:将沥干糖液的莴笋片送入烘房,在 55 ~ 60℃ 下烘制 6 ~ 8h,随后即可用塑料袋进行定量密封包装。

4. 质量要求

产品色泽呈黄绿色,酸甜适宜,风味独特。菌落总数 < 750 个/g,大肠菌群 < 30 个/100g,致病菌不得检出。

八、荸荠

荸荠又名马蹄、地栗、乌芋等。新鲜荸荠肉质洁白,脆嫩多汁,清醇爽美,素有"地下雪梨"的美誉。荸荠营养丰富,除含有丰富的水分、淀粉、蛋白质外,还含有较多的钙、磷、铁、胡萝卜素以及维生素 B_1、维生素 B_2、维生素 C 等,其营养成分不亚于名贵水果,是果蔬两用佳品,当水果吃胜秋梨,作为蔬菜用可制成拔丝荸荠、冬笋荸荠等多种美味,还可制作蜜饯制品。

(一)荸荠脯

1. 原料及配方

荸荠 100kg,蔗糖 60kg,食盐适量。

2. 工艺流程

选料→清洗→去皮→切分→护色→预煮→糖渍→烘干→包装

3. 制作要点

①选料:选择球茎较大、形状规则、颜色正常、无腐烂、无病虫害的荸荠为原料。

②清洗:荸荠是地下球茎,表面沾泥土较多,必须用洗涤机反复冲洗干净。

③去皮、切分:荸荠的外皮务必去净,可采用机械、化学或手工等去皮方法。去皮后再清洗1次,随后将荸荠切成两半。

④护色:将荸荠瓣投入2%的食盐水中浸泡,预煮前捞出,清洗1次。

⑤预煮:将荸荠放入夹层锅内,加入清水,加热至沸,沸煮6~8min,移出,沥干。

⑥糖渍:在夹层锅中用40kg蔗糖配制成40%的糖液,加热至沸,倒入荸荠加热,沸煮8~10min。荸荠与糖液一起移入缸中,浸渍20~28h。再入锅,加蔗糖10kg,加热至沸,沸煮8~10min,停止加热,移入缸中,在糖液中浸渍20~28h,又入夹层锅,加蔗糖10kg,加热至沸,当熬煮至糖液滴入水中可凝结成块时,停止加热。捞出,摊于烘盘上。

⑦烘干、包装:将烘盘送进烘房,烘至含水量为12%~15%时为止。然后,用玻璃纸进行单粒紧密包裹。

4.产品特点

产品色泽微黄,甜嫩可口,独具风味。

(二)咖喱荸荠

1.原料及配方

新鲜荸荠50kg,蔗糖30kg,咖喱粉1.5kg,苯甲酸钠50g。

2.工艺流程

原料选择→清洗→去皮→划缝→漂烫→糖渍→烘制→包装

3.制作要点

原料选择、清洗、去皮工序操作可参照荸荠脯进行。

①划缝:为了使荸荠能充分透糖,可用刀片在荸荠上划缝,划缝的深度以达到离荸荠中心约一半的距离为宜,且每隔约0.5cm划一条缝。

②漂烫:将荸荠放入开水中沸煮6~8min,捞出,沥干水分。

③糖渍:先用20kg蔗糖配制成35%的蔗糖溶液,再加入咖喱粉和苯甲酸钠,充分搅拌混匀,然后将糖液加热至沸,倒入荸荠,沸煮15~20min;将荸荠和糖液一起移至缸中,浸渍24h,再将糖液入锅,添加5kg蔗糖,调整糖液浓度为45%,加热至沸,倒入荸荠,再次沸煮

15~20min;停止加热,将荸荠和糖液移至缸中再浸渍24h;捞出荸荠,将糖液入锅,继续添加适量蔗糖,调整糖液浓度为55%,加热至沸,倒入荸荠,用文火沸煮至糖液浓度为60%~65%时停止加热,捞出荸荠,沥干糖液备用。

④烘制、包装:将沥干糖液的荸荠摊到烘盘上,送入烘房,在55~60℃的温度下烘烤10~12h,待冷却后即可进行包装。

4. 质量要求

产品色泽微黄,质地脆嫩,兼具咖喱的特殊风味和荸荠本身的清甜风味。菌落总数<750个/g,大肠菌群<30个/100g,致病菌不得检出。

九、山药

山药,又称山芋、怀山药。山药营养丰富,自古以来就被视为物美价廉的补虚佳品,既可作为主粮,又可作为蔬菜,还可以制成糖葫芦、果脯蜜饯之类的小吃。山药含有多种微量元素,且含量较为丰富,具有滋补作用,为病后康复食补之佳品,而且还有很好的减肥健美作用,常年食用山药,有抗衰老之功效。

(一)山药脯

1. 原料及配方

山药50kg,蔗糖30kg,食盐、氯化钙和柠檬酸适量。

2. 工艺流程

原料选择→清洗→去皮→切片→护色与硬化→漂洗→漂烫→糖渍→烘制→包装

3. 制作要点

①原料选择:选择大小均匀、无病虫害、无损伤、无霉烂,条形直顺的新鲜山药为原料。

②清洗:用水洗净山药外皮上的泥沙,清洗时注意不要损伤山药的外皮。

③去皮、切片:用不锈钢刀刮去外皮,挖尽斑眼,斜切成4~5cm长、3~4mm厚的薄片,要求薄片大小均匀一致。

④护色与硬化:去皮切片的山药遇空气易发生氧化褐变,故应立即投入0.2%的柠檬酸、0.2%的氯化钙和0.5%的食盐混合液中护色硬化。

⑤漂洗、漂烫:山药片捞出后,用清水反复冲洗,洗去护色液,然后放入沸水中漂烫3~5min。

⑥糖渍:将经漂烫的山药片放入缸中,一层山药一层蔗糖,糖渍8h;然后将山药片连同糖液一起移至锅中,调整糖液浓度为50%左右,沸煮30min,再将山药片连同糖液一起移至缸中浸渍6~8h;捞出山药片,继续调整糖液浓度达65%,倒入山药片,沸煮20min,捞出,沥干糖液。

⑦烘制、包装:将山药片沥尽糖液后,摊于烘盘上,入烘房,在50℃下烘至含水量达12%~15%为止,烘制期间翻动数次。待制品晾凉后,即可进行包装。

4. 质量要求

产品呈浅黄色,半透明状,组织饱满,表面干爽,不粘手、不结块,质地细腻,含糖量60%~65%,水分含量12%~15%。菌落总数<750个/g,大肠菌群<30个/100g。

(二)低糖山药脯

1. 原料及配方

山药50kg,蔗糖25kg,香料适量。

2. 工艺流程

原料选择→清洗→去皮→切片→护色与硬化→漂洗→糖渍→烘制→包装

3. 制作要点

原料选择、清洗、去皮和切片工序操作可参照山药脯进行。

①护色与硬化:山药切片后应立即浸入水质较硬的井水中浸泡8~12h。

②漂洗:此步骤的操作可参照山药脯进行。

③糖渍:将山药片漂洗沥干后,放入50%的糖液中,并加入适量香料等,进行一次性糖煮,然后将煮透的山药片和糖液一起移至缸中

浸泡 1d 即可。

④烘制、包装:将山药片沥尽糖液后,摊放在烘盘上,送入烘房,在 50℃下烘至含水量为 12% ~15% 为止,烘制期间翻动数次。待制品晾凉后,即可进行包装。

4. 质量要求

产品色泽呈浅黄色,半透明;表面干爽,不粘手;甜而不腻,略有韧性。含糖量 40% ~45%,水分含量 12% ~15%。菌落总数 <750 个/g,大肠菌群 <30 个/100g,致病菌不得检出。

(三)蜜山药

1. 原料及配方

山药 50kg,蔗糖 10kg,蜂蜜适量。

2. 工艺流程

原料选择→清洗→去皮→切块→漂烫→糖渍→冷却→包装

3. 制作要点

原料选择和清洗工序操作可参照山药脯进行。

①去皮、切块:将山药与适量水一起沸煮数分钟,捞出后放入凉水中冷却,削去表皮,依产品需要切成大小适宜的块状。

②漂烫:此步骤的操作可参照山药脯进行。

③糖渍:将蔗糖与 5kg 水一起加热至沸,再将山药和蜂蜜加入糖液中,用文火沸煮 10min,端锅离火,浸渍 12d,再将山药与糖液一起加热至沸,沸煮 10min,捞出山药块,沥干糖液。

④冷却、包装:山药块沥干糖液冷却后,即可进行定量密封包装。

4. 质量要求

产品色泽呈浅黄色,半透明状,口感香甜,质地细腻、柔软。菌落总数 <750 个/g,大肠菌群 <30 个/100g,致病菌不得检出。

十、苦瓜

苦瓜为葫芦科植物苦瓜的果实,又名凉瓜、癞瓜,因味苦得名,全国各地均有栽培。苦瓜是药食两用的食疗佳品,有除邪热、解疲劳、清心明目、益气壮阳的功效。苦瓜营养丰富,所含蛋白质、脂肪、碳水化合物等在瓜类蔬菜中较高,特别是维生素 C 含量,居瓜类之冠;苦瓜还含有较多的脂蛋白,可促进人体免疫系统抵抗癌细胞,经常食用可以增强人体免疫功能,苦瓜含有的苦味物质使苦瓜具有清热解毒的功效。此外,常吃苦瓜还能增强皮层活力,使皮肤变得细嫩健美。

(一)苦瓜蜜饯

1. 原料及配方

鲜苦瓜 50kg,蔗糖 25kg,食盐、氢氧化钠和亚硫酸氢钠适量。

2. 工艺流程

原料选择→清洗→去皮→去籽→切块→脱苦→漂洗→糖渍→包装

3. 制作要点

①原料选择:选择个大、肉厚、表皮青绿色,无病虫害、无机械损伤、无腐烂的新鲜苦瓜为原料,成熟度以八成熟为宜,过生则涩味重,过熟则煮制时易软烂。

②清洗、去皮:用流动清水洗净苦瓜表面的泥沙、尘埃及农药残留物后,投入 0.03% 的热碱溶液中处理 2~3min,期间不断搅拌,然后在清水中反复漂洗以洗净碱液,并轻轻搓去残留的苦瓜皮。

③去籽、切块:先将苦瓜头尾切去少许,再纵切成两半,挖除全部瓜瓤和籽。然后切成 1cm×1cm 的方块或 3cm×1cm×1cm 的短条。

④脱苦:将苦瓜块(条)放到 5% 左右的食盐水中,加入适量亚硫酸氢钠浸泡一周,以除去苦瓜的苦味。

⑤漂洗:将脱苦后的苦瓜块(条)用清水浸泡 3~4d,期间每天换水 4~5 次。

⑥糖渍:先取 15kg 蔗糖加少量水于缸中溶解,将苦瓜块(条)放入其中糖渍 12h;再加入 5kg 蔗糖继续糖渍 12h,之后将剩余的 5kg 蔗糖全部加入,再糖渍 24~36h,且整个糖渍过程中要勤翻动,待苦瓜块(条)呈半透明状时即可停止糖渍。然后将苦瓜块(条)和糖液一起移至锅中进行煮制,直至糖液浓度达到 60% 即可停止加热,捞出苦瓜块(条),沥干糖液。

⑦包装:将苦瓜块(条)沥干糖液后,稍微冷却,即可进行包装。

4.质量要求

产品色泽浅黄,晶莹透亮;块形整齐,无碎块,组织饱满,无皱缩;口感爽脆,甜中含苦,后味甘凉,并具有苦瓜的清香。菌落总数 <750个/g,大肠菌群 <30 个/100g,致病菌不得检出。

(二)苦瓜糖条

1.原料及配料

苦瓜 65kg,蔗糖 50kg,明矾 2kg。

2.工艺流程

原料选择→清洗→刺孔→去籽→切片→浸矾→漂洗→漂烫→糖渍→拌糖粉→包装

3.制作要点

原料选择和清洗工序操作可参照苦瓜蜜饯进行。

①刺孔:用针在洗净的苦瓜表面刺孔,刺孔要疏密均匀。

②去籽、切片:此两步骤的操作可参照苦瓜蜜饯进行。

③浸矾:将苦瓜片放入 3% 的明矾溶液中浸泡一周,以去除苦味。

④漂洗:浸矾后将苦瓜片捞出,沥尽溶液,放入清水缸内浸泡 4d,其间每天换水 3 次,以洗净残留的明矾。

⑤漂烫:将苦瓜片放入沸水中漂烫 15min 左右,捞出后入清水浸泡 20h,其间换水 2~3 次。

⑥糖渍:先配制 50% 的蔗糖溶液,加热至沸,倒入苦瓜片,用旺火煮 1h,然后用中火煮制。煮制期间,应及时补充糖液,以苦瓜片均浸没糖液为宜。煮制 2h 左右,待糖液浓度达到 65% 左右时,即可将苦瓜片和糖液一起移至缸中浸渍 12h。然后再将苦瓜片连同糖液一起入锅,用中火煮制 1h 左右,待糖液浓度达 75% 以上时,即可捞出,沥去余糖液。

⑦拌糖粉、包装:待苦瓜片稍冷却后,均匀地拌上糖粉,随后即可进行包装。

4.质量要求

产品清甜爽口,质地脆嫩,风味独特。菌落总数 < 750 个/g,大肠菌群 < 30 个/100g,致病菌不得检出。

十一、茄子

茄子,又称落苏、昆仑瓜、小前。原产印度,现我国普遍栽培。茄子含有多种维生素、脂肪、蛋白质、糖及矿物质,是一种价廉物美的佳蔬。每100g紫茄子维生素P的含量高达720mg,维生素P能增强人体细胞间的黏着力,改善毛细管脆性,防止小血管出血。此外,茄子纤维中所含有的皂草苷,具有降低胆固醇的功效。因此,高血压、冠心病、咯血、坏血病等患者,常食茄子大有裨益。

(一)茄子脯

1. 原料及配方

茄子50kg,蔗糖30kg,饴糖、食盐和亚硫酸氢钠适量。

2. 工艺流程

原料选择→清洗→去皮→切分→漂烫→浸硫→糖渍→烘制→包装

3. 制作要点

①原料选择:选择成熟度适宜、个大、无病虫害、无腐烂、无机械损伤的茄子为原料。

②清洗、去皮、切分:将茄子洗净后,去把、去皮,再纵切成6~8瓣,然后放入2%的食盐水中浸泡5~6h。

③漂烫:捞出茄块,放入沸水中,煮至八九成熟时捞出,放冷水中冷却。

④浸硫:将冷却后的茄子放入0.3%的亚硫酸氢钠溶液中浸泡10h左右,然后用清水漂洗干净。

⑤糖渍:先用25kg蔗糖糖渍1d,再添加5kg蔗糖继续腌渍1d;然后将糖液放出,并加入适量饴糖加热煮沸,放入茄块后沸煮6~7min;捞出茄块,沥干糖液,烘至半干,再次放入煮沸的原糖液中沸煮2~3min,将茄块和糖液一起移至缸中浸渍1~2d。

⑥烘制、包装:将茄块捞出沥干糖液,排放在烘盘上,送入烘房烘至不粘手即可。待冷却后进行包装。

4. 质量要求

产品呈黄色,色泽均匀;块形完整,组织饱满;肉厚柔软,香甜可口,具有茄子固有的风味,无异味。含糖量 68% ~ 70%,水分含量 18% ~ 20%。菌落总数 <750 个/g,大肠菌群 <30 个/100g,致病菌不得检出。

(二)糖醋茄干

1. 原料及配方

茄子 50kg,红糖 5kg,食盐 4kg,食醋 7.5kg,生姜 1kg,橘皮 1kg,紫苏 1kg。

2. 工艺流程

原料选择→清洗→切分→漂烫→压榨水分→盐腌→第一次曝晒→糖醋渍→第二次曝晒→包装

3. 制作要点

原料选择和清洗的操作可参照茄子脯进行。

①切分:将鲜嫩茄子洗净后,用刀切成三角形片状。

②漂烫:将切好的茄子放在沸水中烫一下,以防止褐变及维生素的氧化损失。

③压榨水分:将漂烫过的茄片装入布袋中压榨,去除部分水分,以节约用盐。

④盐腌:按每千克茄片加 80g 食盐的量,将压去水分的茄片放入缸中进行盐腌,充分拌匀,腌渍 24h。

⑤第一次曝晒:将腌渍后的茄片摊在竹席上曝晒,每隔 4h 翻 1 次,使茄片湿度一致,晒至茄片质量减少到原质量的 40% 为止。

⑥糖醋渍:将红糖、食醋、生姜丝、橘皮丝和紫苏丝放入锅里搅拌均匀,煮沸,冷却至 60℃,然后倒入装有茄片的缸内,与茄片拌匀,浸渍 24h,每隔 6h 翻拌 1 次,以使茄片充分吸收糖醋香液。

⑦第二次曝晒、包装:将经糖醋腌过的茄片均匀地摊在竹席上,曝晒,每隔 4h 翻 1 次,晒至原质量一半时收起,放入缸内过夜,随后即可进行包装。

4.质量要求

产品咸、酸、甜味兼有,香气独特,别有风味。菌落总数<750个/g,大肠菌群<30个/100g,致病菌不得检出。

十二、大蒜

大蒜属百合科,为多年生宿根草本植物。大蒜含蛋白质、糖类、脂肪、维生素和多种矿物质,既是美味的调味佳品,又因含有天然抗菌素而具有增强免疫力、延缓衰老、防治疾病及抗癌等作用。但是大蒜口味辛辣、气味刺鼻、适口性差,食用后因口中遗留异味而影响与人近距离交谈,用鲜嫩大蒜腌制成的糖蒜等能改善大蒜的辣味和异味。

(一)果味糖蒜

1.原料及配方

大蒜1kg,蔗糖适量,茶叶适量,果汁或水果香精适量。

2.工艺流程

原料选择→去皮→漂洗→脱臭→第一次烘烤→糖渍→第二次烘烤→包装

3.制作要点

①原料选择、去皮:选择成熟、个大、无虫蛀、无霉变,蒜肉洁白,并带有完整外皮的大蒜。然后用清水浸泡至蒜球发亮,将蒜头分瓣,去蒜茎、剥皮。

②漂洗:将切蒂剥皮后的蒜粒用清水漂洗,以除去蒜粒上的膜衣及异物。

③脱臭:将大蒜放在其质量1/3的茶叶汁中沸煮5min左右,立即捞出沥水,适当晾晒。茶叶汁的制备是用一般的粗茶,按其与沸水1:70的比例浸泡1~2h,然后过滤即可。

④第一次烘烤:将脱臭后的蒜粒送入烘房,在60℃左右烘烤20min即可。

⑤糖渍:在橘子汁、芒果汁、苹果汁、柠檬汁或其他果汁中,加入20%的蔗糖,加热至沸,然后将初次烘烤过的蒜粒放入其中沸煮5min

（果汁及糖与蒜粒的比例以蒜粒能完全浸没为宜）；端锅离火，浸渍12～24h，捞出蒜粒，再将果汁加热至沸，放入蒜粒进行二次糖煮，沸煮5min后继续浸渍8～12h。也可用浓度为40%的糖液加少量的水果香精来代替果汁进行糖渍。

⑥第二次烘烤、包装：将糖渍后的蒜粒捞出，沥干糖液后再次送入烘房，在60℃左右的温度下烘烤12～18h即可，随后即可进行密封包装。

4.质量要求

产品色泽淡黄，半透明，有光泽；外观整齐，组织饱满；口感纯正，无辛辣味，无蒜臭味。菌落总数<750个/g，大肠菌群<30个/100g，致病菌不得检出。

（二）醋泡大蒜

1.原料及配方

以食醋、大蒜为主要原料，白糖、食盐、蜂蜜为辅料。

2.工艺流程

原料选择→去皮→漂洗→投入甜醋汁（由白糖、食盐、蜂蜜按照比例混合均匀，杀菌后制成）→浸泡→真空包装→杀菌、冷却→成品。

3.制作要点

①原料选择、去皮：选择成熟、个大、无虫蛀、无霉变，蒜肉洁白，并带有完整外皮的大蒜。将蒜头分瓣，去蒜茎、剥皮。

②漂洗：将切蒂剥皮后的蒜粒用清水漂洗，以除去蒜粒上的膜衣和异物。

③甜醋汁制备：将需要用到的辅料［白糖30%，蜂蜜10%，食盐1%（以食醋重量计）］和食醋混合均匀，85℃保温30min，灭菌冷却后即成甜醋汁。

④浸泡：将去皮的大蒜放入密封罐，注意大蒜去皮过程中不可将表皮损坏，向里加入甜醋汁至完全淹没大蒜，于15℃下保温泡制1个月。

⑤真空包装：泡制成熟的醋蒜经挑选后装入真空包装袋中，于真空包装机中进行包装，设置抽气时间20s，热封时间2～3s。

⑥杀菌、冷却:在85℃下,杀菌15min。待冷却后装箱即为成品

4. 质量要求

产品色泽翠绿,外观整齐、组织饱满,口感清脆,酸甜适宜。大肠杆菌≤30个/100g,致病菌不得检出。

第四节　凉果类

一、青梅

青梅营养价值较高,富含碳水化合物、脂肪、蛋白质以及多种有机酸、维生素、矿物质,鲜食有生津止渴、增进食欲、杀菌解毒、净化血液、增强肝脏功能、预防高血压和脑溢血及抑制多种肿瘤等功效。青梅中含有人体物质代谢不可缺少的柠檬酸,还有单宁酸、酒石酸、苹果酸及多种氨基酸,都有利于人体蛋白质的合成和代谢。

(一)话梅

话梅是凉果糖制品之一,有广式、苏式之分。广式话梅入口咸味重,色泽黄褐,果形完整,表面有皱纹,盐霜重。苏式话梅盐霜不重或不显盐霜。主要区别在调味料。其成品含有盐、糖、酸、甘草及各种香料,因此食用话梅时使人感到甜酸适中,爽口,有清凉感,是一种能帮助消化和解暑的旅行食品。

1. 原料及配方

鲜梅坯50kg,甘草1.5kg,柠檬酸50g,香兰素50g,肉桂100g,蔗糖11.5~12.5kg,甜蜜素50g,香草香精、番茄红素少量,食盐、明矾适量。

2. 工艺流程

原料→盐腌→脱盐→糖渍→干燥→包装

3. 制作要点

①盐腌:选择八九成熟的新鲜梅果。每50kg加入8~9kg食盐、0.6~1kg明矾进行盐腌,经晒干得干梅坯。要求盐梅坯呈赤蜡色,表面有皱纹,微带盐霜,八九成干,剔除杂质和烂坯。

②脱盐:将梅坯在水中漂洗脱盐,待脱去 50% 的盐分后,捞出干燥至半干。用指压尚觉稍软即可,不可烘到干硬状态。

③糖渍:取甘草 1.5kg,肉桂 100g,香兰素 50g,柠檬酸 50g,少量番茄红素,加水 30kg,煮沸浓缩至 25kg,经澄清过滤,取浓缩汁的一半,加蔗糖 10kg,甜蜜素 50g,溶解成甘草糖浆。将 50kg 脱盐梅坯加入热甘草糖液中,腌渍 12h,期间经常上下翻拌,使梅坯充分吸收甘草糖液。然后捞出晒至半干。在剩下的甘草浓缩汁中,加入 1.5 ～ 2.5kg 蔗糖,调匀煮沸,加入半干的梅坯,再腌渍 10 ～ 12h。

④干燥、包装:待梅坯将料液完全吸收后,取出干燥至含水量为 18% ～ 20%。包装时喷以香草香精,装入聚乙烯塑料薄膜食品袋。

4. 质量要求

产品呈黄褐色或棕色;果形完整,大小基本一致,果皮有皱纹,表面略干;甜酸适宜,有甘草或添加香料味,回味久留;总糖 30% 左右,盐 3%,总酸 4%,水分 18% ～ 20%。菌落总数 <750 个/g,大肠菌群 <30 个/g,致病菌不得检出。

(二)甘草梅

1. 原料及配方

鲜青梅 50kg,蔗糖 10kg,甘草 3kg,食盐 12kg,甘草粉 2kg,甜蜜素 50g,桂皮粉 25g。

2. 工艺流程

原料选择→制梅坯→制甘草糖液→漂洗→糖渍→晾晒→糖渍→晒干→包装

3. 制作要点

①原料选择:选用由青开始转黄的鲜青梅,剔除伤、病虫果。

②制梅坯:将梅果和 8kg 食盐按一层果一层盐腌渍 24h,然后再用剩余的 4kg 食盐封顶,加重物压实,梅果处于盐水中,浸渍 40 ～ 45d,即成梅坯。

③制甘草糖液:向甘草中加入 15kg 水,煮沸浓缩成 10kg 的甘草水,过滤后取 4kg 加蔗糖 7.5kg,溶解,即得甘草糖液。

④漂洗:将梅坯在水中浸泡 12h,其间多次换水,直至脱去 70% 的

盐分,再用水冲洗后沥干。

⑤糖渍、晾晒:将梅坯和甘草糖液拌和均匀,浸渍24h,其间要注意翻拌,使梅坯均匀吸收糖液。然后捞出梅坯,曝晒,晒至八九成干。

⑥糖渍:向剩余的糖液和甘草水中加入甜蜜素、桂皮粉及剩余蔗糖,加热溶解至沸,然后与梅坯拌和均匀,每隔4h翻拌1次,直至梅坯将糖液完全吸收。

⑦晒干、包装:将梅坯于阳光下曝晒,并注意定时翻动,晒至含水量不超过8%,拌入甘草粉2kg,拌匀后即为甘草梅。随后,即可用小塑料袋进行密封包装。

4. 质量要求

产品呈淡咖啡色,甜酸可口,生津止渴,开胃提神,香味浓郁。菌落总数 < 750 个/g,大肠菌群 <30 个/100g,致病菌不得检出。

(三)蜜青梅

蜜青梅又名劈梅,是蜜渍青梅制品,有开胃清心的功效。

1. 原料及配方

鲜青梅50kg,蔗糖25kg,食盐6kg,苯甲酸钠适量。

2. 工艺流程

原料选择→盐腌→切半→漂洗→糖渍→晾晒→包装

3. 制作要点

①原料选择:选用肉质坚韧、颜色青绿的鲜梅。

②盐腌:将鲜梅和食盐分层放置,且以食盐封顶,腌渍3~4d。

③切半、漂洗:将梅果用刀沿合缝线对切成两半,挖掉果核。随即在水中浸泡20h,漂清盐分,移出并挤压掉梅坯中的水分。

④糖渍:将15kg蔗糖配制成30%的糖液,倒入梅坯,同时加入苯甲酸钠,浸渍24h,再加入蔗糖1kg,浸渍24h,如此反复10次,当最后一次浸渍完成后,将梅坯连同糖液一起入夹层锅煮沸,随后移出,再浸渍24h。

⑤晾晒、包装:将梅坯捞出,沥干糖液,晾晒至梅果表面的糖汁呈黏稠状为止,然后用玻璃纸进行包装。

4. 质量要求

产品色鲜肉脆,浓甜中微带鲜果青酸。大肠菌群 <30 个/100g,细菌总数 <750 个/g,致病菌不得检出。

(四)青梅干

1. 原料及配方

梅肉 50kg,蔗糖 30kg,食盐 5kg,明矾 500g,苹果绿色素适量。

2. 工艺流程

原料选择→盐渍→去核→漂杉→糖渍→烘干→包装

3. 制作要点

①原料选择:选用八成熟左右的梅子,剔除烂果及果梗、枝叶等杂物。

②盐渍:配制 8% 的食盐水和 0.6% 的明矾水,加入鲜梅,浸渍 48h,直至梅果表面由青转黄时为止。去核、漂洗,将梅果用机械方法压碎,去净果核,然后入水中浸泡 12h,其间换水 2 次,捞出梅肉,沥干水分。

③糖渍:将 50kg 梅肉、10kg 蔗糖和苹果绿色素搅拌均匀,糖渍、着色 24h。再加入 10kg 蔗糖,加热至沸,沸煮 10～12min,再浸渍 24h,使梅肉充分吸收糖液。然后,将梅肉从糖液中移出,加 10kg 蔗糖,待其溶解后倒入梅肉,加热至沸,沸煮 15～20min。然后捞出,摊放在烘盘中。

④烘干、包装:将烘盘送入烘房,60～65℃烘烤 24h 即为青梅干,便可进行定量密封包装。

4. 质量要求

产品色泽翠绿,呈块状,甜酸爽口。

(五)陈皮梅

陈皮梅是历史悠久的传统制品,以梅坯为原料与陈皮酱配合糖渍而成,是广式蜜饯中的佳品。

1. 原料及配方

盐梅坯 50kg,蔗糖 75kg,鲜生姜 1.5kg,鲜橘皮 8kg,柠檬皮 5kg,甘草粉 1.5kg,五香粉 250g,丁香粉 15g。

2. 工艺流程

原料选择→漂洗→制酱→糖渍→烘干→包装

3. 制作要点

①原料选择:选用肉厚、核小、粗纤维少的盐梅坯原料。

②漂洗:将盐梅坯在水中浸泡24h,其间换水2次,脱去部分盐分,然后再用水洗。

③制酱:先制橘皮酱和柠檬皮酱。将橘皮和柠檬皮分别加水沸煮15~20min,再用水漂洗去掉其中的苦味,沥干,打成浆,然后按1份浆2份糖的比例煮成橘皮酱和柠檬皮酱后,将鲜生姜洗净,剁烂成泥,加到橘皮酱和柠檬皮酱中,拌均匀。

④糖渍:向上述配料中加入50kg梅坯及50kg蔗糖,拌匀后糖渍10d。其间每天须翻动2次。然后加入剩余的蔗糖煮沸,煮至汁液浓度为75%以上。当汁液透入梅坯中时,可加甘草粉、丁香粉、五香粉,拌和均匀。

⑤烘干、包装:将梅坯移出,摊于烘盘上,入烘房烘至表面干燥即为成品,再用塑料袋密封包装。

4. 质量要求

产品色泽深黄,有光泽,半透明,酸甜味浓,开胃生津,香气浓郁,风味独特。菌落总数<750个/g,大肠菌群<30个/100g,致病菌不得检出。

二、杨梅

杨梅又名龙睛、朱红。其个大、新鲜、味甜、无核或核小。杨梅的营养很丰富,优良品种的杨梅含糖量达12%~13%,含酸量0.5%~3.2%,并含有多种矿物质,以铁质含量较多。另外,杨梅有生津解渴、和胃消食、止血生肌的功效。

(一)话杨梅

1. 原料及配方

盐杨梅坯50kg,甜蜜素300g,甘草2.5kg,香料粉50g。

2. 工艺流程

原料选择→漂洗→晾晒→浸渍→晾晒→包装

3. 制作要点

①原料选择:选用颗粒较大、肉质较厚的盐杨梅坯。

②漂洗:将盐杨梅坯移入水中,浸泡 12h,其间换水 2 次,以除去大部分盐分。

③晾晒:将杨梅坯捞出,沥干后,于阳光下晒制,其间不断翻动,直至晒干为止。

④浸渍:向切碎的甘草中加水 15kg,沸煮浓缩至 7.5kg,过滤后加入甜蜜素和香料粉,加热搅拌至沸,即为甘草液。向杨梅坯中加入甘草液,不断地翻拌,使杨梅坯充分吸收甘草液,直至吸收完为止。

⑤晾晒、包装:将杨梅坯于阳光下晒干,即可进行定量密封包装。

4. 质量要求

产品呈深褐色,果肉柔嫩,有原果风味,甜酸适度。菌落总数 < 750 个/g,大肠菌群 <30 个/100g,致病菌不得检出。

(二)七珍梅

1. 原料及配方

鲜杨梅 50kg,蔗糖 32.5kg,甘草 2kg,陈皮粉 150g,桂皮粉 100g,公丁香粉 25g,小茴香粉 75g,甘草粉 150g,食盐 5kg,明矾 150g,肉桂粉 100g,茴香粉 100g。

2. 工艺流程

原料选择→腌渍→晒制→漂洗→晒制→糖渍→晾晒→拌料→包装

3. 制作要点

①原料选择:选用肉质厚、果形大、色彩新鲜、八成熟的杨梅果实,剔除损伤、腐烂、瘦小的果实。

②腌渍:将食盐和明矾充分拌匀,再将杨梅、食盐和明矾粉分层放置,表层用盐封顶,腌渍 8～10d。

③晒制:将杨梅移出,在阳光下曝晒至七八成干为止。

④漂洗:将杨梅坯倒入水中浸泡 7～8h,再捞出至清洗机内,用轻

轻流动的水洗掉果坯中的泥沙、杂质,注意不要搅动过大,免使杨梅受伤,然后将水分沥干。

⑤晒制:将杨梅坯置于阳光下曝晒至八成干。

⑥糖渍:先配制甘草糖液。将甘草切碎加水连续熬煮 2 次,每次加水 12.5kg,熬煮 30min,合并 2 次甘草汁并过滤,再加入蔗糖,熬煮成 65% 的甘草糖液。然后将甘草糖液倒入杨梅中,浸渍 2~3d。

⑦晾晒:将果坯移出进行晾晒,另将甘草糖液分成 4 份,每隔 4~5h 泼 1 次至杨梅坯上,轻轻翻拌均匀,使果坯充分将糖液吸收完,直晒至八成干为止。

⑧拌料、包装:将配料中其余的香料拌匀撒在果坯上,拌和均匀。因香料由 7 种不同品种的香料配合而成,故称七珍梅。随即进行定量密封包装。

4. 质量要求

产品色泽为棕黑色,甜酸适度,有消食化积、开胃健脾的功效。菌落总数 < 750 个/g,大肠菌群 <30 个/100g,致病菌不得检出。

(三)玫瑰杨梅

1. 原料及配方

鲜梅 50kg,蔗糖 25kg,食盐 5kg,甜蜜素 30g,柠檬酸 50g,玫瑰黄适量。

2. 工艺流程

原料选择→盐渍→漂洗→糖渍→拌料→晾晒→包装

3. 制作要点

①原料选择:选用九成熟、颗粒大、饱满、色淡红或淡黄的鲜杨梅,剔除伤果、病果、虫果。

②盐渍:配制 10% 的食盐水,加入杨梅,浸泡 5~6d。

③漂洗:将杨梅在清水中浸泡 1~2d,其间多次搅拌,换水 3~4次,使含盐量降至 2%~3%。

④糖渍:将杨梅和 25kg 蔗糖按一层杨梅一层糖进行糖渍,浸渍约48h。移出糖液,倒入真空浓缩锅,使糖液浓度浓缩至 65%,倒入杨梅,浸渍48h。随后,入真空浓缩锅,使糖液浓度达到 65%,浸渍48h,

使杨梅充分吸收糖液。然后捞出,沥干糖液。

⑤拌料、晾晒、包装:配制 60% 的糖液,向其中加入甜蜜素、柠檬酸、玫瑰黄,用喷雾器将糖液喷洒于杨梅上。将杨梅在阳光下晒 3 ~ 4d,每天喷洒一次糖液,晒至含水量不超过 22%,即制得玫瑰杨梅。然后,用塑料袋进行定量密封包装。

4. 质量要求

产品呈玫瑰红,有光泽,果肉含汁饱满,外表呈半湿润状,质地柔软,酸甜可口,有原果味,总糖含量为 64% ~ 68%。菌落总数 < 750 个/g,大肠菌群 < 30 个/100g,致病菌不得检出。

三、橄榄

橄榄又名青果、福果。其果肉坚脆少汁,风味独特,初食时苦涩而酸,久嚼后,满口生津,香甜可口,回味无穷。橄榄的品种较多,但只有少数品种可鲜食,大部分品种作为加工原料,主要用于加工蜜饯。

(一)话橄榄

1. 原料及配方

橄榄盐坯 50kg,甜蜜素 250g,柠檬酸 250g,大茴香粉 150g,小茴香粉 150g,橘皮粉 50g,丁香粉 100g,甘草粉 150g。

2. 工艺流程

原料选择→漂洗→漂烫→配料→浸渍→晾干→包装

3. 制作要点

①原料选择:选用八成熟左右的鲜橄榄制成的赤蜡色小粒橄榄盐坯。

②漂洗、漂烫:将橄榄坯在水中浸泡 24h,其间多次搅拌,换水 3 次,使含盐量降至 1.5% 左右。然后,将橄榄坯倒入沸水中,漂烫4 ~ 5min。

③配料:将甘草与 12.5kg 水熬煮成 10kg 甘草水,过滤取汁后加入其余的配料,搅拌均匀,即成甘草浸液。

④浸渍:将橄榄坯和甘草浸液混合均匀,以后每隔 1h 翻动 1 次,直至橄榄坯将甘草浸液吸收完为止。

⑤晾干、包装:将橄榄坯子通风处自然干燥至含水量不超过20%(表面有一层轻微盐霜),便可进行包装。

4. 质量要求

产品呈浅棕色或浅棕红色,先咸后甜酸,果肉略感柔嫩,气味芳香,余味悠长。菌落总数 < 750 个/g,大肠菌群 < 30 个/100g,致病菌不得检出。

(二)良友橄榄

1. 原料及配方

鲜橄榄50kg,蔗糖35kg,食盐7.5kg,明矾300g。

2. 工艺流程

原料选择→盐渍→漂洗→漂烫→糖渍→晾晒→包装

3. 制作要点

①原料选择:选择质地坚硬、七成熟左右的青果,果实以长2.5~4cm、直径为2cm 的大果为佳。

②盐渍:将食盐和明矾溶于40kg 水中,倒入青皮大橄榄,盐渍4~5d,每天搅动多次。

③漂洗:将橄榄捞出,置于水中漂洗1d,其间换水4 次,以除去大部分盐分。

④漂烫:将鲜橄榄倒入沸水中,沸煮3~4min,使之回软并除去苦涩味。

⑤糖渍:将20kg 蔗糖和20kg 水加热调制成糖液,煮沸后加入鲜橄榄,糖渍6~7d。另外将5kg 蔗糖加水加热溶化成80%的糖液,加入上述糖渍液中,继续浸渍5d。然后,再加入80%的浓糖液,如此反复进行3 次,共用糖15kg。待大部分糖液被吸收以后,即可捞出。

⑥晾晒、包装:将沥干糖液的橄榄于阳光下曝晒,晒至不粘手为止。待冷却、回软后,即可作为散粒密封包装。

4. 质量要求

产品呈浅绿色,半透明状,果形饱满,果肉爽脆,质地致密,咸甜爽口,清香,有原果风味。菌落总数 < 750 个/g,大肠菌群 < 30 个/100g,致病菌不得检出。

第八章　枣类休闲食品

枣营养丰富,不仅含有丰富的蛋白质、糖、氨基酸、维生素 C,而且含有钙、磷、锌、铁等多种矿物质和微量元素,具有独特的营养价值。

现代医学研究表明,枣具有润心肺、降血压、补心脏、治虚损等功效,久服补中益气,轻体延年,《尔雅》即有"枣为脾之果"之说,《本草纲目》也认为枣有健脾养胃、养血壮神的功效。另外,枣具有药用功效,枣中含有的黄酮类物质环磷酸腺苷(cAMP)、环磷酸鸟苷(cGMP)等,对预防心血管疾病和癌症均有十分重要的作用。

一、无核蜜枣

枣,又名红枣、大枣、良枣、美枣等,属鼠李科枣属植物,枣的外形一般呈圆形至长圆形,小枣重量不到 5g,而大枣重量超过 60g。果实颜色为鲜红到深红,果肉为绿黄到黄色。我国的枣分南枣和北枣两大类,北枣产量高、品种多、质量好,名扬中外,是鲜食和加工的主要品种。枣的可食部分占总重的 91%,营养极为丰富。所含的糖分比甘蔗还高,维生素含量十分丰富,特别是维生素 C 和维生素 P 的含量居果品之首,其加工的果脯蜜饯也是人们喜爱的食品。

1. 原料及配方

干枣 100kg,蔗糖 60kg,柠檬酸 200g。

2. 工艺流程

选料→去核→浸泡→糖制→晾制→烘干→包装

3. 制作要点

①选料:应选用个大、成熟、丰满的红枣,以河南的鸡心枣、灰枣为佳,剔除霉、烂枣。

②去核:可用去核机捅核,也可用简易捅核器去核。

③浸泡:取一缸,将去核的红枣倒入温水中浸泡 20～30min,以洗

净表面污物,并使红枣吸水,枣皮舒展,应浸泡至皱纹全部展开。

④糖制:取一锅,将35kg蔗糖配制成55%的糖液,煮沸后倒入红枣,用文火沸煮30~40min,再倒入柠檬酸和剩余的糖,沸煮15~20min,煮至红枣呈透明状、质地柔软为止。接着进行糖渍,取一浸缸,将枣坯连同糖液一起倒入缸中,浸渍48h左右,使糖液能渗透至枣坯内部。

⑤晾制:从浸缸中捞出枣坯,沥净糖液,摊放在竹席上,于阴凉处放置24h,可蒸发掉一部分水分。

⑥烘干、包装:将枣坯摊放在烘盘上,送入烘房中烘制。烘房温度开始控制在50℃左右,经30min预热后,将烘房温度逐渐升高到70℃左右,烘制30~36h,待枣坯外皮产生均匀的皱纹时为止。随后,将蜜枣移出,经过挑选、分类后即可进行定量密封包装。

4. 产品特点

产品色泽棕红,呈半透明状,含糖饱满,气味香甜。

二、京式蜜枣

1. 原料及配方

鲜枣100kg,蔗糖67.3kg,亚硫酸钠适量。

2. 工艺流程

选料→清洗→划纹→浸硫→糖制→烘制→整形→回烘→包装

3. 制作要点

①选料、清洗:选用个大、核小、肉厚、皮薄的品种,以自熟期的为好,这时枣体已充分膨胀,肉质开始松软,易于透糖。将鲜枣进行分级后,加以清洗,并沥干水分。

②划纹:用排针器划纹,排针器由缝衣针捆绑在一起而成。纹距不超过1mm,划深1~2mm,每颗枣划纹在60条以上,枣的两头也要尽量划到。

③浸硫:取一缸,配制0.6%~0.8%的亚硫酸钠溶液,将划纹后的鲜枣尽快放入浸硫缸中,要注意轻轻搅动。

④糖制:将浸硫后的枣坯捞出,入清水池中清洗干净。取一锅,

用蔗糖 30kg 配制成 40% 的糖液,加热至沸,倒入枣坯,煮沸后加入70% 的冷糖液 3kg,使其停止沸腾,再沸时,再加冷糖液,如此反复3 次,当枣肉已发软、表面开始显出细纹时为止。接着,往锅里添加干蔗糖,可分 5 次进行,前 3 次每次加糖 5kg,后 2 次每次加糖 8kg,每隔10min 加糖 1 次,在整个糖煮过程中应保持文火沸腾状态。当糖液浓度达 70% 左右,停止加热,将枣坯连同糖液一起移入浸缸中,浸渍36～48h,使枣坯充分吸收糖液。

⑤烘制:捞出枣坯,沥干后摊在烘盘中,入烘房烘烤 18h,前 6h 温度为 55～60℃,接着 6h 温度为 60～65℃,最后 6h 温度为 65～70℃,烘至枣坯含水量不超过 25% 为止。

⑥整形:移出枣坯,将枣坯捏扁,枣的两端用竹板推缩入枣体,呈中鼓的长方、正方或梯形,并要除去枣梗,剔除残果、次果。

⑦回烘、包装:将枣坯再摊于烘盘上,入烘房烘烤,温度为 60～65℃,烘烤 24h,至含水量不超过 18% 为止。随后,即可进行定量密封包装。

4. 产品特点

京式金丝蜜枣闻名中外,其丝纹清晰,呈深玫瑰色,半透明状,柔韧适度,甘甜味美。

三、南式蜜枣

南式蜜枣生产历史悠久,是蜜饯中的珍品,以其独特的营养滋补保健功能及精美的丝纹,琥珀般的色泽和美好的风味深受消费者的青睐。它与金丝蜜枣不同之处是未经熏硫处理,颜色较深,不透明。

1. 原料及配方

鲜枣 1kg,白糖 0.5kg,水 170g。

2. 主要设备

切缝机、糖煮锅、焙笼。

3. 工艺流程

选料→分级→清洗→切缝→糖煮→倒锅→烘烤→包装→成品

4. 制作要点

（1）原料预处理

选择个大、核小、肉厚、皮薄的品种，如山西稷山板枣、河南新郑秋枣、河北阜平大枣、临汾团枣、灌阳长枣等。果实白熟期采收。挑选新鲜饱满、无病虫、无破伤的果实，单果重 10～20g，剔除畸形、红圈、有斑疤和成熟度过低的绿枣。果实按大小分级，分别清洗加工。

（2）切缝

将枣用切缝机或手工进行切缝。每个枣要切 40 道以上，每道间距为 1mm，要切至枣肉 1/2 深处。缝距要均匀，深浅一致，既不能切掉果肉，也不能漏切，这样在煮制时才能渗糖充分。

（3）糖煮

用高浓度糖液进行煮制，煮制容器一般用口径为 50cm 左右的铁锅，其容量不大，移动方便，每锅煮鲜枣 8kg 左右。

煮制时，锅内先放入清水和白砂糖，将其溶解，配成 65% 的糖液，将清洗后切好的果实放入糖液内煮沸 45min，随时搅拌，使枣果均匀渗糖，生熟一致，避免锅底焦糖，并随时将液面上的泡沫除去。然后再将上次锅内剩下的糖液放在这次锅内一起用旺火煮沸 40min 左右。期间当枣果变软发黄时，停止翻搅，糖液由白变黄时，改用文火缓缓熬煮，用手捏枣似能触到核，果肉透明、锅面蒸汽明显减少时，即可出锅。将锅端起，把枣坯连同剩余的糖液一起倒入另一冷锅中，慢慢翻搅，在 15min 内翻搅 3～4 次，使枣坯充分吸收糖分。也可采用将枣坯和糖液每隔 5min 倒锅一次的办法代替翻搅，一般倒锅 4～5 次。最后倒入竹箩中滤出糖液。煮制时糖、水、枣的比例可以是 3:0.9:6.1 或3.4:1.5:5.1，可根据具体情况灵活掌握。

（4）烘烤

烘烤温度要先低后高。焙笼用南方竹制成，高 50cm，直径 66cm，四周用纸糊严。把筛状盘套在上面，盘深 13cm，盘中心凸起便于透气。将滤去糖液的枣坯摆放在凸起的四周。焙笼置于地上，以 4 块砖围成方池，以便燃烧。温度控制在 55℃ 左右，焙笼用笼盖盖上以保温，每隔 3～4h 翻倒 1 次，焙烘 24h，要翻动 6～7 次，称为初烘。继续烘至枣坯软而不黏时进行整形,将枣坯捏成扁圆形。整形速度要快,用力要适度,不要挤破丝纹,影响外观。整形后再进行第二次烘焙,温度控制在 75~80℃,促使枣面透出糖霜,此过程称之为催霜。当枣面形成一层糖霜(结晶糖)之后,逐渐降温缓烤,要不断翻拌,使之干燥均匀。当干至蜜枣变硬,用力挤压不变形,用手掰开,核肉易于分离,肉色金黄透亮时烘烤完毕。

(5)包装

成品在包装之前,要先进行挑选、分级和修整。拣出破枣,虫蛀枣,色暗、丝纹不整齐、焦头的次品和杂质,将合格品分级包装。一般用塑料袋密封包装,防止受潮。

5. 质量要求

产品色泽金黄透明、近似琥珀色或浅茶色,无焦皮;扁圆形,肉厚核小,大小一致,丝纹整齐,枣身干爽,表面有糖结晶,无杂质。特级品 60 粒/kg,一级品 80 粒/kg,二级品 110 粒/kg,三级品 140 粒/kg,四级品 180 粒/kg,五级品 220 粒/kg。成品含水 12%~15%,总糖 75%~80%。

四、桂花枣脯

1. 原料及配方

鲜枣 100kg,蔗糖 20kg,蜂蜜 100g,桂花 200g,硫黄适量。

2. 工艺流程

选料→削皮→捅核→晾晒→熏硫→洗涤→蒸制→糖制→拌糖→包装

3. 制作要点

①选料、削皮、捅核:选用色红、个大、颗粒饱满、无虫眼、组织较硬的鲜枣。然后削去外皮,捅掉果核。

②晾晒:将鲜枣摊放在竹席上,置于阳光下晒制 5~7d,晒至含水量不超过 15% 为止。

③熏硫:将枣干移入熏硫室,用硫黄熏制 1~2h,熏透为止。熏时用锯末拌硫黄熏制,可增加枣脯的香味,还能防虫、防腐。

④洗涤、蒸制:将枣干移入清水池,洗涤干净,捞出,沥干后移入蒸笼中蒸 2~3h。

⑤糖制:取一锅,将蔗糖 10kg、蜂蜜、清水 5kg 搅拌均匀后,加热溶化成糖液,再拌入桂花,然后倒入蒸过的枣干,煮制 20~30min,在糖煮时要注意翻拌,使枣干吸糖均匀,糖液被基本吸干为止。

⑥拌糖、包装:将枣干移出,稍加沥控,再将余下的 10kg 蔗糖撒到枣上,摇滚、翻拌,即成桂花枣脯,随后,即可用玻璃纸包装。

4. 产品特点

产品柔韧有劲,甘甜适口,有浓郁的桂花香。

五、大枣口含片

现代医学证明,枣肉中含有的一些物质具有维持毛细血管正常通透性,改善微循环以及提高机体免疫能力的作用。大枣产量较大,并不能完全被鲜食。因此,本配方以大枣为原料经冷冻干燥制成枣粉,再采用中药片剂造粒法,将枣粉与葡萄糖、蛋白糖、柠檬酸按一定的比例混合后压成片状,制成一种大枣新制品——大枣口含片。这种产品酸甜可口,具有大枣独特的风味,口感细腻、爽口,食用方便。

1. 原料及配方

枣粉 1kg,麦芽糊精 100g,葡萄糖 20g,蛋白糖 0.5g,柠檬酸 0.5g,果胶酶 1g。

2. 主要设备

冷冻干燥机、微型高速万能粉碎机、磨浆机、胶体磨、均质机、造粒机、压片机、电热鼓风干燥箱。

3. 工艺流程

原料选择及处理→制粉→调味→造粒→烘干→压片→包装

4. 制作要点

(1)原料选择及处理

选用无虫害、无霉烂、无变质的优质大红枣,用清水清洗干净后煮烂打浆。为了降低枣浆的黏度,便于冷冻干燥,可在枣浆中加入 0.1% 的果胶酶。

（2）制粉

采用冷冻干燥技术，将添加了 10% 麦芽糊精的枣浆制成枣粉。为了得到高质量的枣粉，同时缩短冷冻时间，提高工作效率，确定适当的冷冻干燥条件为：预冻的大枣浆浓度为 20%，在厚度为 8cm 的情况下进行冷冻干燥。经冷冻干燥得到的枣粉不仅维生素 C 含量较高，且枣粉均匀细腻。

（3）调味

为了使制得的大枣口含片口味酸甜适宜，比较适合大众的口味，本配方依据以往口含片的糖酸比，同时为了减少葡萄糖用量，添加了蛋白糖，并最终将葡萄糖、蛋白糖、柠檬酸的比例定为 40:1:1，葡萄糖的添加量在 2% 左右为好。

（4）造粒、烘干

造粒是制片工艺中的一个关键操作点。造粒可防止粉状食品加工时粉尘飞扬，也可提高充填效率，防止片剂的吸水性。将柠檬酸和葡萄糖分别过 80 目筛，用溶有 10% 聚乙烯吡咯烷酮的 60% 乙醇造粒，过 20 目和 40 目筛，取中间部分，在 45℃ 下烘干（约 10h）。干燥的终点主要依靠感官判断，以手捏干粒时手感干脆、不粘手，用力一捏可勉强捏碎为宜。经造粒后的大枣口含片在舌面上没有粉状感，口含时没有发黏感，崩析性好，香气均匀持久，酸甜度协调均匀，含片表面的花点较匀，质地较硬，不易裂片或破损，形状大小较均匀。

（5）压片

将造好粒的葡萄糖、柠檬酸和枣粉、蛋白糖混合后进行压制。柠檬酸、葡萄糖对热敏感，压片时容易发黏，使得制片不易从模板上脱离。为了使口含片表面光滑，易从模板上脱落，须在混合后的物料中加入一定量的润滑剂（2% 的聚乙二醇）。

5. 质量要求

含片口感细腻，有大枣特有的风味，表面光滑美观，色泽一致，硬度好，崩解性良好。

6. 注意事项

冷冻干燥过程中，由于枣粉含糖量比较高，黏度比较大，干燥过程容易出现结块而难以达到干燥的效果,因此,在冷冻干燥过程中必须加入助干剂麦芽糊精。

六、酒枣

酒枣亦称醉枣,产品不仅保持了鲜枣的色形,而且枣香酒香相融,清醇芬芳,甘甜酥脆,风味独特,又可长期保存,是深受人们喜爱的传统休闲食品。

1. 原料及配方

鲜枣 50kg,白酒 500mL,香精 10~15g,白糖粉 250g,蛋白糖 10g,高锰酸钾适量。

2. 主要设备

消毒槽、封口机、竹筛等。

3. 工艺流程

选料→清洗消毒→晾干→涮酒(可加入添加剂)→装袋→杀菌→贮存→成品

4. 制作要点

(1)选料

选用无伤、无病虫害、果实饱满、均匀脆硬的鲜枣。早期选用红圈枣和即将转红的乳白后期鲜枣,中后期选用全红枣。

(2)清洗消毒

在清水中加入 0.2% 的高锰酸钾,然后倒入枣,进行漂洗。

(3)晾干

将漂洗后的枣放在竹筛上,沥干表面水分。

(4)涮酒

酒枣比为 10:1。将晾干的鲜枣分批放入酒中涮过并捞出,涮过枣的酒液要求清澈如初。要想制成果香醉枣(如橘香醉枣等),则按50kg 鲜枣加 10~15g 香精的比例,向酒中投入香精。早期采摘的鲜枣甜度低,必须向涮枣的白酒中加入白糖和蛋白糖,其比例为每 50kg鲜枣加白糖粉 250g,蛋白糖 10g。按此法制作出的醉枣香甜脆美,鲜亮喜人。对中后期采摘的全红枣则只加香精,不必添加糖粉和蛋白糖。试验表明,以添加橘香精和枣香精效果最佳,制品甜香浓郁,风味独特;香蕉香精次之,而菠萝香精和苹果香精效果不明显。

(5)装袋

将涮过酒的枣用聚丙烯塑料薄膜进行真空小包装(包装规格重量可自定)。

(6)杀菌、贮存

将枣袋置于 70 ~ 80℃热水中杀菌 25min,取出后迅速冷却,于阴凉处存放 7 ~ 10d 即可装箱出售。醉枣经小包装杀菌其优点是:制品酒香浓郁,甜润可口;可缩短醉制时间,提前 7d 上市;货架期可延至半年。

5. 质量要求

产品表面清洁卫生,外形丰满,色泽红润,具有清冽醇厚的酒枣香气,食之甜而不腻,清凉爽口,果肉酥脆,无发硬或软的感觉。

6. 注意事项

白酒选用 60 度或以上的粮食白酒,加酒要适中。过量酒精残留在枣的表面给人以苦的感觉;酒量过少难以形成浓郁的酒枣香味。要搞好卫生工作,涮酒时千万不可加入防腐剂苯甲酸钠,因为苯甲酸钠与果肉中的氨基酸发生反应,生成一种令人不愉快的气味。

商品流通醉枣必须用聚丙烯塑料薄膜或复合塑料薄膜包装,而不能用聚氯乙烯薄膜和聚乙烯薄膜,前者有毒,后者不能水煮杀菌,且透气性高,会导致醉枣发霉变质。

七、乌枣干

乌枣又名熏枣、焦枣,性温,为滋补珍品。含有丰富的氨基酸、维生素、黄酮等人体所需元素,有防癌补血之功效。乌枣干选用熟鲜红枣,经水煮、烘烤等工艺精制而成。其色泽乌紫明亮,花纹细密,带有特殊的香甜味。传统的直接燃烧木柴的烟熏工艺,致使产品表面聚结了大量的苯并芘致癌物。本工艺由传统的烟熏改为蒸汽烘烤,不但去除了熏制产生的致癌物,而且保留了传统产品的全部营养价值,一定会受到消费者的青睐。

1.主要原料

鲜枣若干。

2.主要设备

蒸煮锅、冷水槽、烘房等。

3.工艺流程

选料→分级→清洗→预煮→冷激→筛纹晾坯→烘烤→精选→包装→成品

4.制作要点

（1）选料、分级

选用果皮深红果肉未软的鲜脆枣,剔除破裂、病虫等不合格枣,按大小颗粒分别加工。

（2）预煮

将枣果洗净后倒入沸水锅中,加盖急煮,开锅后稍加冷水,并不断上下搅动以防夹生,预煮5~8min后,当果肉呈均匀的水渍状,色泽浅绿,质地稍软且具韧性时,预煮完毕。预煮时火力要适宜,过火则果实失去韧性,成品纹理较粗,质量偏低。

（3）冷激

将枣果捞出,随即投入冷水中,冷浸5~8min,保持水温40~50℃,使果皮起皱。水温偏低时皱纹较粗;水温偏高则不形成皱纹,两者均会影响产品的质量。

（4）筛纹晾坯

将枣果捞出放入滤筛中轻晃5~6min,滤去浮水。果面经筛面的挤压,可出现细小皱纹。下筛后停放3~5min,晾干果面水分。

（5）烘烤

将枣坯放入烤盘,厚约15cm,进入烘房后点火加热,在烘烤全过程要进行4~8次翻盘以使枣坯受热均匀,每次相隔约12h,历经受热、蒸发、均湿三个阶段,受热阶段1~2h,温度控制在50~55℃,待果面凝露消失后,进入蒸发阶段,时间5~6h,温度保持在65~70℃,手摸枣有灼热感。此期温度较高,要谨慎管理。均湿阶段,停火5~6h,使果内水分逐渐外渗,达到内外平衡,避免长时间烘烤,以防果实表面干燥过度而结壳焦煳。第一次均湿后,仔细翻倒上下层枣坯,开始第二次点火烘烤。第二次烘烤后,枣略降温,将其撤离烘房,摊于露天席面均湿 2~3d,堆厚不超过 30cm,如此反复 4~8 次,至果肉里外硬度一致,稍有弹性为止,果肉含水量在 23% 以下。

(6)包装

成品冷却后,拣出破头、油皮、无光泽和未干燥的软果即可包装。

5. 质量要求

产品干燥均一,果皮紫,果实有光泽,皱纹浅细而均匀。果肉稍有弹性,捏之不变形,不脱皮,风味甘甜,有韧性,枣香味浓郁,无传统熏枣的烟焦性不良气味。

6. 注意事项

预煮要掌握好火候,煮制时间过长,产品花纹粗,无韧性并脱皮。烘烤时要严格按受热、蒸发、均湿三阶段随时调节温度,并按时翻盘,均湿阶段注意通风降温,果坯不可堆放过厚,以防果品糖分外渗造成油皮,这是严重的质量问题。

八、营养红枣干

1. 原料及配方

去核大枣 100kg,蜂蜜 3kg,党参 0.5kg,红糖 5kg,黄芪 1kg。

2. 主要设备

去核机、蒸笼、烘房等。

3. 工艺流程

选料→洗涤→去核→调配→蒸制→干制→包装→成品

4. 制作要点

①选料:选择充分成熟,肉质肥厚,个大核小的优质干枣,严格剔除霉变、干瘪、虫蛀及不成熟的黄色枣。

②去核:用温水洗净枣表面的杂质,用去核机将枣核捅去,要注意减少果肉损失。

③调配:按配方将党参、黄芪煎汁取液后调入红糖和蜂蜜。

④蒸制:将以上配液同去核的枣一同放入不锈钢盆中上笼蒸制,

时间约为 0.5h,将蒸好的枣出笼浸渍一段时间。

⑤干制:沥去表面浮液,然后装入烘盘进行烘烤,温度为 70 ~ 80℃,时间为 10 ~ 15h,烘至用手捏果硬而不粘手时干制完毕,出房后冷却。

⑥包装:剔出破碎及脱皮果粒,按大小分级,分别包装。

5.质量要求

产品色泽紫黑光亮,干燥程度一致,硬而有弹性,保持了原果形状,无核,枣香浓郁。

6.注意事项

配液不可过多,蒸制时以全部渗入果内为好。先将党参、黄芪熬制后滤去药渣,再调入蜂蜜和红糖。烘烤时,前期温度不宜过高,否则会造成表面结壳。

九、果仁枣糕

选用一级干红枣,经焖煮、打浆后磨浆浓缩,再配以核桃仁、花生仁、芝麻等精制而成,内含丰富的营养物质,久食有补血、益气、养颜、健脾开胃、软化血管之功效,并是眩晕、失眠、消化不良患者理想的保健佳品。

1.原料及配方

红枣 100kg,花生仁 5kg,白砂糖 20kg,芝麻 1kg,琼脂 2kg,核桃仁 5kg。

2.主要设备

浓缩锅、打浆机等。

3.工艺流程

花生仁、核桃仁、芝麻

↓

干红枣→清洗→浸泡→焖煮→打酱→搅拌→浓缩→定型→成品

↑

白砂糖、琼脂

4.制作要点

（1）枣的处理

取一级干红枣，剔除霉烂、破裂、虫害和变色枣及杂质。用流动清水洗去枣表面的泥沙及杂质，用清水浸泡 12h，再用流动清水洗净。

（2）焖煮、打酱

红枣 100kg，加水 50kg，在夹层锅中加盖焖煮 1~2h，中间翻动几次，至枣软烂，手搓时皮肉很容易分离为止。用孔径 0.2mm 或 0.5mm 的打浆机打浆，后用尼龙网滤取枣皮。

（3）果仁的处理

芝麻、花生仁、核桃仁分别筛选，剔除霉坏、臭仁、黑皮仁、干瘪、虫害等不合格果仁及土块、碎石、砂粒等。选好的各种果仁分别用清水充分洗净，并甩干或晾干。在 140~150℃ 的烤炉中，核桃仁焙烤 30min. 花生仁焙烤 25min，芝麻仁焙烤 15min。焙烤时要翻动 2~3 次。将烤焦和不熟的果仁剔去。然后再将烤好的花生仁和核桃仁在粉碎机中粉碎为直径 2~3mm 的细粒。

（4）白砂糖、琼脂的处理

将白砂糖加水配成 75% 的糖液，琼脂兑 10 份白开水溶化，过滤备用。

（5）搅拌、浓缩

将磨好的枣酱和各种配料一同放入浓缩锅内，在蒸汽压力 245~294kPa 的条件下，边搅拌边浓缩。至可溶性固形物达 80% 时即可。

（6）定型、成品

在木盆内先垫上塑料薄膜，倒入果酱，冷却 24h，凝固后即为成品。

5.质量要求

产品颜色为红褐色，表面光滑明亮，胶凝性好，无大的枣皮。果仁分布均匀一致，无糖结晶，食之酸甜适口，柔韧润滑，有枣香和其他果仁的香味，含糖量为 40%，水分含量为 40%~45%。

十、美味大枣冻

大枣冻是以鲜枣、白糖、明胶等原料制成的一种高营养美味小食品,其外观晶莹,口感香甜味美,属营养补品。

1. 原料及配方

鲜大枣 5kg(或干大枣 1kg 浸泡),甘薯 5kg,白糖 6kg,明胶 0.4kg,柠檬酸 15g,苯甲酸钠 17g,食用香精 20mL,胭脂红色素 0.5g,巧克力色素 0.01g。

2. 主要设备

打浆机、绞肉机、煮糖锅、冷却盘。

3. 工艺流程

大枣、甘薯→洗净→软化→打浆→糖煮→加辅料混合→倒盘→冷却→切块→包装

4. 制作要点

(1)原料处理

①将大枣洗干净,加枣重等量水加热软化(干燥枣加 2 倍等量水),去核除杂后趁热用打浆机打成浆状。

②将甘薯洗净,入锅蒸熟后去皮,用绞肉机绞成泥状。

③将明胶冲洗干净,加水 1.2kg 泡涨,而后用 60℃温水溶化备用。

④苯甲酸钠与柠檬酸分别用等量冷开水溶解备用。

⑤胭脂红色素和巧克力色素配成 10% 的溶液备用。

(2)糖煮

在锅内加 1kg 水,放入 6kg 白糖,加热使糖溶化,而后将大枣浆与甘薯泥倒入,大火加热至沸,再小火加热浓缩 25~30min,使可溶性固形物达 78% 以上。

(3)加辅料混合

在上述浆料中先加入苯甲酸钠溶液搅拌,再倒入明胶液搅匀,加热至 95℃,保持 5min,最后将柠檬酸液倒入搅匀并停火,加色素溶液搅拌冷却至 80℃左右,加入食用香精溶液迅速混匀。

（4）倒盘、冷却

将糖煮好的浆料趁热倒入冷却盘内（盘底涂植物油防粘），摊成1cm厚的一层，静置冷却2h后即可凝结。

（5）切块

将冷却好的大块倒出，按要求切成条状，晾6～8h后，逐个用玻璃纸包装。

5.质量要求

成品呈大红枣色，外观半透明，质地细腻饱满，口感软韧香甜，有浓郁风味，总糖50%左右，常温下可保存3个月。

十一、水晶枣

水晶枣是近几年来刚刚流行起来的一种蜜饯类枣制品，是鲜枣经过选料、去核、硬化、脱气、渗糖和上糖衣等工艺制得的产品，最大限度地保持了鲜枣的形状和营养成分。产品在阳光照耀下灿灿生辉，就像水晶一样光亮晶莹，所以被称为水晶枣。

1.主要原料

红枣、氯化钙、白砂糖、饴糖。

2.主要设备

去核机、不锈钢锅、真空罐、化糖锅。

3.工艺流程

选料→去核→硬化→脱气→真空渗糖→上糖衣→包装

4.制作要点

（1）选料

选用颜色艳丽深红，质脆未软，果肉含汁少且味甜，以陕西佳县或山西临县黄河沿岸的枣品质最佳。

（2）去核

将选好的枣用去核机去核，可根据红枣大小更换大小不同的刀。

（3）硬化

配制2%的氯化钙溶液，将去核的枣浸入，钙可以保护细胞结构不受破坏，延长贮藏期。

（4）脱气、渗糖

将钙液中的枣捞出沥去表面水分，装入真空密封罐，抽真空为0.08MPa，保持15min，待果肉内的大部分气体被抽出后，关闭真空阀，打开进糖阀，让糖液喷向果实。

（5）上糖衣

用2/3的白糖和1/3的饴糖，加水适量，一起放入锅里进行熬煮，熬至110℃左右，将糖浆离火，缓缓倒入枣坯中，边倒边摇动使淋糖均匀，将剩余的白糖和饴糖加水熬至130℃左右，进行第二次淋糖，使枣的表面粘匀糖液，冷却后即为成品。

5.质量要求

产品颗粒保持原枣形状，外观鲜红透明，互不粘连，糖衣不易脱落，食之香甜爽口，有天然鲜枣之风味。

6.注意事项

在硬化处理果坯时要随时更换溶液，第一次抽真空脱气不可加热，因为选用鲜枣加工，加热会破坏鲜枣中的大部分维生素C，故需冷脱气，也可进行二次抽真空脱气，这样能使糖液更多地进入抽真空后枣的空隙，脱气后要尽快上糖衣，可使枣果内部形成一定真空，以便延长枣的贮藏保鲜期限。

十二、花生脆枣

花生脆枣具有酥脆香甜、补血健脑、营养丰富的特点，可作为零食小食品。

1.主要原料

大红枣与花生若干。

2.主要设备

烘箱、去核机。

3.工艺流程

大红枣→选料→清洗→浸泡→去核→晾干┐
花生→烘烤→去红衣┘→ 配料 → 烘 制 →

冷却→包装

4.制作要点

(1)选料

选取个大无虫的大红枣,放入 40~50℃的温水中浸泡 20min,漂洗干净,沥水晾干。

(2)去核

用相当于枣核直径的圆管刀从枣一头捅向另一头,然后反方向,用相当于枣核直径的一段平头钢筋将枣核捅出。若无管刀,也可采用一木块,在上面开一个比枣核略大的洞,将枣竖放在洞上,用小锤在枣上一砸,然后用平头钢筋即可捅出枣核。

(3)去红衣

将颗粒饱满的花生仁放入烤箱中,150℃烘烤 4min,取出,晾凉后搓去红衣待用。

(4)配料

向捅出枣核的枣里塞进两粒去皮花生仁,两端不能露出,将枣和花生仁按此法全部加工好。

(5)烘制

将加工好的果仁枣放在烤盘内进行烘烤,在烘烤前先将烤箱预热至90℃,然后将其放进烤盘,烘烤 1h 后,枣色变深,有枣香飘出。这时将烤箱温度升至 125℃左右,进一步烤至枣呈深紫色,有焦香枣味,时间大约为 40min。因枣的含水量不同,时间要灵活掌握。

(6)冷却、包装

待大枣果仁都烤好后,降温摊晾至室温,摊晾时要保持干燥条件,定量包装,即为成品。

十三、姜枣、芪杞枣

生姜为姜科多年生草本植物,其有效成分有挥发油(姜醇、姜烯、没药烯、芳樟醇等),辛辣成分(姜辣素和姜酮)和多种氨基酸,具有温中散寒,回阳通脉,燥温消痰等功效。黄芪具有补气生阳,益卫固表,托毒生肌,利水退肿之功效。枸杞含有丰富的胡萝卜素、维生素 B_2、烟酸及矿物质等,具有滋补肝肾、益精明目等功效;近年来还发现其具有调节机体免疫能力,抑制肿瘤生长,延缓衰老及抗脂肪肝等方面的药理作用。红枣具有补中益气,养血安神之功效。为此,我们进行了红枣产品的研究,选择上述四种药食同源的天然优质原料,经科学加工,研发出了姜枣、芪杞枣两种产品。

1. 原料及配方

黄芪:枸杞:红枣 = 3:3:10(芪杞枣),生姜:红枣:5:100(姜枣),白糖、蜂蜜、柠檬酸适量。

2. 主要设备

去核机、夹层锅、烘房。

3. 工艺流程

黄芪、枸杞
(生姜)　→去杂→　清洗
(生姜清洗后切片)　→煮制→黄芪汁、枸杞汁(姜汁)

白糖→加水溶解→配制(加蜂蜜)→过滤→糖蜜液

红枣→精选→清洗→去核→糖煮→浸渍→漂洗→烘干→冷却→整形→包装→检验→成品

4. 制作要点

(1)精选

红枣要求形状完整,色泽鲜艳,肉质肥厚,无虫蛀,无破头,无霉变。同批产品,要求品种一致,个头均匀。

(2)清洗

将符合加工要求的红枣倒入 55～60℃ 的温水槽中,轻压轻翻,泡洗 5min,待枣肉发胀枣皮稍展,捞入竹盘,用清洁的冷水喷淋冲洗 1～2min,沥干表面水分。

(3)去核

根据不同品种枣的枣核大小,选用适宜的去核机去核,要求枣核口径不大于 0.8cm。

(4)糖蜜液的配置

先在夹层锅内放入适量水,加热使其沸腾,然后按水:糖 = 3:2 的比例称取白糖,并加入夹层锅内,搅拌溶化,再加入白糖量 5% 的蜂蜜混匀,用 4~6 层细纱布过滤,或用双联过滤机过滤,即得糖蜜液。

(5)糖煮

按糖蜜液:红枣 = 5:1 的比例,加入洗净、去核的红枣,温火煮制 25~40min,期间在糖液中加适量的柠檬酸,至枣皮胀展,呈紫红色时,结束糖煮,捞入浸渍缸。

(6)黄芪汁、枸杞汁的制备

黄芪、枸杞去杂后,根据红枣的投料量,称取黄芪、枸杞,用清水洗净,加 5~6 倍的水煮 20~25min,滤出汁液。合并两次滤液混匀,并加糖至汁液糖浓度达到 50%。

(7)姜汁的制备

生姜去杂后,按比例称取并切片,然后用 3 倍的水煮 12~20min,滤出汁液,再加两倍水煮 10~15min,滤出汁液,合并两次滤液,加糖至汁液的糖浓度达 50%。

(8)浸渍

将煮制好的枣和糖液一起倒入浸渍缸内,并将黄芪汁、枸杞汁(或姜汁)补加到浸渍缸内,室温浸泡 18~24h,待枣肉浸泡至黑色为止。姜枣和芪杞枣是两种产品,上述浸渍对于姜枣的生产只补加姜汁,而芪杞枣则只补加黄芪汁、枸杞汁。

(9)漂洗

将浸泡好的糖枣用漏勺捞入铁筛,沥尽表面糖液,放入 60℃的温水中,轻轻转动铁筛,洗净表面糖液,倒入烤盘。

(10)烘干

烘干前期,控制箱温 65~70℃,烘烤 4~6h;烘烤后期,控制箱温 75~80℃,烘烤 14~18h。至枣内水分降到 15%~16% 时,出箱。

(11)冷却、整形、包装

出箱枣盘在室温下进行冷却,冷却时对变形而未破烂的枣进行整形,并剔除破烂次品,然后根据包装袋的净含量要求人工或机械包装。质检根据产品标准要求的抽检方法和抽检项目进行抽检,合格品方可作为成品入库或外销。

5.质量要求

具有本品特有的色泽,外表紫红色,内部紫黄色,色泽一致。姜枣枣香味突出,有淡雅的姜香,口感柔软,香甜可口,无异味。芪杞枣具有枣香味和药香,口感柔软,香甜可口,无异味。组织与形态饱满,颗粒均匀,有弹性,不黏,无杂质。

十四、玉枣

玉枣是以新鲜的大红枣为原料经去皮、去核、浸糖等工艺加工而成的一种新型枣糖制品。该制品营养丰富,枣香味浓,色泽晶莹似玉,故称玉枣。

1.主要原料

鲜枣、白砂糖、盐酸、亚硫酸氢钠、氢氧化钠。

2.主要设备

去核机、去皮槽、蒸煮锅、烘房等。

3.工艺流程

鲜红枣→挑选分级→清洗→去皮→去核→糖渍→糖煮→浸渍→烘烤→整形→上糖衣→烘烤→包装→成品

4.制作要点

(1)原料的收购与挑选

加工玉枣的原料应该是充分成熟的新鲜大红枣,要求选用无伤、无虫、无病、个大、肉厚、核小的枣,并去掉枣叶树枝等杂物。

(2)去皮

碱液浓度为7%～9%。在碱液沸腾后将枣倒入,碱液要将枣果全部浸没。待碱液再次沸腾后,保持2～4min,并加强搅动,使枣果均匀受热并与碱液接触。待枣果用手指轻捏即可将枣皮去掉时,将枣果捞出并浸入冷凉的酸液中进行中和,同时立即将枣皮搓去。去皮后用清水反复冲洗2～3次,以去掉残余的碱性成分和使枣皮与枣果完全分离开来。

(3)去核

使用枣果去核机进行去核。去核时为防止枣果变色,可将枣果浸泡在0.2%的亚硫酸氢钠溶液中进行护色处理。

（4）糖渍、糖煮

去核后的枣果用清水冲洗后立即浸入40%的糖液中，经过18～24h浸渍后，再放入50%左右的糖液中进行煮制，煮制完毕后继续浸渍一昼夜，以利于糖分的充分渗透。

（5）烘烤、整形、上糖衣、烘烤

烘烤的前期温度控制在55℃左右，经6～8h烘烤后将温度提高到65～70℃。经21h烘烤后再进行整形和上糖衣。整形是将枣果捏成扁圆形，上糖衣是将整形后的玉枣放在糖粉中搅拌，使之裹上一层糖粉。上糖衣后在60～65℃的温度下继续烘烤8～12h，待制品不粘手时即可停止烘烤。

（6）包装

烘烤完毕的玉枣取出后要将带皮和破损严重者挑出，其余的按大小分级并进行包装。

5.质量要求

产品外观完整，呈扁平椭圆形。色泽乳白至黄白色，晶莹似玉，枣香味浓。

6.注意事项

（1）去皮

去皮不净和部分枣果变色严重是去皮过程中常见的问题。这是碱液浓度、浸煮时间和枣果特性三者配合不当造成的。解决的办法主要有：

①控制碱液浓度。碱液浓度一般为7%～9%。皮厚、成熟度差的枣果浓度可高些，但不宜超过9%。

②控制浸煮时间。枣果在倒入沸腾的碱液中后要加大火力，再沸腾后2～4min，此时多数枣果用手稍一碰擦即可使枣皮脱落，这时应立即出锅进行酸碱中和。

③加强搅拌环节，枣果倒入碱液中后应不时搅拌，以使全部枣果能充分与碱液接触并均匀受热。

（2）褐变与护色

褐变是玉枣加工中必须注意的重要问题。为防止褐变需要注意以下几个问题：

①去皮时应严格控制碱液浓度和加热时间。

②烫煮后的枣出锅后应立即浸入 1% 的盐酸溶液中进行酸碱中和,并使中和后的果内表面 pH 值达到 6.5 左右。

③去皮并冲洗后的枣果应尽快浸入亚硫酸氢钠溶液中进行护色处理。

④将浸渍和煮制的糖液的 pH 值调整到 3 左右以减少煮制中的褐变作用。

（3）烘烤

玉枣烘烤时的温度不可太高,否则易使其表面结壳,贮藏时返潮,同时高温易导致褐变并使产品色泽发暗。

十五、真空低温油炸香酥枣

目前,国内的油炸食品主要以面粉、坚果等为原料在常压下进行油炸加工,油温大都在 160℃ 以上,而这样高的油温会带来很多问题:食品的营养成分在高温下受到破坏,色、香、味受到影响。另外,高温使油发烟,污染环境,增大油耗,同时反复使用的油脂会变稠,产生劣味,甚至会产生一些对人体有害的物质,影响消费者的健康。低温油炸采用不同于一般油炸的工艺,即在真空条件下,使原料红枣在 80 ~ 105℃ 脱水,有效地避免了高温对食品营养成分及品质的破坏;同时在真空状态下,红枣细胞间隙中的水分急剧汽化膨胀,具有良好的膨化效果。产品不仅色泽、风味好,而且质地酥脆可口。另外,低温油炸可防止油脂的劣化变质,提高油的利用率,降低成本,产品安全卫生。

1. 主要原料

红枣（木枣、骏枣、团枣、梨枣）、花生油、绵白糖、柠檬酸、盐酸等。

2. 主要设备

去核机、真空油炸锅。

3. 工艺流程

原料→挑选→清洗→去核→预处理→油炸→脱油→冷却→包装→入库

4. 制作要点

（1）原料

原料种类：不同品种的原料，因枣的粒度、糖含量、质地疏松程度不同，因而加工特性不同。如枣的粒度大，则所需的油炸时间较长，表层炸焦，内层水分仍不易脱出，果实不脆，颜色也不好，同时也延长了加工周期。如含糖量高，则油炸香酥枣易吸潮，不耐贮藏。因此，应选用适当的品种。

原料成熟度：采摘后的鲜枣，随着后熟时间的延长，本身的化学成分也在变化，淀粉含量降低，糖含量升高。随着糖含量的增加，果实变得越来越软，不便加工。因此对红枣的加工应在软化之前进行。这样的果实有一定的硬度，风味也已形成，既能方便加工又能保证产品有良好的风味和外形。

（2）挑选

挑选的目的是为了除去腐烂、霉变和虫蛀的枣粒，并按成熟度和粒度分级，根据加工要求分别处理。合理的分级可以方便操作，提高原料的出品率。

（3）清洗

清洗可除去枣料表面的尘土、泥沙、微生物、农药等。一般可用清水直接清洗，对表面污染较严重的枣粒应先用0.3%的盐酸溶液浸泡数分钟，而后用清水漂洗干净。

（4）去核

为保证油炸制品质量均匀，食用方便，枣粒油炸之前应去核。去核可用去核机完成，但必须根据枣粒的大小，调整不锈钢筒的直径，既保证去核效果，又不致使果肉损失太大。

（5）预处理

不同品种的原料，口感不同，有些品种在油炸之前，需要调整甜度和酸度，即用绵白糖和柠檬酸配成一定浓度的调整液，浸泡枣粒，纠正其口感、风味。

（6）油炸、脱油

将盛有枣粒的油炸料篮放入已预热的油中，并密闭锅体开始抽气,最初时温度急剧下降,大量的热被枣粒吸收,真空度在短时间内升高至0.65~0.70MPa,这时由于枣内水分大量蒸发,致使排出气体量与蒸发出的气体量相平衡,真空度维持在一定水平并且温度缓慢上升,热量被变成汽化热放出。

油炸过程应控制好真空度与温度,使之相适应。因为水的蒸汽压随温度的升高而升高,当水的蒸汽压高于锅内残存压力时会产生沸腾现象,大量的油随着水蒸气而被抽了出来。为克服爆沸,可采取逐步减压、缓慢加温的方法,即最初原料含水量很高时条件不需要很强烈就有大量的水分逸出,随着原料中水分含量的减少可逐步减压、加温。

油炸一段时间后,真空度达到某一水平线,不再随温度的升高而变化,此时温度的上升也很快,这说明原料中的水分含量已经很少,几乎没有水分逸出,这时就可以停止油炸。此时枣粒的水分含量在3%左右。即通过真空度、温度对时间的变化可以判定油炸终点。

枣粒在入锅前,油应预热到一定温度,一般为105℃,这样可以提高传热效果,减少启动时间,避免微生物生长。

脱油工艺:常规油炸制品采用常压条件下的高速离心脱油,条件为1500~12000r/min、10min。但高速易使制品变形,采用低速则产品含油量仍较高。本工艺采用真空条件下低速离心脱油,条件为120~150r/min、3min,结果较理想。

油炸设备:真空油炸锅是设备的主体,试验表明,油炸锅外必须设有保温夹套,否则由原料蒸发出的蒸汽遇到温度较低的锅壁会发生冷凝现象,于是冷凝水又流回油中。另外,油炸锅的排气孔以及与之相连的排气管道应能满足最大排气量的需要,否则蒸汽不能及时排出,会延长油炸时间,影响油炸效果。

(7)冷却、包装

油炸成品含水量很低,极易吸潮,与空气长时间接触会使油脂变质,所以应立即冷却,真空包装,否则将影响产品的酥松性和风味。

5. 质量要求

果实呈枣红色或紫红色,色泽一致;具有红枣应有的滋味和气味,无异味;无虫蛀,无机械伤,果形完整,颗粒均匀,肉质肥厚,质地酥松。

十六、红枣果冻

果冻因外观晶莹,色泽鲜艳,口感软滑,清甜滋润而深受妇女儿童的喜爱。人们以红枣、明胶、白糖、柠檬酸为原料,研制成了营养丰富、口感细腻、风味独特的红枣果冻。

1.原料及配方

红枣汁40%,明胶5%,白糖15%,柠檬酸0.25%,果胶酶适量,水加至100%。

2.工艺流程

干红枣→粉碎→浸提→加酶→浸提→过滤→红枣汁
             ↓

白糖→溶解→过滤→熬煮→调配→灌装→杀菌→冷却→成品
          ↑   ↑

明胶→溶解→过滤 柠檬酸

3.制作要点

(1)红枣汁的制备

将红枣去核,用组织捣碎机破碎枣肉,加入果肉质量8倍的水,在70℃条件下加热提取40min,然后加入0.4%(按果肉质量计算)的果胶酶,40℃酶解40min,用8层纱布过滤备用。

(2)白糖的预处理

白糖加适量水溶解,过滤备用。

(3)胶凝剂的预处理

明胶加5倍的水,待充分吸水膨胀后,于70℃水浴中加热溶解。

(4)熬煮

将过滤后的糖液加热,加入红枣汁,将溶解的明胶过滤加入,熬煮5min。

(5)柠檬酸的加入

柠檬酸先用少量水溶解,由于它会使糖胶pH值降低,明胶易发生水解而变稀,影响果冻胶体成型,在操作时应在红枣汁糖胶液冷却至70℃左右时再加入,搅拌均匀,以免造成局部酸度偏高。

（6）灌装、杀菌

将调配好的糖胶液装入果冻杯中并封口（防止污染杯口）,放入85℃热水中杀菌5~10min。

（7）冷却

自然冷却或喷淋冷却,使之凝冻即得成品。

4. 质量要求

产品风味自然,具有红枣的香味;呈枣红色,透明性良好;口感细腻,酸甜可口;成冻完整,不粘壁,弹性、韧性好,表面光滑,质地均匀。

十七、巧克力糖衣滋补夹心枣

巧克力糖衣滋补夹心枣以鲜枣去皮去核、花生仁夹心为原料,用山药、茯苓及枸杞煎汁制成营养糖液,经糖煮将其渗于枣中,烘干制成枣脯后再用巧克力作为糖衣,以增加制品的香气和滋味,适合儿童及体弱者食用。本品具有健脾益肺、滋肾补肝、清除自由基的作用。现将本产品的加工技术介绍于下。

1. 主要原料

鲜枣、花生仁（去皮）、白糖、蜂蜜、氢氧化钠、脱皮剂、柠檬酸、赖氨酸、山药、茯苓、枸杞子、巧克力粉、植物油、大豆磷脂。

2. 工艺流程

选料→清洗→去皮、去核→清洗→夹心→糖煮→糖浸→沥干→烘烤→冷冻→上巧克力糖衣→检验→成品

3. 制作要点

（1）选料、清洗

选用肉厚核小、个头均匀、成熟或接近成熟的鲜枣,挑出病虫害果、特大特小果及枝叶等。合格果放入洗果池清洗干净,或用空压机搅拌洗净,捞出沥干。

（2）去皮、去核

用0.2%的脱皮剂、1%的氢氧化钠配成脱皮液,煮沸放入沥干的

枣果,2~3min 捞出,用冷水冲洗并辅以人工搓动脱去枣皮,放入 0.2%的柠檬酸溶液中中和碱性。用类似打孔器的去核器将枣核捅出,要求出核口直径不大于 0.7mm,口径完整无伤,捅孔上下端正,无破头,孔眼一致,或用足踏式去核机机械去核,此法质量好产量大。

（3）清洗、夹心

去核后用水清洗 1 次,每只枣的核孔内嵌入去皮的花生仁粒作为夹心。

（4）糖煮、糖浸

将山药 1.5kg、茯苓 1kg、枸杞子 0.5kg 去净杂质,放入夹层锅内加入净水 20kg,蒸汽加热沸煮 2h,过滤,滤渣再加净水 20kg,进行第 2 次取汁,时间 1h,过滤,合并两次滤液制成营养液,用滤液配制 40%浓度的营养糖液,加入 0.1%的柠檬酸,沸煮 5~10min 以使部分蔗糖转化,防止制品结晶返砂。放入夹心枣煮沸,再沸时加入少量白糖和冷糖液,如此煮沸几次,当糖液浓度达 55%~60%,枣果透明时出锅。移入浸泡缸(或浸泡池)中浸泡,糖液中加入 5%的蜂蜜和 0.2%的赖氨酸,浸泡 24~36h。

（5）沥干、烘烤

将糖浸好的枣果捞出,沥干糖液,均匀摆盘烘烤。烘盘送入干燥室,初期温度 55~60℃,中期不超过 75℃,以免糖分焦化营养降低,后期温度降至 50~55℃,至枣果表面不粘手、水分含量 17%~19%时停止烘烤,烘烤时间为 18~24h。

（6）冷冻、上巧克力糖衣

出室后均匀摊开,用风机吹冷或自然冷却至室温(20℃),放入冷冻箱中冷冻至 0~1℃。巧克力有遇热变软,遇冷变硬而脆的特性,为便于加工操作,夹心枣经降温冷冻,巧克力才能较好地黏着。将植物油、0.3%的大豆磷脂与巧克力粉按适当比例加热配成糊状物,大豆磷脂便能将可可脂均匀乳化,还能起到防止"发白"现象和调整黏度的作用,将冷冻的夹心枣在巧克力糊中粘一层巧克力浆,随后放入冷冻箱中使巧克力糖衣凝固,这样可使夹心枣具有浓厚的香气和滋味。

（7）检验、成品

待冷冻箱中的巧克力糖衣凝固后，取出经检验合格便可进行包装。由于巧克力糖衣冷却后质硬而脆，碰撞挤压容易脱落，因而采用印刷精美的硬纸盒或塑料盒包装，每盒 250g，最后装入衬有防潮纸的纸箱，打包存放于通风干燥的库房即为成品。

4.质量要求

产品外观呈巧克力的棕褐色，断面呈淡黄色或淡黄绿色，枣果去皮、去核并用花生仁夹心，色呈黄白或微黄，形态完整，组织浸糖饱满，透明或半透明，枣肉柔软有弹性；巧克力糖衣致密，在规定的存放条件和时间内，糖衣不脱落，枣不结晶返砂、流糖，总糖 65%～75%，水分 17%～20%；糖衣质地轻脆，具有巧克力的香气与滋味，有枣香与蜜的复合香味；符合食品卫生标准规定，无致病菌检出。

十八、枣泥花生软糖

现代医学表明，红枣对保护肝脏、增强肌力、减少皮肤紫癜、降低血清胆固醇有特殊功效。红枣还是生肌长肉、悦颜润肤的美容保健佳品，经常食用，可使皮肤红润，容颜焕发。以红枣、花生、白糖等为原料，可制成红枣营养保健糖果——枣泥花生软糖。

1.原料及配方

白砂糖 12kg，干红枣 10kg，淀粉糖浆（DE 值 42）12kg，花生 12kg，玉米淀粉 12kg，熟猪油 0.3kg，精制盐 0.1kg，枣香精 0.03kg。

2.工艺流程

干红枣→浸泡→脱苦→蒸煮→搓泥

花生→烘烤→去皮→轧碎

淀粉＋水→淀粉乳

白糖→溶糖（加淀粉糖浆、淀粉乳）→糊化（加油脂）→熬糖→终点（加枣泥、拌花生）→冷却→切割成型→包装→成品

3.制作要点

（1）红枣脱苦

本产品中红枣占很大比例，若红枣处理不当，枣果梗处的苦味物

质易影响成品风味,所以制枣泥前要先进行脱苦处理。具体做法:配制1%的食盐溶液,煮沸后倒入洗干净的干红枣热烫10min。而后室温自然冷却浸泡24h,次日捞出,沥尽多余水分。

（2）制枣泥

将脱苦后的枣放入蒸煮锅内,100℃汽蒸30～40min,蒸至枣肉易剥离为止。而后倒入搓泥机中,趁热（60℃以上）将枣泥搓下,过20目筛备用。

（3）烤花生仁

将花生仁以150℃烘烤5～8min,至花生仁散发出浓郁香味为止。而后去除花生衣,用滚刀轧碎成黄豆粒大小。

（4）调淀粉乳

将淀粉与水按1:7的比例调和成淀粉乳,过80目筛备用。

（5）溶糖

白糖加适量水加热溶解,调配成70%的溶液过滤备用。

（6）糊化

取配方中1/2的糖液,倒入熬糖锅内,同时启动搅拌机,以26r/min的转速开始搅拌,再依次倒入淀粉糖浆、精制盐,并迅速加热使糖液沸腾。而后,将调好的淀粉乳全部倒入,使淀粉骤然受热,吸水糊化。为使淀粉彻底糊化,注意刚倒入淀粉乳时,先不要搅动糖浆,使淀粉充分吸水膨胀,以便形成较好的凝胶状态。

（7）熬糖

等淀粉充分糊化后,可恢复搅拌,同时,将油脂加入,并控制熬糖温度不可过高,逐渐将锅内浆料熬至黏稠状,此时,将另外1/2的糖液倒入搅匀,再继续浓缩熬制,直至浆料温度达130℃时为止。

（8）终点

当锅内浆料达130℃时,立即将事先准备好的枣泥倒入,搅匀,再继续浓缩,使浆料成团块状,此时浆料含水量在14%左右。也可用木棒蘸取少量浆料,用水迅速浸一下冷却,口尝有一定硬度即可。终点判断是该生产工艺的关键技术,若终点不到,不易成型,粘手粘牙,若终点过头,糖体硬化,无法切割成型,使产品报废。因此,熬制终点除根据含水量和温度来判断外,还要参考浆料的黏稠度及口感来综合考虑。

(9)拌花生

浆料熬好后即停止加热,将轧碎的花生米及时拌入,搅匀,待浆料冷却至100℃以下时,再将香精倒入,搅匀,迅速出锅卸料。

(10)冷却、切割成型、包装

将拌好的浆料倒在冷却台上,立即压成1cm厚的糖片,并快速风冷至室温,用软糖切割成型机或手工将糖片切成1cm×3.5cm的长方体糖块,并及时用米纸衬里包裹,外边再用透明玻璃纸包裹,即为成品。

4. 质量要求

产品呈红棕色,色泽均匀一致,富有光泽;甜味温和,枣香味浓郁,无其他异味;表面光亮滋润,断面色泽分明,花生仁分布均匀,无缺角和裂纹现象;口感软韧,不粘牙,无硬皮,不皱缩。

十九、气流膨化空心枣

膨化食品是近些年国际上发展起来的一种新型时尚食品,凭借其良好的口感和炫目的包装,深受消费者尤其是青少年和儿童的喜爱。膨化后的红枣,其口感松脆,香酥不腻,是新近开发的又一新型枣类制品。

1. 主要原料

鲜枣若干。

2. 主要设备

去核器、电热鼓风干燥箱、电加热式果蔬膨化成套设备。

3. 工艺流程

原料→选料→清洗→去核→预干燥→均湿→气流膨化→冷却→分级→称重→包装→入库

4. 制作要点

(1)选料

选择表皮光滑,色泽为红色或暗红色,果肉饱满,个形较大的长红枣。剔除烂果、病虫害果和机械伤果。

（2）清洗

用流水漂洗去除黏附在表面的杂质。

（3）去核

用人工或机械方法捅去枣核，并剔除虫害果。

（4）预干燥

把枣平铺在烘箱的烘盘上，在60℃下干燥使水分含量至22%。

（5）均湿

枣经预干燥后，有的较干，有的较湿，水分分布不均匀。将原料装入塑料袋中并把口扎紧，置于低温下均湿2d，使原料的水分分布基本达到一致。

（6）膨化、冷却

将均湿后的枣放入压力罐中，在95℃、膨化压差为105kPa下处理60min。之后迅速打开连接压力罐和真空罐的减压阀，使罐内外瞬间气压达到平衡，此时由于加压与加热，在果肉内的水分汽化，形成很大的压力，破除压力后发生猛烈爆炸，破坏了枣肉细胞的组合，形成疏松状。随后在压力罐的夹层壁中通入冷却水使物料温度降至室温。

（7）分级、称重、包装

按产品的要求分级、称重，分别包装，并充入氮气以防止氧化及在贮运过程中的挤压损伤。

5. 质量要求

产品的颜色为深褐色，有均匀裂纹，但不脱皮，食之膨松酥脆，有到口即化之感，外形完整、无破碎，含水量为6%～8%，真空密封长久贮存不变质。

6. 注意事项

枣的水分含量对膨化效果影响很大，应保持含水量在22%左右，这样有利于高温高压下果肉内的汽化现象。水分含量过高并不会产生较好的膨化效果；如果水分含量过低，则没有足够的膨化动力，还会使产品发焦发煳，产生苦味。

二十、红枣保健维钙片

针对目前我国儿童普遍缺钙和很大一部分儿童营养不良之现状,我们利用红枣独特的营养保健价值,加入钙进行强化,结合现代科技的加工工艺,开发研制了红枣保健维钙片,内含多种氨基酸、维生素、钙及矿物质等,完全称得上纯天然浓缩维生素加钙。本产品能促进儿童大脑发育,提高智力,增强人体免疫功能,对儿童身心发育有着重要的作用,食之香甜味美,既是一种营养保健滋补品,又是一种风味独特的儿童休闲食品,它的研制开发具有广阔的市场,前景好,也是我们献给儿童朋友的一片爱心。

1. 原料及配方

枣粉 50kg,白砂糖粉 10kg,多元高效钙 50～100g,奶粉、氢氧化钠、抗坏血酸、柠檬酸适量。

2. 主要设备

去核机、烘房、膨化机、胶体磨、槽型混合机、旋转式压片机、成型机。

3. 工艺流程

选料→去皮→去核→烘烤→膨化→磨粉→混合→钙强化→压片→成型→脱水→成品

4. 制作要点

(1)选料

选用颜色全红的鲜脆枣,因鲜枣中维生素 C 的含量很高,随着成熟度的提高,果肉糖化维生素 C 的含量逐渐减少。

(2)去皮

将枣果倒入浓度为 0.2%～2% 的碱液中,保持沸腾,轻轻翻动果实,约30s,当果皮发黑一碰即掉时,迅速捞出,倒入冷水中漂洗,以除去皮渣和碱,动作要快。

(3)去核

采用半自动去核机去核,将去核后的枣迅速浸入 0.06% 的抗坏血酸与 0.1% 的柠檬酸配成的混合液中进行护色。

（4）烘烤

将护色液中的枣捞出沥去水分即可烘烤，初时温度为 55~65℃，中间翻动一次，待水分烘去一半以上时加温至 75~80℃，待枣发出焦枣香味时即可，时间约为 12h。

（5）膨化

待果坯凉透后放入密封罐中，加压 8MPa 并加热，温度为 50℃ 左右保持 30min，然后打开进气阀，果坯由于外压力的减小会发生膨胀。然后进行冷却，并防果坯吸潮。

（6）磨粉

用胶体磨将枣果磨成粉，过 0.2mm 筛网，枣粉需尽快冷却，以防果糖结块。

（7）混合、钙强化

按配方量将原辅料加适量软水，在槽型混合机中搅拌成粒状物，然后静置半小时有待钙的强化。

（8）压片、成型

将混合钙化后的原料，在旋转式压片机中压片，后可按各自形状切割，如正方形、梅花形或其他形状。

（9）脱水

将成型后的产品在烘房中低温脱水，温度在 60℃ 以下，直到产品脆而无韧性为止，此时剔除破损的残次品即为成品。

5. 质量要求

产品形状一致，美观，颜色为乳黄色，表面光亮细腻，边缘整齐，具有焦枣香味，含水量在 35% 左右。

6. 注意事项

去核后要迅速护色，果坯褐变严重会影响成品色泽，白砂糖要先粉碎成细粉状，混合钙化时加水要适量，原料过软压片中容易粘连，不易成型。

二十一、枣果丹皮

枣的果实营养丰富，每百克鲜枣果肉中含蛋白质 3.3g（含人体所需的 17 ~ 18 种氨基酸),脂肪 0.3g,糖 25.5 ~ 30.35g,钙 41mg,磷 23mg,铁 0.5mg,有机酸 0.4 ~ 0.6mg,以及丰富的维生素,尤其是维生素 C,含量高达 380 ~ 600mg。以此为原料制作的果丹皮,酸甜可口,有助消化,儿童尤为喜食,是一种营养保健产品。

1. 原料及配方

大枣 100kg,柠檬酸 400g,蔗糖 15kg。

2. 工艺流程

原料选择→原理处理→软化制浆→刮片烘干→揭起整理→包装→成品

3. 制作要点

(1)原料选择

选用含糖量、果肉肥厚的鲜枣为原料。剔除枣果中的杂质和病虫害果。

(2)原料处理

将枣用清水冲洗干净,去核。

(3)软化制浆

将处理好的果实放在双层锅中,加入约与果实等重的水,煮 20 ~ 30min,待果实软化后,取出倒在筛孔径为 0.5 ~ 1.0mm 的打浆机中打浆,除去皮渣。若没有打浆机,可用木打浆板或木杆将果实捣烂,倒入细筛中,除去皮渣,再将果浆倒入双层锅中,加入果浆重 25% ~ 30% 的白砂糖和 0.8% 的柠檬酸,用文火加热浓缩,注意搅拌,防止焦煳,浓缩至稠糊状,可溶性固形物含量达 20% 左右时出锅。

(4)刮片烘干

将浓缩的果浆倒在钢化玻璃板上,刮成厚 0.3 ~ 0.5cm 的薄片。刮刀力求平展、光滑、均匀,以提高产品的质量。刮好后将钢化玻璃送入烘房,温度 60 ~ 65℃,注意通风排潮,使各处受热均匀,烘至手触不粘,具有韧性皮状时取出。

(5)揭起整理

将烘好的果丹皮趁热揭起,再放到烤盘上烘干表面水分,用刀切成片卷起,在成品上再撒上一层砂糖。

（6）包装

用透明玻璃纸或食品袋包装。

4. 质量要求

产品色泽暗红，厚薄均匀，有韧性，有光泽，枣味浓，酸甜适口。

5. 注意事项

为了增进风味，在制作枣果丹皮时，可掺入其他果品，如苹果、山楂、柿子、桃等。

第九章　菌类和花类休闲食品

第一节　菌类

食用菌是可供人类食用的大型真菌,通常也称为菇、菌、蕈、蘑、耳、芝等。不仅味道鲜美,营养丰富,还能够预防和治疗多种疾病。常被人们称为健康食品,如香菇不仅含有各种人体必需的氨基酸,还对降低血液胆固醇、高血压等有好处。

我国食用菌栽培历史悠久,资源十分丰富,是食用菌年产量最大的国家。但目前产品大多鲜食或干制,相关产品的开发较为滞后。下面简要介绍一些相关休闲食品的应用技术。

一、香菇松

1. 原料及配方

香菇柄 10kg,食盐 80g,食用油 300g,味精 20g,黄酒 400g,砂糖 400g,辣椒 500g,蒜头 100g,调味品适量。

2. 工艺流程

$$调味配料$$
$$\downarrow$$

香菇柄→预处理→熬煮→拌炒→初烘→粗整丝→再烘→打丝→炒松→包装→成品

3. 制作要点

①原料选择:选用新鲜的浅色干香菇柄,要求菇柄无霉烂、虫蛀。

②预处理:用剪刀去除菇柄蒂头。投入水中浸泡 5~6h,至菇柄完全吸水,捞出。

③熬煮:将预处理好的菇柄倒入锅中。加入菇柄质量 3 倍的水,

投入调味配料熬煮,拌匀。熬煮至水分快干。

④拌炒:锅中的食用油煮沸,加入5%的蒜头炸至呈金黄色时,倒入熬煮好的菇柄,翻炒约20min。

⑤初烘:把拌炒好的菇柄均匀地摊放在烘盘上,放入烘房内,在80～90℃的温度下烘烤。中间翻动3次。烘至菇柄半干,表面呈金黄色。

⑥粗整丝:将半干香菇柄投入粉碎机中粉碎至疏松,成为粗纤维丝状。

⑦再烘:把菇丝均匀地摊放在烘盘上,厚度2～4cm。进入烘房,在70～80℃的温度下烘烤2～3h。每隔1h将菇丝翻动一次。

⑧打丝:将烘至略干的菇丝均匀地加入粉碎机中,并调整磨盘间距。使粉碎出的菇丝成为均匀纤维絮状。

⑨炒松:把菇松倒入炒松机内,在50～60℃的温度下烘炒至菇松酥松,有香味溢出便得香菇松。若要制得香菇肉松,只需在香菇松中加入20%的猪肉松混匀即可。

⑩包装:将菇松称量,包装封口,密封保存。

二、苔味香菇松

苔味香菇松添加了海苔和芝麻,不仅增加了香菇松的营养价值,而且风味独特,具有香菇的香味及海苔藻的鲜味。

1. 原料及配方

香菇柄1kg,白糖0.25kg,精盐0.11kg,菜油0.4kg,味精0.02kg,海苔0.2kg,芝麻0.2kg,大蒜适量。

2. 工艺流程

```
            调味配料                    芝麻→焙炒
              ↓                            ↓
菇柄→洗净→熬煮→装盘→烘烤→整丝→烘烤→混合→烘烤→
包装→成品                                 ↑
                    海苔→清洗→焙炒→粉碎
```

3. 制作要点

①风味油制作:称取菜油于锅中,添加油重5%的大蒜,烧至大蒜呈黄棕色,冷却、过滤。

②炒海苔:将海苔洗净除砂,沥出水分,加少许油进行焙炒,取出粉碎成小碎片。

③炒芝麻:将芝麻放入水中冲洗,除去漂壳及砂土,沥去水分。将重为芝麻1%的风味油放入锅中煎热,倒入洗净的芝麻,不断翻炒至酥脆。

④菇柄预处理:把香菇柄去蒂,挑选无杂质、无霉变的菌柄,洗净。

⑤熬煮、烘烤:加入适量的水及调味料于夹层锅中蒸煮,不断翻炒至菇柄软化,继续加热至水分蒸发至干,取出菇柄,均匀平摊于烤盘上于蒸汽烘房中烘至七成干。烘房温度控制在85～95℃。

⑥整丝:从烘房中取出菇柄,在特制的粉碎机上加工成粗丝状的香菇松。

⑦混合:将香菇松与芝麻及海苔加入搅拌机中进行混合,然后平摊于烤盘中,放入烘房中烘至酥脆。烘房温度仍控制在85～95℃。

三、香菇牛肉松

1. 原料及配方

干香菇柄10kg,食盐800g,葡萄糖400～500g(或蔗糖500g),味精40g,特级酱油1kg,胡椒粉50g,五香粉300g,花椒80g,黄酒200mL,鲜姜125g,鲜牛肉0.5～1kg,米酒、酱色、石灰少许。

2. 工艺流程

香菇柄→整理→灰漂→漂洗→煮制→浸渍→捣散→揉搓→干炒→冷却→包装→成品

3. 制作要点

①整理:选用干净、无霉变、无虫蛀的香菇柄为原料。放入水中浸泡3～4h,捞起,沥干水分。用不锈钢刀剔除菇脚黏附的杂物及粗老部分。菇柄切成1～1.5cm的小段,粗的撕成3～4片。

②灰漂、漂洗:将原料置于3%的澄清石灰水中浸泡,或在5%～

5.5%的碳酸氢钠中浸泡(全部淹没),使粗纤维软化,18~20h后捞出,在清水中漂洗几遍,直至漂出的水呈中性反应。

③煮制、浸渍:将牛肉切丁或片,姜切片后与香料混合,用纱布包扎,一起入锅煮制,添水量为总物料量的3倍。煮至牛肉熟烂,加入菇柄、食盐、糖、酱油、米酒等,浸渍24h。再将全部物料入锅煮沸,捞出香料纱布包,改用文火不盖锅煮70~80min,加入味精、黄酒,边煮边用锅勺轻轻捣压,至物料收汁。

④揉搓:将物料用干净的纱布缠紧,在擦板上来回揉搓,或用擦丝机擦松,使菇柄呈均匀绒丝状。

⑤干炒:菇丝冷却7~9h后,回锅文火炒制,视制品色泽状况可适当喷洒配好的酱色,使其呈金黄或褐黄色。菇丝炒至完全干燥后离锅冷却,立即密封包装,即成菇味浓郁的肉松制品。

4.质量要求

成品呈金黄或褐黄色,口感优良,无木质感,味道鲜美,犹如纯品肉松。

四、椒盐香菇干

1.原料及配方

香菇柄10kg,糖200g,食盐400g,葱段500g,花椒粉100g,柠檬酸20g,味精20g。

2.制作要点

①整料:选择无病害、无虫蛀、粗细均匀的鲜菇柄,除去污物杂质,剪去菇脚,漂洗干净后备用。若选用干香菇柄,需先浸水泡大后剪除菇脚,洗净备用。

②煮制:在铝锅中放入适量水,加入糖和食盐及香菇。用大火煮开后,改用小火熬煮10~20min,加入花椒粉、味精、柠檬酸、葱段,继续煮制,使菇根充分入味。当锅内料汁基本烧干时停止煮制。

③干燥:取出制好的香菇干,在烘筛上摊匀,放入烘箱70~80℃温度下通风烘干或晒干。干燥程度以掌握最佳吃味为准,不宜太干太湿。烘、晒期间翻动2次,防止粘筛。

五、多味金针菇干

(一)五香金针菇干

1. 原料及配方

鲜金针菇 5kg,五香粉 10g,酱油 500mL,水 5L。

2. 制作要点

①整料:选菌柄长 15cm,色泽淡黄,无病虫害未开伞的金针菇,切除菇脚,去除污物杂质,洗净沥水备用。

②煮制:铝锅内放入 5L 水,500mL 酱油,10g 五香粉,烧开后将金针菇分两批加入锅内,煮制 5min,使金针菇入味,熟而不烂,捞出,沥干水分。

③晒干:将沥水后的金针菇放在竹筛内,晒干或烘干,期间翻动几次,防止金针菇粘在烘筛上。

(二)油炸金针菇干

1. 原料及配方

鲜金针菇 5kg,糖 200g,食盐 200g,葱段 200g,花椒 50g,味精 10g,花生油、精面粉适量。

2. 制作要点

①整料:选用长 10~15cm、未开伞、无霉烂变质的鲜金针菇,切除菇脚,除去污物杂质,洗净备用。

②煮料:在铝锅内加入适量水及糖、食盐、葱段、花椒等调味料,煮制 3min,加入金针菇再煮 5~6min,加入少许味精,捞出,沥干汤汁待用。

③挂浆:把煮菇的汤汁用 6 层纱布过滤,取少部分与精面粉调成糊状,将煮制好的金针菇放在糊中均匀地挂上一层糊浆。

④油炸:在锅中加入适量花生油烧热(勿烧沸)后,加入已挂浆的金针菇,炸至金黄色、酥脆时捞出,切勿炸焦。沥去油放凉即可包装。

(三)香甜金针菇干

1. 原料及配方

鲜金针菇 2kg,白糖、香油适量。

2. 制作要点

选柄长 15cm、未开伞、淡黄色的鲜金针菇。切去菇脚,洗净,沥干,放入蒸笼内蒸约 10min。取出,摊放在竹筛或竹帘上,晾晒 1 ~ 2d,拌入适量糖和香油。再晾晒 2 ~ 3d,直至晾干,即为成品。

六、麻辣金针菇

1. 原料及配方

无水氯化钙、氯化钠、柠檬酸、抗坏血酸、新鲜金针菇适量,色拉油 5g,辣椒粉 0.5g,蔗糖粉 1.5g,花椒粉 0.5g,味精 1.0g,盐 3.0g。

2. 工艺流程

金针菇→整理→硬化→杀青→漂洗→脱水→干燥→拌料→封袋→杀菌→冷却装箱→成品

3. 制作要点

①整理:选择颜色一致无腐烂无病虫害的新鲜金针菇,剪去老菌根和颜色太深的菌柄,按大小粗细不同进行分级。清水漂洗,捞起控干水分。

②硬化:按 1:3 的菇液比将金针菇于浓度为 0.5% 的氯化钙与 1.0% 的氯化钠混合溶液中浸泡 30min,捞出控水。

③杀青:将 0.3% 的柠檬酸与 0.07% 的抗坏血酸混合溶液煮沸,按 1:2 的菇液比将固化金针菇于漂烫护色液中煮 3 ~ 5min。

④漂洗:杀青金针菇立即捞出于冷水中漂洗冷透并于流水中冲洗 10min。

⑤脱水:漂洗后的金针菇在 3000r/min 的转速下离心脱水 10min,初步除去表面附着的水分。

⑥干燥:在 50℃ 的热风循环干燥柜中将金针菇干燥至含水量 70% 左右。

⑦拌料:按 100g 干燥金针菇加入 3.0g 盐、1.0g 味精、1.5g 糖粉、0.5g 辣椒粉、0.5g 花椒粉和 5g 色拉油的比例进行拌料。

⑧封袋、杀菌:按 200g/袋进行装袋,真空封口,115℃ 下杀菌 10min。

七、香酥平菇条

1. 原料及配方

鲜平菇 900g,淀粉 75g,精盐 15g,胡椒粉 3g,白糖 6g,味精 1g,食用油适量。

2. 工艺流程

平菇→整理→清洗→热浸→脱水→成型→拌制→油炸→包装→成品

3. 制作要点

①前处理:将采摘的鲜平菇除根除杂,洗净。用开水浸煮 1min,捞出。

②脱水、成型:平菇含水较多且不易被除去,应在真空条件下将水尽量抽干。将平菇顺纹切割成 3～5mm 的条状。

③油炸:用混合粉(淀粉:精盐:白糖:胡椒粉:味精 = 75:15:6:3:1)拌制平菇条,比例为平菇:混合粉 = 90:10。放入 250℃的油锅中炸至黄酥,捞起。

八、平菇肉松

平菇的菇柄、菇托可加工成平菇肉松。产品呈疏松絮状,菇纤维细嫩,口感、色泽和外观可与肉松相媲美,价格只有肉松的一半。

1. 原料及配方

菇柄、菇托 100kg,一级酱油 5kg,白糖 3.5kg,花生油 3～3.5kg,生姜 500g,茴香适量,葱 5kg,精盐 500g,味精 200g,黄酒 4kg,五香料适量。

2. 工艺流程

菇柄、菇托→整理→浸泡→煨煮→搓碎→沥干→烘煮→打碎→翻炒→冷却→焙炒→包装→成品

配料

3.制作要点

①原料处理:选用不带杂质、无病虫害的干净菇柄、菇托,清水洗净,切碎机切成1cm长(菇柄与菇托连接处切成1cm长,5mm宽,3~5mm厚的块状),浸泡1~2d后,放入锅内煮沸,以文火煨1.5~2h,用木棒打碎。捞出,沥干,放入高速搅打机中打碎,放入铁锅中以文火烧煮,不断翻炒。炒至呈半干纤维状,取出,冷却后配料。

②配料及焙炒:按配方比例称量好各种原料,将花生油烧热,加入葱和生姜末炸片刻,加入酱油、白糖、精盐、茴香汁、五香料、黄酒,以文火煮30min后加入味精,将以上平菇松半成品和配料一起置于锅中焙炒,边炒边翻,拌匀,使纤维全部分离松散,颜色逐渐变为深黄棕色,测其含水量不超过16%时即可包装。

九、茯苓夹饼

茯苓夹饼是北京特产,原为清末宫廷食品,后来传入民间,成为深受人们欢迎的京华风味小吃。

1.原料及配方

淀粉10kg,精面粉2.5kg,茯苓粉2.5kg,山楂酱10kg,蜂蜜10kg,核桃仁10kg,桂花2.5kg,白糖25kg,芝麻仁5kg。

2.工艺流程

淀粉、面粉、茯苓粉→调糊→浇模→制皮→夹心→烘烤→成品

                                          ↑

                                   馅料

3.制作要点

①馅料制备:将核桃仁剁成米粒大小,与山楂酱、桂花、芝麻仁、白糖一起加到蜂蜜中,调成馅料备用。

②制皮:将淀粉与面粉加水在搅拌机中搅拌成糊状,然后加入茯苓粉,再次搅拌成均匀的糊状后,浇在特制的烤盘中,在表层涂一层油,然后倒入模具中,摊平后烘烤,直径5cm,厚度0.5cm。

③夹心:将馅料填在两张饼皮之间。

④烘烤:将加有馅料的饼皮第二次放入烤炉中烘烤,烤至表面光

滑后即可停火,冷却后包装即成成品。

4.质量要求

产品外表完整规则,表面乳白,陷棕红,食之外脆里嫩。

十、菌丝如意酥

菌丝如意酥是在酥皮糕点配方的基础上,添加食用菌丝制作而成的食品。它既保留了传统糕点制作工艺的精华,又突破了原料方面传统的范畴,使其在营养、风味、形态和保健等方面更加完美。

1.原料及配方

菌丝体 600g,面粉 6kg,猪油 3kg,水 2kg,白糖粉 3kg,鸡蛋 600g,小苏打 80g。

2.工艺流程

面粉、糖粉、猪油、小苏打、鸡蛋→制饼皮
菌丝体、猪油、面粉、糖粉→制酥馅 ⟩→ 包芯 → 划瓣 → 着色→烘烤→成品

3.制作要点

①制饼皮:按配方比例将 2/3 的面粉、4/5 的猪油及 1/3 的白糖粉一起加入和面机中,然后加入水、鸡蛋和小苏打,开动机器搅拌,面团调好后需放在面案上静置一会。制作饼皮时面团须反复搓揉,防止成品裂缝,然后擀成厚 0.5cm、直径 2cm 的饼皮备用。

②制酥馅:将菌丝体与剩余的面粉、猪油和白糖液(白糖粉加少许水化成糖液)一起混合均匀擦成酥料后备用。

③包芯:在饼皮内包入酥馅,将缝口捏紧,压成桃子状的扁形。

④划瓣、着色:在上面用刀划出三瓣,花瓣一头相连接,然后刷上鸡蛋液。

⑤烘烤:把制作好的坯料放进烤炉中烘烤,烘烤温度一般为 140 ~ 180℃,烤至表面呈金黄色时出炉,冷却后即为成品。

4.质量要求

产品表面呈金黄色,刀瓣整齐,酥芯细密,口味松酥,水分大于 12%,脂肪不少于 18%,糖不少于 20%,菌丝体含量 15%。

十一、雪花银耳

银耳有"菌中之冠"的美称。它既是名贵的营养滋补佳品,又是扶正强壮的补药。雪花银耳选用新鲜的银耳制成,味道鲜美,营养丰富。

1. 原料及配方

鲜银耳 100kg,白砂糖 40kg,琼脂 5kg,柠檬酸 0.2kg,氯化钙适量。

2. 工艺流程

银耳→硬化

↓

白砂糖、琼脂、柠檬酸、水→微化→糖液→真空渗糖→烘烤→上糖衣→成品

3. 制作要点

①选料:选用新鲜的银耳,除杂后备用。

②硬化:将处理好的银耳放于 0.5% 的氯化钙中进行硬化,时间约 30min,硬化后需用清水冲洗干净,然后沥干备用。

③糖液配制:先将白砂糖、柠檬酸按一定比例加热融化,然后兑入琼脂液,用胶体磨微化。根据加水量不同配成 45°Bé 和 75°Bé 两个浓度。

④真空渗糖:采用两阶段真空渗糖工艺,第一次糖液浓度为 45°Bé,抽空时间 15min,吸糖时间 20min,第二次糖液浓度为 75°Bé,抽空时间 20min,吸糖时间 20min,真空度均为 0.087kPa。

⑤烘烤:当银耳吸饱糖液,肉质透明后装盘进行烘烤,温度为 55~65℃,待银耳不粘手,有弹性时结束。

⑥上糖衣:使烘烤后的银耳在糖粉中滚过,吹掉浮糖冷却后即可包装。

4. 质量要求

产品形状完整,组织透明,表面糖霜均匀,有弹性,食之酸甜可口,有浓郁的鲜银耳香味。

十二、猴头蛋白糖

猴头菇是一种药食两用的真菌,性平,味甘,是菌类中的珍品,研究发现,猴头菌不但具有抗菌与抗病毒作用,而且还对抗癌、治疗神经衰弱、提高机体耐缺氧能力、增加心脏血液输出量、加速机体血液循环、降低血糖和血脂等有益处。采用真空渗糖工艺研制的猴头蛋白糖,是一种很好的休闲保健食品。

1. 原料及配方

白砂糖 50kg,奶油与奶粉 3kg,淀粉糖浆 46kg,猴头粉 4kg,蛋白干 2kg,香兰素 25kg。

2. 工艺流程

蛋白干→加水搅拌溶解

砂糖→淀粉糖浆→熬糖→过滤→熬糖→搅打起泡→气泡基→冲浆→混合搅拌→冷却成型→成品

猴头粉、奶粉、奶油、香精

3. 制作要点

①蛋白干溶化:将蛋白干浸泡于 2.5～3 倍的温水中,也可在打蛋机中边搅拌边溶化,初始速度要慢,以后逐步加速。需要注意的是在蛋白溶解起泡时,严禁混入酸类物质。

②制糖气泡基:将 3/4 的白砂糖和淀粉糖浆熬煮过滤后,在 125～130℃温度下熬煮,然后将其倒入打蛋锅中,快速搅打即可得到气泡基。制作气泡基时浓度不宜过高,否则难以得到良好的气泡基。

③熬糖、冲浆:将余下的白砂糖和淀粉糖浆溶化过滤,在熬糖锅温度升到 135～140℃时,缓慢倒入溶化后的蛋白和制糖气泡基的混合气泡基中,边倒入边搅拌,直到所需温度与黏度为止。该步骤最好在熬糖锅中进行,这样便于掌握原料的浓度,以便得到理想的效果。

④混合搅拌:将猴头粉、奶粉、奶油、香精加入搅拌好的气泡基中,充分搅拌使其均匀。

⑤冷却成型:当糖料全部搅拌均匀后,停止加热,将糖膏倒在冷却台上降温。因蛋白糖为多孔结构,导热系数小,降温时间长,可以在冷却台上翻动,但注意不要揉滚。当温度合适后即可压片、切块,最后包装即为成品。

4.质量要求

产品形状整齐,表面有稍微凸起的气泡基,两边刀口无连口;糖体黄白色,有光泽;组织松脆,为多孔结构;入口酥脆,不粘牙,香甜适口,有浓郁的食用菌香味。

十三、食用菌蜜饯

(一)小白平菇蜜饯

1.原料及配方

鲜品小白平菇80kg,白砂糖45kg,柠檬酸0.15kg,石灰适量。

2.制作要点

①选料:选八九分熟,色泽正常,菇形完整,无机械损伤,朵型基本一致,无病虫害,无异味的合格原料为坯料。

②制坯:用不锈钢小刀将小白平菇脚逐朵修削平整,菇脚长不超过1.5cm。

③灰漂:将鲜坯料放入100:5的石灰水中,每50kg生坯需用70kg石灰水。灰漂时间一般为12h,将竹耙压入灰水中,以防上浮,使坯料浸灰均匀。

④水漂:将坯料放入清水缸中,冲洗数遍,冲净灰渍与灰汁,再清漂48h,其间换水6次,将灰汁漂净为止。

⑤烫坯:锅中装水,加热煮开后,将坯料置于开水锅中,待水再次升到沸点坯翻转后,即捞出回漂。

⑥回漂:烫煮后的坯料放在清水池中回漂6h,其间换水1次,然后糖渍。

⑦熬制糖浆:以水锅加水35kg计,烧沸后,将45kg白糖缓缓加入,边加边搅拌,再加入0.15kg柠檬酸,直至加完拌匀,烧开两次即可停火。煮沸后,可用蛋清或豆浆水去杂提纯,用4层纱布过滤,即得浓

度为35°Bé,入锅熬至104℃,再次掺入盛坯的大缸中,回渍24h。糖浆量宜多,以坯料在缸内能活动为宜。

⑧收锅:收锅也叫煮蜜,将糖浆与坯料一并入锅,用中火将糖液煮至温度为109℃(40°Bé)时,舀入大缸静置腌制48h。由于是半成品,腌渍时间可长达1年,若急需食用,至少须腌制24h起缸。若起缸的蜜饯一时用不完,仍可回缸腌渍保存。

⑨起货:起货也称再蜜,将新鲜糖浆(35°Bé)熬煮到温度114℃(55°Bé)时,再将坯料入锅煮制,待蜜坯吃透糖液,略有透明感,糖浆温度至114℃左右时起入大盆(上糖衣的设备),待坯料冷至50~60℃时,均匀地拌入白砂糖粉,即为成品。

3. 质量要求

规格:体形完整,菇形均匀一致。

色泽:乳白色。

组织:滋润化渣,饱含糖浆。

口味:清香纯甜,有平菇风味。

(二)草菇蜜饯

1. 原料及配方

鲜品草菇80kg,白砂糖45kg,柠檬酸150g。

2. 制作要点

①选料及处理:选体形饱满,不开伞,无机械损伤的草菇,采收后立即放入0.03%的焦亚硫酸钠溶液中处理6~8h,然后用清水漂洗干净。

②烫漂及硬化:将处理后的草菇投入沸水中烫漂2~3min,烫漂后立即捞起,放入冷水中冷却。冷却后捞出,放入0.5%~1%的氯化钙溶液中浸渍10~12h。硬化后用清水漂洗3~4次,以除去残液。然后捞出沥干水分,投入85℃的热水中保持5min,再移入清水中漂洗3~4次。

③冷浸糖液:将漂洗干净的草菇放入40%的糖液中冷浸12h。

④浓缩:冷却后再加白糖,使糖液浓度达60%,然后将草菇和糖液倒入不锈钢锅或铝锅中,大火煮沸,然后用文火,煮到糖液温度达

108～110℃,糖液浓度在75%左右即可起锅(用糖度计测定)。

⑤烘烤及上糖衣:烘房温度不能超过60℃。烘制4h左右,同时经常翻动至草菇表面不粘手为止。随即用白糖粉上糖衣(将白砂糖置于60～70℃的温度下烘干磨碎成粉),用量为草菇的10%,搅匀后筛去多余的糖粉,然后按预定规格包装。

(三)猴头菇蜜饯

1. 原料与配方

鲜品猴头菇80kg,白砂糖45kg,柠檬酸150g。

2. 制作要点

①选料和处理:选形态正常,色泽洁白或微黄,无霉变,无斑疤伤的鲜猴头菇为原料。菌丝不超过0.8cm,直径不大于5cm为最佳。秋收后,切去根蒂,清除黏附在菌刺上的碎屑和杂质,立即浸入2%的食盐水中,要尽快加工。

②热烫:在锅中放入清水,再加入适量柠檬酸,将猴头菇放入沸煮5～6min,捞起,迅速用冷水冲凉。对个体较大的要进行适当切分,使菇体均匀,并剔除碎片和破损较重的菇体。

③药液浸制:配制含焦亚硫酸钠0.2%的溶液,并加入适量的氯化钙,待溶化后放入菇体,浸制6～8h,捞起用清水漂洗干净。

④腌制:按菇体轻重,加入40%的白糖进行腌制。24h后,滤取糖液,加热至沸,并调整糖液浓度达50%,趁热倒入缸内,糖液淹没菇体,继续腌渍24h。

⑤加热浓缩:菇体连同糖液倒入锅中,加热煮沸,并逐步加入糖及适量转化糖液,将菇体煮至有透明感,糖液浓度达60%时,将糖液同菇体倒入浸渍缸内,经浸泡后捞起沥干糖液。

⑥烘烤:沥净糖液的菇体放入盘中,摊平,送入烘房,在60～65℃的温度下烘烤8～10h。菇体水分含量降至24%～26%时,取出烤盘,经回潮16～24h后进行整形,用手工将菇体压成扁圆形菇片,再送入烘房中进行第二次烘烤。温度控制在55～60℃,烘6～8h,含水量降至17%～19%,用手摸不粘手时即可出烘房,经回潮处理即可包装。

(四)香菇蜜饯

1. 原料及配方

香菇10kg,蜂蜜1kg,白糖4kg。

2. 制作要点

①选料:选用新鲜的香菇伞作为原料,去掉香菇柄(菇柄可另行加工)。

②护色:将香菇放入0.05%的亚硫酸钠漂洗液中漂洗,以抑制菇体氧化酶的活性,保护菇体色泽。

③漂烫:将香菇从护色液中取出沥去水分,再投入90～100℃的热水中烫漂5min左右,除去异味,沥干水分后备用。

④整形:由于挤压使香菇的形状受到破坏,为提高白糖的渗入量和产品形状的美观度须对其进行整形,使其尽可能地恢复到原来的形状。

⑤真空渗糖:将白糖与蜂蜜加热后,兑入15%的琼脂溶液,并在胶体磨中进行微化处理。采用真空分段式浸渍工艺,糖液的浓度变化为30°Bé、50°Bé、70°Bé,依次递增,经过抽真空、充气、再抽真空、充气,循环操作使糖液迅速渗入香菇中。真空度控制在87kPa,第1次抽真空时间为20min,充气时间为30min;第2次抽真空时间为15min,充气时间为20min;第3次抽真空时间为15min,充气时间为20min。

⑥烘干、包装:将渗糖完毕的香菇沥去表面糖液后,进行干燥。干燥分两个阶段进行,第1阶段温度控制在40～50℃,相对湿度约为60%;第2阶段升温至60℃左右,烘至含水量22%～25%为止。干燥好的香菇在室温下冷却,然后包装即为成品。

3. 质量要求

产品形态完整美观,色泽乳黄亮丽,食之酸甜适口,有香菇特有的香味,含糖量为45%,含水量为22%～25%。

十四、灵芝美容豆

灵芝自古有"仙草"之美说,具有多种营养保健功能,灵芝美容豆采用特殊的加工工艺,很好地保留了灵芝的功效,是一种美容小食品。

1. 原料及配方

灵芝 100kg,明胶 5kg,白糖 40kg,虫胶 2kg,酒精适量。

2. 工艺流程

灵芝→选料→清洗→磨浆→调配→浓缩→选粒→抛光→成品

3. 制作要点

①选料:选取新鲜灵芝。

②清洗:先将灵芝放入温水中洗净,然后放入食用酒精中浸泡 5min 后捞出沥干备用。

③磨浆:将沥干酒精的灵芝,加适量糖液在磨浆机中磨浆后过筛。

④调配:向过筛后的灵芝浆中加入各种配料(配料已混匀并加热融化),搅拌均匀。

⑤浓缩:将调配好的浆料慢慢地低温浓缩至含水量为 35% 为宜。

⑥选粒:浓缩好的浆料放在冷却台上,温度降到 40℃ 即可切粒。

⑦抛光:将切粒后的灵芝丸放入抛光锅中,开动抛光机,慢慢加入糖液,调整转速,使灵芝表面趋于平滑,当灵芝豆抛至表面光滑发亮时即可出锅,冷却至室温即可包装。

4. 质量要求

产品表面光滑,颜色粉红,有浓郁的灵芝味。

十五、牛肝菌牛皮糖

牛肝菌含有人体必需的 8 种氨基酸和多种功能性成分,具有清热解烦、养血和中、追风散寒、舒筋活血、补虚提神等功效,另外,还有抗流感病毒、防治感冒的作用。经常食用牛肝菌可明显增强机体免疫力、改善机体微循环。

1. 原料及配方

牛肝菌粉 10kg,白砂糖 8kg,玉米淀粉 2kg,饴糖 5kg,熟芝麻 4kg,蜜桂花 1kg,香油 2kg。

2. 工艺流程

牛肝菌粉、白砂糖、玉米淀粉、饴糖、香油、蜜桂花→熬制→成型→切片→包装→成品

3. 制作要点

①熬制:将白砂糖加入熬汤锅内,加适量水加热溶解,边搅拌边慢慢加进牛肝菌粉,当温度达沸点后,再将淀粉水滤入锅中,熬成糊状时加入饴糖混合再熬,大约熬制 1h 后加入香油,继续熬制,糖浆挂浆时加入蜜桂花拌匀。

②成型:糖料熬制好后在冷却台上铺一层芝麻,然后将糖膏倒在芝麻上,再在糖膏上撒一层芝麻,待温度降到一定火候并有韧性时,在压片机上切成片,冷却至室温即可包装。

4. 质量要求

产品外形整齐,食之酥脆,表层芝麻分布均匀。

十六、黑木耳饴

黑木耳是一种营养丰富的食用菌,经常食用能养血驻颜。黑木耳饴保留了传统饴糖的优良口感,同时具有营养保健功能。

1. 原料及配方

白砂糖 50kg,水 15kg,甘薯淀粉 10kg,黑木耳粉 3kg,乳酸 150g,香精适量。

2. 工艺流程

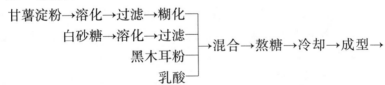

甘薯淀粉→溶化→过滤→糊化 ┐
　　白砂糖→溶化→过滤 ├→混合→熬糖→冷却→成型→
　　　黑木耳粉
　　　　乳酸 ┘

冷却→切糖→包装→成品

3. 制作要点

①淀粉 α 化:将甘薯淀粉和等量的白砂糖,加水 20%,搅拌溶化,加热后过滤,再把配方中 60% 的水煮沸,徐徐冲入淀粉和白砂糖溶化的糖浆中,不断搅拌,使其成为黏稠的淀粉糊。淀粉 α 化时温度不可过高,加热到 60℃即可,否则黏度过大,难以与其他原料搅拌均匀。

②混合:将其余砂糖溶化过滤的糖浆和黑木耳粉、乳酸一同加入已 α 化的淀粉糊中搅拌使其均匀。

③熬糖:将混合后的浆体倒入熬糖锅中,充分搅拌(用小火进行熬糖),当糖液温度为 120~125℃时,熬糖结束。在出锅前加入适量的香精,并充分搅拌,然后倒入冷盘中(盘中撒一层淀粉以免粘连),待冷却到 50℃时成型备用。

④成型、切糖:将冷却后的糖膏摊在冷却台上,压成膏片,然后切成长方形的块状,并用糖粉隔开,防止互相粘连。

⑤包装:将切好的糖块放入筛中,边振动筛边撒糖粉,待其老化胶凝后进行包装。

4.质量要求

产品外形规则,表面粘有糖粉,有弹性,食之柔韧,酸甜可口,具有黑木耳独特的风味。

十七、三合一银耳膏

银耳,有"菌中之冠"的美称,它既是名贵的营养滋补佳品,又是扶正强壮的补药,其性平无毒,既有补脾开胃的功效,又能益气清肠、滋阴润肺。红枣,自古以来就被列为"五果"之一,其味甘性温,归脾胃经,有补中益气、养血安神、缓和药性的功能。桂圆,性温味甘,益心脾,补气血,具有良好的滋养补益作用,可用于心脾虚损、气血不足所致的失眠、健忘等症。三合一银耳膏采用现代化的萃取浓缩工艺将三者有机地结合起来,极大地保留了各自原有的成分,并且营养更趋全面。

1.原料及配方

银耳 10kg,白砂糖 10kg,红枣 10kg,明胶 1kg,桂圆 4kg,葡萄糖浆 1kg,柠檬酸适量。

2.工艺流程

银耳、红枣、桂圆→选料→处理→糖渍→熬糖→混合→浓缩→成型→冷却→切块→包装→成品

3.制作要点

①选料:银耳选择色泽均匀、无霉变的干品或鲜品,桂圆选用无虫蛀、无霉变的干爽原料,红枣选用颜色深红的鲜枣。

②处理:将银耳用清水洗净,再用温水浸泡膨胀后,切成长、宽、高均为 5mm 的方丁;红枣去核后,切成同样方丁;桂圆去壳去核后,将果肉也剪成同样方丁。

③糖渍:将配方中 2/3 的白砂糖加适量的水和柠檬酸加热溶化成 50°Bé 的糖液,然后加入切好的银耳、红枣和桂圆,在 60℃ 的条件下,浸泡 12h,待原料吸饱糖液,质地透明时捞出。糖渍原料时,糖液温度不可过高,可用冷热交替法进行,这样可以加速糖液渗入。

④熬糖:在糖渍后的剩余糖液中,加入配方中其余的白砂糖及葡萄糖浆加温熬糖,并不断搅拌,当温度达到 120~135℃ 能挂糖浆时停止熬制。

⑤混合、浓缩:将明胶与 4 倍量的水加热溶化成明胶液,然后与浸渍后的银耳、红枣和桂圆丁加入熬糖锅中充分搅拌使其均匀,加热慢慢浓缩,当浓缩到糖浆有一定弹性时可出锅。浓缩时要充分搅拌混合(温度不要高于 80℃,因为长时间高温会影响明胶的胶凝力)。

⑥成型:在冷却台上刷一层花生油,放上木框,然后将浓缩好的糖膏倒入,刮平,在上面也刷上花生油,压实,冷却后备用。

⑦切块:当糖膏冷却胶凝后切成(长×宽)10mm×20mm 的长方形块膏,包装后即为成品。

4. 质量要求

产品块形完整、规则,为棕色半透明凝膏,银耳、红枣、桂圆粒分布均匀,表面光洁,软硬适中,有弹性,有天然原料特有的香味。

十八、菌丝米雪饼

菌丝米雪饼是用米粒作为培养基,在无菌条件下接入不同的食用菌品种,培养菌丝生长,然后制成的一种雪饼食品。这种食用菌米粉制作的食品,保留了传统米粉低糖低脂的口味,而且具有传统米面所不具备的营养保健功能,是一种新型保健小食品。

1. 原料及配方

菌米粉 200kg,疏松剂 2kg,淀粉 30kg,白糖 5kg,水 100kg。

2.工艺流程

大米→预处理→接种→培养→制粉→调浆→浇料→烘烤→冷却→包装→成品

3.制作要点

①预处理:将大米粉碎成粗粒,在洁净的容器里,加入用离子交换器处理过的水,充分搅拌使其湿而不黏,手捏成团掉下呈散状,然后将其放在蒸笼中蒸熟,在室温下冷却后,倒入洁净的容器中拌松,最后装入菌瓶或袋中,用高压灭菌法灭菌。

②接种、培养、制粉:将装料的菌瓶在无菌接种室内接种,接种后,放在室温下培养,时间大约为1个月。当米粒全部长满食用菌丝后,再培养10d左右,使得菌体长到最佳密度时取出菌瓶,将米粒和菌丝取出(所用工具要求干净以免污染),在50℃的条件下通风烘干,烘干后将其磨成粉,过60目筛后备用。

③调浆:按配方将菌米粉、淀粉、水在和面机中搅拌成均匀的浆料,然后添入白糖、疏松剂,再次充分搅拌直至均匀。

④浇料:在烤盘上将浆料按规格大小浇上,将烤盘轻轻晃动,使物料分布均匀。

⑤烘烤:在专用雪饼机上烤制,温度与时间可根据雪饼机性能和浆料的调制情况灵活掌握。当饼体充分成熟时(饼体膨胀,含水量达25%),出炉冷却,密封包装即可。

4.质量要求

产品外形完整,厚薄均匀,表面有均匀的泡点,无裂缝,断面结构孔洞显著,色泽乳黄,口感酥脆,无油腻感,有浓郁的米菌清香。

十九、膨化双孢菇

膨化双孢菇是一种用双孢菇作为原料,采用真空低温油炸技术精制而成的绿色、安全的保健食品,它不但保持了双孢菇原有的色、香、味,而且具有口感松脆、保存期长、携带方便等特点,是老少皆宜的一种营养食品。

1. 原料及配方

双孢菇 40kg,棕榈油 400kg,可循环使用,调味料适量。

2. 工艺流程

双孢菇→选料→清洗→煮味→浸味→油炸→脱油→包装→成品

调味料→煎煮→过滤

3. 制作要点

①选料:选用新鲜双孢菇,剔除霉烂与干枯部分。将菇伞与菇柄除去,单独加工,然后用清水洗净备用。

②煮味:在开水锅中加入葱段、大蒜片、花椒、甘草、食盐、白糖、味精进行煮制,当调味料浸出一定香味后,滤去料渣,将双孢菇加入调味液中浸渍 4~5h。

③油炸:浸渍后的双孢菇沥去水分,再晾晒脱去一定水分后,即可进行真空油炸,真空度为 85kPa,油温为 80~90℃,炸至油层不再冒气泡,真空度不再下降时为止。在此要注意的是双孢菇的含水量不可过大,初期真空度可稍低,待水分蒸发掉一部分后,再上升到所需真空度。若含水量过大,则容易使油飞溅。

④脱油:将炸好的双孢菇在稍大于油炸真空度的状态下,进行离心脱油,脱油时间为 5~8min。脱油时,不可破除真空度,否则含油量过大,会影响成品口感和保质期。

⑤包装:脱油后的产品即可破除真空,将其冷却后进行充氮包装。

4. 质量要求

成品基本保持了天然双孢菇的形状与色泽,食之膨松,无油腻感。

二十、猴头菌丝核桃酪

猴头菌丝核桃酪是由优质的食用菌类,配以核桃、小枣、糯米等原料,采用传统果酪加工工艺制作而成的一种食品。该产品滋润爽滑、细腻甘甜、清香浓稠、富含菌丝多糖,是一种对人体大有裨益的珍贵果酪。

1. 原料及配方

猴头菌丝粉 5kg,绵白糖 40kg,核桃仁 25kg,明胶 3kg,糯米 20kg,小枣 5kg,水适量。

2. 工艺流程

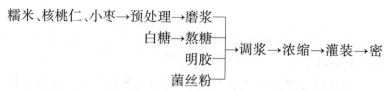

封→冷却→成品

3. 制作要点

①原料预处理:按配方将糯米用清水淘净,再用温水浸泡 1~2h,核桃仁用沸水浸后去皮清洗,然后与糯米泡在一起,小枣放入开水锅中煮至膨胀时捞出,剥去外衣并去核后,也与糯米泡在一起。

②磨浆:将制作好的原料连同浸泡水,在磨浆机中磨浆,滤去料渣后备用,但要注意浆体浓度不可太低。

③熬糖:在锅中加入清水、白糖,用猛火烧开后改用温火,待糖浆稍能挂浆时便可停止。

④调浆、浓缩:在熬好的糖浆中,冲入磨好的米浆,边搅拌边浓缩,过一段时间后再冲入明胶溶液和菌丝粉,继续浓缩搅拌,当浓缩到浆体在冷水中有弹性时离火。制备明胶溶液时,注意要先用 4 倍量的水在水浴锅中溶化,不能直接用明火烧溶。

⑤灌装:将熬好的浆体趁热灌入透明的圆形塑料杯中,立即封口,在淋水中冷却到 35℃ 左右时包装为成品。

4. 质量要求

成品为凝胶状半透明体,色泽乳白,组织细腻,有弹性,入口柔滑嫩软,浓而不黏,清凉适口。

二十一、食用菌多糖片

食用菌多糖片是从食用菌子实体中提取多糖,再经特定工艺精制而成的一种休闲食品。它能提高肌体免疫性,增强淋巴细胞的活力,其中所含的 NK 细胞是天然存在的非特异性免疫杀伤细胞,对转移性癌细胞具有直接的毒杀作用,对病毒具有抑制作用。

1. 原料及配方

灵芝子实体 40kg,蛋白质干 40kg,酒精 50L。

2. 工艺流程

灵芝→选料→粉碎→萃取→过滤→浓缩→沉淀→分离→干燥→粉碎→压片→包装→成品

3. 制作要点

①选料、萃取:选择新鲜的灵芝,用刀切成薄片,再用粉碎机粉碎成粉粒,将其放在不锈钢锅内,加入树脂处理水,煮沸浸提 2h,将子实体中多糖成分溶于水中,然后过滤;在残渣中再加水煮提 1 次,过滤后取两次滤液合并一起备用。

②真空浓缩:将两次滤液倒入离心机中分离,取其滤液,注入不锈钢真空浓缩罐中,在真空度为 82kPa、温度为 50℃的条件下浓缩,当水提液浓缩至原液的 1/3 时,停止浓缩。

③沉淀:将浓缩液注入不锈钢罐中,加入浓缩液 3 倍量的酒精,酒精浓度为 75%~80%(酒精要边加入边搅拌),然后静置 12h,使多糖在酒精液中沉淀。然后吸取上层清液,用离心法将沉淀物分离出来。

④干燥:将分离出的沉淀物放在不锈钢盘中,摊成薄层,在真空干燥箱中干燥。

⑤粉碎:将干燥后的多糖在粉碎机中粉碎,再过 60 目筛,即成食用菌子实体多糖粉,备用。

⑥压片:将蛋白质干加 2.5~3.0 倍量的水,在不锈钢锅中加热至 40℃左右,搅拌溶化,然后浓缩到固形物含量达 70% 时,加入灵芝子实体多糖粉,继续搅拌,然后倒在冷却台上,冷却后压成薄片,再切成(长×宽)0.5cm×0.5cm 的方形片状,在真空干燥器中脱水干燥,当含水量达 35% 时即为成品。

4. 质量要求

产品外观完整,呈棕黄色,组织细腻,食之柔韧。蛋白含量不低于 35%,多糖含量不高于 15%,水分含量不高于 35%。

二十二、八珍菌脆片

八珍菌脆片是由食用菌粉、中药材粉和面粉等原料,按照不同营养保健功能合理互补的原理,经科学配方和工艺制作而成的。它是一种低脂低糖清淡型小食品,长期食用具有健脾安神的作用,对儿童的生长发育有着良好的作用。

1. 原料及配方

面粉 100kg,山楂粉 2kg,香菇粉 10kg,砂仁 100g,平菇粉 10kg,白糖 5kg,香油 2kg,山药粉 4kg,酵母 1kg,小苏打 100g,党参粉 100g,碱适量。

2. 工艺流程

面粉→发酵→调面团→蒸制→切片→烘烤→成品

↑

食用菌粉、白糖粉、中药粉等

3. 制作要点

①面粉发酵:酵母用温水调制均匀,加入少量的糖,在室温下静置 15 ~ 30min 活化,加入适量的水,倒入调面机中搅拌片刻。将酵母液立即加入面粉,继续搅拌均匀,在 20℃下发酵 4 ~ 6h。

②调面团:先在发酵好的面团中加入碱溶液搅拌中和,然后继续加入食用菌粉、白糖粉和中药粉等辅料,搅拌调制成具有一定可塑性、不粘手的面团。

③蒸制:将调好的面团搓成直径为 2cm,长为 10cm 的长圆柱形,放入蒸笼里蒸熟。

④切片:将蒸熟的坯料,稍凉后切成 0.5cm 厚的薄片,切片要均匀,并防止碎裂。

⑤烘烤:将切好的片单层放入烤盘中进行烤制,烘烤温度为 120 ~ 140℃,烤至脆片色泽焦黄有香味时停止,冷却后即为成品。

4. 质量要求

产品组织疏松,表面呈多孔结构,颜色焦黄,食之酥脆,香甜味美。

第二节　花类

我国花卉种类繁多,其中包含很多种食用花卉,食用花卉不仅色彩绚丽妖艳,体姿妩媚俊俏,气味清香芬芳,气质高洁典雅,而且有很高的营养价值和药用价值,是大自然赐予人类的珍品。随着科技的不断进步,人们对花卉的认识越来越全面。食用花卉的营养价值被更多的人所认可,食用范围和品种越来越广泛。作为植物生理代谢最旺盛的器官,许多食用花卉除含有多种人体所需的营养成分外,还含有酶、激素以及芳香物质和黄酮、类胡萝卜素等多种生物活性物质。由花卉加工而成的休闲食品,不仅美味可口、风味独特,往往还具有保健功能。

一、油炸南瓜花

南瓜花具有清利湿热、消肿散淤等特性,对幼儿贫血、黄疸、痢疾、咳嗽、慢性便秘、大肠疾患、高血压、头痛、卒中等病症有一定的辅助疗效,还能调整神经状态,改善睡眠。

1. 原料及配方

新鲜或干制南瓜花 40kg,面粉或米粉、调味料适量,棕榈油 400kg。

2. 工艺流程

南瓜花→清洗→粉蒸→油炸→调味→成品

3. 制作要点

①清洗:在对南瓜花进行清洗时一定要注意,在去除花蕊、花萼,洗净花冠内、外面的整个过程中,一定要小心仔细,不得弄破花冠,不得损伤花面,更不得破坏整个花形。

②粉蒸:将清洗备用的南瓜花在加入了适量精盐、清水的面粉或米粉糊糊中轻轻滚动,使全花内外均受粉裹浆,不能有一处遗漏。然后,将受粉裹浆备用的南瓜花置于器皿中,上蒸笼蒸至上汽、定型时取出,晒干,备用。

③油炸:将蒸好、定型、晒干的南瓜花一朵一朵地放入热油锅中煎炸,至杏黄色、清香气、脆嫩感出现时快速起锅。注意不得炸焦,不得太嫩。

④调味:将调味料撒在炸好的南瓜花上,真空包装。

4. 质量要求

产品外形完整,花香扑鼻,松脆可口,甜咸辣香。

二、花粉四合晶

花粉是一种营养丰富的天然物质。一般干燥花粉内含优质蛋白质、碳水化合物、矿物质和多种维生素。牛奶营养价值高,易消化吸收,是"最接近完美的食品"。黑瓜子仁含蛋白质、脂肪、维生素、淀粉等营养成分,是制作各种糕点、月饼、油茶面等食品常用的上等辅料。核桃性温、味甘、无毒,有健胃、补血、润肺、养神等功效,是食疗佳果。将四者结合起来加工,制成风味独特的保健休闲小食品。

1. 原料及配方

花粉5kg,黑瓜子仁1.5kg,核桃仁4kg,麦芽糊精4kg,奶粉2kg。

2. 工艺流程

细花粉、奶粉、麦芽糊精

↓

核桃、瓜子仁→磨浆→浓缩→拌料→造型→脱水→包装→成品

3. 制作要点

①选料:选用优质花粉,剔除杂质,然后粉碎成细花粉。核桃去核,黑瓜子仁去皮,两者混合后加适量水,放入磨浆机中磨成浆状,然后在真空浓缩锅中浓缩,要求真空度为86.66kPa,温度为60℃,浓缩到含水量为50%即可。

②拌料:在上述浆中加入细花粉、奶粉、麦芽糊精,充分搅拌使其均匀(若物料过干,可以加入适量水,但含水量不可过多)。

③造型:将拌好的料在造型机中根据需要压成各种形状。

④脱水:成型后的产品放入真空箱中脱水干燥至原料干燥酥脆即可。

⑤包装:充气包装。

4.质量要求

产品形状完整,色泽乳黄,食之酥脆,有原料的天然香味。

三、虞美人花粉口香糖

虞美人花粉有通心利血,降热祛火,养心名目,安神益气,补中健体之功效。对支气管炎、胃炎、胃溃疡和前列腺炎有辅助功效。虞美人花粉口香糖不仅能清洁口腔,使齿颊留香,还具有营养保健功能。

1.原料及配方

合成胶基20kg,花粉精2kg,淀粉糖浆18kg,白糖30kg,阿胶1kg,薄荷糖750g。

2.工艺流程

花粉→酶解→提取→浓缩→花粉精 ┐
　　合成胶基、淀粉糖浆、糖粉、阿胶粉 ┘ →调和→成型→切片→包装→成品

3.制作要点

①制备花粉精:选用由蜜蜂采集的虞美人花粉。用少量无菌水浸泡,搅拌使花粉球散开,在30~38℃下酶解处理48h,然后浸入白酒中,并立即加入热水,快速搅拌,24h后取出上清液,得到花粉精备用。

②制备辅料:淀粉糖浆置于热水夹层锅中融化,白砂糖粉碎成糖粉,阿胶打碎后加入花粉精中加热融化后备用。

③调和:先将合成胶基用切胶机切成小块,放进调和机中,用夹层蒸汽加热,压力为98~147kPa。胶基软化后将定量的淀粉糖浆投入调和机内,开机搅拌,同时加入阿胶花粉精,白糖分三步加入,最后加入薄荷油,停止加热,将物料充分搅拌均匀。

④成型:将调好的均匀的混合料,倾倒在盘子上,冷却后用挤压机制成糖坯,注意在挤压时,糖坯上可撒些玉米淀粉与糖粉的混合物,防止压片时粘连。

⑤切片、包装:将制备好的糖坯,在压片机中压片,一般把口香糖的面积定为7cm×2cm。然后包装即可(包装温度在室温时为宜,相对湿度60%左右为宜)。

4. 质量要求

口香糖不粘牙、不糊口、不松散,口嚼时甜味持久,有芬芳的香气,柔软滑润,爽口怡神,含水量在4%左右。

四、蜂花粉蜜红豆饼干

将蜂花粉粉碎后调入饼干原料中,制成饼干,大大提高了饼干的档次,风味独特,营养全面,是饼干中的佳品。

1. 原料及配方

红豆10kg,花粉500g,白糖3kg,起司饼干、白芝麻适量,寒天粉300g。

2. 工艺流程

```
                    蜂花粉、寒天粉
                         ↓
白糖、红豆→蒸制→煎煮→红豆酱
         起司饼干、白芝麻    ┃→烘焙→成品
```

3. 制作要点

①制红豆酱:红豆放在锅中蒸熟,加适量白糖,小火煎煮搅拌成半泥状,倒入寒天粉,搅拌,加入磨成细粉的蜂花粉,充分搅拌。

②烘焙:将所得红豆酱冷却,抹在饼干上,撒上白芝麻烘焙即得蜂花粉蜜红豆饼干。

五、蜂花粉巧克力

花粉含有多种营养物质,其中包括22种氨基酸、14种维生素和30多种微量元素,还有大量的活性蛋白酶、核酸、黄酮类化合物及其他活性物质,对人体的生理功能有重要的营养调节作用。巧克力是一种备受大众喜欢的休闲食品,其独特的口感,诱人的香味,一直为消费者所青睐。

1. 原料及配方

可可液块12kg,可可脂28kg,卵磷脂2kg,奶粉10kg,蜂花粉10kg,白砂糖42kg。

2. 工艺流程

可可液块、可可脂→加热融化┐
　　　　　　　　　　　　　├→混合→精磨┐
白砂糖、花粉→粉碎┬─────┘　　　　├→精炼→保温→
　　　　　　　　　卵磷脂┘
　　　奶粉┘

调温→浇模→硬化→脱模→挑选→成品

3. 制作要点

①预处理：可可液块、可可脂在水温 60℃ 的夹层锅中加热融化，白砂糖、花粉磨成粉状。

②混合、精磨：按配方量将白砂糖、花粉、奶粉一块加入融化后的可可酱料中，然后精磨至细度为 20μm。

③精炼：精磨后的酱料，加入卵磷脂在精炼机中精炼，精炼时间为 24h 左右，温度为 55℃。

④调温：用花粉缸将温度调至 29～30℃。

⑤浇模、硬化、脱模、挑选：将调温后的花粉巧克力酱料按喜好浇入模具中，振动硬化，凝固成型后从模具中取出，挑出次品后包装即可。

4. 质量要求

成品外观色泽光亮柔和，组织坚实，口感细腻润滑，具有巧克力特有的风味。

六、芝麻桂花凉糕

桂花味辛甘苦，性温，无毒。中医认为桂花具有化痰、散淤、治口臭及治疗视觉不明的功效，且对食欲不振、痰饮咳喘、肠风血痢、经闭腹痛也具有一定疗效。

1. 原料及配方

糯米 500g，白糖 150g，芝麻 100g，糖桂花 15g，花生油 50g。

2.工艺流程

花生油、糖桂花、白糖

↓

糯米→浸泡→蒸制→捣拌→成型→冷却→成品

↑

熟芝麻粉

3.制作要点

①将糯米淘洗干净,在水中浸泡4h捞出,放在铺好笼布的笼上蒸1h,成为软硬合适的糯米饭。

②将下笼的米饭倒入盆中加入花生油、糖桂花、白糖,用粗擀杖反复地捣、搅、翻,使其产生黏性,互相能粘连在一起。

③将芝麻去掉泥沙,淘洗干净,放入锅中用小火焙干、焙熟取出,用碗碾成细末。

④将熟芝麻粉的一半均匀地铺在案板上,糯米饭平铺在芝麻粉上压平整,再在糯米饭上均匀地撒上一层芝麻粉,用擀杖擀一下,以免芝麻脱落。放在白瓷盘中,厚度约2cm为宜。入冰箱冰凉后,取出切成长方形或菱形块即成。

4.产品特点

产品具有香、软、甜、黏、糯和凉等特色,为夏季的冷点新品种。

七、特制韭菜花

韭菜花味甘、辛,性温,无毒。含有挥发油及硫化物、蛋白质、脂肪、糖类、B族维生素、维生素C等。具有健胃、提神、止汗固涩、补肾助阳、固精等功效。全国各地均有种植。该休闲食品选料讲究,制作精细,贮藏2年仍可以色味不变,鲜美如初,是咸菜中的珍品。

1.原料及配方

韭菜花20kg,白酒7kg,胡萝卜丝100kg,红糖5kg,辣椒19kg,精盐8kg。

2.工艺流程

韭菜花、胡萝卜丝、辣椒→预制→配制→腌制→包装→成品

3. 制作要点

①选料:选用色泽新绿鲜嫩的韭菜花。胡萝卜以组织细腻、色泽金黄的小品种为佳。辣椒要选择皮薄肉厚的红辣椒。白酒要50度以上由粮食酿造而成的。

②预制:将韭菜花去梗,加盐腌制,胡萝卜洗净切成细丝后晒干。红辣椒洗净后加盐去水。

③配料、腌制:向制备好的原料中,加入白酒、红糖和盐,搅拌均匀,放入罐中,密封腌制半年。

④包装:将腌好的配料小袋分装,分装时注意不得污染制品。

4. 质量要求

成品丝细油润,红绿黄相间,鲜香浓郁,美味可口,营养丰富。含水量50%、氨基酸0.22%、盐分9.8%、糖分16.3%、总酸0.85%、胡萝卜素0.095%。

八、玫瑰花糕

玫瑰花富含蛋白质、脂肪、淀粉、维生素和丰富的常量元素和微量元素,是集药用、食用、美化、绿化于一体的木本植物,具有排毒养颜,行气活血,开窍化淤,疏肝醒脾,促进胆汁分泌,帮助消化,调节机理之功效。

1. 原料及配方

小麦面粉2000g,红豆900g,酵母8g,碱15g,苏打粉25g,白砂糖1610g,咸桂花10g,玫瑰花5g,花生油100g。

2. 工艺流程

红豆、花生油、白糖、玫瑰花、咸桂花→制馅→烘烤→成品

　　　　　　　　　　　　　　　　　　　　↑

　　　　　　　　　　　　　　酵浆→发酵

3. 制作要点

①原料预处理:将干玫瑰花瓣、花芯掰搓成球形。将咸桂花5g,白糖100g加水300g,浸泡成桂花糖水。花生油50g加水50g,调成水油。碱用35g水溶成碱水,将酵母打成老酵浆2500g。

②制馅:将红豆900g,花生油50g,白糖900g和玫瑰花、咸桂花各5g制成湿豆沙馅(玫瑰花放入锅内与红豆同煮,咸桂花在熬豆沙时加入)。

③制酵浆:老酵浆加碱水15g,苏打粉25g,白糖10g,桂花糖水100g搅和,再加水1900g搅成稀浆,然后放入全部面粉,轻轻搅拌至光洁发松,无干粉及僵块时即成新酵浆。取少量新酵浆放在烧热的铁板上检验糕样,成熟后已有许多小气孔(冬季如大绿豆,夏季如油菜籽),有香味,呈微绿色为佳。若气孔大,是酵重欠碱;土黄色有碱味是碱重;气孔过小,是酵轻或苏打少;有酸味,色灰暗,是欠碱,均需适当调整。

④发酵:将新酵浆装于特制的壶内,壶须敞口,宽嘴,以便下酵。一壶装酵浆1125g,豆沙分成6碗,每碗约450g。

⑤烘烤:在生好火的炉子上先放铁板,糕模烧到灼热时用线刷蘸水油刷糕管一周,以清扫残物并润滑糕管。此时若听到爆裂声,即可将酵浆倒入糕管,先倒1/3,随即将糕模竖起来,四面转动,使糕管四壁都均匀地粘有酵浆。然后将碗中豆沙用糕插分别嵌入糕管,每管约加入豆沙25g,另取白糖50g分撒在豆沙上,再将其余酵浆覆盖于每个糕管的豆沙之上,酵浆撒在豆沙上后,再撒些玫瑰花瓣,并从糕模下抽出灼热的铁板盖在糕模上,关闭炉门,减弱底火。2~3min后,糕已半熟,仍将铁板放回炉面,打开炉门加热,再在糕面上撒上白糖50g和桂花糖水50g,然后再一次抽出铁板盖在糕模上,关闭炉门,烘3~5min,用糕扦插入糕身,已无生浆溢出,糕即熟。再用糕扦顺模型表面线路划开,并用糕钩针逐只挑出。每炉19只,如此反复6次即为成品。

4.质量要求

糕面呈金黄色,蓬松突出;糕身呈玉黄色,入口松甜香韧。

九、玫瑰美人含片

玫瑰花味甘微苦、性微温,归肝、脾、胃经,芳香行散,具有舒肝解郁,和血调经的功效。杏仁的营养价值十分均衡,不仅含有类似动物蛋白的营养成分,还含有植物成分所特有的纤维素等,可以润肺清火、排毒养颜,对因肺燥引起的咳嗽有很好的辅助疗效。蜂蜜能促进心脑和血管功能,促进肝细胞再生,补充体力,消除疲劳,增强对疾病的抵抗力。红枣营养丰富,为秋冬进补之佳品。这四种原料制成的玫瑰花美人含片,可以提高智力,养颜美容,延缓衰老,是很好的美容佳品。

1. 原料及配方

红枣粉 50kg,蜂蜜 5kg,玫瑰花粉 2kg,杏仁泥 1kg。

2. 工艺流程

红枣粉、蜂蜜、杏仁泥
↓

玫瑰花→整理→干燥→粉碎→拌料→压片成型→烘烤→包装→成品

3. 制作要点

①选料制粉:选用新鲜的玫瑰花,去除花柄,用水洗净烘干后粉碎成 80 目的花粉。

②拌料:将红枣粉、玫瑰花粉、蜂蜜、杏仁泥在搅拌机中搅拌均匀至用手握成团而不松散为佳。

③压片成型:将搅拌好的原料在压片机上压成薄片,厚度为0.5cm,然后切成 1cm 的方片。

④烘烤:将切好的方片放在烤盘上烘烤,温度控制在 50~60℃,当含水量至 5%~6% 时即可停止烘烤。

⑤包装:将烘烤后的饼片冷却后即可包装,要求密封包装,以免反潮。

4. 质量要求

产品外形完整,呈棕红色的片状,表面光滑,食之酥脆,酸甜适中,有红枣、玫瑰、杏仁、蜂蜜的混合香味。

十、菊花酒心巧克力

明代医学家李时珍在《本草纲目》中对菊花有如下记载:"苗可疏,叶可啜,花可饵,根实可药,囊之可枕,酿之可饮。"实践证明,菊花确有清肝明目、降压安神、祛风化湿、滋明补肾等功效。由菊花酿制的菊花酒可"治头风,明耳目,去痿痹,消百病","令人好颜色不老","令人头不白,轻身延年"。但由于各种原因,很多人难以品尝到这一美味佳酿。本品不但形状美观,而且有自然、高雅的菊花香和协调的酒香,再加上巧克力作为外壳,其风味妙不可言。

1. 原料及配方

菊花50kg,白酒15kg,白砂糖20kg,精制巧克力15kg。

2. 工艺流程

菊花→白砂糖→磨浆→酒陈

↓

巧克力→融化→浇模→夹心→包装→成品

3. 制作要点

①选料:选用新鲜菊花,去除花柄,用水洗干净后晾干备用。

②酒陈:经晒干的去柄菊花加白糖后搅拌均匀并加热,磨成花浆后加入50度以上由粮食酿制而成的白酒。搅拌均匀后密封发酵。

③夹心:在水浴锅中将巧克力融化,随后在特制的葫芦型模具中进行浇模,注意要先在模具中垫一层金箔塑包装纸,然后再向其中浇入巧克力浆,并用压力枪将菊花酒浆注入巧克力浆中,当模具快满时即可停止,然后趁热将巧克力口封严压平。

④包装:当巧克力表面凝固后可脱模,脱模后稍冷却即可包装。注意脱模后的巧克力不可以挤压,以免破坏巧克力外衣,使菊花酒外渗。

4. 质量要求

巧克力外衣无破损,厚薄一致,色泽光亮柔和,食之口感细腻润滑,菊花酒醇厚浓郁。

十一、金兰润喉糖

金兰润喉糖是以中药清开灵口服液的处方为依据制作的具有清热解毒、止渴生津、利咽解酒作用的休闲小食品。该食品可缓解因烟酒过度、燥热食物刺激而引起的咽干灼热、喉咙肿痛、声音嘶哑等症状,是老少咸宜、居家旅行之常备佳品。

1. 原料及配方

砂糖 6kg,液体葡萄糖 5.2kg,中药浸膏液 750g,薄荷脑 3g,薄荷香精 30g,乙基麦芽酚 2g。

2. 工艺流程

金银花、甘草
↓
橄榄、板蓝根→浸渍→提取→浓缩
白砂糖、液体葡萄糖、水→溶糖→过滤 ┤→熬糖→减压蒸发→冷却→调和→成型→检查→包装→成品
↑
薄荷脑、薄荷香精、乙基麦芽酚

3. 制作要点

①中药浸膏制备:将中药原料去除杂物、筛去泥沙、洗净。将橄榄、板蓝根投入锅内加水浸渍 4h。投入金银花、甘草等混合均匀,加热至 100℃,间歇搅拌,保温提取 1h,粗滤出提取液。滤渣加水继续加热提取,滤出提取液。再将滤渣加水重复上述提取过程,得提取液。弃去滤渣,合并三次提取液,将提取液精滤两次,得到澄清的滤液。将精滤液加热浓缩至浸膏状,相对密度为 1.4~1.5,密封,冷冻保存。

②溶糖、过滤、熬糖、减压蒸发:称取白砂糖 6.0kg、液体葡萄糖 5.2kg 于夹层锅中加入适量水,搅拌加热溶解,过 80~100 目筛滤去杂物,再将糖液加热至 140℃,加入中药浸膏液熬煮,当糖液温度再次升至 140℃时,转入真空锅减压蒸发水分,直至糖液温度下降到 100℃时熬糖结束。

③调和:将糖液倾出,在制糖操作台上,加入配制好的薄荷脑、薄荷香精、乙基麦芽酚,迅速混合均匀。

④成型:趁热经成型机成型制成所需糖粒。

⑤检查、包装:糖粒经冷却、挑选,检查合格后,按规定进行包装,成品入库。

4. 质量要求

感官标准:糖体块形完整、表面光滑、边缘整齐、大小一致、厚薄均匀、无缺角裂缝、无明显变形、呈棕黑色、有光泽、较坚脆、口感清凉

甘甜、微苦。

理化指标:水分≤3.0%,总糖 80%～95%,铜≤10g/kg,铅≤1.0mg/kg,砷≤0.5mg/kg。

微生物指标:细菌总数≤1000 个/g,大肠菌群≤30 个/100g,霉菌≤50 个/g,致病菌不得检出。

十二、桂花橄榄

桂花橄榄质地微脆,皮纹细致,香甜可口。

1. 原料及配方

果坯 100kg,红糖 20kg,白砂糖 20kg,桂花 2kg,甘草粉 1kg,食盐、色素适量,茴香 0.5kg 左右。

2. 工艺流程

香料液
↓

橄榄坯→漂洗→晒干→浸制→日晒→拣选→包装→成品

3. 制作要点

①选果制坯:选择新鲜、色泽转黄、富有香气的长形橄榄。用擦皮机擦去果皮,淘洗干净,沥干后用 15%的盐水腌制一天,捞出沥干,日晒至水分蒸发,成为橄榄咸坯。

②香料液制备:将配方中的甘草粉、茴香放入锅中沸煮 1～2h,然后滤去料渣,加入白砂糖和红糖量的 50%,熬煮、过滤即为糖汁。

③浸制:把橄榄坯倒入锅中洗去咸味,浸泡 12h 后煮熟,将水沥干,入缸,倒入糖汁,浸渍 12h 后,加入 25%的红糖、白糖沸煮 30min,用其糖液浸渍 24h,再加入剩下的糖浸渍 4～5d。

④日晒:待橄榄吸足糖后,将其放在竹席上,加食用色素、桂花和原汁,晒至汁液能拉成丝即成。

⑤包装:将桂花橄榄装入食品袋中。

4. 质量要求

成品色净,质脆嫩,皮纹细,气味芳香。

十三、桂花核桃糖

1. 原料及配方

核桃仁 1kg,白砂糖 1kg,猪油 20g,糖桂花 25g。

2. 制作要点

①将挑选好的核桃仁剔除碎粒、虫蛀和有哈味的,投入沸水内氽 1min 后捞出沥干。

②猪油入锅熔化,加热至 170～180℃,投入核桃仁油氽。1kg 核桃仁分 2～3 次油氽,油氽时间为 4～5min。待核桃仁酥脆,即可捞出备用。

③白砂糖 1kg,加水 300g 溶化后,加入 20g 猪油,加热熬制。熬至糖温达 140℃(边熬边用棒沿锅底搅拌,用棒蘸少量糖浆,冷却后糖液呈硬块,口嚼松脆)时,端离炉火。

④将油氽核桃仁、糖桂花倒入熬好的糖液中,搅拌均匀,使核桃仁四周均匀粘上糖液。然后用铁夹将糖桃仁一颗一颗迅速夹到涂过油的盆中即可。

十四、川式桂花蜜饯

1. 原料及配方

鲜桂花 70kg,川白糖 65kg。

2. 工艺流程

鲜桂花→整理→揉挤→晾干→糖渍→成品

3. 制作要点

①选料:以新鲜的红桂花为最好,除净枝干、花蒂和其他杂质。

②揉挤:鲜桂花除净杂质后,用手工揉搓挤压,除去花汁苦水后晾干(不宜晒干)。

③糖渍:将晾干后的桂花与川白糖拌和均匀,即为成品。储存时应置于缸坛等容器中,并需再覆盖一层面糖。

4. 质量要求

规格:制品可见桂花原状,入蜜饱满均匀,不硬结,不流糖。

色泽:红色略黄。

组织:酥松,无杂质。

口味:有桂花的天然香味,纯甜,无异味。

十五、川式玫瑰蜜饯

1. 原料及配方

鲜玫瑰 80g,川白糖 60kg。

2. 工艺流程

鲜玫瑰→整理→揉挤→晾干→糖渍→成品

3. 制作要点

①选料:以新鲜的糖玫瑰(又名土玫瑰)为最好,除净花蒂、枝干和其他杂质。

②揉挤:鲜玫瑰除净杂质后,用手工揉搓挤压,除去花汁苦水后晾干(不宜晒干)。

③糖渍:晾干后的玫瑰与川白糖拌和均匀后,盛入缸坛等容器中,再撒上一层白糖,即为成品。

4. 质量要求

规格:制品略见玫瑰花瓣,入蜜饱满,不硬结,不流糖。

色泽:紫红色。

组织:酥松,无杂质。

口味:有浓郁的香甜味,突出玫瑰的天然芳香,无异味。

十六、苏式玫瑰果

1. 原料及配方

橄榄坯 50kg,红糖 60kg,咸玫瑰花 1kg,食品色素适量。

2. 工艺流程

橄榄坯→破头→漂洗→烫漂→糖渍→煮制→再糖渍→再煮制→拌玫瑰花→冷却→包装→成品

3. 制作要点

①选料:选用中只、细皮、厚肉、黄色的橄榄坯。先将果坯轻轻敲

至微裂,以便于糖液渗入。

②漂洗:将橄榄坯用清水浸泡 12h 左右,以脱去盐分,去除咸味。

③烫漂:将果坯捞出沥去盐水,放入沸水锅中煮 30min 左右,使果肉回软,并除去杂味,然后放入清水中冲洗干净。

④糖渍:将煮后的橄榄坯先用浓度为 20% 的红糖液 50kg 浸渍 12h 后起出,再用浓度为 40% 的红糖液继续浸渍 12h,最后再加红糖 25kg,拌和均匀,糖渍 24h 左右。待果肉胀发至九成,即可入锅煮制。

⑤煮制、再糖渍、再煮制、拌玫瑰花:将果坯连同糖液倒入锅中,加热煮沸。煮后再加入红糖 10kg,并适量加入食用色素。一同倒入缸中,糖渍 12h 左右,至果肉充分发足,再次入锅煮制,并加入剩下的红糖。煮制时,火力不可太强,并不断地加以铲拌,煮至糖液浓缩能拉成丝,成坯表面起光亮时,均匀地拌入挤干切细的咸玫瑰花瓣即成。

⑥包装:将果坯倒出,经冷却后进行包装即为成品。

4.产品特点

产品色泽鲜艳,浓甜中带有玫瑰清香,美味可口。

参考文献

[1] Belitz H D,Crosch W,Schieberle P. 食品化学[M]. 3 版. 石阶平,霍军生,译. 北京:中国农业大学出版社,2008.

[2] 王玉田. 肉制品加工技术[M]. 北京:中国环境科学出版社. 2006.

[3] 刘宝家,李素梅,柳东,等. 食品加工技术、工艺和配方大全[M]. 北京:科学技术文献出版社,2005.

[4] 郑友军. 新版休闲食品配方[M]. 北京:中国轻工业出版社,2005.

[5] 彭珊珊,钟瑞敏,李琳. 食品添加剂[M]. 北京:中国轻工业出版社,2004.

[6] 李里特,食品原料学[M]. 北京:中国农业出版社,2001.

[7] 武杰,何红. 膨化食品加工工艺与配方[M]. 北京:科学技术文献出版社. 2001.

[8] 赵志强,万书波,束春德. 花生加工[M]. 北京:中国轻工业出版社,2001.

[9] 夏扬. 米制品加工工艺与配方[M]. 北京:科学技术文献出版社. 2001.

[10] 徐怀德,花卉食品[M]. 北京:中国轻工业出版社,2000.

[11] 郑友军. 休闲小食品生产工艺与配方[M]. 北京:中国轻工业出版社,2000.

[12] 何丽梅,休闲食品配方与制作[M]. 北京:中国轻工业出版社,2000.

[13] 张裕中,王景. 食品挤压加工技术与应用[M]. 北京:中国轻工业出版社,1998.

[14] 曾强. 花色小食品加工法[M]. 修订版. 北京:中国轻工业出版社,1996.

[15] 郑友军,张坤生. 名特优食品配方与加工[M]. 北京:中国农业科技出版社,1993.

[16] 李晶,玉米香酥豆生产工艺研究[J]. 食品科技,2004,29(5):31 – 33.

[17] 郭兰兰,江舰,万娅琼,等. 玉米脆片的制作工艺研究[J]. 安徽农业科学,2008,36(22):9710 – 9711.

[18] 刘玉德. 小米方便食品的加工[J]. 食品科学,2000,21(12):143 – 145.

[19] 李凤林,李青旺. 平菇火腿肠的研制[J]. 食品工业. 2008,29(2):37 – 38.

[20] 李纪亮. 中华老字号孝感麻糖的生产及保鲜技术的应用[J]. 食品科技,2008,33(9):103 – 107.

[21] 张津凤, 姚秀玲. 辣椒花生酥的研制[J]. 现代食品科技, 2008, 24(10): 1026 - 1028.

[22] 陈红梅, 张滨, 张齐英. 荞麦花生威化饼干的研制[J]. 农产品加工, 2008(1): 76 - 78.

[23] 陈文华, 成晓瑜, 郭爱菊, 等. 钙营养强化火腿肠的研制[J]. 肉类研究, 2007(11): 28 - 30.

[24] 吕远平. 麻辣金针菇休闲食品的工艺研究[J]. 食品科学, 2007, 28(4): 371 - 373.

[25] 杨永栋. 羊肉串配方及加工工艺研究[J]. 农产品加工·畜产品, 2007(10): 72 - 74.

[26] 翟玮玮. 花生糖的生产工艺[J]. 农产品加工·学刊, 2007(12): 45 - 46.

[27] 齐风元, 马勇, 邵悦. 大豆花生豆腐的研究[J]. 粮油食品科技, 2006, 14(2): 44 - 45.

[28] 李焕荣, 胡瑞兰, 贾静. 蚕豆膨化休闲食品的研制[J]. 食品科学, 2006, 27(11): 627 - 631.

[29] 司俊玲, 郑坚强, 马俪珍. 两种牛肉休闲食品的加工[J]. 肉类研究, 2005(2): 29 - 30.

[30] 危贵茂, 钟卫民, 袁诚, 等. 金针菇火腿肠的研制[J]. 肉类工业, 2005(1): 16 - 18.

[31] 贺荣平. 食用菌系列休闲食品的开发与研究[J]. 农产品加工, 2005(2): 33 - 38.

[32] 刘聃琼. 糖衣紫姜的研制[J]. 食品工业, 2004, 25(6): 40 - 41.

[33] 郑诗超, 余翔, 宋来庆. 香酥鸡丁的加工工艺[J]. 肉类工业, 2003(5): 5 - 8.

[34] 刘学文, 王文贤, 冉旭. 鸡肉挤压膨化休闲食品的开发研究[J]. 食品科学, 2003, 24(12): 63.

[35] 李志成, 罗勤贵. 怪味核桃加工工艺研究[J]. 陕西农业科学, 2002(2): 43 - 45.

[36] 杨剑婷, 郝利平, 吴彩娥. 核桃羊羹的研制[J]. 保鲜与加工, 2002, 2(6): 27 - 28.

[37] 黄明辉, 杨金平. 多味花生的加工工艺[J]. 食品科技, 2001, 26(4): 28.

[38] 李应彪, 童军茂, 高于开. 蜜酥花生的研制[J]. 山东食品发酵, 2000(2): 34 - 36.

[39] 万成志. 麻辣风味牛肉米片加工技术[J]. 食品与机械, 2000(6): 23.

［40］楼明,蒋予简,陈春群.休闲食品醇香猪肉条的研究［J］.肉类工业,2000
　　　(3):29 - 31.

［41］李应彪,吴雪飞,李开雄,等.保健型醋蜜花生的研制［J］.粮油加工与食品机
　　　械,2000(3):30.

［42］梁洁,金兰润喉糖的试制［J］.广州食品工业科技,1999,15(2):31 - 32.

［43］郑秀莲.苔味香菇松的生产工艺研究［J］.食品工业科技,1990,11(4):
　　　43 - 44.

［44］王学斌,鸡肉虾条的研制［J］.食品科技,1998,23(5):21.

［45］赵士豪,核桃酥糖的研制［J］.食品工业,1999,20(6):15.

［46］陈正宏.食品油炸技术［J］.食品工业科技,1995,16(2):68 - 70.

［47］曹惠德.芝麻酥糖的操作工艺［J］.食品科学,1984,5(7):63.

［48］刘兴华,陈维信.果品蔬菜贮藏运销学［M］.北京:中国农业出版社,
　　　2002:236.